全国地层多重划分对比研究

（23）

黑龙江省岩石地层

主　编：曲关生
副主编：浦全生
编　者：浦全生　韩松生　隋连成
赵武锋　曲关生

中国地质大学出版社

内 容 简 介

本书以黑龙江省1∶20万区域地质调查实际材料为主，广泛收集了有关单位在本省的地层、古生物资料，以《国际地层指南》、《中国地层指南及中国地层指南说明书》为准则，以岩石地层单位为基础，进行了全省范围内地层单位的多重划分对比研究后集体编写而成。书中提出建议使用的岩石地层单位162个，生物地层单位124个。对于每个岩石地层单位的确定，既考虑了优先权，又考虑了它的科学性，做到了正本清源，去伪存真。书中进一步明确了各地层单位的创名、定义、沿革、层型剖面，阐述了它们的地质特征及区域变化。本书以活动论的观点将全省晚元古代一早三叠世地层划分为北疆-兴安、张广才岭-完达山、兴凯三个地层大区，下分了地层区、分区和地层小区。以地层大区分篇，按断代分章，详细描述了全省范围内的晚元古代一第三纪的所有岩石地层单位，并介绍了生物地层特征及地质年代，讨论了重要自然断代的地层横剖面，它是一部内容丰富，集资料性、科学性及一定程度的地层法规性为一体的大型的区域地层专著。可供广大地质勘查、科研人员和大专院校师生参考。

图书在版编目(CIP)数据

黑龙江省岩石地层/曲关生主编．—武汉：中国地质大学出版社，1997.7(2009.8重印)
(全国地层多重划分对比研究；23)
ISBN 978-7-5625-1139-7

Ⅰ.黑…
Ⅱ.曲…
Ⅲ.地层学一黑龙江省
Ⅳ.P535.235

中国版本图书馆CIP数据核字(2008)第062443号

黑龙江省岩石地层 曲关生 主 编

责任编辑：褚松和 责任校对：杨 霖

出版发行：中国地质大学出版社(武汉市洪山区鲁磨路388号) 邮编：430074
电话：(027)67883511 传真：67883580 **E-mail**：cbb @ cug. edu. cn
经 销：全国新华书店 **http**://www. cugp. cn

开本：787毫米×1092毫米 1/16 字数：510千字 印张：19.5 插页2
版次：1997年7月第1版 印次：2009年8月第3次印刷
印刷：武汉教文印刷厂 印数：801—1600册

ISBN 978-7-5625-1139-7 定价：58.50元

序

100多年来，地层学始终是地质学的重要基础学科的支柱，甚至还可以说是基础中的基础，它为近代地质学的建立和发展发挥了十分重要的作用。随着板块构造学说的提出和发展，地质科学正经历着一场深刻的变革，古老的地层学和其他分支学科一样还面临着满足社会不断进步与发展的物质需要和解决人类的重大环境问题等双重任务的挑战。为了迎接这一挑战，依靠现代科技进步及各学科之间相互渗透，地层学的研究范围将不断扩大，研究途径更为宽广，研究方法日趋多样化，并萌发出许多新的思路和学术思想，产生出许多分支学科，如生态地层学、磁性地层学、地震地层学、化学地层学、定量地层学、事件地层学、气候地层学、构造地层学和月球地层学等等，它们的综合又导致了“综合地层学”和“全球地层学”概念的提出。所有这一切，标志着地层学研究向高度综合化方向发展。

我国的地层学和与其密切相关的古生物学早在本世纪前期的创立阶段，就涌现出一批杰出的地层古生物学家和先驱，他们的研究成果奠定了我国地层学的基础。但是大规模的进展，还是从1949年以后，尤其是随着全国中小比例尺区域地质调查的有计划开展，以及若干重大科学计划的执行而发展起来的。正像我国著名的地质学家尹赞勋先生在第一届全国地层会议上所讲:“区域地质调查成果的最大受益者就是地层古生物学。”1959年召开的中国第一届全国地层会议，总结了建国十年来所获的新资料，制定了中国第一份地层规范（草案），标志着我国地层学和地层工作进入了一个新的阶段。过了20年，地层学在国内的发展经历了几乎十年停滞以后，于1979年召开了中国第二届全国地层会议，会议在某种程度上吸收学习了国际地层学研究的新成果，还讨论制定了《中国地层指南及中国地层指南说明书》，为推动地层学在中国的发展，缩小同国际地层学研究水平的差距奠定了良好基础。这次会议以后所进行的一系列工作，包括应用地层单位的多重性概念所进行的地层划分对比研究、区域地层格架及地层模型的研究，现代地层学与沉积学相结合所进行的盆地分析以及1∶5万区域地质填图方法的改进与完善等，都成为我国地层学进一步发展的强大推动力。为此，地质矿产部组织了一项“全国地层多重划分对比研究（清理）”的系统工程，在30个省、直辖市、自治区（含台湾省，不含上海市）范围内，自下而上由省（市、区）、大区和全国设立三个层次的课题，在现代地层学和沉积学理论指导下，对以往所建立的地层单位进行研究（清理），追溯地层单位创名的沿革，重新厘定单位含义、层型类型与特征、区域延伸与对比，消除同物异名，查清同名异物，在大范围内建立若干断代岩石地层单位的时空格架、编制符合现代地层学含义的新一代区域地层序列表，并与地层多重划分对比研究工作同步开展了省（市、区）和全国两级地层数据库的研建，对巩固地层多重划分对比研究（清理）成果，为地层学的科学化、系统化和现代化发展打下了良好基础。这项研究工作在部、省（市、区）各级领导的支持关怀下，全体研究人员经过5年的艰苦努力已圆满地完成了任务，高兴地看到许多成果已陆续要出版了。这项工作涉及的范围之广、参加的单位及人员之多、文件的时间跨度之长，以及现代科学理论与计算机技术的应用等各方面，都可以说是在我国地层学工作不断发展中具有里程碑意义的。这项研究中不同层次成果的出版问世，不仅对区域地质调查、地质图件的编测、区域矿产普查与勘查、地质科研和教学等方面都具有现实的指导作用和实用价值，而且对我国地层学的发展和科学化、系统化将起到积极的促进作用。

首次组织实施这样一项规模空前的全国性的研究工作，尽管全体参与人员付出了极大的辛勤劳动，全国项目办和各大区办进行了大量卓有成效和细致的组织协调工作，取得了巨大的成绩，但由于种种原因，难免会有疏漏甚至失误之处。即使这样，该系列研究是认识地层学真理长河中的一个相对真理的阶段，其成果仍不失其宝贵的科学意义和巨大的实用价值。我相信经过广大地质工作者的使用与检验，在修订再版时，其内容将会更加完美。在此祝贺这一系列地层研究成果的公开出版，它必将发挥出巨大社会经济效益，为地质科学的发展做出新的贡献。

程裕淇

前言

地层学在地质科学中是一门奠基性的基础学科，是基础地质的基础。自从19世纪初由W史密斯奠定的基本原理和方法以来的一个半世纪中，地层学是地质科学中最活跃的一个分支学科，对现代地质学的建立和发展产生了深刻的影响，作出了不可磨灭的贡献，特别是在20世纪60年代由于板块构造学说兴起引发的一场“地学革命”，其表现更为显著。随着板块构造学的确立，沉积学和古生态学的发展，地球历史和生物演化中的灾变论思想的复兴和地质事件概念的建立，使地层学的分支学科，如时间地层学、生态地层学、地震地层学、同位素地层学、气候地层学、磁性地层学、定量地层学和构造地层学等像雨后春笋般地蓬勃发展，这种情况必然对地层学、生物地层和沉积地层等的传统理论认识和方法提出了严峻的挑战。经过20年的论战，充分体现当代国际地质科学先进思想的《国际地层指南》（英文版）于1976年见诸于世，之后在不到20年的时间里又于1979、1987、1993年连续三次进行了修改补充，陆续补充了《磁性地层极性单位》、《不整合界限地层单位》，以及把岩浆岩与变质岩等作为广义地层学范畴纳入地层指南而又补充编写了《火成岩和变质岩岩体的地层划分与命名》等内容。

国际地层学上述重大变革，对我国地学界产生了强烈冲击，十年动乱形成的政治禁锢被打开，迎来了科学的春天，先进的科学思潮像潮水般涌来，于是在1979年第二届全国地层会议上通过并于1981年公开出版了《中国地层指南及中国地层指南说明书》，其中阐述了地层多重划分概念。于1983年按地层多重划分概念和岩石地层单位填图在安徽区调队进行了首次试点。1985年《贵州省区域地质志》中地层部分吸取了地层多重划分概念进行撰写。1986年地质矿产部设立了“七五”重点科技攻关项目——“1：5万区调中填图方法研究项目”，把以岩石地层单位填图，多重地层划分对比，识别基本地层层序等现代地层学和现代沉积学相结合的内容列为沉积岩区区调填图方法研究课题，从此拉开了新一轮1：5万区调填图的序幕，由试点的贵州、安徽和陕西三省逐步推向全国。

1：5万区调填图方法研究试点中遇到的最大问题是如何按照现代地层学的理论和方法来对待与处理按传统理论和方法所建立的地层单位？如果维持长期沿用的按传统理论建立的地层单位，虽然很省事，但是又如何体现现代地层学和现代沉积学相结合的理论与方法呢？这样就谈不上紧跟世界潮流，迎接这一场由板块构造学说兴起所带来的“地学革命”。如果要坚持这一技术领域的革命性变革，就要下决心花费很大力气克服人力、财力和技术性等方面的重重困难，对长期沿用的不规范化的地层单位进行彻底的清理。经过反复研究比较，我们认识到科学技术的变革也和社会经济改革的潮流一样是不可逆转的，只有坚持改革才能前进，不进则退，否则就将被历史所淘汰，别无选择。在这一关键时刻，地质矿产部和原地矿部直管局领导作出了正确决策，从1991年开始，从地勘经费中设立一项重大基础地质研究项目——全国地层多重划分对比研究项目，简称全国地层清理项目，开始了一场地层学改革的系统工程，在全国范围内由下而上地按照现代地层学的理论和方法对原有的地层单位重新明确其定义、划分对比标准、延伸范围及各类地层单位的相互关系，与此同时研建全国地层数据库，巩固地层清理成果，推动我国地层学研究和地层单位管理的规范化和现代化，指导当前和今后一个时期1∶5万、1∶25万等区调填图等，提高我国地层学研究水平。1991年地质矿产部原直管局将地层清理作为部指令性任务以地直发(1991)005号文和1992年以地直发(1992)014号文下发了《地矿部全国地层多重划分对比（清理）研究项目第一次工作会议纪要》，明确了各省（市、自治区）地质矿产局（厅）清理研究任务，并于1993年2月补办了专项地勘科技项目合同（编号直科专92-1)，并明确这一任务分别设立部、大区和省（市、自治区）三级领导小组，实行三级管理。

部级成立全国项目领导小组

组长	李廷栋	地质矿产部副总工程师
副组长	叶天竺	地质矿产部原直管局副局长
	赵　逊	中国地质科学院副院长

成立全国地层清理项目办公室，受领导小组委托对全国地层清理工作进行技术业务指导和协调以及经常性业务组织管理工作，并设立在中国地质科学院区域地质调查处（简称区调处）。

项目办公室主任	陈克强	区调处处长，教授级高级工程师
副主任	高振家	区调处总工，教授级高级工程师
	简人初	区调处高级工程师
专家	张守信	中国科学院地质研究所研究员
	魏家庸	贵州省地质矿产局区调院教授级高级工程师
成员	姜　义	区调处工程师
	李　忠	会计师
	周统顺	中国地质科学院地质研究所研究员

大区一级成立大区领导小组，由大区内各省（市、自治区）局级领导成员和地科院沈阳、天津、西安、宜昌、成都、南京六个地质矿产研究所各推荐一名专家组成。领导小组对本大区地层清理工作进行组织、指导、协调、仲裁并承担研究的职责。下设大区办公室，负责大区地层清理的技术业务指导和经常性业务技术管理工作。在全国项目办直接领导下，成立全国地层数据库研建小组，由福建区调队和部区调处承担，负责全国和省（市、自治区）二级地层数据库软件开发研制。

各省（市、自治区）成立省级领导小组，以省（市、自治区）局总工或副总工为组长，有区调主管及有关处室负责人组成，在专业区调队（所、院）等单位成立地层清理小组，具体负责地层清理工作，同时成立省级地层数据库录入小组，按照全国地层数据库研建小组研制的软件及时将本省清理的成果进行数据录入，并检验软件运行情况，及时反馈意见，不断改进和优化软件。在全国地层清理的三个级次的项目中，省级项目是基础，因此要求各省（市、自治区）地层清理工作必须实行室内清理与野外核查相结合，清理工作与区调填图相结合，清理与研究相结合，地层清理与地层数据库建立相结合，“生产”单位与科研教学单位相结合，并强调地层清理人员要用现代地层学和现代沉积学的理论武装起来，彻底打破传统观点，统一标准内容，严格要求，高标准地完成这一历史使命。实践的结果，凡是按上述五个相结合去做的效果都比较好，不仅出了好成果，而且通过地层清理培养锻炼了一支科学技术队伍，从总体上把我国区调水平提高到一个新台阶。

三年多以来，参加全国地层清理工作的人员总数达400多人，总计查阅文献约24 000份，野外核查剖面约16 472.6 km，新测剖面70余条约300 km，清理原有地层单位有12 880个，通过清查保留的地层单位约4721个（还有省与省之间重复的），占总数36.6%，建议停止使用或废弃的单位有8159个（为同物异名或非岩石地层单位等），占总数63.4%，清查中通过实测剖面新建地层单位134个。与此同时研制了地层单位的查询、检索、命名和研究对比功能的数据库，通过各省（市、自治区）数据录入小组将12 880个地层单位（每个单位5张数据卡片）和10 000多条各类层型剖面全部录入，首次建立起全国30个（不含上海市）省（市、自治区）基础地层数据库，为全国地层数据库全面建成奠定了坚实的基础。从1994年7月—11月，分七个片对30个省（市、自治区）地层清理成果报告及数据库的数据录入进行了评审验收，到1994年底可以说基本上完成了省一级地层清理任务。1995—1996年将全面完成大区和总项目的清理研究任务。由此可见，这次全国地层清理工作无论是参加人数之多，涉及面之广，新方法新技术的应用以及理论指导的高度和研究的深度都可以堪称中国地层学研究的第三个里程碑。这一系统工程所完成的成果，不仅是这次直接参加清理的400多人的成果，而且亦应该归功于全国地层工作者、区域地质调查者、地层学科研与教学人员以及为地层工作做过贡献的普查勘探人员。全国地层清理成果的公开出版，必将对提高我国地层学研究水平，统一岩石地层划分和命名指导区调填图，加强地层单位的管理以及地质勘察和科研教学等方面发挥重要的作用。

鉴于本次地层清理工作和地层数据库的研建是过去从未进行过的一项研究性很强的系统工程，涉及的范围很广，时间跨度长达100多年，参加该项工作的人员多达300～400人，由于时间短，经费有限，人员水平不一，文献资料掌握程度等种种主客观原因，尽管所有人员都尽了最大努力，但是在本书中少数地层单位的名称、出处、命名人和命名时间等不可避免地存在一些问题。本书中地层单位名称出现的“岩群”、“岩组”等名词，是根据1990年公开出版的程裕淇主编的《中国地质图（1∶500万）及说明书》所阐述的定义。为了考虑不同观点的读者使用，本书对有“岩群”、“岩组”的地层单位，均暂以（岩）群、（岩）组处理。如鞍山（岩）群、迁西（岩）群。总之，本书中存在的错漏及不足之处，衷心地欢迎广大读者提出宝贵意见，以便今后不断改正和补充。

在30个省（市、自治区）地层清理系统成果即将公开出版之际，我代表全国地层清理项目办公室向参加30个省（市、自治区）地层清理、数据库研建和数据录入的同志所付出的辛勤劳动表示衷心的感谢和亲切的慰问。在全国地层清理项目立项过程中，原直管局王新华、黄崇轲副局长给予了大力支持，原直管局局长兼财务司司长现地矿部副部长陈洲其在项目论证会上作了立项论证报告，在人、财、物方面给予过很大支持；全国地层委员会副主任程裕淇院士一直对地层清理工作给予极大的关心和支持，并在立项论证会上作了重要讲话；中国地质大学教授、全国地层委员会地层分类命名小组组长王鸿祯院士是本项目的顾问，在地层清理的指导思想、方法步骤及许多重大技术问题上给予了具体的指导和帮助；中国地质大学教授杨遵仪院士对这项工作热情关心并给以指导；中国地质科学院院长、部总工程师陈毓川研究员参加了第三次全国地层清理工作会议并作了重要指示与鼓励性讲话；部科技司姜作勤高工，计算中心邬宽廉、陈传霖，信息院赵精满，地科院刘心铸等专家对地层数据库设计进行评审，为研建地层数据库提出许多有意义的建议。中国科学院地质研究所，南京古生物研究所，中国地质科学院地质研究所，天津、沈阳、南京、宜昌、成都和西安地质矿产研究所，南京大学，西北大学，中国地质大学，长春地质学院，西安地质学院等单位的知名专家、教授和学者，各省（市、自治区）地矿局领导、总工程师、区调主管、质量检查员和区调队、地研所、综合大队等单位的区域地质学家共600余人次参加了各省（市、自治区）地层清理研究成果和六个大区区域地层成果报告的评审和鉴定验收，给予了友善的帮助；各省（市、自治区）地矿局（厅）、区调队（所、院）等各级领导给予地层清理工作在人、财、物方面的大力支持。可以肯定，没有以上各有关单位和部门的领导和众多的专家教授对地层清理工作多方面的关心和支持，这项工作是难以完成的。在30个省（市、自治区）地层清理成果评审过程中一直到成果出版之前，中国地质大学出版社，特别是以褚松和副社长和刘粤湘编辑为组长的全国地层多重划分对比研究报告编辑出版组为本套书编辑出版付出了极大的辛苦劳动，使这一套系统成果能够如此快地、规范化地出版了！在全国项目办设在区调处的几年中，除了参加项目办的成员外，区调处的陈兆棉、其和日格、田玉莹、魏书章、刘凤仁多次承担地层清理会议的会务工作，赵洪伟和于庆文同志除了承担会议事务还为会议打印文稿，于庆文同志还协助绘制地层区划图及文稿复印等工作。

在此，向上面提到的单位和所有同志一并表示我们最诚挚的谢意，并希望继续得到他们的关心和支持。

全国地层清理项目办公室（陈克强执笔）

序

地层学是地质学领域的基础学科。为使我国地质科学和地质找矿工作全面实现现代化，在国民经济中发挥更大的作用，必须以地层学研究的现代化为先导，及时开展全国地层多重划分对比研究、建立地层数据库，这也是我国地层研究实现现代化，同国际地层学工作接轨，跻身于世界先进行列的必由之路。这项工作的完成，将对高质量、高效率地开展我国现阶段大规模的1：5万和即将进行的1：25万区调工作起到一定的保证作用。作为全国地层多重划分对比研究的组成部分，黑龙江省地层多重划分对比研究正是为了达到上述目的而开展的。

黑龙江省地层多重划分对比研究以活动论观点和现代沉积学、层序地层学的理论、思想为指导，以岩石地层单位为重点全面系统地清理了黑龙江省晚元古代至第三纪所有地层单位，客观地反映了全省岩石地层单位的基本特征及清理成果，做到了溯本清源、消除混乱。在研究工作中取得了一些新认识、新见解，具有开创性。体现了省内目前地层多重划分对比研究的最新水平。

黑龙江省幅员辽阔，地层发育齐全。分属于古亚洲构造域和滨太平洋构造环境。有小兴安岭西北部具有特色的奥陶纪—早石炭世海相沉积；早中生代完达山造山带及其蛇绿岩和复理石沉积；侏罗纪—早白垩世佳木斯隆起以东发育海相、海陆交互相陆缘沉积，以西为大兴安岭-燕山火山岩带为代表的陆内火山岩；晚白垩世—第三纪由于拉张作用而形成北东向含油气杂色碎屑岩拗陷沉积。这些地层无论是从沉积特征、含矿性抑或构造控制，不仅是黑龙江省乃至全国都具有一定的代表性。本次以岩石地层为代表的对比研究是又一次对以往地层工作的重要总结。它将为以后的科研、教学、地质找矿、新一轮的区调填图提供了一项非常好的基础资料，为地质工作的深入开展起到了有力地推动作用。因而专序介绍。

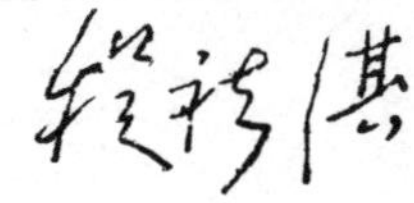

目 录

第四篇　滨太平洋地层区

第一章
绪　论

一、目的与任务

按地直发(1991)005号、(1992)014号文，地矿部全国地层多重划分对比研究讨论会纪要和总体设计明确指出其目的任务：

根据地层多重划分观点的新成果、新认识，重新明确现在地层单位的划分、对比标准、定义、延伸范围及各类地层单位的相互关系，提高科学性、清除混乱，使大家在地层单位的划分、命名、理解和应用上有共同的语言。通过数据库的建立，促进地层学研究和地层单位划分和管理的规范化、现代化。以及时指导大规模的1∶5万区调填图、中小比例尺地质编图，提高我国区域地层研究程度和水平，使我国区域地质填图和地层学研究跨入国际先进行列。

二、地层综合区划及区域地层发育概况

（一）地层综合区划

1. 地层区划的原则

以板块构造理论为指导，根据地壳的活动性、古地理条件、古气候条件和古生物特征等因素，在各个地区的情况不一致所导致的地层发育上的差异，而划分出不同的地层区域，即地层区划。它的准则是：沉积建造特征、层序特征、古地理条件、生物群特征和构造变动。可分四级：即Ⅰ级(地层大区)、Ⅱ级(地层区)、Ⅲ级(地层分区)、Ⅳ级(地层小区)。

2. 各级地层区划及其界线和范围

按上述区划原则，参照1994年7月5日至8日“全国地层多重划分对比研究”项目全国地层区划工作会议(以下简称区划会议)纪要，根据我省地层发育程度、展布及岩相、古地理、古生物群特征及受控于各级构造的情况，结合内蒙古、吉林两省（区）的地质构造条件，将黑龙江省的晚元古代—早三叠世、中、新生代地层进行区划。

(1)晚元古代—早三叠世地层区划分为3个地层大区，3个地层区，8个地层分区和2个地层小区(表1-1)。

(2) 中、新生代地层区划分为一个地层区，4个地层分区，8个地层小区（表1-2)。

(3) 晚元古代—早三叠世地层区划界线和范围(图1-1)。

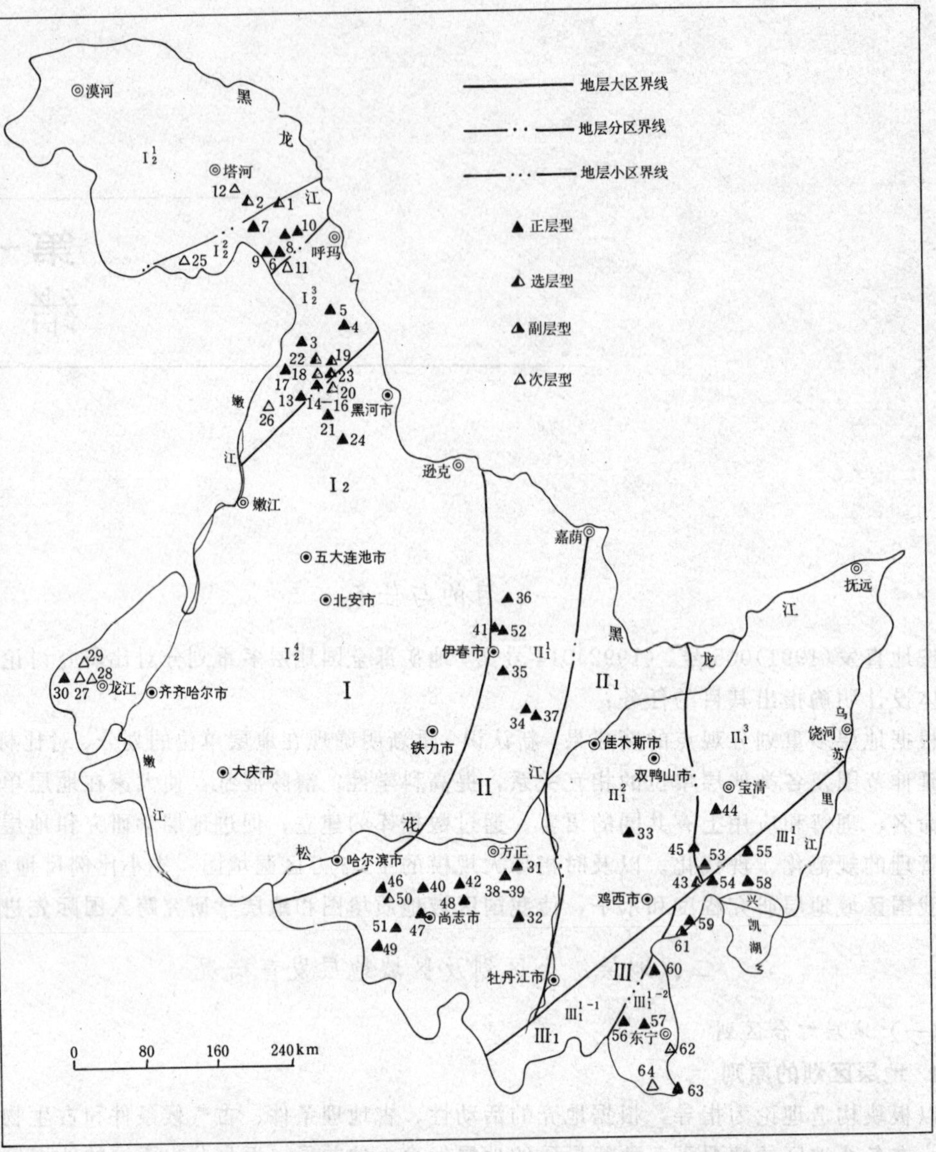

图 1-1　黑龙江省晚元古代—早三叠世地层区划及剖面位置图

注：晚元古代—早三叠世地层剖面名称

1. 韩家园乡新达拉罕村南倭勒根河东岸剖面；2. 韩家园乡西北 2.5 km 剖面；3. 嘎拉山林场南山剖面；4. 新立屯西大木山剖面；5. 北宽河北岸剖面；6. 洪胜沟剖面；7. 黄斑脊山剖面；8. 北西里剖面；9. 伊勒呼里山剖面；10. 安娘娘桥东山剖面；11. 五道沟南剖面；12. 大诺木诺孔河左岸剖面；13. 裸河西岸剖面（P_{503}；14. 裸河东岸剖面（P_{519}）；15. 裸河东岸剖面（P_{504}）；16. 裸河东岸剖面（P_{522}）；17. 卧都河南剖面；18. 大河里河下游西岸剖面；19. 西古兰河剖面；20. 罕达气卧牛山剖面；21. 金水剖面；22. 大河里河西岸剖面；23. 小河里河右岸剖面；24. 洪湖吐河南山剖面；25. 塔源西南二支线剖面；26. 关鸟河中游北岸剖面；27. 石灰窑剖面；28. 中和屯剖面；29. 老龙头村剖面；30. 孙家坟东山剖面；31. 东风林场正沟剖面；32. 新兴林场西山剖面；33. 马家街剖面；34. 晨明村剖面；35. 小西林铅锌矿 27 线剖面；36. 五星镇钻孔剖面；37. 南岔区宝泉村剖面；38. 小金沟剖面（P_{15-2}）；39. 小金沟剖面（P_{15-1}）；40. 得好屯剖面；41. 宏川站南 3.5 km 剖面；42. 马鞍山剖面；43. 新忠村剖面；44. 老秃顶子剖面；45. 七里卡山剖面；46. 玉泉镇唐家屯剖面；47. 杨木岗西山剖面；48. 青龙屯南山剖面；49. 土门岭剖面；50. 玉泉镇松江、陶瓷及钢石三个采石场综合剖面；51. 五道岭综合剖面；52. 红山剖面；53. 庙山剖面；54. 二龙山林场剖面；55. 杨岗公社后山剖面；56. 杨木车间剖面；57. 黑瞎子沟剖面；58. 金银库黄窑沟剖面；59. 石灰窑剖面；60. 二道沟剖面；61. 大营山南坡剖面；62. 白刀山—浪东沟开荒队剖面；63. 亮子川剖面；64. 大甸子剖面

Ⅰ　北疆-兴安地层大区；$Ⅰ_2$　兴安地层区；$Ⅰ_2^1$　额尔古纳地层分区；$Ⅰ_2^2$　达来-兴隆地层分区；$Ⅰ_2^3$　东乌-呼玛地层分区；$Ⅰ_2^4$　乌兰浩特-哈尔滨地层分区；Ⅱ　张广才岭-完达山地层大区；$Ⅱ_1$　松花江地层区；$Ⅱ_1^1$　伊春-尚志地层分区；$Ⅱ_1^2$　佳木斯地层分区；$Ⅱ_1^3$　密山-宝清地层分区；Ⅲ　兴凯地层大区；$Ⅲ_1$　延边地层区；$Ⅲ_1^1$　东宁-汪清地层分区；$Ⅲ_1^{1-1}$　鸡东地层小区；$Ⅲ_1^{1-2}$　老黑山地层小区

表1-1 黑龙江省晚元古代—早三叠世岩石地层单位序列表

地质时代		期	年龄(Ma)	额尔古纳(I_2^1)	达来—兴隆(I_2^2)	东乌—呼玛(I_2^3)	乌兰浩特—哈尔滨(I_2^4)	伊春—尚志(II_1^1)	佳木斯(II_1^2)	密山—宝清(II_1^3)	鸡东(III_1^{1-1})	老黑山(III_1^{1-2})
中生代 三叠纪	早世				老龙头组	老龙头组	老龙头组	老龙头组	老龙头组	老龙头组		
古生代 二叠纪	晚世	长兴期、龙潭期	245、260		林西组	林西组	林西组	红山组、五道岭组		红山组、杨岗组	杨岗组	红山组、开山屯组
	早二叠世	茅口期、栖霞期	290			宝力高庙组	哲斯组、大石寨组	土门岭组（玉泉灰岩）、青龙屯组		二龙山组	洞子沟组、双桥子组、平阳镇组	亮子川组、红叶桥火山岩、庙岭组
石炭纪	晚石炭世			新伊根河组		宝力高庙组	?	杨木岗组		珍子山组	杨木岗组	
	中世							唐家屯组		光庆组		
	早石炭世	韦宪期、杜内期	362	红水泉组	红水泉组	查尔格拉河组、花达气组	洪湖吐河组			北兴组		
泥盆纪	晚泥盆世	法门期、费拉斯期	377	大民山组	大民山组	小河里河组		老秃顶子组		七里卡山组、老秃顶子组		
	中世	吉维特期、爱菲尔期		?	?	根里河组		福兴屯组、宏川组；黑台组		黑台组（砂板岩段、灰岩段、砂砾岩段）		
	早泥盆世	爱姆斯期、布拉格期、洛霍考夫期	408	泥鳅河组	泥鳅河组	腰桑南组、泥鳅河组	?	黑龙宫组			?	?
志留纪	晚志留世	普里多利期、罗德洛期				卧都河组						
	中世	文罗克期				八十里小河组						
	早世	兰德维里期	439			黄花沟组						
奥陶纪	晚奥陶世	阿什极尔期、卡拉道克期(U、M)			伊勒呼里山群：安娘娘桥组（板岩段、砂砾岩段）	爱辉组、裸河组		尚志群：大青组				
	中奥陶世	卡拉道克期(L)、兰代洛期			伊勒呼里山群：南阳河组、?、大伊希康河组	多宝山组、铜山组		尚志群：小金沟组、宝泉组				
	早奥陶世	兰维恩期、阿伦尼格期、特马道克期(U、M、L)	510		伊勒呼里山群：?、黄斑脊山组、库纳森河组							
寒武纪	早寒武世	勒拿期	570		兴隆群：焦布勒石河组、三义沟组、洪胜沟组、高力沟组			西林群：五星镇组、铅山组、老道庙沟组、晨明组			金银库组（砂板岩段、大理岩段）	金银库组（砂板岩段、大理岩段）
晚元古代 震旦纪			800	倭勒根群：大网子组、吉祥沟组	落马湖群：北宽河组、嘎拉山组、?、铁帽山组	落马湖群：北宽河组、嘎拉山组、?、铁帽山组		张广才岭群：新兴组	马家街群		黄松群：阎王殿组	黄松群：阎王殿组
青白口纪			1000					张广才岭群：红光组、正沟组			黄松群：杨木组	黄松群：杨木组

地层区划：北疆—兴安(I)，兴安(I_2)；张广才岭—完达山(II)，松花江(II_1)；兴凯(III)，延边(III_1)，东宁—汪清(III_1^1)

——— 整合　～～～ 不整合　— — — — 平行不整合　······ 关系不明　|||| 缺失　? 情况不明

表1-2 黑龙江省中新生代岩石地层单位序列表

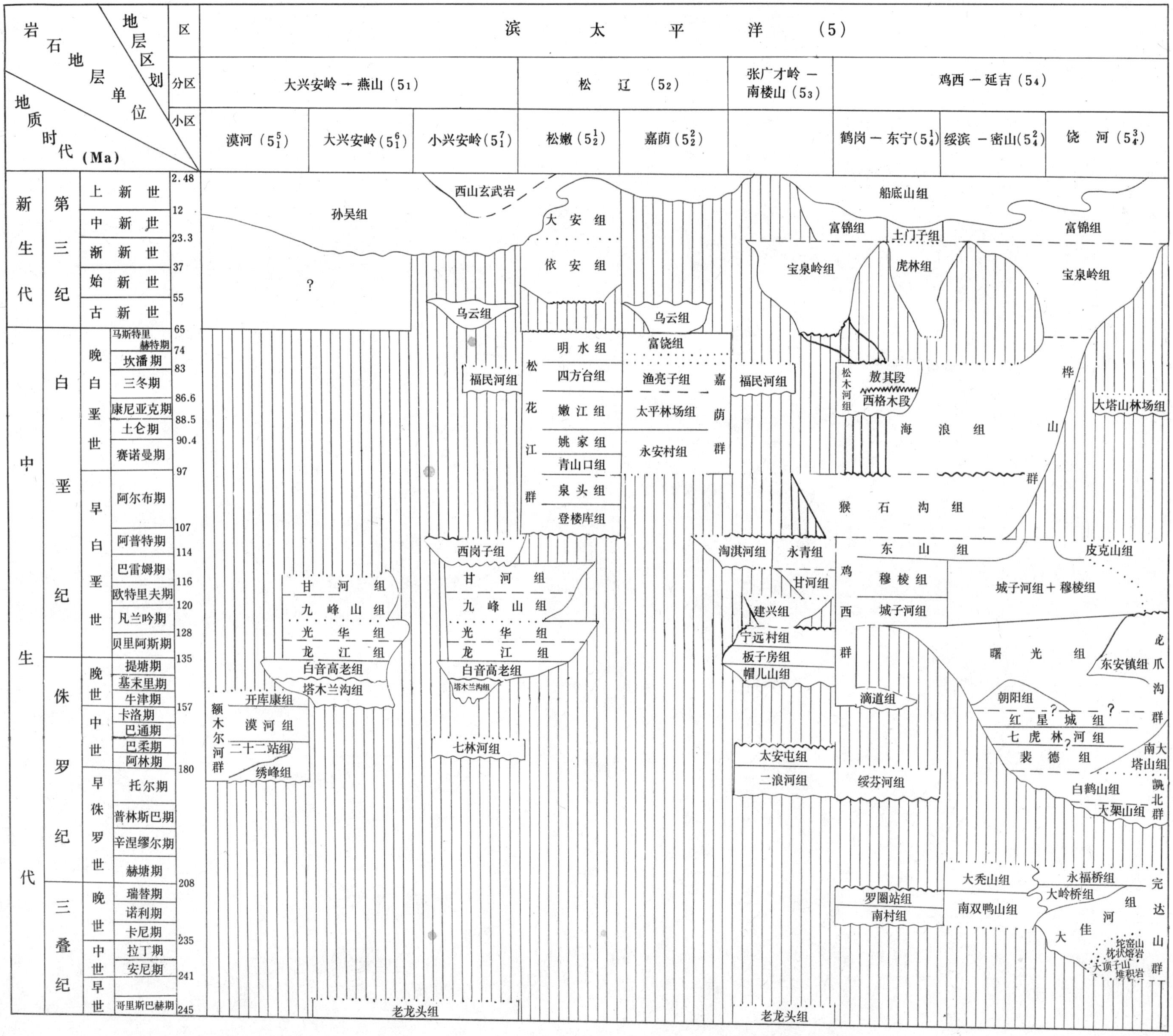

北疆-兴安地层大区(Ⅰ) 包括西段的新疆北部和东段的内蒙古东部及兴安岭两部分。北界为国界,南界在西部为艾比湖-梧桐大泉断裂;东部为贺根山蛇绿岩带并向东部延至长春,东界为松辽盆地东部边缘。本大区为西伯利亚板块的南部大陆边缘,黑龙江省只包括兴安地层区($Ⅰ_2$)松辽盆地东部边缘以西的省内地区。

额尔古纳地层分区($Ⅰ_2^1$) 西北至国界,东南界为东起倭勒根河口,向东北到中游,向西南沿兴隆早古生代坳陷的西缘至省界。其特征为:元古宙为隆起,上覆有零星的古生代盖层。

达来-兴隆地层分区($Ⅰ_2^2$) 东南界为早古生代兴隆坳陷的南缘,其主要特征为:奥陶纪、泥盆纪以正常沉积为主,基底为早寒武世兴隆群。缺失志留纪地层。

东乌-呼玛地层分区($Ⅰ_2^3$) 东南界以元古宙新开岭隆起北缘与罕达气早古生代坳陷的接合部位的断裂带为界,即北起张地营子向西南经纳金口子、霍龙门至省界进入内蒙古,可分北宽河坳陷和罕达气坳陷,二者之间为落马湖隆起,向东北沿黑龙江沟通。其特征为:奥陶纪为火山沉积相和深水的笔石页岩相沉积,志留纪为深水相到滨浅海相成熟度略高的砂泥岩沉积,泥盆纪为广海碎屑沉积夹火山岩,晚期至早石炭世为陆相沉积。

乌兰浩特-哈尔滨地层分区($Ⅰ_2^4$) 西邻东乌-呼玛地层分区,南界由西乌旗北向东到长春南,东界为松辽盆地的东部边缘。其特征为:以晚元古代地层为基底的早石炭世海相沉积和晚石炭世—早二叠世陆相沉积,缺失前石炭纪的古生代沉积,发育海相二叠纪地层。

张广才岭-完达山地层大区(Ⅱ) 西界与兴安地层区的界线一致;南界沿长春—吉林一线至敦密断裂,并沿断裂向东北至国界。该大区为佳木斯中间地块及其边缘,我省只包括松花江地层区($Ⅱ_1$)。

伊春-尚志地层分区($Ⅱ_1^1$) 西邻乌兰浩特-哈尔滨地层分区,东界为牡丹江-嘉荫断裂(佳木斯隆起的西缘),其特征为:元古宙地层为基底,属于晚元古代张广才岭和加里东期的伊春-延寿活动带。

佳木斯地层分区($Ⅱ_1^2$) 敦密断裂带以北,东界自黑台向北经七里卡山、蓝花顶子、七星泡、友谊西、萝北东至黑龙江北岸的阿穆尔捷特。其主要特征为:古生代为隆起,基底为前寒武纪地层,上覆中生代陆相沉积。

密山-宝清地层分区($Ⅱ_1^3$) 东界为东方红与迎春之间大和镇断裂,向西北经富锦抵黑龙江,南界为敦密断裂。其特征为:泥盆纪为海相—陆相沉积,早石炭世为海相沉积,晚石炭世—早二叠世为陆相沉积。

兴凯地层大区(Ⅲ) 西界为敦密断裂,南界为石炭纪地层分布的北界。该大区为兴凯地块及其边缘,黑龙江省只包括延边地层区($Ⅲ_1$),省内称东宁-汪清地层分区($Ⅲ_1^1$),进一步分为鸡东地层小区($Ⅲ_1^{1-1}$)和老黑山地层小区($Ⅲ_1^{1-2}$),二者界线划在绥阳东红花岭向南经沙河子进入吉林省,大致沿黄松隆起,南北分属二叠纪老黑山盆地和鸡东盆地。

(4) 中、新生代地层区划界线和范围(图 1-2)。

滨太平洋地层区(5) 黑龙江省划分为 4 个地层分区。

大兴安岭-燕山地层分区(5_1) 东界为松辽坳陷西缘,向西至省界进入内蒙古。其特征为:中侏罗世为陆相盆地沉积,晚侏罗世—早白垩世为两条 NNE 向火山岩带夹二套煤系。该区进一步划分为:漠河地层小区(5_1^5)系指原称的上黑龙江坳陷,向北过黑龙江;南界为坳陷的边缘,自漠河向西至省界,向东经盘古、十八站、白音纳至黑龙江边。主要特征为:中晚侏罗世为陆相碎屑含煤沉积,基底为前寒武系和泥盆系,盖层为侏罗纪—白垩纪火山-碎屑沉积岩及第三纪砂砾岩;大兴安岭地层小区(5_1^6)东界为欧浦—兴隆—加格达奇,向西至省界。主要特征

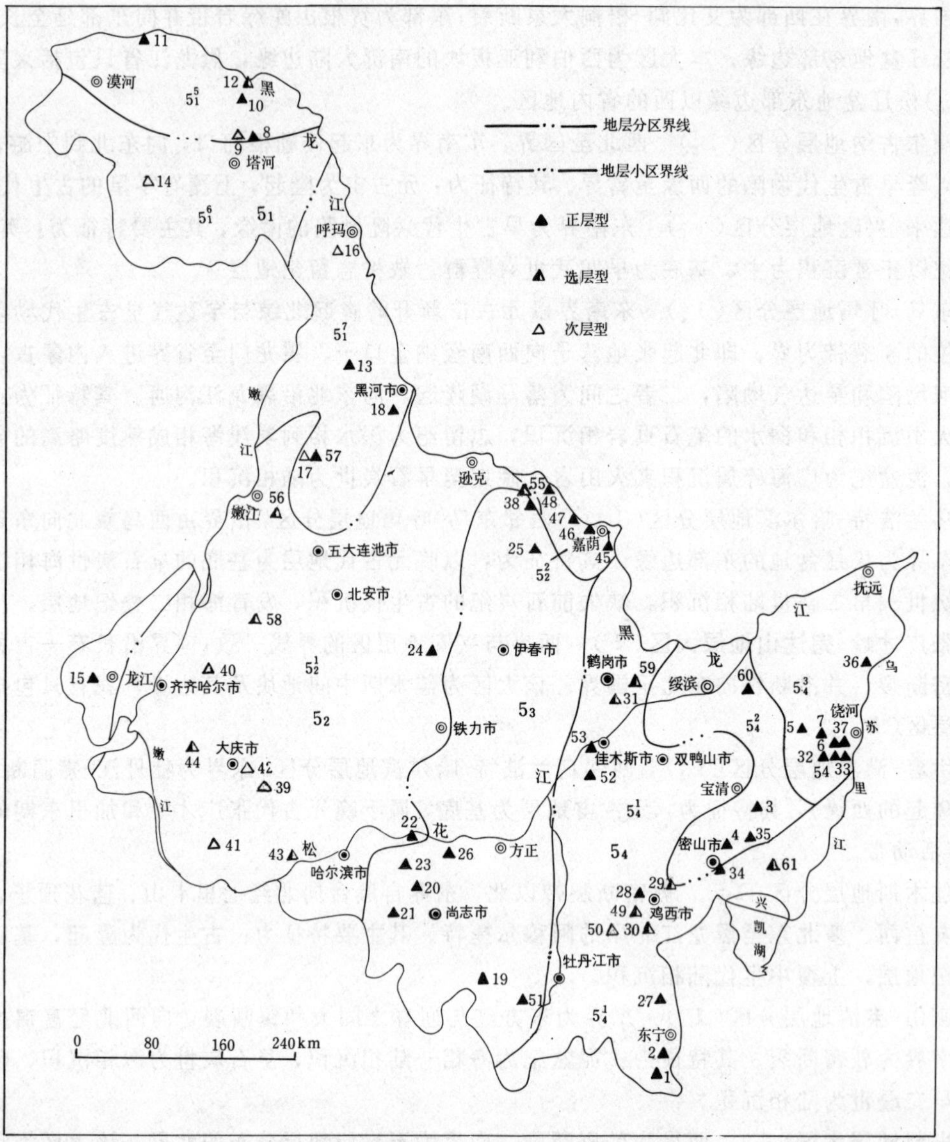

图1-2 黑龙江省中、新生代地层区划及剖面位置图

注：中、新生代地层剖面名称

1. 南村煤矿剖面；2. 罗圈站北剖面；3. 方山林场后山剖面；4. 兴凯公社剖面；5. 大坝北山剖面；6. 二联桥南山剖面；7. 四帮山北山剖面；8. 二支线剖面；9. 二支线十八公里北山剖面；10. 嫩漠公路二十二站后山剖面；11. 乌苏里沿江剖面；12. 开库康码头西黑龙江右岸堑崖剖面；13. 永胜屯剖面；14. 白卡鲁山林场东北7 km博乌勒山剖面；15. 光华大队剖面；16. 椅子圈煤矿ZK74—03孔钻孔剖面；17. 哈尔通西北山剖面；18. 西岗子煤田第一走向剖面；19. 二浪河林场北老秃顶剖面；20. 太安屯剖面；21. 帽儿山剖面；22. 板子房剖面；23. 中心屯剖面；24. 建兴宝山区第三勘探线CK17号钻孔剖面；25. 永青五七干校北山剖面；26. 公正屯剖面；27. 绥芬河山剖面；28. 滴道暖泉北山剖面；29. 哈达立井钻孔剖面；30. 鸡西煤田平岗精查区十六剖面；31. 安民沟—东山剖面；32. 四平山东南剖面及大架山西剖面；33. 小北沟剖面；34. 东胜村后山煤田108队九号探槽剖面；35. 云山剖面；36. 下营西山剖面；37. 皮克山剖面；38. 福民河口南山剖面；39. 松基六井钻孔剖面；40. 乌一井钻孔剖面；41. 葡一井钻孔剖面；42. 萨195井钻孔剖面；43. 郑德福屯北25孔钻孔剖面；44. 库3孔钻孔剖面；45. 永安村剖面；46. 太平林场剖面；47. 渔亮子剖面；48. 富饶公社小河沿南山剖面；49. 奇景村剖面；50. 穆棱河右岸剖面；51. 三道亮子—哈达湾南山剖面；52. 后金沙河至白家屯剖面；53. 草帽顶子剖面；54. 代王砬子南剖面；55. 乌云煤矿5050观测点剖面；56. 旭光农场五队东岗剖面；57. 塔溪西山剖面；58. 59-4号钻孔剖面；59. 宝泉岭农场二分场59-2号钻孔剖面；60. 二龙山镇ZK16孔钻孔剖面；61. 湖北—大青山普查勘探区60-3号钻孔剖面

5 滨太平洋地层区；5_1 大兴安岭-燕山地层分区；5_1^5 漠河地层小区；5_1^6 大兴安岭地层小区；5_1^7 小兴安岭地层小区；5_2 松辽地层分区；5_2^1 松嫩地层小区；5_2^2 嘉荫地层小区；5_3 张广才岭-南楼山地层分区；5_4 鸡西-延吉地层分区；5_4^1 鹤岗-东宁地层小区；5_4^2 绥滨-密山地层小区；5_4^3 饶河地层小区

为：呈一条侏罗纪—白垩纪中酸性火山隆起带，仅西部的坳陷区含煤系地层；小兴安岭地层小区(5_1^7)系指以呼玛-大杨树坳陷为代表的一系列火山沉积的构造坳陷区，它的东界为松辽拗陷西缘，西邻大兴安岭地层小区，以分布九峰山组串珠状陆相含煤盆地为特征。

松辽地层分区(5_2)　指松辽坳陷带。主要特征为阿尔布期及其之后的一套陆相杂色红色碎屑沉积。该区进一步分为松嫩地层小区(5_2^1)和嘉荫地层小区(5_2^2)。前者构成松辽地层分区的主体，为松花江群含油沉积及早第三纪湖沼相含煤沉积和晚第三纪河湖相含铁碎屑沉积；后者仅限于嘉荫县城周围，为一套以含恐龙化石为特色的陆相沉积地层即嘉荫群。向北过黑龙江与俄罗斯结雅盆地相通，它们的基底是侏罗纪—白垩纪火山-沉积地层。

张广才岭-南楼山地层分区(5_3)　西邻松辽地层分区，东界为嘉荫-牡丹江断裂，向南沿敦密断裂进入吉林省，其特征为：以早侏罗世—早白垩世火山-碎屑沉积为主，沿断裂带有第三纪含煤、油页岩的碎屑沉积及玄武岩覆盖。局部出现含煤沉积盆地。

鸡西-延吉地层分区(5_4)　西邻张广才岭-南楼山地层分区，东界为大和镇断裂向西北经富锦、同江到国界，包括敦密断裂以南的地区。主要特征是中侏罗世—早白垩世为一套海陆交互相到陆相碎屑含煤沉积，第三纪为含煤、粘土岩的细碎屑沉积及玄武岩。该区进一步划分为：鹤岗-东宁地层小区(5_4^1)以陆相含煤沉积为主，绥滨-密山地层小区(5_4^2)为海相—海陆交互相陆源碎屑沉积。二者界线从鸡西市城子河北经东大山—珠山煤矿—宝清向西北至集贤，向西沿桦川隆起的东缘至黑龙江边的江滨农场，以东为绥滨-密山地层小区，以西为鹤岗-东宁地层小区。饶河地层小区(5_4^3)指绥滨-密山地层小区以东的国内部分。主要以晚三叠世完达山蛇绿岩群为特征，地层为侏罗纪海相沉积及第三纪陆相含煤细碎屑沉积和上覆的玄武岩。

（二）区域地层发育概况

黑龙江省地处西伯利亚东南缘和滨太平洋陆缘活动带交接复合部位。各时代地层发育，分布广泛，其面积达350 000 km²，约占全省面积的76%，其中山区、半山区地层为210 000 km²，约占山区、半山区总面积的65%。出露有晚太古代至第三纪地层及第四纪沉积，其中以晚元古代、奥陶纪、泥盆纪，侏罗纪、白垩纪、第三纪地层最为发育，而小兴安岭西北部的奥陶纪—泥盆纪地层，完达山、那丹哈达岭中生代沉积-火山岩，松嫩平原的白垩纪地层，均是我省乃至全国地层研究的理想地区。

1. 区域地层研究的回顾

黑龙江省的地层研究大致始自本世纪20年代。可分为四个阶段：

第一阶段（1949年以前）：谭锡畴(1924)调查了鹤岗煤田的中生界，并将其划分为侏罗纪的石头河子层及早白垩世的南岭砾岩层和东山层，王恒升(1929)对鸡西地区的煤系地层进行了调查，同时建立了猴石沟砾岩系；谭锡畴、王恒升(1929)研究了嫩江县周围的黑色页岩并命名为“嫩江页岩系”，同时将甘河流域的玄武岩称为甘河玄武岩系；1937年以后，一些日本地质工作者在交通比较方便的地区做了一些地质调查，将这些零星的资料编入《北满东北部的地质和地志》、《满洲北部的地质和地志》；日本人浅野五郎(1941)对麻山附近变质岩做了研究，并命名麻山统；矢部长克和松山敏郎(1942)建立了下泥盆统“泥鳅河页岩”等。这一阶段的地质工作在我省属于起步阶段，资料零星，极不完整，但在当时也算是极其宝贵的资料。

第二阶段（1950—1956年）：地质工作依然是些零星调查，带有考察性质，资料也不系统。其中有较深影响的有：任绩(1950)、张炳熹(1951)、桐谷文雄(1951)等对东部地区的煤系地层做了研究；俞建章、张文堂(1951)在阿城玉泉灰岩中发现海相化石，并命名“玉泉石灰岩”；喻德渊(1951)撰写《北满地质构造与矿床之关系及北满地层》；王承琪(1953)将阿城市平山一带的板岩命名为“平山系”，时代为早二叠世；俞建章和张文堂(1951)、杨敬之和王钰(1956)等先后研究了密山县黑台地区 的泥盆系，时代定为中泥盆世晚期。

第三阶段（1957—1965 年）：我省开始了大规模的 1：20 万区域地质调查，重点是东部地区的完达山、那丹哈达岭和西部的小兴安岭西北部及大兴安岭地区，积累了大量地层古生物资料，分别建立地区性地层系统，相应地大批地层单位也应运而生。其中有些单位至今仍被广泛利用，有些地层单位被纳入重要的文献《黑龙江流域及其毗邻地区地质》，在以后的生产、科研、教学中起到了重要的作用。

第四阶段（1966—1993 年）：1966 年黑龙江省地质局重新组建区调队，开始了正规的 1：20 万区域地质调查、科研和综合研究工作。首先对哈尔滨市附近的五常县、宾县两个 1：20 万图幅在已有资料的基础上进行区调工作，并在 1967 年正式印刷、公开使用，这是我省有史以来第一份正式印刷并广为使用的区调报告和地质图。自此之后系统正规的 1：20 万区调工作有计划地陆续展开，至今已全面完成这些工作。1973—1976 年地质、煤田、石油等有关单位通力协作编制的《东北地区区域地层表·黑龙江省分册》（以下简称《黑龙江地层表》)(1979)是一次最为系统的地层总结，进行了地层区划，并阐述各分区内地层系统，为地质生产、科研、教学奠定了良好的基础，是一份极为珍贵的地层资料宝库。1993 年出版的《黑龙江省区域地质志》（以下简称《黑龙江地质志》)，它是广泛地收集了各个方面的地层资料，经过深入细致的研究、分析、对比编写而成，在地层方面又是一次重大而系统地总结工作。

现在看来，以往虽然收集了大量的地层、古生物资料，并做了详细划分、对比，但地层工作多是采用传统统一地层划分方法，没有采用现代地层学理论和以岩石地层单位为基础的地层多重划分的方法，从而使一些地层单位含义模糊，标志不清，可填图性差。

2. 区域地层概况

黑龙江省地层按沉积特征和大地构造控制作用及其相应关系等情况，自晚太古代—第三纪可分为三大发展阶段，即：晚太古代—早元古代古陆的形成发展阶段；中元古代—早三叠世中亚蒙古洋的形成发展阶段；中三叠世—第三纪(滨太平洋地层区)的形成发展阶段。

第二大阶段又分 4 个亚阶段：

①中元古界的形成；②上元古界—下寒武统的形成；③奥陶系—下石炭统的形成；④上石炭统—下三叠统的形成。

第三大阶段又分 3 个亚阶段：

①中三叠世—下侏罗统的形成；②下侏罗统—下白垩统的形成；③下白垩统—第三系的形成。

其主要地层特点：

(1) 晚太古代—早元古代古陆的形成发展阶段

本期地层系指分布在本省中东部萝北、佳木斯、鸡西及虎林、虎头一带，即构成佳木斯地块的晚太古代麻山群和早元古代兴东群，为一套以高角闪岩相为主兼有麻粒岩相的火山-沉积岩地层，相当孔兹岩系，在麻山群中获得透辉石的 Ar-Ar 法同位素年龄值为 2 539 Ma。它与北延俄罗斯的布列亚山属于一个地块，夹在北部的蒙古-鄂霍茨克褶皱带和南面的中亚蒙古褶皱带之间，为西伯利亚板块与华北板块裂解时分离出来的中间地块。

(2) 中元古代—早三叠世中亚蒙古洋的形成发展阶段

它包含西伯利亚板块与华北板块自中元古代裂解形成大洋，一直到二叠纪或早三叠世时完全封闭重新成为古陆时所发生的地质作用和所形成的一系列地层。它大体分为4个亚阶段。

①中元古界的形成：中元古代西伯利亚板块与华北板块由原来的一体，分离成两大板块，它们之间形成新的大洋，即中亚蒙古洋。在我省的地层为黑龙江群和新华渡口群，以沉积岩为主夹变质基性火山岩、中酸性火山岩，变质形成角闪岩相—绿片岩相的一系列岩石，其中分布大量基性、超基性侵入岩块体。前者Sm-Nd等时线同位素年龄值为1 146 Ma，后者Sm-Nd等时线同位素年龄值为1 157±32 Ma、1 252 Ma。本套地层与紧贴华北地块北缘的一套角闪岩相—绿片岩相变质沉积岩、变质基性火山岩（Sm-Nd等时线年龄值为1 203 Ma）的"折银都西群"及一套绿片岩相变质海相火山-沉积岩（U-Pb等时线年龄值为1 130 Ma）的"白乃庙群"相当。以此也证实了中元古代两大板块分离的结论。

②上元古界—下寒武统的形成：此期可分为两部分，一部分以晚元古代为主而延入早寒武世的地层，另一部分则为早寒武世的地层。前者包括倭勒根群、落马湖群、张广才岭群、黄松群、马家街群，除马家街群形成在佳木斯地块上，为一套巨厚的变质泥岩之外，其它各群作为大陆边缘增生带形成于中元古界的边缘，属于火山-沉积岩系或沉积-火山岩系，并为古生代地层的直接基底。

早寒武世本省基本处于被动大陆边缘，其岩性主要以白云质碳酸盐岩为主，夹陆源碎屑岩，其中以伊春-尚志地层分区西林群发育最好，并产勒拿期的三叶虫和腕足类化石，该群由晨明组—五星镇组，即由条带状、竹叶状灰岩、红色砂页岩—灰黑色致密块状灰岩所组成的海进韵律为代表。其次在达来-兴隆地层分区兴隆群、东宁-汪清地层分区金银库组也有碳酸盐岩分布。

③奥陶系—下石炭统的形成：此期为中亚蒙古洋的主海侵期，也是地壳构造变动最为活跃期。按沉积旋回和沉积建造的特征，可进一步分为：奥陶纪—志留纪、晚志留世—早石炭世两个阶段。第一阶段，奥陶系可分为两种沉积类型，即火山-沉积型和陆源沉积型。前者见于东乌-呼玛地层分区的罕达气地区和伊春-尚志地层分区，它的早期属陆壳拉张、下沉形成酸性火山碎屑喷发和陆源碎屑堆积，到奥陶纪中期（即多宝山期）时，构造断裂深达上地幔酿成中基性火山喷发，晚奥陶世地壳继续下沉，海水不断加深，由开始时浅海粗碎屑沉积逐渐过渡到深海粉砂质泥质沉积，以发育微细层理的笔石页岩相为特征，此期东部缺失。属于陆源沉积型者仅见于达来-兴隆地层分区的呼玛县兴隆地区的伊勒呼里山群，它基本上为陆源碎屑而形成的三个较大的沉积韵律，其中下部产大量以腕足类 *Finkelnburgia* 和三叶虫 *Ceratopyge*，*Apatokephalus* 为代表的早奥陶世特马道克期贝壳动物群。志留系仅见于东乌-呼玛地层分区的罕达气地区，早期仍然处于深水环境，沉积一套黄绿色的细碎屑岩，产以 *Chonetoidea*，*Meifordia* 为代表的腕足类化石，进入中、晚期海水逐渐变浅，水域缩小，呈现浅海到滨海环境，形成大量的成熟度较高的石英砂岩和非常繁盛的 *Tuvaella* 腕足动物群，构成 *T. rackovskii* - *T. minuta* - *T. gigantea* 组合，在中期地壳曾再度拉开深达上地幔，形成小河里河—长胜屯一带的细碧岩—角斑岩系，可能相当于裂谷型双峰式火山岩。第二阶段，自晚志留世普里多利期开始，地壳重新下沉，海侵逐渐加大，至中泥盆世呈现最大的海泛期，从西往东抵达密山—宝清地区其沉积直接盖在加里东期花岗岩之上。除佳木斯隆起之上和敦密断裂以南的东宁—汪清地区无沉积之外，此期沉积几乎遍布全省其它各地，在这个时期之后陆壳再度上升，海域缩小。在罕达气、伊春—尚志乃至宝清—密山地区，自中泥盆世晚期开始出现陆相沉积，晚泥盆世全省皆上升为陆，早石炭世又有一次新的海侵波及到乌兰浩特-哈尔滨地层分区和密山-宝清地层分区，形成浅海相洪湖吐河组和北兴组火山碎屑及陆源碎屑沉

积，并产密西西比系腕足动物群。此期在罕达气和兴隆地区，早泥盆世布拉格期陆壳局部拉张，形成罕达气基性-酸性火山岩及东部密山-宝清地层分区晚泥盆世费拉斯期中酸性火山喷发岩，其余皆为正常碎屑沉积。兴隆地区表现为浅海—滨海稳定型—次稳定型陆源建造，其岩石类型以大量的石英砂岩为主和粉砂岩及粉砂质泥岩，而罕达气地区则为非稳定型陆源建造-杂陆屑式建造组合，但总体看其生物群特征基本一致，反映当时在各地海水互相沟通，属于同一古地理、古气候环境，由于沉积部位不同而形成不同的岩相。

④上石炭统—下三叠统的形成：全省在中石炭世普遍隆起遭受剥蚀，只有完达山地区比较特殊，其中三叠纪—侏罗纪的混杂堆积中有中石炭世—早二叠世的含䗴灰岩块，它的形成环境属异地还是原地尚有争议。晚石炭世全为陆相沉积，早期以酸性火山岩为主，后期为河流、湖沼相碎屑沉积。其生物均以 *Angaropteridium* 为代表的安加拉植物群，构成从黑龙江省至内蒙古北部比较规则的植物带，反映当时古气候严格的分带性。此期沉积延入早二叠世，但古植物确是以 *Neuropteris-Crassonervia* 组合为代表。继此早二叠世的中晚期，陆壳裂陷拉张，在本省中部形成大石寨组中、酸性火山岩和东部东宁地区以红叶桥中性火山岩为代表的海底火山喷发，同时海水亦从这两个地区进入省内，形成二叠纪新的海侵，反映当时本省南部处于活动的陆缘区。陆相火山岩则以二龙山组和青龙屯组为代表。栖霞中晚期、茅口期，系西部以哲斯组，东部以庙岭组、亮子川组为代表的浅海—滨海相陆源碎屑和碳酸盐岩沉积。其生物群基本显示哲斯动物群的特征，腕足类为 *Yakovlevia-Muirwoodia-Anidanthus-Neospirifer-Kochiproductus* 组合，珊瑚以四射珊瑚为主，构成两个组合：下部为 *Lytrolasma-Tachylasma-Szechuanophyllum* 组合；上部为 *Waagenophyllum-Wentzelella* 组合。䗴类在西部只出现在华安地区，其下部为 *Monodiexodina-Parafusulina* 带，上部为 *Codonofusiella* 带，而东部的东宁地区则为 *Yabeina* 带。晚二叠世，海水退出，早期为大规模的火山喷发，形成以中酸性火山岩为主夹沉积岩—火山岩地层，其中所产植物化石以 *Neoggerathiopsis* 和 *Paracalamites* 为主的二叠纪色彩的古植物组合。晚二叠世的中晚期—早三叠世出现两种类型：一种是以含 *Palaeanodonta-Palaeomutela* 组合为代表的湖相—沼泽相细碎屑沉积；另一种则为分布在前一种沉积类型外侧以河流相为主的类磨拉石沉积，含以 *Callipteris-Comia-Iniopteris* 组合为代表的安加拉植物群，它也反映了从吉林、黑龙江省接壤部位到内蒙古北部这样一个晚二叠世安加拉古植物区带，同时其中也含有华夏植物群的分子，更明显地是在东宁县老黑山地区见有 *Gigantonoclea*，*Taeniopteris* 等华夏植物群特有分子。实际上这个古植物带即是华夏植物群和安加拉植物群的混生带。从上述晚石炭世—早三叠世古植物和古动物的生态环境分析，此期中亚蒙古洋已完全封闭，作为这个时期的沉积已属于华北板块和西伯利亚板块最终碰撞封闭后的盖层。那么作为中元古代—早三叠世规模宏伟的地质作用阶段，也随之宣告结束，地史将进入一个与其截然不同的大地构造环境。

(3) 中三叠世—第三纪(滨太平洋地层区)的形成发展阶段

中亚蒙古洋封闭之后，地史进入滨太平洋地质作用时期，构造作用的方向由 SN 向的拉张挤压，而转向 SE－NW 向的挤压剪切和拉张，大洋板块不断地作用于大陆，从而使本省在中生代以来处于活动的大陆边缘构造带。在不同的构造作用阶段和不同的构造部位形成一系列相应的沉积作用和地层，据此把该期分为 3 个亚阶段，即中三叠统—下侏罗统、下侏罗统—下白垩统(阿普特期)，下白垩统(阿尔布期)—第三系的形成阶段。

①中三叠统—下侏罗统的形成：该阶段的地层主要见于本省东部的完达山、那丹哈达岭(东端)、太平岭，可分为内、中、外三个带。内带为完达山蛇绿岩群，它是作用在洋壳上，由

大洋玄武岩(枕状熔岩)、远洋沉积硅泥质岩和复理石建造(浊积岩)构成的一套建造组合。产有丰富的中—晚三叠世的牙形刺和中三叠世—早侏罗世的放射虫生物群落，其中放射虫可分为中三叠世 *Pseudostylosphaera-Triassocampe*(*P-T*)组合，晚三叠世 *Livanella-Canonium*(*L-C*)组合，早侏罗世 *Bipedis-Palatosaturna*(*B-P*)组合。中带即为分布在那丹哈达岭东部宝清、密山、兴凯一带的一套发生在陆壳上的海相陆源碎屑岩，下部为浅海—滨海相沉积，含两个双壳类组合，下组合为：*Monotis*(*Entomonotis*)组合，上组合为：*Otapiria-Oxytoma* 组合；上部为陆相磨拉石建造，以砾岩为主夹数层杂砂岩和粉砂岩，产植物化石。外带系发生在大陆内部即太平岭地区的中酸性火山岩，下部为中性火山熔岩，上部以酸性火山碎屑岩为主局部夹沉积岩，其中产双扇蕨科植物群。

②下侏罗统—下白垩统的形成：该阶段是指早侏罗世托尔期到早白垩世阿普特期这一地史时期所形成的沉积。以佳木斯隆起为界，分为东西两部明显不同的构造沉积环境。东部早侏罗世为凯北群，中侏罗世—早白垩世为龙爪沟群，晚侏罗世—早白垩世为鸡西群。凯北群限于云山以东，底砾岩发育，由浅海相陆源碎屑岩组成，直接盖在三叠纪硅质岩上。产丰富的海相双壳类及菊石、腹足类、腕足类、棘皮动物和放射虫、箭石等多门类化石，其中双壳类可分两组合，下组合以 *Otapiria* cf. *pseudooriginalis* 为代表，上组合以 *Lima* 属为代表。龙爪沟群底部为陆相沉积——火山碎屑岩夹煤层，不整合在晚二叠世地层之上，向上为含北极头菊石为代表的海相碎屑岩，产以 *Mesosaccella morrisi-Entolium dimissum* 组合为代表的双壳类化石；该群的上部为含菊石泥岩层以上的部分，其中包括鸡西地区原城子河组的海相层，它以浅海相—海陆交互相陆源碎屑岩为主，夹少许火山碎屑岩。产丰富的海相双壳类、腕足类和介形虫及海相沟鞭藻，在饶河县的东安镇用双壳类 *Buchia* 确定侏罗系—白垩系的界线层型。鸡西群以蕴藏丰富的煤炭资源而著称，以陆相沉积为主：下部为滴道组火山碎屑岩夹煤层；中部为该群的主体——含数层工业煤层的碎屑岩，其底部的海相层为龙爪沟群的延续部分；上部为新并入鸡西群的东山组，它以中性火山碎屑岩为主夹沉积岩，与下伏地层为整合接触，该群所含植物化石为 *Ruffordia-Onychiopsis* 植物群。与东山组层位相当的地层在东部尚有皮克山组中性火山岩，所含植物化石为 *Ruffordia-Onychiopsis* 植物群的末期组合(*Neozamites* 组合)。

佳木斯隆起以西，此期完全处于大陆内部地质构造和沉积作用。早、中侏罗世以碎屑沉积为主，以大兴安岭-燕山地层分区的漠河地层小区最发育，称额木尔河群，其次是小兴安岭地层小区的七林河组、分布在张广才岭-南楼山地层分区的太安屯组为沉积-火山碎屑岩建造。所含植物化石属于 *Coniopteris-Phoenicopsis* 植物群。双壳类应为 *Marginifera-Ferganoconcha* 动物群。中、晚侏罗世—早白垩世早中期进入中生代强烈的火山构造活动时期，表现为两个主要的喷发旋回和一次裂陷拉张期。第一个旋回主要发生在大兴安岭主脊，为塔木兰沟组—白音高老组，时间是中侏罗世晚期—晚侏罗世，早期塔木兰沟组为碱性偏钙碱性的碱性玄武岩系列，岩石类型为玄武岩、粗安岩—粗面岩，同位素年龄值为 152～158 Ma，个别可达 166.06 Ma。晚期白音高老组为暗色富钠质流纹质火山熔岩及其碎屑岩夹正常沉积岩的一套沉积-火山岩地层，产 *Nestoria-Keratestheria* 叶肢介组合，K-Ar 等时线同位素年龄值为 144 Ma，Rb-Sr 等时线同位素年龄值为 145.1 Ma。第二个旋回为龙江组—光华组，它广布本省西部的大、小兴安岭；下部为灰紫、灰绿色安山岩及其凝灰岩、角砾岩，上部为酸性火山碎屑岩夹沉积岩，产热河生物群的化石，具较强的沸石化和膨润土化，顶部为密集流理的流纹岩、珍珠岩等。裂陷拉张期，主要发生在大兴安岭主脊的两侧，以东侧最强烈，常形成 NNE 向—

系列坳陷带，其中沉积九峰山组含煤地层，由于地壳不断下沉，裂陷逐渐加大，深达上地幔，从而有玄武岩流不断溢出，形成甘河组，之后地壳又处于相对的宁静、缓慢的拉张环境，形成黑河地区的西岗子组、东部张广才岭-南楼山地层分区的永青组以及海拉尔盆地扎赉诺尔群等一套含煤沉积。在佳木斯隆起的西侧张广才岭-南楼山地层分区，晚侏罗世以酸性火山碎屑岩为主的一套火山岩地层称帽儿山组，K-Ar 同位 素年龄值多数为 140 Ma 左右，相当于大兴安岭地区的白音高老组。早白垩世从酸性火山岩的宁远村组开始，上叠 NNE 向的坳陷带形成建兴组含煤沉积，在逊克县宝山—阿廷河地区被甘河组玄武岩覆盖。甘河组以盛产玛瑙为特征，并被富产孢粉和发育砾岩的沉积地层永青组覆盖，孢粉研究者认为永青组的孢粉组合与扎赉诺尔群相当，本区与永青组层位相当的有产 *Neozamites* 的碎屑沉积的淘淇河组，局部夹煤层。

总之，本阶段是滨太平洋活动最为强烈的大陆边缘活动带，它以挤压、拉张、碰撞作用为特征，形成一系列气势宏伟壮观的火山岩带和造山带，富产金属和非金属矿产。

③下白垩统—第三系的形成：该阶段是指阿尔布期至第三纪末所发生的地质作用和所形成的地层，它涉及的范围是大兴安岭重力梯度带以东的地区。与前阶段不同，它不是挤压、拉张、碰撞造山，而是以拉张沉降为主，其方向为 NE 向，而不是 NNE 向。主要有松辽坳陷带，依舒断陷带、敦密断陷带和珲春-东宁断陷带，属于郯庐断裂的北延或分支，其中以松辽坳陷带规模最大。本期是地史上又一次重大转折，无论构造作用、动力学条件、作用方式以及岩相古地理、古气候、古生物和形成的矿产都与前截然不同。白垩系为成油气环境，属于氧化-还原条件，其沉积物以杂色和紫色为主，在松辽坳陷称松花江群，在其它三个断陷带内称桦山群(它的下部为猴石沟组，上部为海浪组)，在嘉荫地区称嘉荫群。第三纪古气候完全变为温湿气候环境，植被发育，形成丰富的煤炭资源，是黑龙江省乃至全国的一个重要的成煤期。由于裂陷不断加剧，深达地幔，时有玄武岩浆溢出，形成夹层，直至中新世晚期到上新世，发生大规模的火山爆发和岩浆溢流。其中以敦密断裂表现最为强烈，形成大面积岩被，统称为船底山组玄武岩，富产蓝宝石。该期玄武岩从东向西碱质程度逐渐加强，以致成为白榴石玄武岩。该期玄武岩同位素年龄值从 44～3.6 Ma，以 10 Ma 居多。

三、地层对比研究工作遵循的原则

(1)根据《国际地层指南》和《中国地层指南及中国地层指南说明书》的有关规定和要求，对不同类别的地层单位的划分对比，依据不同的方法，并遵循地层工作的程序进行。

(2) 岩石地层单位划分对比研究的重点是“组”，它是岩石地层划分的基本单位，其重要含义在于它总体岩性一致及其延展和可填图性，在 1∶5 万地质图上能够表示出来。

(3) 段只在必要和可能时才划分，而不是所有的组都一定要划分段。而对于区域地层学研究、区域地层格架的恢复有重要意义时则划分出正式段。

(4) 建群要走并组为群的道路。并组为群后原来的组仍然保留，有效，它一般是相邻的组岩性相近或有规律的变化，构成一个超组级的地层单元。对于相邻组虽然有较大的岩性差异，但是它具有稳定的地层结构，并有一定的规律性和延展性，也可以并组为群。

(5) 陆相地层(包括陆相火山岩)、槽区地层的组和元古宙的组，划分时宽容度大些；对于地层发育连续好的较稳定区的海相地层则做了较详细的划分。陆相火山岩着重考虑不同的岩类及其组合类型和火山活动的旋回，结合古生物特征、标志层等综合考虑。总之，它应具有较大的包容性和空间展布上有一定范围的延展性、易划分、易识别性。

(6) 修订一个老地层单位，重新明确其定义，必须和新建单位一样，遵循地层工作程序，提供相应的详细的资料描述，对于命名久远的地层单位，虽然有剖面，但由于受当时的工作条件限制，而研究程度较低，资料非常粗糙，根本就无法反映该单位的总体特征，以后经过系统的区域地质调查和科研、普查工作，在与其地点相近处的同层位中测制了较为翔实的剖面，资料丰富，关系清楚，反映该单位基本特征，并且包含原建组的剖面内容，本次对比研究作为重要的参考剖面。

(7) 合理慎重地处理好科学性和优先权的矛盾问题。原先的岩石地层单位，凡资料充分，描述详细，划分合理并为广大地质工作者所熟悉和使用，原则上不做修订。原建单位资料不足、划分不合理，则不过分强调优先权。但是大家普遍使用的非常有名的单位，即使不是首先命名，划分不尽合理，一般也只宜修订不予废弃，以免造成不必要的混乱。

四、地层对比研究的范围和内容

根据地直发[1992]014号文件《全国地层多重划分对比研究项目总体设计》精神，对凡不符合《国际地层指南》和《中国地层指南及中国地层指南说明书》规定的岩石地层划分、术语和程序的具有岩石地层单位名称的地层单位均属这次对比研究之列。其中包括非正式岩石地层单位、徒具形式的非岩石地层单位、定义不完备的岩石地层单位的修订，被肢解的岩石地层单位定义和名称的恢复、被误解的单位、名称、命名人、命名年份以及文献等方面的考证与修订。

结合我省地层发育情况、产出特征以及研究程度等方面，考虑到中元古代及其以前的地层，均系高度变质变形岩层，基本属于成层无序的变质岩，本次不予对比研究。第四系在我省比较发育，有较好的标准地区和有名气的地层单位。因时间紧、任务重，加之各地区研究程度差异太大，即使进行对比研究也不会有好的效果，所以未进行，同时在本书中也没有介绍。总体看，黑龙江省的地层对比研究工作范围只限于上元古界—第三系。以岩石地层单位划分对比研究为基础及与其它地层单位的对应关系，对研究程度高、资料较为丰富的地区，选择部分地层间隔，研究其地层格架（层序），对区域地层进行空间上和时间上的展布，形成的岩相和古地理环境进行综合分析。按黑龙江省处于边远地区，地质工作程度较低的客观情况，原则上只进行岩石地层单位的研究，不具备建立生物地层单位的条件，所以对于生物地层方面只进行组合的划分，以研究其生物群落的总体特征。对地下地层单位尽量收集深部和地球物理、地球化学等资料进行综合分析研究。对比研究的具体内容：

(1) 研究各类地层单位名称，包括名称出处、原始定义、划分标准及其演化历史，单位的地质特征、分布范围与变化情况，各地层单位间的相互关系。经过详细地对比研究后，提出同物异名，异物同名，并对停止使用或废弃的地层名称提出建议。

(2) 在研究已有资料(包括公开发表的文献和正式印刷的区调、勘查报告，时间是1992年底以前，但在以后的地质工作中形成的重要成果，特别是具有填补空白意义的资料也竭力利用)的基础上，尽可能的实地核查本区所建立的各类层型和重要的参考剖面，并阐明这些剖面所在的地质、地理概况；重新明确岩石地层单位的定义、划分及区域变化、层型及主要参考剖面，以及这些剖面的重要生物、年代及其地质特征等。在野外核查中要因地制宜，少而精，优先检查那些地层发育、出露较好、交通方便地区及在大区乃至全国有代表性的断代能够出现的层型剖面。

(3) 对于层型及参考剖面的原始描述已陈旧或不准确时，尽量进行补充描述，以满足现代地层学的要求。

(4) 研究省、跨省大区域各断代地层分区，综合地层分区方案，并对全国地层分区方案提出建议，编制省地层多重划分对比表。

(5) 编写省各断代地层多重划分对比研究专著。

(6) 建立省地层数据库，为以后的咨询、检查提供基础条件，为信息的进一步开发做好准备。

(7) 对《中国地层指南及中国地层指南说明书》提出修改建议。

五、完成的工作量及主要成果

完成的主要实物工作量：

建议使用的岩石地层单位162个，建议停止使用的地层单位210个，建立地层卡片335套1 173张，实测地层剖面9 km，核查地质路线23 km，采集动植物化石标本100余块，收集利用各类地层资料百余份。编制黑龙江省断代区划图、断代岩石地层单位序列表2份及其它各种插图26份，插表14份和黑龙江省岩石地层分布图（1∶100万）。

黑龙江省地层多重划分对比研究工作从1990年即开始组队并对有关省区就地层研究方面做了考察和学习，1991年以收集资料为主填制一部分非正规的卡片。真正的地层对比研究工作是从1992年的6月份，全国项目办下发了总体设计书和统一格式的表卡及说明书之后开始的，资料搜集截止时间为1993年底。主编由黑龙江省地质矿产局第一区域地质调查大队(简称第一区调大队)总工程师曲关生(高级工程师)担任，副主编由浦全生(高级工程师)担任。参加项目研究的人员分工：曲关生执笔绪论、结语；隋连成(高级工程师)执笔晚元古代、第三纪；浦全生执笔寒武纪—泥盆纪；赵武锋(高级工程师)执笔石炭纪—三叠纪；韩松山（高级工程师）执笔侏罗纪—白垩纪。地层数据库：王英杰(微机)、苗雨艳(地质)、张力(地质)。张力、苗雨艳、赵超、郭亚军参与全部表卡的填写与资料收集；隋连成、曲关生编辑黑龙江省岩石地层分布图(1∶100万)；曲关生、浦全生统稿，隋连成后期进行全面的统稿及修改。李蔚荣同志曾主持1990—1992年6月的工作。参加工作的还有刘春山、于海霞、马振才、王伟文、徐东海、梁福来、郑文超、李嫱。插图清绘由黑龙江第一区域地质调查大队绘图室承担。

整个工作过程中始终得到地矿部全国地层清理项目办、东北大区办及省地矿局总工程师徐衍强、副总工程师金山岩和地矿处王丹群、郑庆道、傅伟的指导，局总工程师韩振新在后期的工作中曾给予很大的支持。马家骏、张海驲在技术上给予了很大的帮助。张立群在微机的维护和数据库研建中曾给予很大的帮助和指导。第一区调大队副总工程师罗玉兴、胡君生、潘林举及地质科长张书范曾多次参加讨论，提出宝贵意见，并在管理上做了很多的帮助和支持。在此一并致谢。

由于笔者水平有限，加之时间仓促，资料的收集、综合分析研究尚感不足，其中错误甚至谬误必有所现，敬请读者批评指正。

第一篇　北疆-兴安地层大区

第二章
晚元古代—早寒武世

第一节　岩石地层单位

倭勒根群　$Pt_3 \in_1 W$　(01-23-0044)

【创名及原始定义】　大兴安岭区域地质测量大队仲伟成等① 1962 年创建于倭勒根河流域。系指分布于呼玛县韩家园子附近及外倭勒根河一带的一套浅变质岩系。自下而上划分为二个组:吉祥沟组和大网子组,时代置震旦纪—早寒武世。

【沿革】　1981 年黑龙江省地质科学研究所范远成等,在编制 1:50 万黑龙江省地质图及其说明书时,将该群对比为佳疙瘩群,时代置晚元古代—早寒武世。1989 年,黑龙江省地质矿产局第二区域地质调查大队(简称黑龙江第二区调大队)刘步昌等，在进行十八站等幅 1:20 万区域地质调查时，将分布于韩家园乡附近及倭勒根河一带的这套浅变质岩仍称之倭勒根群，重新划分了吉祥沟组和大网子组，时代置震旦纪—早寒武世。1993 年《黑龙江地质志》中称零点群,划分出房建组和大乌苏河组,时代置晚元古代晚期。本次对比研究采用 1989 年刘步昌等的划分方案。

【现在定义】　分布于呼玛县倭勒根河流域及新林区大乌苏河流域。为一套浅变质岩系，下部为陆源碎屑岩，上部主要为基性火山岩，自下而上划分为吉祥沟组、大网子组。

吉祥沟组　$Pt_3 \in_1 j$　(01-23-0045)

【创名及原始定义】　大兴安岭区域地质测量大队仲伟成等 1962 年创建于外倭勒根河一带。分布在呼玛县外倭勒根河一带，主要由灰色、灰黑色绢云石英片岩、云英片岩、大理岩、碳质片岩、石英岩组成。时代为震旦纪—早寒武世。

① 大兴安岭区域地质测量大队仲伟成等,1962,N-51-131、143 幅(十八站幅西半部)1:20 万区域地质测量报告(未出版)。

【沿革】 该组1993年《黑龙江地质志》中曾称房建组，本次对比研究恢复吉祥沟组。房建组为吉祥沟组同物异名，应停用。

【现在定义】 分布于呼玛县倭勒根河及新林区大乌苏河流域，主要由深灰色(二云)石英片岩、千枚岩、板岩、灰白色微晶灰岩及含石墨灰岩、微晶片岩等组成，为一套浅变质的海相细碎屑岩夹碳酸盐岩组合。选层型未见顶底。

【层型】 因创名时未指定正层型，故选层型为呼玛县韩家园乡新达拉罕村南倭勒根河东岸剖面 (P_{24}) (125°52′00″,52°03′30″)(图1-1中1)，黑龙江第二区调大队1986年测制。

吉祥沟组	总厚度＞827.90 m
7. 灰白色条带状微晶灰岩。(未见顶)	＞25.40 m
6. 黑灰色微晶方解云母石英片岩	24.60 m
5. 深灰色千枚状微晶二云石英片岩	354.40 m
4. 深灰色千枚状石榴二云石英片岩	212.90 m
3. 灰白色含陆源碎屑微晶灰岩	69.70 m
2. 黑灰色微晶云母石英片岩	68.80 m
1. 灰白色含陆源碎屑微晶灰岩。(未见底)	＞116.90 m

【地质特征及区域变化】 主要岩石类型为片岩、千枚岩、板岩及灰岩等，岩石多呈暗色，遭受轻微区域变质，局部地段叠加热、动力变质作用，呈现片理化、角岩化、糜棱岩化等。岩石中含较多碳质，显示为缺氧的深水还原沉积环境，构成海相陆源细碎屑-碳酸盐岩沉积建造。

该组出露厚度在新达拉罕村南约为872 m，在韩家园乡北山为76 m以上；向西南延伸到新林区大乌苏河流域，其岩石类型增加有：碳酸盐化含长石石英粉砂岩、细砂粉砂岩、二云长英角岩、二云斜长角闪片岩等，灰岩及石英片岩减少，变质程度减弱，在零点东山其出露厚度最大为1 715 m。区域上与上覆大网子组呈整合接触。

根据塔源幅1：5万区域地质调查时，在该组中所采得的疑源类微体化石：*Teophipolia* cf. *lacerata*，*Leiosphaeridia* sp.，*Bavlinella* sp.，*Polythrichoides lineatus*，*Protosphaeridium* sp.，*Trachysphaeridium* sp.，*Synsphaeridium* sp.，*Micthystridium* sp.，其时代应为晚元古代—早寒武世。

大网子组　$Pt_3\in_1 d$　(01-23-0046)

【创名及原始定义】 大兴安岭区域地质测量大队仲伟成等1962年创建于呼玛县韩家园乡附近。出露于韩家园子附近和外倭勒根河一带，主要为片理化安山岩夹绢云母泥质片岩。与吉祥沟组呈整合关系，时代为震旦纪—早寒武世。

【沿革】 该组1993年《黑龙江地质志》中曾称大乌苏河组，本次对比研究恢复大网子组。大乌苏河组为大网子组的同物异名，应停用。

【现在定义】 分布于呼玛县倭勒根河及新林区大乌苏河流域，主要由灰色、灰绿色片理化角斑岩、细碧岩、变中基(酸)性熔岩夹硅质页岩、板岩等组成，为一套浅变质的海相中基(酸)性火山岩夹细碎屑岩组合。选层型未见顶底。

【层型】 因创名时未指定正层型，故选层型为呼玛县韩家园乡西北2.5 km剖面(P_{25}) (125°41′30″,52°06′00″)(图1-1中2)，黑龙江第二区调大队1986年测制。

大网子组	总厚度＞775.63 m
23. 灰绿色角斑岩质角砾岩。(未见顶)	80.70 m
22. 绿灰色粗玄岩	8.00 m
21. 绿灰色、深灰色角斑岩	83.80 m
20. 绿灰色片理化变角斑岩	119.90 m
19. 绿灰色细碧岩	28.23 m
18. 灰绿色强片理化角斑岩	43.90 m
17. 黑灰色强黑云母化变细碧岩	33.30 m
16. 暗绿灰色变角斑岩	25.70 m
15. 浅绿灰色片理化变细碧岩	25.00 m
14. 浅绿灰色片理化硅质页岩	25.50 m
13. 深灰色片理化角斑岩	24.10 m
12. 绿灰色片理化角斑岩	42.10 m
11. 灰色杏仁状角斑岩	46.30 m
10. 灰色具劈理构造细碧岩	33.90 m
9. 灰色千糜状细碧岩	33.90 m
8. 深灰色杏仁状片理化变角斑岩	24.70 m
7. 浅绿灰色片理化变角斑岩，杏仁状片理化变角斑岩。(未见底)	＞62.30 m

【地质特征及区域变化】 大网子组由浅变质中基性熔岩和变酸性熔岩及细碎屑岩组成。主要岩石类型为细碧岩、角斑岩、板岩等，岩石颜色偏暗且多带绿色调，受轻微区域变质，局部地段叠加热、动力变质作用形成片理化、角岩化及糜棱岩化等，构成海相中基(酸)性火山岩夹细碎屑沉积建造，海底火山活动频繁，沉积环境不稳定。

该组在韩家园乡一带出露最大厚度约为 775 m；向西南延伸到新林区大乌苏河流域，出露厚度增大，最大厚度约为 1 932 m。变角斑岩、变中基性熔岩减少，增加了板岩、石英片岩、白云钙质片岩等副变质岩石。区域上与下伏吉祥沟组呈整合接触。

落马湖群　$Pt_3\in_1 L$　(01－23－0047)

【创名及原始定义】 中国科学院黑龙江流域综合考察队姜春潮等 1959 年创建于落马湖地区，1963 年介绍，称落马湖变质岩群。自下而上划分出四个岩层：(1) 花岗混合片麻岩，(2) 十字石矽线石副片麻岩、二云母片岩层，(3) 角闪片麻岩层，(4) 石榴石-绢云母片岩、细晶片麻岩层。时代为元古代(?)。

【沿革】 1960 年王莹等在嘎拉河—落马湖一带工作时曾将落马湖变质岩群改称落马湖群，时代为太古代—元古代。1986 年黑龙江省地质矿产局第一区域地质调查大队(简称黑龙江第一区调大队)隋连成等，将分布于落马湖—宽河一带的落马湖群，自下而上划分为 3 个组：铁帽山组、嘎拉山组、北宽河组，时代为晚元古代—早寒武世。1993 年《黑龙江地质志》沿用落马湖群，保留铁帽山组和嘎拉山组，时代为晚元古代。本次对比研究采用 1986 年隋连成等的方案，并将原划为石炭纪的库伊河群归入落马湖群。

【现在定义】 分布于呼玛县落马湖—宽河一带及德都县库伊河流域。为一套变质杂岩系，自下而上划分为 3 个组：铁帽山组、嘎拉山组、北宽河组。

铁帽山组　$Pt_3\in_1 t$　(01－23－0048)

【创名及原始定义】 黑龙江第一区调大队隋连成等 1986 年创建于嘎拉山林场南山。分布于嫩江县嘎拉山林场南山，呼玛县铁帽山农场、四间房及新立屯店房一带。其上部为灰色矽线黑云斜长变粒岩、(黑云)十字变粒岩、褐灰色矽线十字二云片岩及白色大理岩；下部为灰色黑云(二云)斜长片麻岩、变粒岩夹二云(斜长)片岩、灰黑色斜长角闪岩、辉石角闪岩。普遍含矽线石，具轻微混合岩化。为一套火山-碎屑沉积建造。时代为晚元古代—早寒武世。

【沿革】　自创建后，沿用至今。

【现在定义】　分布于呼玛县落马湖地区，主要由灰色矽线(含石榴)黑云斜长变粒岩、黑云十字变粒岩、矽线(十字)二云片岩、矽线黑云(二云)变粒岩及白色大理岩等组成，为一套中深变质的细碎屑岩夹碳酸盐岩。以含大量矽线石及少量十字石、石榴石变质矿物为特征。正层型未见顶底。

【层型】　正层型为呼玛县北疆乡嘎拉山林场南山剖面(P_1)(126°04′10″,50°50′38″)(图1－1中3)，黑龙江第一区调大队1983年测制。

铁帽山组	总厚度>1 168 m
17. 绿色含石榴黑云斜长变粒岩。(未见顶)	>63 m
16. 灰色矽线黑云斜长变粒岩	93 m
15. 灰色黑云矽线片岩	130 m
14. 灰色黑云斜长变粒岩	94 m
13. 灰色含矽线二云斜长变粒岩	71 m
12. 灰色矽线黑云斜长变粒岩	59 m
11. 灰色黑云斜长变粒岩	44 m
10. 黄灰色含矽线二云斜长变粒岩	53 m
9. 灰色二云片岩	31 m
8. 灰色黑云（斜长）变粒岩	53 m
7. 黄灰色含矽线二云斜长变粒岩	22 m
6. 灰色黑云斜长变粒岩	53 m
5. 上部为灰色含矽线黑云斜长变粒岩；下部为灰色黑云斜长变粒岩	74 m
4. 浅灰色黑云十字变粒岩	106 m
3. 黄灰色十字二云斜长变粒岩	26 m
2. 灰色二云斜长变粒岩、矽线二云变粒岩	122 m
1. 褐灰色矽线十字二云片岩、矽线二云片岩。(未见底)	>74.00 m

【地质特征及区域变化】　铁帽山组由深变质的细碎屑岩夹碳酸盐岩组成。主要为变粒岩、片岩、片麻岩夹大理岩。岩石多呈灰色，颜色偏暗，以岩石中含矽线石为其主要特征，构成高角闪岩相矽线石变质带，属中高级区域变质岩，为一套海相细碎屑夹碳酸盐岩沉积建造。该组仅见于落马湖地区，在嘎拉山林场一带，夹多层白色大理岩，质纯，已被开采利用，与上覆嘎拉山组呈断层接触，推测为整合接触。

嘎拉山组　$Pt_3\in_1 g$　(01－23－0049)

【创名及原始定义】　黑龙江第一区调大队隋连成等1986年创建于嫩江县嘎拉山林场。分布于嫩江县嘎拉山林场、呼玛县北宽河中上游及新立屯一带。主要岩性：上部为灰色含十字二云片岩、含石榴十字二云石英片岩、白云片岩夹灰色含十字二云变粒岩、浅灰色黑云斜长变粒岩；下部为灰色含十字二云石英片岩、含石榴白云石英片岩夹灰色二云片岩，其中以含大量的十字石和石榴石为特征。为一套陆源碎屑沉积建造。

【沿革】 自创建后，沿用至今。本次对比研究将德都县库伊河流域，原划为石炭纪库伊河群的黑被子组，归并于落马湖群嘎拉山组。故黑被子组停止使用。

【现在定义】 分布于嫩江县嘎拉山林场及呼玛县新立屯、铁帽山农场、北宽河一带和德都县库伊河流域。指位于铁帽山组之上(断层接触)，整合于北宽河组之下，主要由灰色含十字石、石榴石的二云石英片岩、绢云片岩、二云片岩、白云片岩、变粒岩等组成，为一套中浅变质的细碎屑岩。以含十字石、石榴石变质矿物为特征。

【层型】 正层型为呼玛县三卡乡新立屯西大木山剖面(P_{62})(126°34′40″,50°56′00″)(图1-1中4)，黑龙江第一区调大队1985年测制。

上覆地层：**北宽河组**　深灰色绢云千枚岩

——————— 整　合 ———————

嘎拉山组　　总厚度>1 487 m

16. 灰色含石榴二云石英片岩、二云石英片岩	123 m
15. 灰色含石榴黑云石英片岩	156 m
14. 浅灰色黑云斜长变粒岩	43 m
13. 灰色二云石英片岩	95 m
12. 浅灰色石榴白云石英片岩、十字白云石英片岩及白云片岩	509 m
11. 灰色十字二云石英片岩	164 m
10. 灰色石榴二云石英片岩	201 m
9. 灰色含石榴二云石英片岩、十字石榴二云石英片岩。(未见底)	>196 m

【地质特征及区域变化】 嘎拉山组由中浅变质的细碎屑岩组成，主要为灰色含十字石、石榴石的石英片岩、二云片岩、变粒岩等。岩石多呈灰色、浅灰色，颜色偏浅，以岩石中含十字石为其主要特征，构成低角闪岩相十字石变质带，属中低级区域变质岩，为一套海相陆源细碎屑沉积建造。该组在正层型分布区出露最大厚度为1 487 m；向西南延伸到呼玛县落马湖嘎拉山林场—铁帽山农场一带，岩性变化不大，出露最大厚度为389 m；向东南延伸到德都县库伊河下游、金山村一带，变粒岩增多、片岩相对减少，岩石中所含石榴石矿物增加，出露最大厚度为778 m。

北宽河组　$Pt_3\in_1b$　(01-23-0050)

【创名及原始定义】 黑龙江第一区调大队隋连成等1986年创建于北宽河。分布于呼玛县北宽河、铁帽山农场、新立屯及嫩江县嘎拉山林场一带。主要岩性：上部为灰绿色粉砂质绢云板岩、含砂质绿泥板岩、绿灰色绢云千枚岩夹灰色片理化中酸性火山岩、片理化长石砂岩、变质凝灰砂岩；下部为深灰色含石榴绢云微晶片岩、绢云千枚岩、灰绿色片理化中酸性火山岩夹灰色片理化变质长石石英砂岩、灰绿色凝灰砂岩、绢云板岩及大理岩。以仅含石榴石变质矿物为特征。为一套砂泥质—碳酸盐岩沉积夹火山岩建造。

【沿革】 自创建后，1993年《黑龙江地质志》曾将其归入早寒武世三义沟组。本次对比研究恢复北宽河组，并将德都县库伊河流域原划为库伊河群的额头山组(《黑龙江地质志》曾将其划为一面坡群额头山组)归并其中。

【现在定义】 分布于呼玛县北宽河、铁帽山农场南山及嫩江县嘎拉山林场和德都县库伊河流域，整合于嘎拉山组之上，顶界不清。主要由灰色、灰绿色绢云板岩、千枚岩、片理化凝灰砂岩、灰紫色变质砂岩、含石榴微晶片岩、绿灰色片理化(变质)中酸性火山岩等组成，为一套浅变质的细碎屑岩夹中酸性火山岩组合。以含石榴石变质矿物为特征。

【层型】 正层型为呼玛县三卡乡北宽河北岸剖面（P_5）（126°30′10″,51°04′24″）(图1-1中5)，黑龙江第一区调大队1984测制。

北宽河组	总厚度＞1 916 m
30. 灰绿色粉砂质绢云绿泥板岩及含粉砂绢云板岩。(未见顶)	＞112 m
29. 黄灰色片理化中粒长石砂岩	29 m
28. 灰绿色片理化中粒长石砂岩	44 m
27. 黄灰色片理化中粒长石砂岩	88 m
26. 灰色含砂质绢云板岩	82 m
25. 灰黑色微晶片岩	16 m
24. 灰色含砂质绢云板岩	42 m
23. 灰绿色片理化凝灰粉砂岩	10 m
22. 黑色绢云板岩	12 m
21. 灰色微晶片岩	87 m
20. 灰绿色片理化细粒凝灰砂岩	31 m
19. 灰色凝灰粉砂质绢云板岩	36 m
18. 灰色片理化中粒凝灰砂岩	14 m
17. 绿色片理化中酸性火山岩	40 m
16. 灰绿色片理化凝灰细砂粉砂岩	103 m
15. 灰绿色、黑色绢云千枚岩	83 m
14. 黄灰色强片理化中酸性火山岩	152 m
13. 黑灰色硬绿泥石绢云千枚岩	59 m
12. 深灰色微晶片岩	82 m
11. 灰色含绢云石英千枚岩、绢云千枚岩	80 m
10. 灰黑色含石榴微晶片岩	73 m
9. 灰色绢云千枚岩	48 m
8. 黄褐色条带状细粒石英砂岩	24 m
7. 灰色绢云千枚岩	214 m
6. 灰紫色硅化片理化变质粉砂岩	98 m
5. 紫色绢云千枚岩	47 m
4. 绿灰色、灰色片理化中酸性火山岩	100 m
3. 紫色片理化变质粉砂岩	74 m
2. 紫色中酸性火山岩	36 m

——————— 整 合 ———————

下伏地层：**嘎拉山组** 灰褐色含十字白云片岩

【地质特征及区域变化】 北宽河组由浅变质的细碎屑岩夹变质(中)酸性火山岩组成。岩石多呈灰色带绿或紫色调，其中普遍含有石榴石和绿泥石为主要特征，构成低绿片岩相石榴石变质带和绿泥石变质带，属低级区域变质岩。局部地段岩层中含微晶石墨，可形成矿化。为一套细碎屑沉积夹中酸性火山岩建造。

该组在正层型分布区出露最大厚度为 1 916 m。由北宽河往西至铁帽山农场、嘎拉山林场一带，地层中砂岩增多，板岩、千枚岩减少，不夹火山岩层，其沉积碎屑由细变粗，地层厚度变薄，在北宽河上游宽河林业经营所一带的板岩中含微晶石墨；向东南延伸到德都县库伊河流域，出露最大厚度为 1 079 m，变质(中)酸性火山岩显著增多，砂岩减少，表明火山活动较强烈，但变质程度减弱。

在呼玛县北宽河北岸获得该组全岩 Rb-Sr 法同位素等时线年龄值为 501 Ma、504 Ma，表明其形成早于奥陶纪，根据其变质程度及区域对比，将其时代暂置于晚元古代—早寒武世。

兴隆群　$\in_1XL$　(01－23－0083)

【创名及原始定义】　黑龙江省地质矿产局张海驷等 1993 年创建于呼玛县兴隆地区。指分布于呼玛县兴隆沟一带，主要由板岩、千枚岩、大理岩、白云岩及中酸性火山岩组成的一套变质岩系，自下而上包括高力沟组、洪胜沟组、三义沟组。时代置早寒武世。

【沿革】　创名前 1983 年谢贵生等在兴隆沟幅进行 1∶20 万区域地质调查时称倭勒根群，其中包含他所创建的高力沟组、洪胜沟组、三义沟组和焦布勒石河组，时代置震旦纪—寒武纪。本次对比研究沿用创名方案，并将焦布勒石河组从三义沟组中分出。

【现在定义】　分布在呼玛县兴隆乡至十四站一带，岩性为板岩、千枚岩、大理岩、白云岩、酸性或中酸性熔岩及其凝灰岩等。包括高力沟组、洪胜沟组、三义沟组和焦布勒石河组。

高力沟组　$\in_1g$　(01－23－0071)

【创名及原始定义】　黑龙江第一区调大队谢贵生等 1983 年创建于呼玛县高力沟。指出露于呼玛县兴隆地区，下部以千枚岩为主，上部为板岩夹大理岩的岩石组合。总厚度大于 849 m。整合于洪胜沟组之下。时代置震旦纪—寒武纪。

【沿革】　创建后沿用至今。本次对比研究对高力沟组的原划分略有改动，将正层型呼玛县洪胜沟剖面(P_4)中原洪胜沟组下部结晶灰岩的始现作为高力沟组的顶界。

【现在定义】　指断续出露在呼玛县高力店—十四站一带，整合于洪胜沟组之下，底界不清的碎屑岩组合。下部为铅灰色、黄绿色、灰绿色千枚岩夹砂泥质灰岩和钙质砂岩；上部为黄褐色、黄白色中粗粒—中细粒石英砂岩、含砾石英砂岩、砂砾岩夹千枚岩。

【层型】　正层型为呼玛县兴隆乡十四站洪胜沟剖面(P_4)(125°38′00″,51°40′00″)(图 1－1 中 6)，黑龙江第一区调大队 1981 年测制。

上覆地层：**洪胜沟组**　灰色、灰白色、黄色结晶灰岩

——————　整　合　——————

高力沟组	总厚度＞507.60 m
4. 黄褐色条带状含砾砂岩	27.40 m
3. 灰绿色、黄褐色绢云千枚岩	23.90 m
2. 黄褐色片理化硅化石英砂岩、含砾石英砂岩	134.00 m
1. 灰绿色千枚岩。(未见底)	＞322.30 m

【地质特征及区域变化】　高力沟组在洪胜沟剖面出露较全，下部为千枚岩；上部以含砾砂岩、石英砂岩为主夹千枚岩，厚约 507 m，呈 NE 走向，构成兴隆背斜核部。在十五站(北西里)也有零星出露。但兴隆沟和洪胜沟出露厚度较大，并且变质程度也较其它地区的高力沟

组相对较深，均为千枚岩。十五站地区出露为板岩和少量变质砂岩，厚度约 326 m，被奥陶纪安娘娘桥组不整合覆盖。产微体化石 *Lophosphaeridium* sp.，? *Estiastra* sp. 和 *Micrhystridium* sp.。时代属早寒武世。

洪胜沟组 ∈*h* (01-23-0072)

【创名及原始定义】 谢贵生等 1983 年创建于洪胜沟。分布在洪胜沟、土豆沟、兴隆沟一带，其岩性以灰岩、大理岩及白云质灰岩为主夹板岩。整合于高力沟组之上，厚度 733.6 m。

【沿革】 创建后沿用至今。本书对其定义做了修订，将下部结晶灰岩的始现视为底界。

【现在定义】 分布于呼玛县高力店—十四站一带，整合于高力沟组之上、三义沟组之下。中下部为黄色、灰色、灰黑色薄层(条带)状结晶灰岩与砂泥质灰岩互层，夹绢云板岩、硅质板岩局部为厚层状白云岩、白云质大理岩并夹碳质板岩；上部为灰黄绿色、灰褐色粉砂质板岩。

【层型】 正层型为呼玛县十四站洪胜沟剖面(P_4)(125°38′00″，51°40′00″)(图 1-1 中 6)，黑龙江第一区调大队 1981 年测制。

上覆地层：三义沟组 黑色粉砂质碳质绢云板岩

——— 整 合 ———

洪胜沟组	总厚度 548.30 m
14. 灰黄绿色、灰褐色粉砂质绿泥绢云板岩	131.10 m
13. 深灰色薄层状结晶灰岩与硅质岩互层	5.00 m
12. 灰黄色粉砂质硅质绢云板岩	14.00 m
11. 灰色含粉砂泥灰岩、条带状结晶灰岩夹黄褐色粉砂质绢云板岩	19.80 m
10. 灰褐色千枚状含粉砂绢云板岩	59.80 m
9. 灰色泥灰岩	23.40 m
8. 灰色含钙质粉砂质绢云板岩	35.40 m
7. 灰色、灰白色结晶灰岩	134.00 m
6. 灰色、深灰色泥灰岩夹薄层结晶灰岩	69.00 m
5. 灰色、灰白色、黄色结晶灰岩	56.80m

——— 整 合 ———

下伏地层：高力沟组 黄褐色条带状含砾砂岩

【地质特征及区域变化】 洪胜沟组下部以薄层结晶灰岩、砂质灰岩夹板岩为特点，板岩中常见碳质板岩、硅质板岩，结晶灰岩与白云质大理岩呈相变并含碳质；上部碎屑岩增加，以粉砂质板岩为主。为一套浅海相碳酸盐岩—碎屑岩沉积。岩石属低级区域变质。古生物化石稀少，仅在灰岩中见虫迹化石。该组底部含磷矿结核，可为寻找磷矿的线索。

洪胜沟组在十四站—兴隆一带呈 NE 向延伸。在洪胜沟出露完整，顶底均较全，以薄层结晶灰岩与泥灰岩、板岩互层为特点，由此向东北，该组延续较好，但厚度逐渐变薄，尤以大理岩更薄，只是在土豆沟地区白云质碳酸盐岩集中，厚度变大(551 m)。背斜西南端，该组厚度变小(约 300 m)，并且碳酸盐岩消失，以长石砂岩取代。

【问题讨论】 该区作为沉积盆地，洪胜沟可视为中心，而高力店和焦布勒石河则为边缘。从岩石的结构、构造、物质成分及其横向变化表明，沉积环境应较为稳定，属封闭的陆表浅海沉积环境。

三义沟组　$\in_1 s$　（01－23－0073）

【创名及原始定义】　谢贵生等1983年创建于三义沟。出露在呼玛县兴隆乡的高力店至十四站一带，岩性为黑色碳质板岩、灰黄绿色绢云板岩及绿泥板岩。厚度441.2 m。整合于洪胜沟组之上。

【沿革】　1993年《黑龙江地质志》中曾将原三义沟组和焦布勒石河组合并称三义沟组。本次对比研究仍将其分开，恢复原划分方案，并基本保持原始命名含义。

【现在定义】　指分布于呼玛县兴隆乡高力店—十四站一带，整合于洪胜沟组之上、焦布勒石河组之下的碳质板岩组合。岩性为黑色碳质绢云板岩、灰黄绿色粉砂质绢云板岩、绿泥板岩，局部夹中细粒长石砂岩及凝灰质细砂粉砂岩。

【层型】　正层型为呼玛县十四站洪胜沟剖面(P_4)(125°38′00″,51°40′00″)(图1－1中6)，黑龙江第一区调大队1981年测制。

上覆地层：**焦布勒石河组**　黄绿色绢云千枚岩

——————— 整　合 ———————

三义沟组	总厚度441.20 m
21. 黑色千枚状碳质绢云板岩	82.50 m
20. 灰黄褐色含粉砂质绢云绿泥板岩	41.40 m
19. 黑色碳质绢云板岩	34.10 m
18. 灰黄绿色、灰黄褐色粉砂质绢云板岩	36.30 m
17. 黑色碳质绢云板岩	86.40 m
16. 灰黄绿色粉砂质绢云板岩	30.90 m
15. 黑色碳质绢云板岩及黑色粉砂质碳质绢云板岩	129.60 m

——————— 整　合 ———————

下伏地层：**洪胜沟组**　灰黄绿色、灰褐色粉砂质绿泥绢云板岩

【地质特征及区域变化】　三义沟组以板岩为主，即碳质绢云板岩和粉砂质绢云绿泥板岩。岩石以黑色为主，其次为灰黄绿色，其成分以含碳质为特点，粉砂-泥质结构，薄层状构造，具低级区域变质。时代为早寒武世。

三义沟组与洪胜沟组相伴沿NE向分布在呼玛县十四站—兴隆乡一带，构成兴隆背斜翼部。该组在洪胜沟出露完整、连续，厚度约为441 m，在土豆沟，因断层破坏，厚约171 m，岩性与洪胜沟地区一致；在安娘娘桥东山出露约420 m，被安娘娘桥组不整合覆盖，岩石也以板岩为主，但碳质含量减少，粉砂质含量增加，岩石颜色相对浅，一般为黄绿色；在兴隆沟东南出露约371 m，但底部不全，岩石组合保持该组基本特点，只是粗碎屑增加；在十四站出露约240 m，出现了约27 m厚的中细粒长石砂岩，但岩石组合的基本特点不变。总之，在盆地中部洪胜沟一带厚度较大，向东、西盆地边缘厚度变小，且粗碎屑岩增加。

焦布勒石河组　$\in_1 j$　（01－23－0074）

【创名及原始定义】　谢贵生等1983年创建于焦布勒石河。出露在呼玛县兴隆乡至十四站一带，主要岩性为千枚岩、板岩、凝灰岩及熔岩。厚度832.1 m。整合于三义沟组之上。

【沿革】　同三义沟组的沿革。

【现在定义】 指分布于呼玛县兴隆乡—十四站一带，整合于三义沟组之上，顶界不清的板岩、凝灰岩组合。岩性主要为黑色、灰黑色粉砂质板岩、碳质板岩、凝灰质板岩和黄褐色、黄绿色酸性、中性凝灰岩及熔岩等。

【层型】 正层型为呼玛县十四站洪胜沟剖面(P_4)(125°38′00″,51°40′00″)(图 1-1 中 6)，黑龙江第一区调大队 1981 年测制。

焦布勒石河组	总厚度＞882.10 m
37. 黄色变质粉砂岩。(未见顶)	＞12.30 m
36. 浅黄褐色片理化酸性凝灰熔岩	22.50 m
35. 灰黑色片理化粉砂岩	70.10 m
34. 黑色粉砂质绿泥板岩	57.90 m
33. 灰褐色、灰绿色片理化含砾酸性凝灰岩	62.90 m
32. 黑色碳质千枚岩与碳质绢云板岩	47.80 m
31. 灰褐色片理化中酸性凝灰岩夹薄层绢云板岩	46.30 m
30. 灰黑色含钙质粉砂质绢云板岩	30.80 m
29. 灰色粉砂质绢云绿泥板岩	37.60 m
28. 灰黑色片理化酸性凝灰岩	40.80 m
27. 黑灰色绢云千枚岩、绿泥千枚岩、千枚岩	81.20 m
26. 灰黑色凝灰质绢云板岩，夹灰黑色、灰色片理化酸性凝灰熔岩	40.00 m
25. 灰黄褐色、灰绿色片理化中酸性凝灰岩	77.00 m
24. 灰色、灰黄色凝灰质绢云绿泥板岩	66.30 m
23. 黄绿色强片理化中酸性凝灰岩，上部夹黄绿色绢云绿泥板岩	168.40 m
22. 黄绿色绢云千枚岩	20.20 m

——————— 整 合 ———————

下伏地层：三义沟组 黑色千枚状碳质绢云板岩

【地质特征及区域变化】 焦布勒石河组主要为板岩、中酸性—酸性凝灰岩及凝灰熔岩等。属火山-碎屑沉积建造，具低级区域变质。构成兴隆背斜翼部，但出露面积大于兴隆群其它各组，且背斜北翼大于南翼。

焦布勒石河组在兴隆地区出露厚度一般为 800 m 左右，最厚在洪胜沟约为 882 m。而在安娘娘桥和十五站等地，因上覆地层掩盖仅出露百余米。岩性变化不大。

第二节 生物地层特征及地质年代

(1)倭勒根群吉祥沟组中产疑源类微体化石。根据所产微古生物分子(见第一节吉祥沟组),可划为一个组合,即:*Protosphaeridium-Bavlinella* 组合。其地质年代为晚元古代—早寒武世。

(2)落马湖群北宽河组中获得全岩 Rb-Sr 法同位素等时线年龄值为 501 Ma、504 Ma,可能为该地层的变质时代，其形成地质年代应早于奥陶纪。

(3) 兴隆群高力沟组的变质粉砂岩中产微体化石。根据所产微古生物分子（见第一节高力沟组)，可划为一个组合，即 *Lophosphaeridium-Estiastra-Micrhystridium* 组合，经尹磊明鉴定其地质年代为早寒武世。

第三章
奥陶纪—早石炭世

第一节　岩石地层单位

伊勒呼里山群　OY　（01-23-0087）

【创名及原始定义】　黑龙江省地层清理小组（1994）创名。伊勒呼里山群包括库纳森河组、黄斑脊山组、大伊希康河组、南阳河组、安娘娘桥组。分布于伊勒呼里山东段北坡，处于呼玛县和大兴安岭地区新林区内。岩性为碎屑岩夹少量碳酸盐岩。

【沿革】　该群系并组为群。

【现在定义】　同原始定义。

库纳森河组　O_1k　（01-23-0091）

【创名及原始定义】　沈阳地质矿产研究所朱慈英等1982年创建于大兴安岭新林区库纳森河下游。出露在大兴安岭伊勒呼里山北坡库纳森河下游，由黄褐色、灰白色变质中粗粒—细粒石英砂岩、长石砂岩、杂砂岩、凝灰砂岩和含砾酸性凝灰熔岩夹砾岩、粉砂岩和板岩组成。其上被黄斑脊山组粉砂岩、板岩整合覆盖。自下而上结构变细。厚度765.23 m。

【沿革】　1983年黑龙江第一区调大队谢贵生等曾将所建的黄斑脊组划分两个岩性段，上部为凤凰山段；下部为库纳森河段，上段即相当于黄斑脊山组；下段同朱慈英创名的库纳森河组。本次对比研究采用朱慈英方案。黄斑脊组及库纳森河段停用。

【现在定义】　分布于大兴安岭伊勒呼里山北坡库纳森河下游。由黄褐色、灰白色变质中粗粒—细粒石英砂岩、长石砂岩、杂砂岩、凝灰砂岩和含砾酸性凝灰熔岩夹砾岩、粉砂岩和板岩组成。底界不清，其上被黄斑脊山组粉砂岩、板岩整合覆盖。

【层型】　正层型为新林区富林经营所黄斑脊山剖面(P_{23-2})(125°07′00″,51°08′00″)(图1-1中7)，黑龙江第一区调大队解德仁等1981年测制（图3-1）。

上覆地层：**黄斑脊山组**　黄褐色片理化粉砂岩、变质粉砂岩，产腕足类、三叶虫化石

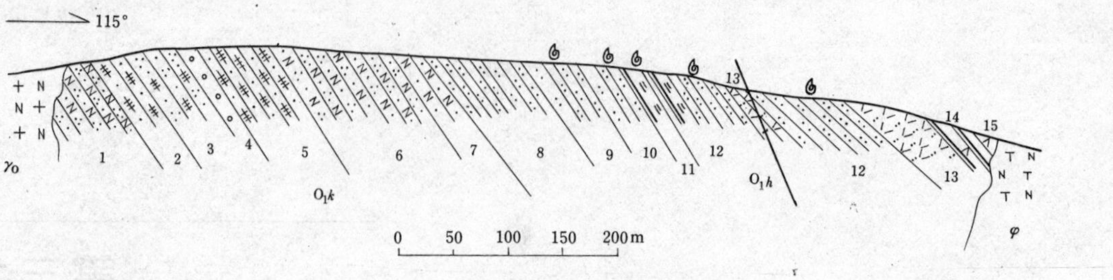

图 3-1 黄斑脊山剖面图 (P_{23-2})

——————整 合——————

库纳森河组	总厚度＞294.35 m
7. 黄褐色变质中细粒长石砂岩夹变质粗粒杂砂岩	18.25 m
6. 黄褐色变质中细粒长石石英砂岩	101.20 m
5. 灰绿色变质粗粒杂砂岩	59.30 m
4. 深灰绿色砾岩	13.30 m
3. 灰色、浅灰色变质中粗粒杂砂质石英砂岩	42.00 m
2. 浅灰色变质含砾粗粒杂砂岩夹灰黑色含粉砂绢云板岩	45.00 m
1. 深灰绿色、灰黑色强片理化长石石英砂岩。(未见底)	＞15.30m

【地质特征及区域变化】 库纳森河组岩石结构较粗，碎屑岩以中粒为主，其次为中粗粒和少量中细粒，含砾。该组以复成分砂岩为主体，如凝灰砂岩、杂砂岩、杂砂质长石砂岩及含砾砂岩等。岩石的成分成熟度及结构成熟度均较低，不仅多为复成分，而且颗粒分选不佳，多为次棱角状。砂岩中夹少量流纹质火山岩及其凝灰岩。纵向略呈由粗到细的韵律变化。该岩石组合为浅海相超补偿快速堆积产物，其中不含生物化石，时代暂置早奥陶世。

该组分布在库纳森河下游南岸和南阳河两岸。只是南阳河地区出现较多的凝灰砂岩和凝灰砾岩，这是与库纳森河地区之不同点，其厚度约为 765 m，而库纳森河下游地区出露厚度约为 549 m。

黄斑脊山组 O_1h (01-23-0092)

【创名及原始定义】 朱慈英等 1982 年创建于黄斑脊山。分布在伊勒呼里山南、北坡，以深灰色变质粉砂岩、板岩及黄褐色变质粉砂岩为主，偶夹片理化流纹质凝灰岩。板岩及粉砂岩中产丰富的腕足类 *Finkelnburgia* 等化石。整合于库纳森河组砂砾岩之上。厚度 300～400 m。

【沿革】 见库纳森河组沿革栏。原黄斑脊组凤凰山段为黄斑脊山组同物异名，应停用。

【现在定义】 指分布在伊勒呼里山东段，整合于库纳森河组之上、大伊希康河组之下的砂板岩组合。以深灰色、黄褐色变质粉砂岩、板岩为主，偶夹片理化酸性凝灰岩组成。产丰富的腕足类 *Finkelnburgia* 等化石。其下以粉砂岩始现与库纳森河组分界，上以板岩消失与大伊希康河组分界。

【层型】 正层型为新林区富林经营所黄斑脊山剖面(P_{23-2})(125°07′00″,51°08′00″)(图 1-1,7)，解德仁等 1981 年测制(图 3-1)。

上覆地层：**大伊希康河组** 灰色含岩屑粗粒长石砂岩

——————— 整 合 ———————

黄斑脊山组	总厚度283.66 m
14. 深灰色含粉砂绢云板岩	30.08 m
13. 深灰色片理化酸性凝灰岩	42.90 m
12. 深灰色、白色变质粉砂岩，有时夹深灰色绢云板岩。产丰富化石，共三层。腕足类：*Finkelnburgia* cf. *plicata*，*F. buttsi*，*F. humaensis*，*F. bellatula*，*F. extensa*，*F. canadensis*；三叶虫：Asaphidae	55.20 m
11. 深灰色含粉砂质绢云板岩，产丰富化石。三叶虫：*Orometopus* sp.，*Geragnostus* sp.，*Dikelokephalina* sp.；腕足类：*Finkelnburgia*? sp.，*F. bellatula* 和海林檎	11.70 m
10. 黄褐色变质粉砂岩，产丰富腕足类：*Diparelasma*? sp.，*Finkelnburgia buttsi*，*F. fourloba*，*F.* ? *inbricate*，*Humaella huangbanjiensis*；三叶虫：*Apatokephalus* sp.，*Geragnostus* sp.，*Dikelokephalina* sp. 和腹足类化石	31.20 m
9. 灰色弱片理化粉砂岩，产少量保存不好的化石。腕足类：*Finkelnburgia* sp. 和三叶虫（不能鉴定）	39.00 m
8. 黄褐色变质粉砂岩。化石丰富，产腕足类：*Finkelnburgia buttsi*，*F. canadensis*，*F. cicula*；三叶虫：*Harpides* sp.，*Ceratopyge* sp.	73.58 m

——————— 整 合 ———————

下伏地层：**库纳森河组** 黄褐色变质中细粒长石砂岩夹变质粗粒杂砂岩

【地质特征及区域变化】 黄斑脊山组岩石组合以细碎屑岩为主，基本为粉砂岩、粉砂质板岩，夹少量凝灰砂岩、流纹质凝灰岩等。该组岩性特征突出，并且产丰富的腕足类及三叶虫化石。腕足类称 *Finkelnburgia bellatula-Humaella huangbanjiensis* 组合，三叶虫称 *Ceratopyge-Apatokephalus* 组合。本组纵向略显海进韵律，下部以粉砂岩为主，向上变为粉砂质板岩，上部以板岩为主，自下而上岩石结构由粗变细。时代置于早奥陶世。

该组主要分布在内倭勒河上游，黄斑脊山以东地区和南阳河两岸。黄斑脊山地区具备本组基本地质特征，其厚度约为300～550 m。而南阳河地区厚度约为1 141 m，岩石为灰色、暗灰色及灰黑色板岩、粉砂岩及少量凝灰砂岩，此处较黄斑脊山地区岩石结构细、颜色深、厚度大，而且大韵律不明显，不含生物化石。

【问题讨论】 根据黄斑脊山组产有以 *Finkelnburgia* 为代表的腕足类和以 *Ceratopyge*，*Apatokephalus* 为代表的三叶虫组合，它和国内外某些地区的壳相特马道克期（Tremadocian）地层完全可以对比。*Ceratopyge* 和 *Apatokephalus* 等三叶虫化石在黄斑脊山组中是重要分子。这些分子在祁连山的阴沟群下部、前苏联萨彦-阿尔泰的阿尔干组以及瑞典的特马道克阶上部为带化石；*Harpides*，*Orometopus* 和 *Geragnostus* 等，在祁连山、萨彦-阿尔泰和瑞典亦是特马道克期的重要分子。所以从三叶虫来看，黄斑脊山组和上述这些地区的特马道克期地层对比是毫无问题的，而且延于上部层位。黄斑脊山组中的生物化石以富含 *Finkelnburgia* 为主要特征，它的数量约占腕足类化石总数的70%左右。*Finkelnburgia* 属的时代为晚寒武世—早奥陶世，繁盛于早奥陶世特马道克期，其中有些种；如 *F. bellatula* 和 *F. buttsi* 是特马道克期主要化石，这些种在祁连山、扬子区、萨彦-阿尔泰和北美都有报道，完全可以对比。值得提出的是在黄斑脊山组中还见有 *Diparelasma*?，这个属是阿伦尼格期（Arenigian）的重要化石，虽出现较少，但说明黄斑脊山组应为特马道克晚期。

大伊希康河组　$O_{1-2}dy$　(01-23-0094)

【创名及原始定义】　谢贵生等1983年创建于呼玛县大伊希康河。分布在倭勒根河上游、南阳河上游两岸及泉盛沟等地。分二个岩性段：一段为黄褐色细砂岩、绿泥板岩、长石砂岩、粉砂岩夹绿色含砾杂砂岩；二段为暗灰色、灰绿色板岩夹粉砂岩、变粒岩、片岩及千枚岩。整合于樟松山组之上。厚度大于715.5 m。

【沿革】　1993年《黑龙江地质志》中仍称大伊希康河组，但将原划本组二段中600多米厚的片岩、变粒岩划为元古宙落马湖群。本次对比研究所采用的大伊希康河组，系指原大伊希康河组中粗碎屑岩部分，即中、细粒砂岩和含砾砂岩组合。

【现在定义】　分布在伊勒呼里山南、北坡，岩性主要为灰黑色、灰绿色细粒长石砂岩、石英砂岩，灰白色、深灰色中—粗粒含砾凝灰砂岩、含砾杂砂岩、石英砂岩，局部夹粉砂岩或板岩。顶底关系不清，推测下与黄斑脊山组、上与南阳河组均为整合接触。

【层型】　正层型为呼玛县兴隆乡十五站北西里剖面(P_6)(125°32′00″,51°48′00″)(图1-1中8)，黑龙江第一区调大队1981年测制。

大伊希康河组	总厚度＞536.40 m
25. 变质砂岩。(未见顶)	＞343.40 m
24. 变质含砾石英砂岩	47.90 m
23. 黑灰色黑云变粒岩	49.70 m
22. 片理化含砾中酸性凝灰砂岩	82.00 m
21. 片理化中粒石英砂岩。(未见底)	＞13.40 m

【地质特征及区域变化】　大伊希康河组岩石结构粗,并具自下而上由细变粗的海退韵律。岩石的成分成熟度和结构成熟度都较低，多为长石砂岩，夹少量凝灰砂岩及石英砂岩。具低级区域变质，未见生物化石。时代置于早—中奥陶世。

该组集中分布在内倭勒根河上游、南阳河上游和嘎拉河上游。在内倭勒根河出露厚约872 m；在嘎拉河上游为343 m；在南阳河为208 m。内倭勒根河主要为细粒长石砂岩夹粉砂岩；嘎拉河为石英砂岩和凝灰砂岩，结构较粗；南阳河则为长石砂岩、粉砂岩和中粗粒杂砂岩，结构较细。

【问题讨论】　原樟松山组下部板岩、粉砂岩划归黄斑脊山组，上部中细粒长石砂岩划归大伊希康河组，故停止使用。

南阳河组　O_2n　(01-23-0096)

【创名及原始定义】　谢贵生等1983年创建于大兴安岭地区南阳河东岸。分布在伊勒呼里山主峰及南阳河上游、泉盛沟等地，大体呈NW向分布。分两个岩性段：一段为酸性凝灰岩、含砾凝灰岩、灰色绢云板岩，厚度大于200 m；二段为粉砂岩、板岩夹灰岩、凝灰砂岩，厚度1 159.3 m。时代置晚奥陶世。

【沿革】　本次对比研究，对南阳河组层型剖面——呼玛县伊勒呼里山剖面(P_{13})进行研究，认为：原南阳河组上部含腕足类化石的粉砂质板岩与薄层大理岩组合，应属原松茂山组层位。经综合分析，松茂山组与安娘娘桥组为同一层位，系本区奥陶纪地层最高层位，时代为晚奥陶世。这样，南阳河组保留了原划其下部的板岩、粉砂岩部分。

【现在定义】 指分布在伊勒呼里山主峰—十五站一线，大伊希康河组之上，安娘娘桥组之下的粉砂岩、板岩组合。即青灰色、黄灰色含粉砂板岩、片理化粉砂岩、板岩，上部夹细粒长石砂岩，下部(局部)夹凝灰岩。其与下伏大伊希康河组关系不清，与上覆安娘娘桥组为断层接触。

【层型】 正层型为新林区富林经营所伊勒呼里山剖面(P_{13})(125°16′00″,51°40′00″)(图1－1中9),黑龙江第一区调大队1980年测制。

上覆地层:**安娘娘桥组** 灰白色大理岩与变质粉砂岩互层

═══════ 断层接触 ═══════

南阳河组	总厚度＞1 316.50 m
14. 黄褐色长英角岩	24.70 m
13. 黄褐色绢云板岩	26.90 m
12. 黄褐色长英角岩	21.10 m
11. 浅灰色绢云板岩	16.90 m
10. 灰绿色碎裂斑点状含粉砂绢云绿泥板岩	34.40 m
9. 灰色、黄褐色斑点状含粉砂绢云板岩,灰绿色变质粉砂岩,局部夹片理化粉砂岩	178.40 m
8. 暗灰色、灰绿色斑点状含粉砂绿泥绢云板岩夹片理化变质细粒长石砂岩	139.20 m
7. 暗灰色变质粉砂岩、粉砂质绢云板岩、绢云千枚岩	110.30 m
6. 灰绿色千枚状绢云板岩	27.30 m
5. 暗灰色、灰绿色绢云绿泥板岩、粉砂质绢云绿泥板岩	209.70 m
4. 暗灰绿色、青灰色含粉砂绢云板岩、绿泥绢云板岩	178.20 m
3. 暗灰色、黄褐色变质粉砂岩、片理化粉砂岩	43.90 m
2. 灰绿色千枚状绢云板岩、含粉砂绢云板岩、绿泥绢云板岩	95.80 m
1. 灰绿色、草绿色粉砂质绿泥板岩、千枚状绢云绿泥板岩。(未见底)	＞209.70m

【地质特征及区域变化】 南阳河组以板岩、粉砂质板岩和粉砂岩为主。岩石为暗灰色、灰色、灰绿色和少量黄褐色。岩石纵向韵律不明显,只是上部夹细粒长石砂岩,下部夹凝灰岩。岩石属低级区域变质,局部具千枚岩化和角岩化。与大伊希康河组相比,岩石结构细,多为薄层状,颜色深,成分以泥质为主。其中不含生物化石,早期曾有微弱的火山活动。时代置于中奥陶世晚期

本组自南阳河至十五站,沿NE方向呈带状分布,并较连续,岩性变化也不大。南阳河一带出露较全,厚度约1 314 m;北西里厚度大于431 m。在分布区,从南往北,本组厚度逐渐变小,到安娘娘桥则未见本组出现。

【问题讨论】 南阳河组中没采到生物化石,依据其上覆安娘娘桥组所产化石属晚奥陶世,故本组时代推测为中奥陶世晚期。

安娘娘桥组 O_3a (01－23－0090)

【创名及原始定义】 黑龙江省区域地层表编写组1979年创建于兴隆沟安娘娘桥东山。分布于额尔古纳河流域及呼玛县兴隆沟附近,主要为绿泥石英片岩、云母片岩、粉砂质板岩、变质粉砂岩、长石石英砂岩夹薄层大理岩。

【沿革】 该组创建后,沿用至今。本次对比研究将原松茂山组归入其中,时代置于晚奥陶

世。松茂山组停用。

【现在定义】 指分布在伊勒呼里山主峰—十五站、安娘娘桥一带，位于南阳河组之上的砂砾岩和板岩组合。下部为砂砾岩段：灰黄绿色砾岩、砂砾岩、砂岩，局部为细砂粉砂岩夹砾岩和大理岩；上部为板岩段：粉砂质板岩，夹细砂、粉砂岩或薄层灰岩。上部板岩及粉砂岩中产三叶虫及腕足类化石。底部局部超覆于兴隆群洪胜沟组之上，顶界不清。

【层型】 正层型为呼玛县兴隆镇西安娘娘桥东山剖面(P_2)(125°49′00″，51°48′00″)(图1-1中10)，黑龙江第一区调大队1980年重测。

安娘娘桥组　　总厚度＞342.20 m

19. 黄绿色绢云绿泥板岩，产化石：腕足类 *Lingulella chinensis*，*L.* aff. *fostenmonensis*；介形虫；掘足类。(未见顶)　128.60 m

18. 灰黄绿色含粉砂绢云绿泥板岩，含磷结核　68.40 m

17. 含砾凝灰砂岩　30.00 m

16. 灰色中粒长石砂岩　26.20 m

15. 灰色长石砂岩夹砾岩　17.00 m

14. 砾岩　13.90 m

13. 灰色石英细砂粉砂岩，局部含砾　18.80 m

12. 灰绿色砾岩夹薄层状粉砂岩　21.30 m

～～～～～～～ 不 整 合 ～～～～～～～

下伏地层：**洪胜沟组**　白色大理岩夹结晶灰岩

【地质特征及区域变化】 安娘娘桥组纵向上显示明显的海进韵律特征。自下而上，岩石结构由粗到细，底部为砾岩；下部为砂岩夹砾岩或含砾砂岩、砂岩；上部为板岩、粉砂质板岩。上部板岩中产化石，岩石受低级区域变质，属浅海相近岸陆源碎屑沉积。时代置于晚奥陶世。

本组自南阳河沿NE向至十五站安娘娘桥较连续出露。出露长约34 km，宽约3～5 km。在横向上，岩石组合显有规律的变化。从图3-2可以看出，自东北向西南本组厚度逐渐增大。在安娘娘桥(P_2)大于300 m；而兴隆南(P_{15-1})大于800 m；北西里(十五站)约1 500 m；南阳河(P_{13})约2 400 m。相应岩性变化为：砂砾岩厚度变化小，而粉砂岩、板岩厚度变化大，南部并出现大理岩和薄层灰岩。综上，本组为海进层序。北部见超覆不整合于早寒武世兴隆群洪胜沟组，而南部出现其下伏南阳河组，为相对较深水沉积。

【问题讨论】 安娘娘桥组岩石韵律、沉积环境等与下伏伊勒呼里山群其它各组存在较大区别，且与南阳河组关系不清，故将其并入伊勒呼里山群是否合理有待研究。

大民山组　$D_{2-3}d$　(01-23-0164)

【创名及原始定义】 大民山组是宁奇生等(1959)创名的下大民山组和上大民山组合并后的修订名。命名地点是内蒙古扎敦河林场扎敦河南岸大民山东$W_{26}P_{106}$剖面。原始定义：下大民山组是含珊瑚、腕足类的沉积岩层，厚度100 m；上大民山组是以含菊石为主的火山岩和沉积岩，厚1 600 m。

【沿革】 本次对比研究所划的大民山组，为原早泥盆世如舟河组的下部层位。

【现在定义】 指分布于大兴安岭大民山一带的海相中基性、酸性火山岩、火山碎屑岩及碎屑岩、碳酸盐岩及硅质岩、放射虫硅质岩等。厚数百米至数千米不等。纵横向岩性、岩相

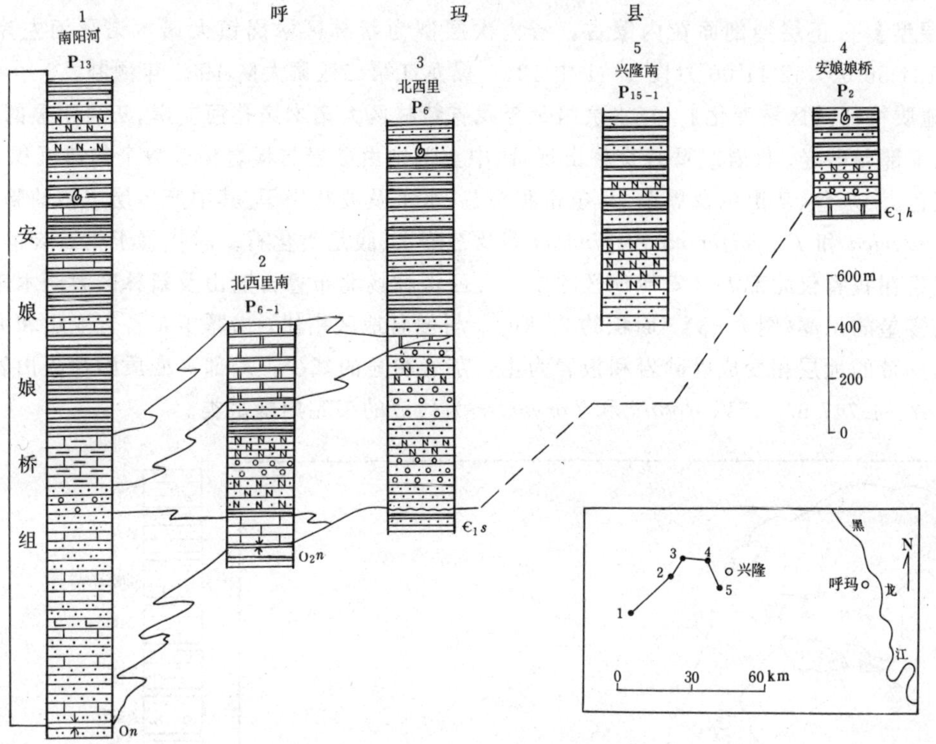

图 3-2 安娘娘桥组柱状对比图

变化较大。与下伏泥鳅河组呈平行不整合接触，其上多被第四系掩盖，仅在布格图北被安格尔音乌拉组整合覆盖。

【层型】 正层型剖面在内蒙古。省内次层型为呼玛县五道沟南剖面（P_{19-1}）（125°47′00″，51°22′10″）（图 1-1 中 11），黑龙江第一区调大队 1982 年测制。

【地质特征及区域变化】 大民山组仅在呼玛县五道沟地区出露，分布面积很小（约 8 km^2），为火山-硅质岩建造。岩石为中基性火山岩、硅质岩、含铁硅质岩、变质粉砂岩及不等粒杂砂质长石砂岩等。厚度大于 616 m。岩石颜色普遍较暗，多为紫灰色、灰黑色及灰紫色、灰绿色。其中不见生物化石，也未见其与其他地层单位接触。故仅依其特征与邻区对比，称大民山组。时代置于中—晚泥盆世。

红水泉组 C_1hg （01-23-0661）

【创名及原始定义】 俞建章 1956 年创名于内蒙古额尔古纳右旗的红水泉。原始定义指“出露于额尔古纳河右岸、济沁河支流根图河，它以角度不整合直接超覆在早古生代变质地层之上。在乌兰山附近，以粗粒碎屑岩包括砾岩、粗粒石英岩为主；到红水泉一带则以碳酸盐岩及碎屑岩互层为主。”推论其时代为泥盆纪。

【沿革】 省内的红水泉组在翠岗 1983 年孙尚漠称翠岗组，1985 年张文才称谢尔塔拉组，1993 年《黑龙江地质志》称翠岗林场组。本次对比研究归入红水泉组，前述三组名称与红水泉组均为同物异名，省内停用。

【现在定义】 指大兴安岭地区的早石炭世海相正常碎屑岩、灰岩，局部夹凝灰岩的地层序列。底部整合于安格尔音乌拉组之上，顶部有时被中生代地层所覆盖。

【层型】　正层型剖面在内蒙古。省内次层型为新林区翠岗镇大诺木诺孔河左岸剖面(P_{10})(124°56′00″,52°11′00″)(图1-1中12)，黑龙江第二区调大队1985年测制。

【地质特征及区域变化】　红水泉组延至我省新林区大诺木诺孔河左岸，灰岩明显的减少，且仅在下部与砂岩、板岩或页岩交替出现，而中上部则由砂岩与板岩构成数个韵律沉积。岩石多呈灰色、浅灰色、灰黑色及黑色。具条带状构造、水平及波状层理。其中产多层丰富的腕足类：*Rotaia sibirica* 和 *Torynifer microspinosus* 等及苔藓虫、腹足类化石。时代置于早石炭世。

本组在我省仅北部大兴安岭地区呼中区大西沟林场北布鲁吉亚山及新林区大诺木诺孔河一带有零星的出露(图3-3)，面积约25 km²。与创名地区相比，出露于布鲁吉亚山和大诺木诺孔河一带的地层相变成以砂岩和板岩为主，灰岩明显的减少，局部夹变质酸性火山岩，厚度为487～1 747 m。产以 *Rotaia* 和 *Torynifer* 为代表的韦宪期腕足类。

图3-3　黑龙江省石炭纪—早二叠世地层露头分布图

铜山组　$O_{1-2}t$　(01-23-0099)

【创名及原始定义】　陈德森等① 1981年创建于多宝山铜矿。分布在嫩江县多宝山区，整

① 黑龙江省地矿局陈德森等，1981，1∶5万多宝山铜矿幅、工人村幅（部分）区域地质调查报告。

合于西鳅河组之上，岩性为深灰—黑色粉砂岩和大量黄色凝灰砂砾岩、硬砂质长石砂岩、砂砾岩、安山质—流纹质凝灰岩、凝灰熔岩。黑色粉砂岩中产笔石，浅色粗碎屑岩中产腕足类。厚度 801 m。时代置中奥陶世。

【沿革】 1993 年《黑龙江地质志》中，沿用了陈德森等的划分方案，但将张海驲等(1976) 创建的关鸟河组及谢贵生等 (1983) 创建的飞龙山组归入铜山组，从而扩大了铜山组的分布范围。本次对比研究，又将陈德森等 1981 年所划的西鳅河组、大治组也归入铜山组，原组名一律停用。窝理河组 (群) 与铜山组同物异名，亦停用。

【现在定义】 分布在嫩江上游以东，岩石为灰黑色微层状板岩与黄色杂砂质砂砾岩、中粗粒杂砂质长石砂岩、黄白色流纹质凝灰砾岩、凝灰熔岩等组成。底界不清，顶与多宝山组呈断层接触。

【层型】 正层型为嫩江县裸河西岸剖面 (P_{503}) (125°56′30″,50°10′40″)(图 1-1 中 13)，黑龙江第一区调大队滕宗乃等 1977 年测制。

上覆地层：**多宝山组** 灰绿色英安质角砾熔岩

═══════ 断层接触 ═══════

铜山组	总厚度＞845.90 m
46. 深灰色、黄绿色凝灰细砂粉砂岩	64.30 m
45. 灰绿色、黄绿色英安质凝灰岩	31.70 m
44. 黄绿色破碎硅化安山岩	23.90 m
43. 灰绿色英安质角砾熔岩	9.60 m
42. 灰绿色英安质凝灰熔岩	8.80 m
41. 黄绿色凝灰细砂岩与凝灰粉砂岩互层	50.90 m
40. 灰绿色绿帘石化、绿泥石化安山质凝灰岩	13.90 m
39. 灰绿色凝灰砂岩	17.70 m
38. 黄绿色葡萄石化英安质凝灰岩	8.90 m
37. 灰绿色变质凝灰粉砂岩夹凝灰细砂岩	26.80 m
36. 灰绿色蚀变含砾安山质凝灰岩	15.20 m
35. 灰黄色含砾长石砂岩	19.00 m
34. 深灰色、黄绿色凝灰粉砂岩。上部产笔石：*Glyptograptus* sp.，*Dicellograptus sextans*，*D.* sp.，*Climacograptus putilus*，*C.* sp.；下部产腕足类：*Paurorthis* sp.，*Hesperorthis* sp.，*Christiania subquadrata*；三叶虫：*Remorpleurides* sp.，*Trinodus* sp.，*Eudolatites* cf. *angelini*，*Encrinurides aihuiensis*	7.60 m
33. 深灰色、灰绿色凝灰粉砂岩，底部夹薄层沉凝灰岩，中部产腕足类：*Mendacella* sp.	45.90 m
32. 灰绿色安山质凝灰岩	65.90 m
31. 深灰色、黄绿色沉凝灰岩夹凝灰细砂粉砂岩	44.70 m
30. 暗黄色凝灰砂砾岩、含砾凝灰砂岩及凝灰细砂岩	25.10 m
29. 灰黄色凝灰砂岩夹凝灰粉砂岩，底部为凝灰砂砾岩夹凝灰粉砂岩	44.00 m
28. 灰黄色凝灰砂砾岩，砾石成分多为安山—流纹质火山岩。产海百合茎化石碎片	28.00 m
27. 灰绿色、灰白色流纹质凝灰岩	7.40 m
26. 灰绿色安山质凝灰岩	8.80 m
25. 灰黄色含砾沉凝灰岩	14.00 m
24. 深灰色破碎凝灰板岩	14.00 m
23. 深灰色凝灰细砂粉砂岩	17.50 m

22.	暗灰色含砾凝灰砂岩。产腕足类及海百合茎化石碎片	14.00 m
21.	灰白色凝灰粗砂岩夹流纹质凝灰岩	14.00 m
20.	灰绿色凝灰砂岩，产腕足类：*Hesperorthis* sp.	8.40 m
19.	暗黄色、深灰色凝灰细砂岩，产笔石：*Dendrograptus* sp.，*Climacograptus* sp.，*Pseudoclimacograptus* sp.，*Dicellograptus* sp.	2.80 m
18.	灰白色英安质凝灰岩	12.60 m
17.	灰绿色、黄绿色葡萄石化英安质凝灰岩	30.30 m
16.	灰色安山质晶屑凝灰岩夹含粉砂绿泥板岩	13.80 m
15.	浅灰色、灰白色流纹质凝灰岩	12.00 m
14.	黄绿色流纹质晶屑凝灰熔岩	9.80 m
13.	褐黄色、深灰色含粉砂绿泥板岩	5.80 m
12.	灰白色流纹质凝灰岩	4.60 m
11.	紫黑色含粉砂绿泥板岩。产笔石：*Ptilograptus* sp.，*Amplexograptus*? sp.	7.50 m
10.	深灰色、灰白色、灰黄色凝灰细砂粉砂岩，岩石具微层理	6.80 m
9.	灰色、灰黄色砂砾岩、含砾砂岩及黑色粉砂质绿泥板岩	12.50 m
8.	深灰色、黑色粉砂质绿泥板岩	8.40 m
7.	灰黄色中粗粒长石砂岩	13.80 m
6.	灰黑色粉砂绿泥板岩，产小舌形贝类化石	3.00 m
5.	黑色含粉砂绿泥板岩夹硅化流纹质凝灰岩，产小舌形贝类化石	15.10 m
4.	黑色粉砂岩，微层理发育，产笔石：*Dictyonema* sp.	7.80 m
3.	灰绿色、灰白色含粉砂绿泥板岩	10.30 m
2.	浅灰色、灰黄色、粉砂岩	4.60 m
1.	黑色凝灰细砂粉砂岩夹粉砂质板岩。产笔石：*Dictyonoma* sp.，*Amplexograptus* aff. *aiffertuset*。(未见底)	>14.40 m

【地质特征及区域变化】 铜山组的突出特点是构成复理石或火山复理石建造。即由代表浅水环境的黄色、黄绿色杂砂质砂砾岩、中粗粒杂砂质长石砂岩或黄白色流纹质凝灰砾岩、凝灰熔岩等与代表较深水环境的黑色微层状板岩互层或交替出现构成的复理石建造。浅色粗碎屑岩产腕足类、三叶虫化石，黑色板岩产笔石化石。时代置于早—中奥陶世。本组自下而上，颜色由深变浅。粗碎屑岩逐渐增多，而细碎屑岩、黑色板岩减少，岩石结构显示由细到粗的海退韵律。下部多为流纹质熔岩及其凝灰碎屑岩；而上部则为英安质或安山质熔岩及其凝灰碎屑岩。下部多为薄层状或微层状，上部多为厚层状。

铜山组延伸范围较广，在省内，以嫩江县多宝山铜矿为中心，向西延至关鸟河，向东延至刺尔滨河，向北至五隆屯。但其中明显夹有火山岩的只有多宝山至窝理河一带；刺尔滨河流域、五隆屯及关鸟河中游所划铜山组中，仅局部夹少量火山凝灰岩或凝灰砂岩。本组在多宝山、五隆屯等地厚度相仿，约 1 000 m 左右；在关鸟河约 1 300 m，其中含大理岩凸镜体约 1 100 m。而在刺尔滨河厚度约 2 200 m。从图 3－4 中可以看出，刺尔滨河地区与五隆屯相似，为黄灰色、黄褐色杂砂岩、杂砂质石英砂岩、砂砾岩夹灰色、灰黑色板岩；而关鸟河地区，除所含关鸟河大理岩，为灰绿色杂砂质长石砂岩、杂砂质石英砂岩与板岩、粉砂岩互层；多宝山地区为火山复理石建造，但除掉火山岩，其岩性与其他地区亦具相似性。

铜山组中所产化石也颇具特点，在关鸟河，只在大理岩中采到三叶虫和腕足类化石，而在五隆屯和刺尔滨河，则在板岩中产腕足类和三叶虫化石；多宝山地区，腕足类及三叶虫化

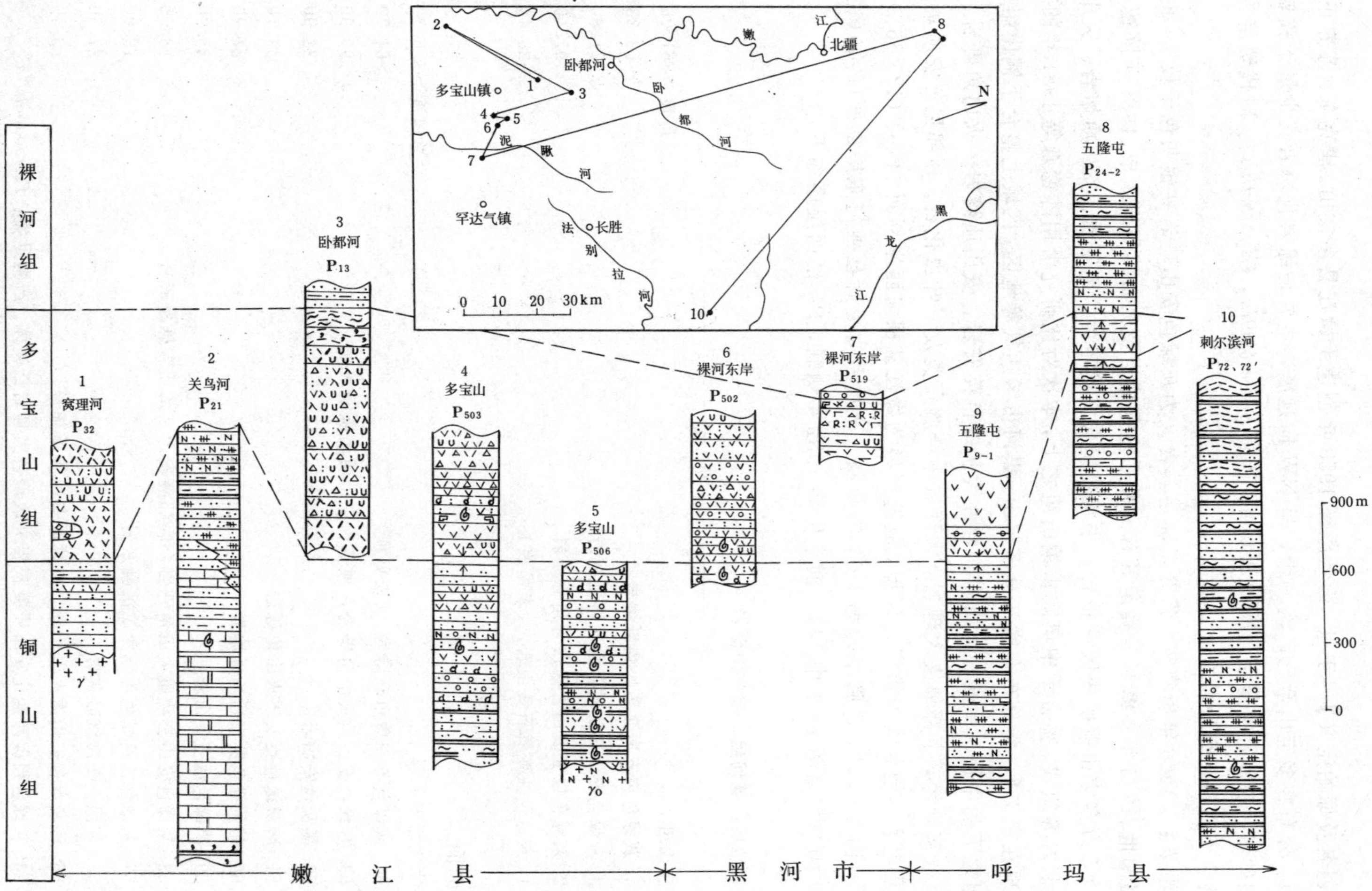

图 3-4　铜山组、多宝山组柱状对比图

石产在砂岩、含砾砂岩中，而笔石化石产在黑色板岩中。

多宝山组 O_2d (01-23-0100)

【创名及原始定义】 王莹、彭云彪等1958年创建于嫩江县多宝山。唐克东、苏养正1966年介绍。分布在多宝山至三矿沟一带，呈NW向延展，主要是绿岩化玢岩夹少量千枚岩、板岩、细砂岩、粉砂岩等薄层，厚约980 m。产有 *Sowerbyella*，*Glyptorthis*?。时代暂定为奥陶纪。整合于窝理河组片岩之上。

【沿革】 1966年唐克东、苏养正确定其含义为灰绿色安山玢岩夹银灰色千枚岩，时代定为中奥陶世。1976年张海驲等确定其含义几乎全是熔岩及火山碎屑岩组成。1981年陈德森等，在《1∶5万多宝山铜矿幅区调报告》中将该组含义确定为：英安质、安山质熔岩、火山角砾岩、凝灰岩等组成，整合于中奥陶世铜山组之上，本次对比研究沿用陈德森等1981年的方案。

【现在定义】 指分布在嫩江县多宝山、黑河市罕达气等地区，区域上整合于铜山组之上、裸河组之下的中性、中酸性火山岩。岩性为灰绿色英安岩、安山质熔岩、火山角砾岩、凝灰岩及沉凝灰岩等，下部偶夹大理岩，大理岩中产腕足类及三叶虫化石。顶部见英安质集块岩。

【层型】 创名人未指定正层型，故选层型为嫩江县裸河西岸剖面（P_{503}）（125°56′30″，50°10′40″)(图1-1,13)，腾宗乃等1977年测制。次层型为爱辉县裸河东岸剖面(P_{519})（125°56′40″,50°10′50″)（图1-1中14），浦全生等1981年测制。P_{519}剖面层序如下：

上覆地层：**裸河组** 杂色中砾岩

——整 合——

多宝山组上部	总厚度>261.06 m
4. 灰绿色英安质含集块角砾熔岩	63.33 m
3. 灰绿色安山玄武质含角砾熔凝灰岩	71.80 m
2. 灰绿色蚀变安山玄武质含角砾熔岩	97.49 m
1. 灰绿色蚀变辉石安山岩。(未见底)	>28.44 m

P_{503}剖面

多宝山组中下部	总厚度>526.30 m
64. 灰绿色英安质角砾熔岩。(未见顶)	>64.70 m
63. 灰绿色安山质火山角砾岩，顶部为安山质角砾凝灰岩	90.90 m
62. 黑灰色安山岩	28.90 m
61. 暗灰绿色英安质火山角砾岩	33.10 m
60. 暗灰绿色英安质角砾熔岩	27.90 m
59. 黑绿色蚀变安山岩	35.90 m
58. 灰绿色安山玄武质火山角砾岩，底部夹安山玄武质含砾凝灰岩	13.00 m
57. 灰绿色、黄绿色含砾变质沉凝灰岩	19.00 m
56. 灰绿色变质沉凝灰岩	37.50 m
55. 浅灰绿色安山质火山角砾岩夹薄层安山质凝灰岩	3.40 m
54. 灰绿色强碳酸盐化安山质凝灰岩夹玫瑰色大理岩凸镜体。产腕足类：*Tetraodontella* sp.，*Leptellina incompta*，*Leptellina* sp. *Apatomorpha* sp.，*Sowerbyella* sp.；三叶虫：*Amphilichas*? sp.，*Dysplanus duobaoshanensis*，*Ceraurinella* sp.	6.90 m
53. 暗灰绿色安山质熔凝灰岩	5.50 m

52. 灰绿色安山质火山集块岩	36.80 m
51. 黄绿色蚀变英安质凝灰岩	18.40 m
50. 灰绿色安山岩	18.00 m
49. 浅灰绿色安山质火山角砾岩	18.00 m
48. 灰绿色蚀变安山岩	13.50 m
47. 灰绿色英安质角砾熔岩	54.90 m

═══════ 断层接触 ═══════

下伏地层：**铜山组**　深灰色、黄绿色凝灰细砂粉砂岩

【地质特征及区域变化】　多宝山组以中基性火山岩为主，其下部为灰绿色安山质—英安质火山角砾岩、熔岩及凝灰岩夹结晶灰岩凸镜体，顶部为沉凝灰岩，其中灰岩产腕足类和三叶虫化石；中部以灰绿色安山岩、火山角砾岩、安山质凝灰岩为主；上部为灰绿色、灰白色英安岩、英安质火山角砾岩、凝灰岩、含集块角砾熔岩。本组系多宝山铜矿成矿围岩，矿体赋存于下部安山岩及其凝灰岩中。时代置于中奥陶世。

多宝山组在创名地区——多宝山及裸河两岸的特点如前述。但在裸河西岸，本组下部和中部以安山质火山角砾岩为主，熔岩厚度变小。向西北延伸，火山砾岩逐渐减少，凝灰岩和熔岩变厚。多宝山南，霍龙门沟及依克特等地区，岩性为安山质—安山玄武质熔岩、角砾岩、凝灰岩及凝灰砂岩，厚度大于 1 497 m。在北部呼玛县五隆屯至十二站及宽河等地区，以安山质熔岩为主，夹英安质角砾凝灰岩、板岩，最大厚度 1 180 m。总体看，多宝山地区与其它地区区别在于其中碎屑岩少，仅见其下部夹大理岩，而在北部地区见夹黑色板岩、砂岩等。火山岩分布特点是：中基性火山岩多在东部，而中酸性—酸性火山岩多在西部（图 3－4）。

裸河组　O_3l　(01－23－0101)

【创名及原始定义】　唐克东、彭云彪等①1960 年创建于黑河市裸河东岸，称裸河群，并指出未测得剖面。岩性为砂质岩、凝灰岩、大理岩等，根据其中的三叶虫化石，定为志留纪。唐克东、苏养正 1966 年介绍。

【沿革】　1966 年由唐克东、苏养正将裸河群改称裸河组，于裸河东岸测制了层型剖面，其含义是指发育在裸河东岸，主要由浅黄绿色和紫红色泥质岩、硅质岩和灰岩组成，底部有不厚的含砾砂岩和铁质砂岩，平行不整合于多宝山组玢岩层之上。1976 年张海驲等在卧都河幅区调时沿用裸河组，其含义为以中性、中酸性凝灰岩为主夹凝灰砂岩、含粉砂泥质板岩及多层灰岩凸镜体，整合于多宝山组之上，其上被早志留世黄花沟组整合覆盖。1981 年陈德森等在《1∶5 万多宝山铜矿幅、工人村幅区调报告》中，对裸河组基本保持了唐克东、苏养正 1966 年的含义。1993 年《黑龙江地质志》沿用上述裸河组划分方案，并把出露在呼玛县五隆屯地区的五隆屯组下部并入裸河组。本次对比研究，采用《黑龙江地质志》的划分方案。并将唐克东（1960）创建的三矿沟组亦归入裸河组。三矿沟组停用。

【现在定义】　系指分布在多宝山、罕达气、呼玛等地区，整合于多宝山组之上、爱辉组之下的正常碎屑岩组合。下部以凝灰砂岩、长石砂岩及杂色含铁杂砂岩为主夹含凝灰质生物灰岩、砂砾岩，底部为杂色砾岩；上部为钙质细砂粉砂岩、黄褐色硅化砂岩、灰绿色凝灰细砂岩，顶部为黄绿色粉砂质板岩。底以杂色砾岩始现与多宝山组分界。

① 唐克东、彭云彪等，1960，M-51-XVIII腰站幅区域地质测量报告（未出版）。

【层型】 选层型为黑河市裸河东岸剖面(P_{504})(125°55′30″,50°12′20″)(图1-1中15),浦全生等1977年测制。次层型为爱辉县裸河东岸剖面(P_{519})。P_{504}剖面如下:

上覆地层:**爱辉组** 黄绿色、褐黄色变质粉砂岩与黑色板岩互层

═══════ 断层接触 ═══════

裸河组	总厚度 346.99 m
11. 黄绿色、灰绿色粉砂质绿泥板岩	69.50 m
10. 灰绿色凝灰质粉砂岩	25.35 m
9. 黄褐色硅化钙质粉砂岩夹细砂岩	17.02 m
8. 灰绿色、黄绿色硅化变质粉砂岩	38.87 m
7. 灰褐色、黄褐色钙质凝灰细砂粉砂岩	51.69 m
6. 灰绿色夹灰紫色变质凝灰细砂粉砂岩。产腕足类:*Gunnarella* sp., *Onniella mesoloba*, *Sowerbyella* (*Viruella*) *orientalis*, *Glyptorthis* sp.;三叶虫:*Encrinuroides* sp.	29.96 m
5. 黄绿色强硅化安山质凝灰岩夹三层钙质凝灰碎屑岩薄层。产牙形石:*Panderodus* cf. *similaris* 及腕足类化石碎片	19.99 m
4. 褐灰色、灰绿色钙质凝灰细砂岩粉砂岩夹含砾钙质凝灰砂岩。产腕足类:*Ptychopleurella* sp., *Nicolella* sp.;三叶虫:*Encrinuroides* sp., *E. luoheensis*, *E. aihuiensis*, *Sphaerexochus* sp., *Calyptaulax luoheensis*, *Whittingtonia* sp., *Octillaenus* sp., *Panderia luoheensis*, *Phillipsinella parabola*, *Lonchodomas luoheensis*, *L.* cf. *pennatus*, *Cheirurus heilongjiangensis*, *C. luoheensis*, *Sphaerexochus luoheensis*, *S. xinganensis*	23.99 m
3. 灰紫色含铁凝灰细砂岩。(未见底)	7.27 m

P_{519}剖面:	总厚度 63.35 m
8. 灰绿色钙质含磁铁杂砂岩,底部含砾。产腕足类:*Sowerbyella*? sp., *Orchambonites* sp.	49.39 m
7. 灰紫色、灰绿色细砾岩	13.30 m
6. 紫黑色英安岩	0.57 m
5. 杂色中砾岩	0.09 m

——— 整 合 ———

下伏地层:**多宝山组** 灰绿色英安质含集块角砾熔岩

【地质特征及区域变化】 本组自下而上粒度由粗变细,显示海进韵律。下部为杂色凝灰砂岩夹含砾钙质凝灰砂岩、含铁杂砂岩;上部为灰绿色、黄绿色钙质凝灰细砂粉砂岩及变质粉砂岩夹细砂岩。自下而上,岩石颜色由杂色变为黄色、绿色;由厚层变薄层。产三叶虫和腕足类化石,多见于下部钙质凝灰砂岩中。裸河组的划分标志较明显,一是岩石颜色为杂色;二是韵律由粗到细;三是杂色杂砂岩中含磁铁矿。时代置于晚奥陶世。

裸河组在多宝山地区与创名地区——裸河两岸特点相似。而在卧都河,凝灰物质减少,颜色变浅,但岩石韵律特点与创名地区一致,裸河组与爱辉组界线不清,需进一步研究,总厚度444 m。在三矿沟与创名地区相比,岩石颜色浅,成分简单,结构粗,成熟度较高,厚度也大(384 m)。北部的呼玛县五隆屯地区,厚度为1 134 m,与创名地区相似处是岩石成分中亦含大量凝灰物质,其韵律与创名地区不同的是:中—上部属海进韵律。

爱辉组 O_3ah (01-23-0102)

【创名及原始定义】 陈德森等1981年创建于黑河市裸河东岸。指出露在裸河流域，并整合于裸河组之上的灰黑色微层状含笔石板岩。一段为灰黑色板岩夹黄色粉砂岩层，构成微层状构造；二段为灰黑色板岩夹白色粉砂岩层。构成微层状—显微层状构造。其与上覆黄花沟组绿黄色板岩为整合过渡关系。

【沿革】 1977年张海驲等在《1∶20万罕达气幅区调报告》中，将该岩石组合分划到裸河组和黄花沟组。1981年陈德森等在《1∶5万多宝山铜矿幅区调报告》中正式创名爱辉组。本次对比研究，采用陈德森等的划分方案。

【现在定义】 指与裸河组相伴产出在卧都河南、裸河两岸至纳金口子一带，整合于裸河组之上、黄花沟组之下的灰黑色含笔石板岩组合。下部为黄绿色、褐黄色变质粉砂岩与黑色板岩互层，构成微层状构造，产直笔石；上部为灰黑色板岩与黄白色粉砂岩互层，构成微层状—显微层状构造。该组与下伏裸河组以灰黑色板岩始现为底界，其上与黄花沟组以黑色板岩消失为顶界。

【层型】 正层型为黑河市裸河东岸剖面(P_{522})(125°57′00″,50°11′50″)(图1-1中16)，浦全生等1981年测制。

上覆地层：**黄花沟组** 灰黑色微层状粉砂质绢云绿泥板岩

——————整　合——————

爱辉组	总厚度134.60 m
10. 灰黑色含粉砂绢云绿泥板岩，微层理发育	48.00 m
9. 黄绿色厚层状变质细砂粉砂岩	5.10 m
8. 灰黑色粉砂质绢云绿泥板岩夹灰白色、黄白色变质粉砂岩	35.80 m
7. 灰黑色含粉砂绿泥绢云板岩，见黄铁矿化	18.30 m
6. 黑色绿泥绢云板岩夹黄色粉砂质板岩或粉砂岩，微层理发育。产笔石 *Orthograptus* sp.	27.40 m

——————整　合——————

下伏地层：**裸河组** 绿黄色、黄绿色绿泥绢云板岩

【地质特征及区域变化】 爱辉组颜色以灰黑色为主，间夹黄色、黄白色，系具微层状构造的粉砂泥质岩—泥质岩组合。下部为黑色板岩与黄色粉砂岩互层，构成微层状构造；上部为灰黑色板岩与灰白色、黄白色粉砂岩互层，构成微层状构造。时代置于晚奥陶世。

在多宝山、裸河两岸和罕达气长胜屯一带，本组变化不大，厚度约在200～500 m之间，裸河东岸产化石 *Orthograptus* sp.，在长胜屯产竹节石；在卧都河地区与裸河组上部未分，需进一步研究；在五隆屯地区，也没有将爱辉组从裸河组中划分开，但此处裸河组和爱辉组厚度合计约1 100 m。

黄花沟组 S_1h (01-23-0131)

【创名及原始定义】 唐克东、苏养正1966年创建于黑河市裸河东岸。分布在窝理河下游，向东南经裸河沿岸延伸到黑河市五道沟，主要岩性为浅灰绿色粉砂岩，常夹杂砂质石英砂岩薄层。整合于晚奥陶世裸河组之上。厚度约400 m。产腕足类化石。

【沿革】 1981年陈德森等在多宝山铜矿地区进行1:5万地质调查时，在黄花沟组的建组剖面下部新建爱辉组，于是将原黄花沟组底部的黄色砂岩、板岩划归裸河组上部，1987年苏养正、张海驷和浦全生根据区调资料，重新修订了黄花沟组含义，本次对比研究采用该含义。

【现在定义】 指出露在裸河流域及罕达气等地区，八十里小河组之下、爱辉组之上的板岩夹粉砂岩、细砂岩组合。岩石自下而上由细变粗，下部为灰黄绿色、灰黑色板岩夹黄色板岩；中部为灰绿色、黄绿色细砂粉砂岩与板岩互层；上部为灰绿色、黄绿色粉砂质板岩夹粉砂岩。中上部产腕足类化石。区域上与下伏爱辉组及上覆八十里小河组均为整合接触。

【层型】 选层型为黑河市裸河东岸剖面(P_{504})(125°55′30″,50°12′20″)(图1-1中15)，浦全生等1977年测制。

上覆地层：**八十里小河组** 黄绿色、灰绿色变质细粒杂砂质长石石英砂岩

——整 合——

黄花沟组 总厚度 542.95 m

26. 灰绿色、黄绿色粉砂质(或含粉砂)绿泥绢云板岩夹含粉砂绢云绿泥板岩及变质粉砂岩薄层。岩石成分较均一，粉砂成分含量少。下部为薄层状构造，由于夹薄层黄色粉砂岩(单层厚1～2 mm)，岩石层理清楚，构造稳定。上部为厚层状构造，顶部粉砂岩夹层增多，结构变粗。顶底均产腕足类及海百合茎化石 260.60 m
25. 黄绿色、黄褐色细粒长石砂岩、灰绿色变质细砂粉砂岩 23.66 m
24. 灰绿色含粉砂绢云绿泥板岩(或绿泥绢云板岩)夹变质粉砂岩 40.83 m
23. 灰绿色含粉砂(或粉砂质)绿泥板岩夹黄色变质粉砂岩。岩石层理清楚，但粉砂岩夹层不稳定。其中产较多的腕足类化石 52.20 m
22. 灰黄色、灰绿色变质细砂粉砂岩夹粉砂质绿泥板岩薄层。产腕足类：*Chonetoidea luoheensis*,*Meifordia subrotunda* 37.26 m
21. 灰黄色、灰绿色变质粉砂岩夹粉砂质绿泥板岩及变质细粒杂砂质长石石英砂岩 56.16 m
20. 灰色、灰绿色粉砂质绢云板岩夹褐黄色变质粉砂岩薄层 55.47 m
19. 浅黄色粉砂质绢云绿泥板岩 16.70 m

——断 层——

下伏地层：**爱辉组** 黄绿色、灰绿色变质细砂岩

【地质特征及区域变化】 黄花沟组为进入海退环境初期沉积的细碎屑岩，具低级区域变质，纵向显示海退韵律，自下而上，板岩中所夹砂岩由细变粗，自底部至顶部构成一个完整的沉积旋回，厚度552 m。本组中上部产以*Chonetoidea*为代表的腕足类化石。时代置于早志留世。

黄花沟组集中分布在嫩江县多宝山至黑河市 罕达气地区。分布范围：西起嫩漠公路至纳金口子，南起泥鳅河，北至卧都河，约为3 500 km²。其走向为NE向，多宝山地区为NW向。在创名地区黑河市裸河东岸出露厚度约552 m，在罕达气附近，出露厚度为294 m，下部为灰黑色板岩，中上部为灰黄色变质细砂粉砂岩夹板岩。产腕足类*Chonetoidea* sp.,*Tuvaella rackovskii*。在多宝山西南，以灰绿色板岩为主夹粉砂岩，特点同创名地区。厚度517～635 m。在多宝山北卧都河地区出露为灰绿色凝灰细砂粉砂岩和钙质粉砂岩，厚度354 m(图3-5)。

综上所述，本组在西部厚度较大可达635 m，向东变薄，在长胜村为294 m。另在北部，凝灰物质大量增加，局部以凝灰砂岩为主，变质略深，具千枚岩化。

八十里小河组 S_2b (01-23-0132)

【创名及原始定义】 黑龙江第一区测队和苏养正1975年创建于卧都河南八十里小河上

游。指分布在卧都河南岸及裸河东岸，整合于黄花沟组之上，岩性为灰紫色、灰绿色凝灰砂岩、杂砂岩、石英砂岩、粉砂岩及灰绿色、灰紫色凝灰岩。总厚度为 625.4 m。

【沿革】 1977 年张海驲等在《1：20 万罕达气幅区调报告》中采用八十里小河组，但将原创名(1974)属卧都河组下部的粉砂质板岩(含 *Tuvaella* 混生层)划归八十里小河组上部。1979 年《黑龙江地层表》采用 1974 年创名时的划分方案。1981 年陈德森等在《1：5 万多宝山铜矿幅及工人村幅(部分)区调报告》中，划分基本同创名方案，但详细论述了本组的韵律变化、岩石组合特征及其上下关系等，并曾划分三个段。本书基本采用 1981 年陈德森等划分方案。

【现在定义】 指分布在卧都河、罕达气、三卡等地区，整合于黄花沟组之上、卧都河组之下的中层状砂岩夹粉砂岩。黄绿色中层状杂砂岩及其所夹灰紫色粉砂岩层作为本组划分标志。顶部过渡为含砾砂岩、砂砾岩。以含砾砂岩或砂砾岩消失为其顶与卧都河组分界。

【层型】 正层型为嫩江县卧都河南剖面(P_{13})(125°51′00″，50°25′00″)(图 1－1 中 17)，黑龙江第一区测队崔革 1974 年测制。

上覆地层：**卧都河组** 灰黄色粉砂质泥质板岩

———— 整 合 ————

八十里小河组	总厚度 306.30 m
15. 灰白色、灰色砂砾岩夹灰绿色杂砂岩及粉砂岩	35.00 m
14. 灰紫色、灰绿色中细粒杂砂岩和粉砂岩	92.70 m
13. 灰紫色、灰绿色细粒杂砂岩夹紫色、灰绿色粉砂岩及杂砂质石英砂岩和凝灰砂岩	178.60 m

———— 整 合 ————

下伏地层：**黄花沟组** 灰绿色细粒凝灰砂岩、凝灰粉砂岩

【地质特征及区域变化】 八十里小河组主要为一套杂色海相碎屑岩组合。下部为灰紫色、灰绿色细粒或不等粒杂砂岩、杂砂质石英砂岩、粉砂岩、凝灰砂岩；上部为灰紫色、灰绿色中粒—中细粒杂砂岩、灰色砂砾岩。自下而上构成一个明显的海退韵律。局部地区在上部夹中性或中基性火山岩及其凝灰岩、火山角砾岩。时代置于中志留世。

八十里小河组与黄花沟组相伴出露在多宝山、裸河、罕达气等地区，另在呼玛县嘉鲁河地区也有出露。岩石为浅海相单陆屑—复陆屑沉积的浅变质岩。正常碎屑岩在横向上比较稳定，罕达气地区近 EW 走向，中部向东西两侧明显变薄。多宝山西南为 NW 走向，厚度为 200～280 m。根里河—长胜屯一带为 NW—近 EW 走向，厚度为 200～300 m，卧都河南厚度为 500 m。本组中所夹火山岩很不稳定，仅在多宝山—长胜屯一带有零星分布，岩性变化也较大，可从中性、中基性火山岩相变为中酸性—酸性火山岩，厚度 10～227 m (图 3－5)。

卧都河组 S_3w (01－23－0133)

【创名及原始定义】 马家骏等① 1963 年创建于嫩江县卧都河称窝都河群，黑龙江第一区测队和苏养正 (1975) 介绍。系指含 *Tuvaella gigantea* 和 *Leptocoelia* 的碎屑岩，时代定为志留纪—早泥盆世。创名时未指定正层型剖面。

【沿革】 1966 年唐克东等将窝都河群改称窝都河组，并限定其为含 *Tuvaella gigantea* 的碎屑岩地层，时代改定为中志留世。1975 年黑龙江第一区测队和苏养正修订为卧都河组，指

① 马家骏等，1963，嫩江县窝理河地区普查报告（未刊）。

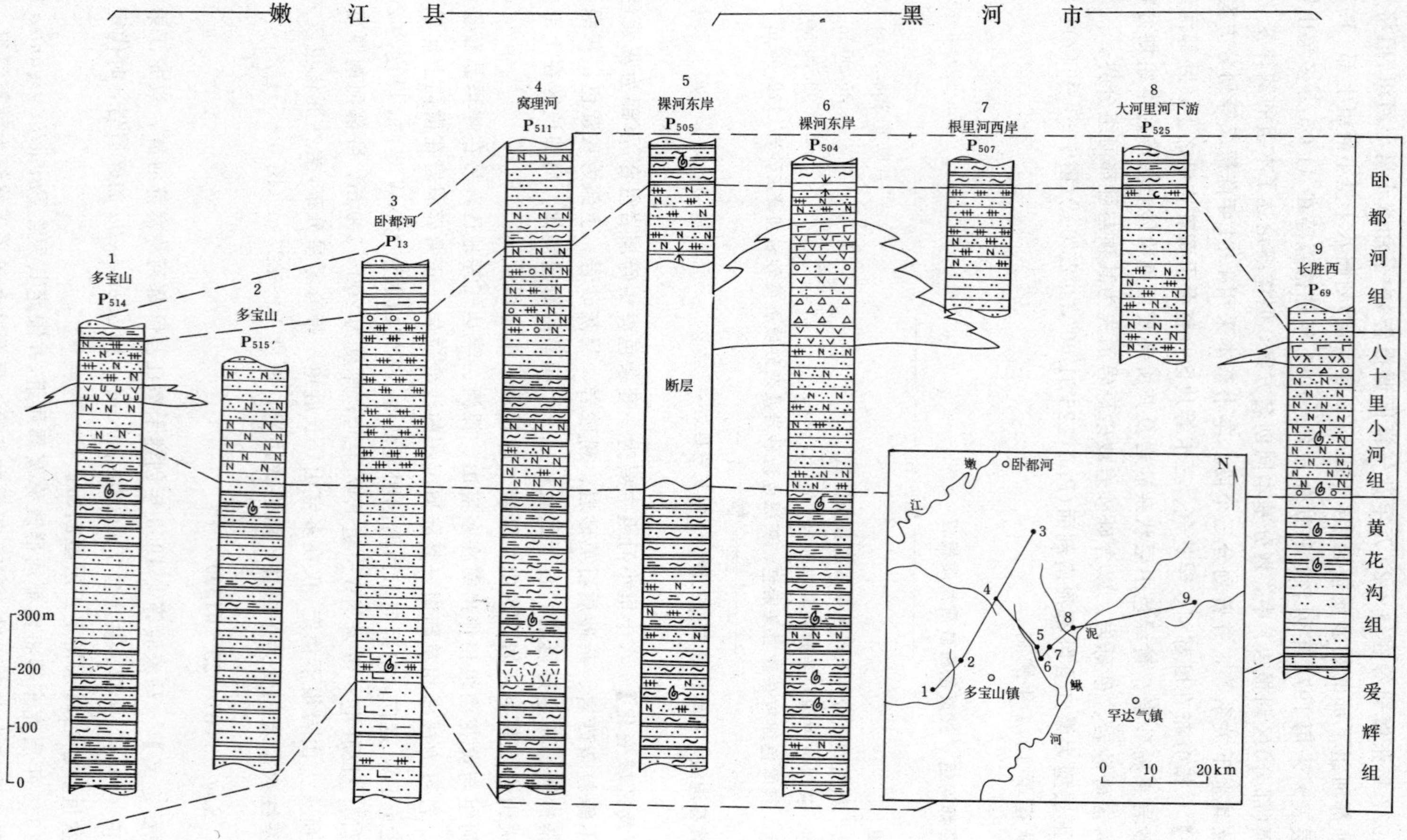

图 3-5　黄花沟组、八十里小河组柱状对比图

分布在卧都河、裸河及关鸟河沿岸的上部为灰白色、黄灰色中粗粒杂砂质石英砂岩与粉砂岩互层；中部为灰黑色、灰黄色板岩；下部为灰白色、灰色砂砾岩夹杂砂岩和粉砂岩组合。1993年《黑龙江地质志》及苏养正、张海驲和浦全生根据区调资料对卧都河组进行补充。

【现在定义】 指分布在卧都河、罕达气、三卡等地区，整合于八十里小河组之上、泥鳅河组之下的砂岩、板岩互层组合。下部为灰绿色、粉砂质板岩、粉砂岩、凝灰质板岩；上部为黄色细粒、中细粒杂砂质石英砂岩、厚层状石英砂岩、黄绿色粉砂质板岩夹薄层砂砾岩，产腕足类化石 *Tuvaella*。

【层型】 选层型为西古兰河剖面(P_{70})，位于黑河市七二七林场北(126°25′00″,50°31′00″)(图 1-1 中 19)，黑龙江第一区调大队薛春汀等 1976 年测制。

上覆地层：**泥鳅河组** 灰绿色含粉砂绿泥板岩、绢云板岩、粉砂质板岩

——————整 合——————

卧都河组 总厚度 597.50 m

18. 灰绿色杂砂质石英砂岩夹粉砂岩，产腕足类：*Tuvaella gigantea*，*Leptostrophia elegestica*，*L.* sp.，*Meristina* sp.，*Dalmanella* sp.，*Coelospira* ? sp.，*Lingula* sp.；三叶虫：*Phacops* sp. 22.70 m
17. 灰绿色、黄绿色粉砂岩 13.40 m
16. 灰绿色变质细粒杂砂岩 12.70 m
15. 黄绿色变质粉砂岩，产腕足类：*Leptostrophia* cf. *elegestica*，*Meristina* sp.，*Stegerhynchella angaciensis*，*Protocortezorthis* aff. *fornicatim—curvata*，*Tuvaella gigantea*，*Lingula* sp. 48.50 m
14. 浅灰色细粒、中细粒杂砂质石英砂岩，产腕足类：*Meritina* sp.，*Eospirifer* sp.，*Dalmanella* sp. 77.30 m
13. 灰绿色变质粉砂岩，产腕足类：*Meritina* sp.，*Tuvaella gigantea*，*Eospirifer* sp.，*Dalmanella* sp. 14.20 m
12. 灰绿色变质细粒杂砂质石英砂岩，产腕足类：*Meristina* sp.，*Dalmanella* sp.，*Eospirifer* sp.，*Howellella* sp. 78.00 m
11. 灰绿色粉砂质绢云板岩，产腕足类：*Tuvaella gigantea*，*T. rackovskii*，*Leptostrophia* aff. *cuspidata*，*Meristina* sp.，*Protocortezorthis* sp.，*Tastaria*? sp. *Leptaenopoma woduheensis* 30.90 m
10. 灰绿色变质长石石英砂岩，产腕足类：*Tuvaella gigantea*，*Meristina* sp.，*Leptostrophia* sp. 0.40 m
9. 灰色砾岩，砾石占 60%左右，主要为酸性熔岩、板岩和脉石英组成。产腕足类：*Tuvaella gigantea*，*Meristina* sp.，*Leptostrophia* sp. 0.20 m
8. 灰绿色含砾变质中粒杂砂质石英砂岩，产腕足类：*Tuvaella gigantea*，*Leptostrophia* sp.，*Meristina* sp.，dalmanellid 0.60 m
7. 灰绿色变质粉砂岩 40.80 m
6. 灰绿色变质长石石英砂岩 30.30 m
5. 灰绿色板岩、变质粉砂岩 64.40 m
4. 灰绿色含粉砂绿泥板岩、绢云板岩，产腕足类：*Tuvaella rackovskii* 132.40 m
3. 深灰色、灰色板岩 30.70 m

——————整 合——————

下伏地层：**八十里小河组** 浅灰绿色中粒钙质石英砂岩

【地质特征及区域变化】 卧都河组为一套产有*Tuvaella gigantea*的碎屑岩。下部以板岩为主，上部为砂岩、板岩互层夹砂砾岩。上部岩石多为灰黄色、黄绿色及灰绿色，创名地区为薄层状构造，中粒—细粒—泥级结构均存在，即以砂岩、板岩互层为特点，一些砂岩含砾或其中夹薄层砾岩，板岩与砂岩构成多个明显的韵律层，砂岩主要为杂砂质石英砂岩、杂砂质长石石英砂岩及杂砂岩；下部主要为灰绿色、黄绿色粉砂质板岩、粉砂岩、凝灰质板岩。产腕足类*Tuvaella rackovskii* - *T. gigantea*组合。时代置于晚志留世。

该组岩性在横向上变化不大，在三卡和卧都河地区出露了厚层状杂砂质石英砂岩，只是在三卡地区出现硅质岩夹层，在罕达气地区的小河里河出现角斑岩和细碧岩夹层。但厚度变化明显，在多宝山、裸河东岸多不足100 m，而在古兰河则370 m，在三卡约1 000 m。

泥鳅河组　S_3D_2n　(01-23-0151)

【创名及原始定义】 矢部长克（日本）1942年创建于黑河市泥鳅河，中国地质学编辑委员会等1956年介绍。指罕达气地区千枚岩、千枚状页岩及黑色砂质页岩，置红紫色页岩之上，其上为霍龙门组。

【沿革】 1976年张海驲等在《1：20万卧都河幅区调报告》中，将泥鳅河组分成三个段：泥鳅河段、罕达气段、金水段，其下伏为卧都河组，上覆为霍龙门组。1977年张海驲等在《1：20万罕达气幅区调报告》中，将泥鳅河组分出古兰河组、西古兰河组、泥鳅河组、罕达气组和金水组，其上为霍龙门组。1983年谢贵生等在《1：20万兴隆沟幅、呼玛县幅区调报告》中曾自下而上划分为如舟河组、三包山组、宝泉沟组、嘎嘎拉组。本次对比研究将上述的古兰河组、西古兰河组、泥鳅河组、罕达气组、金水组、霍龙门组及其上覆的德安组合并称泥鳅河组，并将如舟河组、三包山组、宝泉沟组、嘎嘎拉组归入其中。其它名称均停用。

【现在定义】 指分布于泥鳅河流域、兴隆、额尔古纳等地区，整合于卧都河组之上，区域上整合于腰桑南组或根里河组之下的一套粉砂岩、板岩夹火山岩及大理岩组合。产腕足类、珊瑚等化石。

【层型】 创名人未指定正层型，故选层型为黑河市七二七林场北西古兰河剖面(P_{70})，(126°25′00″,50°31′00″)(图1-1中19)，薛春汀等1976年测制。

泥鳅河组　　总厚度789.60 m

46. 青灰色斑点板岩，产腕足类化石：*Borealirhynchia* sp.，*Tridensilis* sp.，*Spinatrypa* sp.，*Howellella amurensis*，*Megastrophia* sp.，*Wyella plicata*　33.10 m
45. 灰黑色结晶灰岩，产腕足类化石：*Fimbrispirifer* sp. indet.，*Megastrophia* sp. indet.，*Cyrtiopsis* sp. indet.，*Spinatrypa* sp. indet.，*Cyrtina* sp. indet.　26.10 m
44. 灰黑色变质粉砂岩，产腕足类化石：*Fimbrispirifer* cf. *divaricatus*，*Megastrophia pseudointerstrialis*，*Spinatrypa* sp.，*Levenea* sp.，*Cyrtina* sp.　33.50 m
43. 灰黑色、青灰色变质细砂粉砂岩。产腕足类：*Coelospirella dongbeiensis minor*，*Coelospirella* sp.，*Acrospirifer* sp.，*Chonetes* sp. indet.，*Cyrtina* sp. indet，*Howellella* sp.，*Camarotoechia* sp. indet.　174.60 m
42. 灰黑色变质凝灰细砂粉砂岩，产腕足类化石　88.80 m
41. 灰黑色含粉砂绿泥板岩，产腕足类化石：*Acrospirifer dyadobomus*，*Cyrtina rostrata*，*Leptostrophia* sp.　39.30 m
40. 灰黑色凝灰砂岩，产腕足类化石：*Coelospirella dongbeiensis minor*，*Acrospirifer*

dyadobomus，*Cyrtina rostrata*，*Spinatrypa bachatica*，*Chonetes* sp.，Rhynchonellida gen. et sp. indet.；三叶虫：*Odontochile* sp. 76.10 m

39. 青灰色千枚状绢云绿泥板岩 20.50 m

38. 灰黑色结晶灰岩，含有较多的生物碎屑，产丰富的苔藓虫及少量腕足类、海百合茎：*Spinatrypa bachatica*，*Howellella* sp. indet.，*Megastrophia pseuaointerstrialis*，*Schuchertella* sp. 45.50 m

37. 黄绿色泥质板岩，产有丰富的苔藓虫化石及少量腕足类、海百合茎：*Coelospirella dongbeiensis minor*，*Spinatrypa* sp.，*Wyella* cf. *plicata* 47.20 m

36. 浅灰黑色凝灰粉砂岩、凝灰砂岩，产腕足类化石：*Euryspirifer grabaui*，*Coelospirella dongbeiensis minor*，*Coelospirella* sp.，*Borealirhynchia hinganensis*，*Spinatrypa* sp. 45.00 m

35. 黄绿色变质中细粒长石砂岩，产腕足类化石：*Coelospirella dongbeiensis*，*Howellella amurensis*，*Megastrophia manchurica*，*Wilsoniella grandis*，*Hinganella chinensis* 47.40 m

34. 灰黑色粉砂质绿泥板岩，产腕足类化石：*Discomyorthis jinshuiensis*，*Reeftonia borealis*，*Coelospirella dongbeiensis*，*Tridensilis piloides*，*Lissostrophia triloba*，*Megastrophia* cf. *pseudointerstrialis*，*Brachispirifer* sp. indet.，*Apicilirella vulgarica*，*Rhytistrophia muharica* 71.20 m

33. 灰黑色酸性、中酸性凝灰岩 41.30 m

32. 灰黑色粉砂岩，产腕足类化石：*Atrypa* sp. indet.，*Chonetes* sp. indet. 19.10 m

31. 灰黑色含粉砂绿泥板岩，产三叶虫：*Phacops* sp.；床板珊瑚：*Pleurodictyum* sp.；腕足类：*Coelospirella orientalis*，*C. dongbeiensis*，*Xenizostrophia muharica*，*Rhytistrophia muharica*，*Paraspirifer* cf. *gigantea*，*P. gigantea*，*Tridensilis piloides*，*Borealirhynchia* sp.，*Spinatrypa* cf. *bachatica*，*Nucleospira* sp. indet.，*Megastrophia* cf. *semifasciger*，*M.* cf. *simplex*，*Leptostrophia* sp. indet.，*Lissostrophia triloba*，*Cupularostrum* sp. indet.，Leptaenid gen. et sp. indet. 318.30 m

30. 灰色、深灰色含粉砂绿泥板岩夹结晶灰岩凸镜体，产腕足类化石：*Aulacella delerensis*，*Leptocoelia* sp. indet.，*Coelospira pseudocamilla*，*Coelospira* sp.，*Cyrtina kazi*，*C.* cf. *nana*，*Eatonia* sp.，*Mesodouvillina* sp.，*Spinoplasia* sp.，*Levenea* sp.，*Paramerista* sp.；床板珊瑚：*Pleurodictyum* sp.，还有三叶虫碎片 86.50 m

29. 灰黑色变质凝灰岩，产四射珊瑚、床板珊瑚 *Syringaxon* sp.，*Pleurodictyum* sp. 2.50 m

28. 灰绿色粉砂质板岩夹凝灰岩，产腕足类：*Coelospira* sp. indet.；珊瑚："*Hapsiphyllum*"? sp. indet. 7.00 m

27. 灰色结晶灰岩 0.10 m

26. 灰绿色、灰色含凝灰粉砂质板岩夹凝灰板岩、凝灰砂岩，局部见黄铁矿假象。产腕足类：*Rugoleptaena* sp. indet. 31.60 m

25. 黄绿色凝灰板岩夹不等粒砂岩薄层，产腕足类化石：*Coelospira viginia*，*Orthostrophia strophomenoides parva*，*Meristella* aff. *atoka*，*Levenea* sp. indet. 1.00 m

24. 暗灰绿色、深灰色绿泥绢云板岩，产腕足类化石：*Plectodonta mariae*，*Lissatrypa* sp. indet.；床板珊瑚：*Pleurodictyum*? sp. 及三叶虫碎片 12.90 m

23. 灰绿色与灰色略带紫色粉砂质绢云板岩、绿泥板岩互层，产腕足类化石：*Lingula* sp. 16.10 m

22. 灰绿色凝灰粉砂岩夹凝灰粉砂质绿泥板岩 10.10 m

21. 灰绿色粉砂质板岩 5.40 m

20. 灰绿色安山玢岩 0.70 m

19. 灰绿色含粉砂绿泥板岩、绢云板岩、粉砂质板岩，产腕足类：*Lingula* sp. 34.00 m

——————— 整　合 ———————

下伏地层：**卧都河组**　灰绿色杂砂质石英砂岩，产腕足类：*Tuvaella gigantea* 等

【地质特征及区域变化】 泥鳅河组为浅海相碎屑岩夹碳酸盐岩薄层，局部发育有火山岩。碎屑岩主要为粉砂岩、板岩，也常见细砂岩和灰岩夹层，灰岩多出现在下部和上部。火山岩层不稳定，多出现于中下部，常呈不同厚度多层出现，岩性多为英安岩，少为安山岩和流纹岩。岩石普遍具低级区域变质，基本为低绿片岩相。产较丰富的海相生物化石，如：腕足类、珊瑚等。腕足类可称 *Leptocoelia sinica* 组合，*Gladiostrophia kondoi* 组合和 *Acrospirifer dyadobomus* 组合。时代置于晚志留世—中泥盆世。

泥鳅河组在本省西部的额尔古纳地层分区，达来-兴隆地层分区和东乌-呼玛地层分区均有出露。其中后两个地层分区分布较集中，并尤以东乌-呼玛地层分区发育良好，研究程度也较高。在黑河市金水、裸河两岸、五道沟和西古兰河等地区岩性变化不大，均为板岩、粉砂质板岩、粉砂岩夹火山岩及灰岩或大理岩薄层。金水地区本组厚度较大，约 1 600 m，但底部不全；西古兰河出露较全，且火山岩很少，厚度约 1 300 m。

腰桑南组　D_2y　**(01－23－0149)**

【创名及原始定义】　张海驲等 1977 年创建于黑河市金水。分布在金水一带，岩性以灰紫色、灰绿色杂砂岩、板岩夹凝灰砂岩为特征，与下伏霍龙门组呈整合接触，顶界不清。厚度大于 721.3 m。

【沿革】　此前，1976 年张海驲等曾将其归入乌奴尔组，置中泥盆世。1979 年黑龙江省区域地层表编写组将出露在嫩江东岸大腰桑南及金水地区的产珊瑚化石的灰紫色、灰绿色砂岩组合仍归入乌奴尔组，时代置中泥盆世。1993 年《黑龙江地质志》将上述岩石归入 1977 年创建的德安组，时代仍置中泥盆世。本书所称腰桑南组，以 1977 年张海驲创建的腰桑南组为基础，包括嫩江东岸原划的乌奴尔组。

【现在定义】　系指嫩江两岸、金水一带泥鳅河组之上的杂色砂板岩组合。岩性为灰紫色、灰绿色杂砂岩、凝灰砂岩、板岩夹灰岩凸镜体。产珊瑚、三叶虫、杆石等化石。其与泥鳅河组上部为同时异相，顶底界不清。

【层型】　正层型为黑河市金水剖面($P_{9'}$)(126°09′00″,50°04′00″)(图 1－1 中 21)，浦全生等 1974 年测制。

腰桑南组　总厚度 650.54 m

5. 褐灰色、黄绿色中细粒杂砂质石英砂岩、杂砂岩。(未见顶) 66.54 m
4. 以灰绿色及少量灰紫色绿泥板岩为主夹少量变质粉砂岩、杂砂岩 44.37 m
3. 猪肝色变质粉砂岩、杂砂岩 199.18 m
2. 以猪肝色、灰绿色粗砂质绿泥板岩为主夹紫色轻变质粉砂岩 164.78 m
1. 以猪肝色轻变质细砂粉砂岩为主夹少量灰绿色绿泥板岩、酸性凝灰岩和凝灰砂岩。(未见底) 175.68m

【地质特征及区域变化】　腰桑南组突出的特点是岩石的颜色为灰紫色、灰绿色交替出现。从成分看，岩石凝灰物质成分较多，凝灰砂岩、凝灰岩约占 40%。岩石多为中层状，层理不

十分清楚，其成分成熟度与结构成熟度均不高。下部以粗砂岩夹板岩为主，上部出现细砂岩，顶部见中细粒杂砂岩。本组属浅海相近氧化条件下形成，具低级区域变质。据所产珊瑚、三叶虫等化石，时代置中泥盆世。

本组大致呈NE走向，倾角为30°～50°。在金水本组上部为灰色绢云绿泥板岩，下部为棕灰色凝灰岩，产 *Devonobactrites jinshuiensis*，出露厚约650 m；在大腰桑南出露约633 m；在窝理河为1 733 m。其中在大腰桑南见结晶礁灰岩夹在下部，并产珊瑚化石。在窝理河见安山玢岩夹在上部，厚35 m。

综上，在分布区北部，本组厚度较大，且出现火山岩；而南部较小，仅见凝灰岩；西部出现礁灰岩，砂岩钙质含量增加。

根里河组　$D_{2-3}g$　(01-23-0156)

【创名及原始定义】　赵贵三等①1959年创建于罕达气地区，张海驲等1977年介绍。系指出露于罕达气地区的根里河西岸及九道沟一带，岩性主要为泥质、钙质、凝灰质板岩及泥灰岩。泥灰岩中产腕足类化石。创名时未指定正层型剖面。

【沿革】　1977年张海驲等在《1∶20万罕达气幅区调报告》中所称根里河组扩大了原含义，上、下分别与大河里河组、德安组为整合接触。1979年《黑龙江地层表》中所称根里河组含义与原始定义基本相同。本书所称根里河组，基于1977年张海驲方案，选用大河里河剖面(P_{15})，将其上覆原划的大河里河组全部并入根里河组。大河里河组停止使用。

【现在定义】　分布在黑河市大河里河流域及嫩江县卧都河、呼玛县十一站等地区，整合于泥鳅河组之上，区域上整合于小河里河组之下。岩性为灰黑色杂砂岩、杂砂质长石砂岩、绿泥板岩、凝灰砂岩及凝灰岩等。

【层型】　选层型为黑河市大河里河西岸剖面(P_{15})(126°01′00″,50°20′00″)(图1-1中22)，滕宗乃等1974年测制。

根里河组　　总厚度961.40 m

37. 灰黑色含粉砂绿泥板岩，灰黑色轻变质凝灰粉砂岩。产腕足类：*Sculptospirifer acutipilicata*，*Acrospirifer orthogonalis*，*Cyrtina* sp.，*Cupularostrum* aff. *recticostatum*，*Schuchertella* sp.，*Chonetes* sp.，*Leptagonia sinuata*，*L.* cf. *sinuata*，*L.* sp.，*Tylothyris*? sp.，*Spinatrypa khalfini*，*Tridensilis tenuicosta*　46.40 m
36. 灰白色、灰紫色、灰褐色含粉砂绢云绿泥板岩。产腕足类：*Sculptospirifer acutiplicata*，*Schuchertella* sp.，*Mucrospirifer*? sp.，*Cyrtina* sp.，*Cupularostrum* aff. *recticostatum*，*Tridensilis tenuicosta*，*Nucleospira* sp.，*Charionella*? *orbicularis*，*Cyrtospirifer* sp.，*Acrospirifer altaica*，*Spinatrypa khalfini*，Leptaenid gen. et sp. indet.　57.00 m
35. 灰黑色绢云绿泥板岩。产腕足类：*Schuchertella* sp.，*Atrypa* sp.，*A.* sp. indet.，*Leptaena*? sp. indet.，*Acrospirifer* sp.，*A.* sp. indet.　35.20 m
34. 灰黑色泥质粉砂岩　27.60 m
33. 灰黑色中粗粒杂砂岩，底部含砾　77.50 m
32. 灰黑色泥质粉砂岩　19.20 m

① 赵贵三、张国华，1957—1959年最终地质报告（M-52-XⅢ幅）（未出版）。

31. 灰黑色杂砂岩 27.00 m

30. 灰黑色轻变质粉砂岩 26.00 m

29. 灰黑色轻变质中粒杂砂质长石砂岩 46.20 m

28. 灰黑色片理化泥质粉砂岩 30.10 m

27. 灰黑色轻变质中粒杂砂质长石砂岩 49.80 m

26. 灰黑色含粉砂绿泥板岩，产腕足类：*Khinganospirifer magnifica*，*K. parakoxiformis*，*Schuchertella* sp. 5.30 m

25. 灰黑色轻变质中酸性凝灰岩。产腕足类：*Sculptospirifer acutiplicata*，*Schuchertella* sp.，*Charionella*? *orbicularis*，*Nucleospira concinna*，*Tridensilis ustritskii*，*T.* sp.，*Helaspis kenlyhoensis*，*Acrospirifer pseudocheehiel*，*Aulacella* sp.，*Cupularostrum* sp.，*Mucrospirifer* cf. *mucronatus*，*M.* sp.，*Leptostrophia* sp.，*Khinganospirifer* sp.，*Orbiculoides* sp.，*Leptaena*? sp.，*Mediospirifer kizilschinus*，*Delthyris* ? cf. *tiro*，*Cyrtina* sp.，*Longispina* sp.，*Productella* sp.，*Protoleptostrophia perpland*，*Dourillina* sp.，*Spinatrypa* sp. indet.，*Rensselandia* sp.，*Athyris* sp. 25.20 m

24. 灰色、灰黑色、灰褐色泥质粉砂岩。产腕足类：*Tridensilis tenuicosta*，*Schuchertella* sp.，*Athyris* sp.，*Sculptospirifer acutiplicata*，*Khinganospirifer magnificus*，*K. paradoxifomis*，*Mediospirifer*? cf. *khinganensis*，*Spinatrypa* sp.，*Acrospirifer* sp. indet.，*Elytha* sp. indet.，*Productella* sp.，*Ambocoelia*? sp.，*Charionella*? *orbicularis*；双壳类：*Pseudoaviculopecten* sp. 21.40 m

23. 灰黑色含粉砂绿泥板岩。产腕足类：*Sculptospirifer acutiplicata*，*Mucrospirifer mucronatus*，*Schuchertella*? sp. indet.，*Tridensilis* sp.，*Spinatrypa* sp. 81.90 m

22. 灰色、灰白色轻变质中粒长石砂岩 36.60 m

21. 灰黑色轻变质中粒杂砂质长石砂岩 6.70 m

20. 灰黑色凝灰粉砂岩及泥质粉砂岩 9.40 m

19. 灰黑色中细粒长石砂岩 15.10 m

18. 灰黑色轻变质凝灰粉砂岩 19.60 m

17. 灰黑色角岩化中粒杂砂质长石砂岩及灰黑色中细粒杂砂质长石砂岩 67.90 m

16. 灰黑色泥质粉砂岩 40.60 m

15. 灰黑色轻变质凝灰粉砂岩 25.50 m

14. 流纹质凝灰熔岩 13.30 m

13. 灰黑色中酸性凝灰岩 20.10 m

12. 灰黑色凝灰细砂岩 30.50 m

11. 灰黑色中酸性凝灰岩夹含粉砂板岩 48.50 m

——————整　合——————

下伏地层：**泥鳅河组**　灰黑色泥质粉砂岩及灰黑色含粉砂泥质板岩

【地质特征及区域变化】　根里河组为海相沉积砂板岩组合。岩石颜色较深，以灰黑色为主，少量的火山岩层为灰色、灰绿色；砂岩以杂砂质为主，还有长石质、凝灰质砂岩及酸性、中酸性火山岩；岩石结构与下伏泥鳅河组相比则较粗，砂岩中以中粒—中细粒结构为主；岩石组合显海进韵律，下部为含砾砂岩、砂岩，上部为粉砂岩、板岩，而熔岩、凝灰岩及凝灰砂岩多在下部；化石多在上部粉砂岩、板岩中，主要为腕足类。时代置于中—晚泥盆世。

根里河组在罕达气北的大河里河、小河里河地区出露较集中，纵向也较连续，在卧都河北长山、裸河东岸也有小面积出露。大河里河地区本组厚度较大，约 1 000 m；小河里河地区厚 488 m；裸河东岸厚 126 m；在卧都河北长山厚约 567 m。后者与建组地区组合及韵律特征相似，只是杂砂岩多为灰色，此处顶底不全。

小河里河组　D_3x　(01－23－0158)

【创名及原始定义】　唐克东等① 1960 年创建于关鸟河流域，称小河里河群。分布零星，局限于一个个小的山间盆地中，在关鸟河中下游多见之，延伸近纬度方向。主要为凝灰岩、砂岩夹粉砂岩，上部中、酸性喷出岩占优势（东部以中性为主，西部以酸性为主）。厚度约 530 m。张海驲等 1977 年介绍。

【沿革】　1963 年唐克东② 将小河里河群改称小河里河组，标准地点选在黑河市小河里河，未指定正层型，岩性为砾岩、砂岩夹板岩。1977 年张海驲等将小河里河组含义定为产植物化石的砂岩、砾岩夹板岩，置于大河里河组之上，被花达气组整合覆盖，时代为早石炭世。本次对比研究所称小河里河组，系指小河里河地区的大河里河组与小河里河组之合并。大河里河组停止使用。

【现在定义】　指出露在黑河市小河里河、查尔格拉河等地的砾岩、杂砂岩、板岩及粉砂岩夹碳质板岩组合。产丰富的植物化石，下部亦产海相腕足类化石。与下伏根里河组为整合接触，被花达气组整合覆盖。

【层型】　选层型为黑河市罕达气镇小河里河右岸剖面(P_{68})(125°08′30″,50°14′20″)(图 1－1中 23)，黑龙江第一区调大队赵达等 1977 年测制。

上覆地层：花达气组　灰褐色砾岩

——————— 整　合 ———————

小河里河组	总厚度 925.10 m
26. 下部为灰色泥质板岩夹黑色板岩，产植物化石 *Sublepidodendron* sp.；上部为灰绿色粉砂泥质板岩，具水平层理，产植物化石，不能鉴定	59.50 m
25. 黄绿色粗粒杂砂岩和灰绿色泥质板岩互层	72.10 m
24. 下部为黄绿色粗粒杂砂质长石砂岩，局部含砾；上部为黄绿色粉砂岩及板岩互层	52.50 m
23. 黑色、灰绿色粉砂质绿泥板岩，产植物化石 *Cordaites* sp.，*Lepidodendropsis* sp.	70.40 m
22. 黄绿色中—粗粒长石杂砂岩与薄层砾岩互层，具韵律性	34.10 m
21. 黄绿色中粗—细粒长石砂岩，具水平层理，其上为黄绿色粉砂岩及具斜层理之粉砂泥质板岩。产丰富的植物化石 *Archaeopteris fimbriata* 和 *Sphenopteris* sp.	31.30 m
20. 灰黄色、黄绿色粗粒长石杂砂岩、含砾杂砂岩、粉砂岩夹黑色碳质板岩	42.00 m
19. 绿黑色粉砂泥质板岩，具微波状薄层理	27.20 m
18. 绿灰色含砾粗粒杂砂岩与砾岩互层	25.50 m
17. 黑色含碳质板岩（产植物化石碎片）与黑色细砂岩互层	81.00 m
16. 褐色、灰色中粒长石杂砂岩	93.70 m
15. 黄绿色粉砂质绿泥板岩，层理不发育	45.50 m
14. 灰黄色、黑灰色细粒杂砂岩、灰色粗粒长石杂砂岩夹灰色泥质板岩及褐色角砾岩薄层	48.80 m
13. 深褐色含角砾长石质杂砂岩，薄层状，产腕足类化石 *Spinocyrtia* sp. indet.	78.30 m

---

① 唐克东、彭云彪等，1960，M-51-ⅩⅧ腰站幅区域地质测量报告（未出版）。
② 唐克东，1963，黑龙江省西北部地层报告（未刊）。

12. 黄色、黄绿色细粒杂砂岩，产腕足类化石 *Cyrtina* sp. 92.80 m

11. 黑色含碳质板岩，产植物化石碎片 29.60 m

10. 褐色含砾杂砂岩、粗粒长石杂砂岩夹褐色砾岩及粗粒杂砂质长石砂岩 39.80 m

——————整　合——————

下伏地层：**根里河组**　黑色粉砂质板岩

【地质特征及区域变化】　小河里河组在小河里河地区特征明显。杂砂岩、砂砾岩多为黄绿色、黄褐色，板岩多为灰黑色。岩石结构较粗，砂岩多为中粒、中细粒及含砾粗粒结构，中层状。板岩和粉砂岩具水平薄层理、微波状层理及细微的斜层理。岩石组合以复陆屑的杂砂岩为主，且其中夹碳质板岩。岩石的成分成熟度与结构成熟度均较低，自下而上由粗到细，其中包含五个以上小的韵律。根据本组内所产植物化石 *Platyphyllum*，*Archaeopteris* 等，其时代置于晚泥盆世。

本组集中分布在小河里河东岸和查尔格拉河北岸。两地岩石组合特征相似，都为正韵律。只是在小河里河其底部出露有海陆交互相岩石组合，而查尔格拉河地区本组底部不全。前者厚度为 1 015 m，后者为 871 m。

花达气组　C_1h　(01－23－0203)

【创名及原始定义】　张海驲等 1977 年创建于黑河市小河里河下游右岸。指整合于查尔格拉河组黄褐色砾岩之下、小河里河组灰绿色、灰黑色板岩之上，产较丰富植物化石的一套地层。由灰褐色砾岩、黑色凝灰砂岩夹板岩组成，厚度为 265.8 m，时代置于早石炭世。

【沿革】　本组自创建后，沿用至今。

【现在定义】　分布于黑河市小河里河下游等地，主要由灰褐色砾岩、黑色凝灰砂岩夹板岩组成，产较丰富的植物化石。底与小河里河组板岩为界，顶与查尔格拉河组砾岩为界，均为整合接触。

【层型】　正层型为爱辉县罕达气镇小河里河右岸剖面(P_{68})(126°08′30″,50°14′20″)(图 1－1 中 23)，赵达等 1977 年测制。

上覆地层：**查尔格拉河组**　黄褐色砾岩

——————整　合——————

花达气组 总厚度 265.80 m

31. 黑色凝灰质中细粒砂岩与粉砂岩互层,具微波状层理及条带状水平层理。产植物化石:*Cardiopteridium* sp.,*Sphenophyllum* aff. *tenerrimum* 48.20 m

30. 褐色含砾粗砂岩 13.70 m

29. 黑色含碳质凝灰砂岩,具韵律性和水平、微波状层理。产植物化石:*Cardiopteridium* sp.,*Sphenophyllum* cf. *tenerrimum*,*Angaropteridium* sp.,*Rhodea* sp. 46.60 m

28. 黑色凝灰砂岩及板岩,具韵律性,并夹黄色细砂岩及具水平层理的板岩 142.40 m

27. 灰褐色砾岩 14.90m

——————整　合——————

下伏地层:**小河里河组**　灰绿色泥质板岩

【地质特征及区域变化】　花达气组以磨圆良好,分选极差的砾岩为其底界。下部黑色凝灰砂岩、板岩夹黄色细(杂)砂岩及具水平层理的黄色板岩，产植物化石较多。上部黑色凝灰砂岩多含碳质，韵律性强，植物化石丰富。但缺少确定时代意义的分子，故时代暂置早石炭世。

该组仅出露于黑河市小河里河沿岸(图 3－3)，分布面积约 10 km^2。

查尔格拉河组　$C_1\hat{c}$　(01－23－0204)

【创名及原始定义】　张海驲等 1977 年创建于黑河市小河里河下游右岸。系指整合于花达气组凝灰砂岩之上，下部以黄褐色砾岩为主，中上部为黑色粉砂泥质板岩与杂砂岩互层，具波状、微斜及水平层理，产植物化石的一套地层，时代为中石炭世。

【沿革】　本组自创建后，沿用至今。

【现在定义】　指分布于黑河市小河里河及卧都河一带，下部以黄褐色砾岩为主，中上部为黑色粉砂泥质板岩与杂砂岩互层，具波状、微斜及水平层理，产植物化石碎片的一套地层。整合于花达气组之上，顶界不清。

【层型】　正层型为黑河市罕达气镇小河里河右岸剖面(P_{68})(126°08′30″,50°14′20″)(图 1－1中 23)，赵达等 1977 年测制。

查尔格拉河组　　总厚度>345.20 m

38. 下部为灰色中粗粒杂砂岩与具斜层理的细粒杂砂岩、黑色粉砂质板岩呈韵律性沉积；上部为黑色板岩夹细粒杂砂岩。(未见顶)　>48.30 m

37. 深灰色中—细粒杂砂岩呈韵律性沉积　33.90 m

36. 底部为褐色杂砂质胶结之砾岩，中下部为灰褐色含砾杂砂岩，上部为具水平层理之黑色泥质板岩　29.40 m

35. 下部为中—粗粒及细粒杂砂岩夹黑色粉砂质板岩；上部为具水平层理的黑色泥质板岩（产植物化石碎片）与灰色粉砂岩互层　28.40 m

34. 下部为黑色细粒杂砂岩夹灰色细砂岩小凸镜体，局部呈紊乱团状；上部为黑色粉砂质板岩夹黄褐色杂砂岩　35.00 m

33. 下部为黄褐色砾岩，分选不好；上部为灰白色、灰色细粒杂砂岩（具波状层理）与黑色粉砂质板岩互层　102.00 m

32. 底部为黄褐色砾岩，分选磨圆良好；往上为黄褐色含粗粒杂砂岩、灰白色斜层理细粒杂砂岩和水平层理细粒杂砂岩及黑色粉砂泥质板岩呈韵律性沉积　68.20 m

——— 整　合 ———

下伏地层：**花达气组**　黑色凝灰质中细粒砂岩与粉砂岩互层

【地质特征及区域变化】　查尔格拉河组下部具较多砾岩层，中上部为板岩与砂岩互层。砂岩及板岩均发育波状、微斜及水平层理，产多层保存不好的植物化石。厚度约为 345 m。时代置于早石炭世。

本组分布在省内西北部小河里河及卧都河一带(图 3－3)，但两地的沉积厚度相差悬殊，后者厚达 1 330 m，由具微波状、水平及斜层理的砂岩和板岩组成，未见砾岩，相当于创名地区的中上部层位。

洪湖吐河组　C_1hn　(01－23－0208)

【创名及原始定义】　黑龙江第一区调大队佟志芳、谢贵生等 1977 年创建于黑河市洪湖吐河南山。指由灰—灰黑色、黄褐色细粒晶屑岩屑凝灰岩夹流纹斑岩质凝灰岩及灰黑色层凝灰岩组成，产杜内期腕足类化石，整合于库纳尔河组之下的一套地层。厚度大于985 m。

【沿革】 本次对比研究将洪湖吐河组与库纳尔河组合并，称洪湖吐河组，时代为早石炭世。库纳尔河组停用。

【现在定义】 指分布于黑河市洪湖吐河沿岸，下部以火山碎屑岩为主，上部为正常沉积碎屑岩与凝灰岩交替出现，局部具热变质，产杜内期腕足类化石的一套地层，顶、底界不清。

【层型】 正层型为黑河市洪湖吐河南山剖面(P_3)(126°36′40″,49°55′30″)(图1-1中24)，黑龙江第一区调大队1975年测制。

洪湖吐河组	总厚度＞1 792 m
13. 灰色、黄褐色晶屑凝灰岩(蚀变为云母长英角岩)，近接触带处含石榴石。(未见顶)	＞245 m
12. 灰色、灰黑色粘土质粉砂岩(蚀变为云母长英角岩)	297 m
11. 灰黑色、灰褐色晶屑岩屑凝灰岩	128 m
10. 灰黑色细粒凝灰岩夹灰白色角岩化流纹质晶屑凝灰熔岩，局部变为黑云长英角岩	41 m
9. 灰黑色斑点板岩	96 m
8. 灰色角岩化晶屑岩屑凝灰岩	82 m
7. 灰色、灰黑色细粒凝灰岩夹深灰色流纹质晶屑岩屑凝灰岩及含磁铁矿晶屑岩屑凝灰岩，局部变为黑云长英角岩	268 m
6. 灰色、黄褐色流纹质晶屑凝灰岩夹黑色细粒晶屑凝灰岩及灰白色含砾晶屑凝灰岩	257 m
5. 灰色、黄褐色片理化细粒凝灰岩	93 m
4. 灰色片理化含砾凝灰岩	11 m
3. 灰色晶屑岩屑玻屑凝灰岩	22 m
2. 灰色片理化晶屑玻屑岩屑凝灰岩	126 m
1. 灰色、灰黑色、黄褐色细粒晶屑玻屑凝灰岩夹细粒凝灰岩及层凝灰岩，层凝灰岩中产不易鉴定的腕足类及海百合茎化石。(未见底)	＞126 m

【地质特征及区域变化】 洪湖吐河组沉积韵律较为明显，沉积物自下而上由粗变细。下部以火山碎屑岩为主，夹层凝灰岩，层凝灰岩中产腕足类化石；上部则以正常沉积碎屑岩与火山碎屑岩的交替出现为特征，受热变质作用影响，部分岩石已成为角岩。

本组出露较为局限，主要分布在黑龙江省北部黑河市洪湖吐河沿岸(图3-3)，面积约200 km²，在灰色层凝灰岩中产以*Fusella*和*Syringothyris*为代表的腕足类化石。在洪湖吐河以北的黑河市秀水车站附近，沉积厚度增大，达1 964 m，为板岩和凝灰岩，未见生物化石。

第二节 生物地层特征及地质年代

(一) 奥陶纪

达来-兴隆地层分区奥陶纪生物非常丰富，并发生了极大的变化。苔藓虫、珊瑚等在本区首次发现。三叶虫、腕足类、笔石等发生了大的分异：三叶虫的后颊类在寒武纪占有绝对优势，而前颊类在奥陶纪繁盛；腕足类的无铰纲在寒武纪兴旺，而有铰纲在奥陶纪大量出现；正笔石在奥陶纪繁盛。在奥陶纪，三叶虫、腕足类、笔石、牙形石、软体动物、苔藓虫、珊瑚、海绵动物、介形虫、棘皮动物等多门类生物兴盛。

本区奥陶纪动物群有三个明显的发展阶段。早奥陶世阶段是三叶虫、腕足类、笔石等兴旺时期，早奥陶世早期三叶虫 Asaphidae 和腕足类 Finkelnburgiidae 占优势；早奥陶世晚期三叶虫 Asaphidae，Pliomeridae，Cheiruridae，腕足类 Orthidae，笔石 Dendrograptidae，Diplograptidae 发育。

中奥陶世阶段是多种门类，如三叶虫、腕足类、笔石、软体动物、牙形石、苔藓虫、珊瑚、海绵动物、棘皮动物等兴旺时期。该时期代表性的三叶虫为 Illaenidae，Cheiruridae，Lichidae，Remopleurididae；腕足类为 Orthacea 的 *Famatinorthis*，*Brandysia*，*Dolerorthis* 和 Plectambonitacea 的 *Leptelloidea*，*Leptellina*，*Titambonites*；笔石为正笔石类的 *Dicellograptus*，*Pseudoclimacograptus*，*Climacograptus* 等；头足类为 *Dideroceras*，*Cixianoceras* 等；牙形石为 *Pygodus serrus* 等；苔藓虫为 *Phylloporina*，*Chasmatopora*；四射珊瑚为 *Primitophyllum*；海绵动物为 *Archaeoscyphia*；海林檎为 *Echinosphaerites*；海百合茎为 *Pentagonopentagonalis*。

晚奥陶世阶段是床板珊瑚、苔藓虫、海林檎等兴盛时期。该期代表性的珊瑚为 *Calapoecia*，*Sibiriolites*；苔藓虫为 *Hollopora*；海林檎虽在裸河组特别丰富，但没鉴定出属种；四射珊瑚为 *Sinkiangolasma*，类型不多；三叶虫等开始衰落，其代表性类型有 Encrinuridae，Remopleurididae，Dalmanitacea；腕足类为 *Hingganoleptaena*，*Giraldibella*，*Dalmanella*，*Dedzetina*，*Odoratus*，*Magicostrophia*。晚奥陶世末期绝大多数属种灭绝消失。

本区奥陶纪的底栖动物群是北半球的常见分子，其中少数分子在南半球也有出现。东乌-呼玛地层分区奥陶纪动物群分异度高，有介壳相、混合相（介壳和笔石相交替）；达来-兴隆地层分区奥陶纪动物群分异度低，有介壳相、笔石相和两相混生相。下面分门、类地叙述其组合特征（表 3-1）。

腕足类

①*Finkelnburgia bellatula* - *Humaella huangbanjiensis* 组合带

产于黄斑脊山组中，朱慈英（1986）建立，其时代为特马道克期。本组合带产在黑龙江省呼玛县黄斑脊山剖面(P_{23-2})8—12 层中，是以正形贝类 *Finkelnburgia* 空前发育为特点，约占本组合的 70%，*Humaella* 次之，还有个别的 *Diparelasma* 先驱分子出现。化石丰富，但单调。计有：*Finkelnburgia buttsi*，*F. bellatula*，*F. extensa*，*F. canadensis*，*F. fourloba*，*F.* cf. *plicata*，*F. circula*，*F.* ? *imbricata*，*F. humaensis*，*F. gigantea*，*Humaella huangbanjiensis*，*Diparelasma*? sp.。

Finkelnburgia 属分布在欧、亚和北美晚寒武世—早奥陶世，繁盛于早奥陶世特马道克期。其中 *F. bellatula*，*F. buttsi* 见于萨彦-阿尔泰山区早奥陶世阿尔干层、美国田纳西州早奥陶世牙普尔特布斯组(Chepultepes Fm.)和加拿大马更些山组(Mckenzie Hill Fm.)及我国扬子地区早奥陶世地层和祁连山地区阴沟群下部。*F. canadensis* 见于北美加拿大统门斯组（Mons Fm.)。*F. extensa* 见于北美早奥陶世孤山组(Signal Mountain Fm.)。*F. plicata* 见于北美加拿大统下部斯托纳衡灰岩(Stonehege limestone)。*Humaella* 属和 *H. huangbanjiensis*，*F. gigantea*，*F. fourloba*，*F. imbricata*，*F. humaensis*，*F. circula* 均系本区特有的种属。综上所述，除 *Diparelasma* 先驱分子的时代为阿伦尼格期外，其余的属种时代均为特马道克期。

黄斑脊山组腕足类组合特征：个体一般较大，壳线纹稀细，出现一些新分子，具浓厚的地方色彩。该腕足类组合属太平洋腕足类动物群的重要分子，在北美分布广，欧洲较少。

②*Productorthis americana* 组合带

产于铜山组，刘第墉、朱慈英、薛春汀(1985)首先报道了本组产出的腕足类。1986 年朱慈英根据 *Productorthis americana* 种的个体数量相对较多并具有时代意义，建立了本组合带，

表3-1 奥陶纪地层多重划分对比表

<table>
<tr><th rowspan="2" colspan="2">岩石地层单位</th><th rowspan="2" colspan="2">年代地层单位</th><th colspan="3">生物地层单位</th></tr>
<tr><th>腕足类</th><th>三叶虫</th><th>笔石</th></tr>
<tr><td colspan="2">爱辉组</td><td>阿什极尔阶</td><td>L</td><td>⑧Odoratus wangi-Magicostrophia hingganensis 组合带</td><td></td><td>⑤Orthograptus cf. truncatus 组合</td></tr>
<tr><td rowspan="2">安娘娘桥组</td><td rowspan="2">裸河组</td><td rowspan="3">卡拉道克阶</td><td rowspan="2">U
|
M</td><td>⑦Dalmanella sulcata-Dedzetina feilongshanensis 组合带</td><td>⑦Phillipsinella-Whittingtonia 组合</td><td rowspan="3">④Dictyonema-Dendrograptus 组合</td></tr>
<tr><td>⑥Hingganoleptaena nenjiangensis-Giraldibella humaensis 组合带</td><td>⑥Encrinuroides (Humaencrinuroides)组合</td></tr>
<tr><td colspan="2">多宝山组</td><td>L</td><td>⑤Leptellina sinica-Titambonites incertus 组合</td><td>⑤Remopleurides-Ceraurinella 组合</td></tr>
<tr><td colspan="2" rowspan="3">铜山组</td><td colspan="2">兰代洛阶</td><td>④Famatinorthis luoheensis-Brandysia biconvexa 组合</td><td>④Trinodus-Eudolatites 组合</td><td>③Dicellograptus sextans-Climacograptus putillus 组合带</td></tr>
<tr><td colspan="2">兰维恩阶</td><td>③Diparelasma dongbeiensis 组合带</td><td>③Pliomerellus-Metopolichas 组合带</td><td>②Phyllograptus anna 组合带</td></tr>
<tr><td colspan="2">阿伦尼格阶</td><td>②Productorthis americana 组合带</td><td>②Pliomerops-Parasphaerexochus 组合带</td><td>①Didymograptus cf. nanus 组合带</td></tr>
<tr><td colspan="2">黄斑脊山组</td><td colspan="2">特马道克阶</td><td>①Finkelnburgia bellatula-Humaella huangbanjiensis 组合带</td><td>①Zoraspis-Anacheiruraspis 组合带</td><td></td></tr>
</table>

其时代为阿伦尼格期。当时由于环境稳定，腕足类迅速地发展，属种和个体数量多，分异度大。*Finkelnburgia* 绝迹，代之以正形贝类 *Orthis*，*Productorthis*，*Diparelasma*，*Platystrophia* 等为主体，其次是扇房贝类 *Paurorthis*，共凸贝类 *Porambonites*，倾脊贝类 *Fistulognites* 等大量出现。

Productorthis americana 组合带限于嫩江县裸河西岸(P_{506})剖面第1—2层中。计有：*Ocorthis nenjiangensis*，*Orthis subalata*，*O. xiqiuheensis*，*Nothorthis transversa*，*Sinorthis nenjiangensis*，*Productorthis americana*，*Marginorthis crasscostata*，*M. equalcostata*，*Platystrophia dongbeiensis*，*Virgoria virgensis*，"*Tritoechia*" sp.，*Fistulognites minor*，*Camerella simplex*，*Porambonites heilognjiangensis*，*Diparelasma* sp.。

Ocorthis 分布在法国南部蒙塔格(Montag)的阿伦尼格期地层中。*Orthis*，*Nothorthis*，*Paurorthis*，*Productorthis*，*Fistulognites*，*Virgoria* 和北大西洋区的北纽芬兰(N Newfoundland)、安格尔西(Anglesey)等地区的早奥陶世晚期分子相同。*Sinorthis* 出现于我国的西南部(湖北、四川、贵州)早奥陶世地层中。*Platystrophia*，*Camerella* 分布于欧洲、北美和亚洲，地史分布较长，为中奥陶世至志留纪，在本区出现的层位较低。*Porambonites* 见于欧洲、澳大利亚、亚洲早奥陶世至早志留世地层中。*Pomatotrema* 产于北美上加拿大统。*Diparelasma* 在本带内是个别分子，但个体比黄斑脊山组的 *Diparelasma* 略大。

与本腕足类组合共生的三叶虫、笔石，分别由赵达和薛春汀进行了研究，其时代为阿伦尼格期。综上所述，本组合带时代应为阿伦尼格期。

③*Diparelasma dongbeiensis* 组合带

产于铜山组，刘第墉、朱慈英、薛春汀(1985)首先报道了本组产出的腕足类，1986年朱慈英建立该组合带，其时代为兰维恩期。本带限在嫩江县裸河西岸(P_{506})剖面第12层中。该期环境更稳定，腕足类动物仍继续发展。其特征为数量更多，分异度大，除有铰纲外，无铰纲也大量出现。除 *Pomatotrema*，*Fistulognites* 两个属未在本组出现外，其余的属均有出现。其中 *Diparelasma* 属在本组的数量有明显增多，成为重要的分子。此外尚增加了不少新分子。

本组合带是以 *Diparelasma*，*Productorthis*，*Platystrophia*，*Orthambonites*，*Paurorthis*，*Porambonites*，*Petroria* 为主体，并以 *Diparelasma* 数量最丰富，它是北美早奥陶世 *Pseudocybele nasuta* 带的重要分子。

④*Famatinorthis luoheensis* - *Brandysia biconvexa* 组合

产于铜山组，由朱慈英1986年建立，其时代为兰代洛期。分布于裸河西岸（多宝山铜矿、关鸟河沿岸）和汗贝布敦昭等地。这些地区由于距火山活动远近不同，本组合腕足类的数量和种属各地出现明显不同，近者少，远者丰富。*Diparelasma*，*Productorthis*，*Ingria*，*Porambonites* 属种绝迹，代之以正形贝类 *Famatinorthis*，*Brandysia*，*Dolerorthis* 为主体。扇房贝类 *Paurorthis* 仍有出现，但数量略减少，扭月贝类 *Christiania* 少量出现。裸河两岸出现的有 *Famatinorthis luoheensis*，*Glyptorthis* sp.，*Valcourea* sp.，*Mimella* sp.，*Brandysia biconvexa*，*Dolerorthis subcircularia*，*Paurorthis linearis*，*Plectambonites* sp.，*Christiania* sp.。

其中的 *Famatinorthis*，*Brandysia* 两属是比较特别的分子，虽然在区内不常见，但在时代上有重要的意义。*Dolerorthis* 虽跨时代较长，自中奥陶世至志留纪均有出现，但在组内出现较普遍，且种类及个体数量居多。*Famatinorthis* 过去仅见于阿根廷和波希米亚的兰代洛期；*Brandysia* 则仅见于波希米亚的相当层位。另组内尚有早于兰代洛期的孑遗分子 *Punctolira*，*Ocnerorthis* 和先驱分子 *Plaesiomys*。*Valcourea*，*Christiania*，*Mimella*，*Orthambonites* 广布于欧、亚、美中奥陶世地层中，*Plectambonites* 产于欧洲中奥陶统。在嫩江县裸河西岸(P_{506})剖面上，兰代洛期的分子仅有 *Glyptorthis* sp. 和 *Christiania* sp. 两属。

综上所述，本组合的时代应为兰代洛期，生物为太平洋和大西洋区常见分子。

⑤*Leptellina sinica* – *Titambonites incertus* 组合

产于多宝山组，陈德森等 1981 年报道了多宝山组腕足类：Harknessellidae，*Paurorthis* sp.，*P. calwbensis.*，*Glyptambonites* sp.，*Oepikina* sp.。朱慈英 1986 年建立了本组合，时代为卡拉道克早期。该组合分布在嫩江县多宝山一带和内蒙古乌宾敖包。

其特征：属种减少，以正形贝类为主体，计有：*Orthambonites* sp.，*Platystrophia* sp.，*Titambonites* cf. *incertus*，*Leptellina sinica*，*L.*? sp.，*Glyptomena* sp.，*Harknessella* sp.，*Horderleyella* sp.，*Drepanorhyncha*? sp. *Hesperorthis* sp.。其中 *Leptellina*，*Titambonites*，*Glyptomena* 主要见于北美阿巴拉契亚山脉中奥陶世地层中。*Horderleyella*，*Platystrophia* 在英国希罗普郡的哥斯通组(Costonian Fm.)出现。*Drepanorhyncha* 见于北美、欧洲中奥陶世地层。

从上述化石分析，本组合时代为中奥陶世卡拉道克早期，生物群属北半球分子。

产于裸河组的下列腕足类的三组合，系朱慈英(1986)建立，时代为卡拉道克晚期(可能包括一部分阿什极尔期)。对应该三组合，确立三个组合带。

⑥*Hingganoleptaena nenjiangensis*-*Giraldibella humaensis* 组合带

该组合带腕足类在数量上和属种方面迅速递增，并以扭月贝类 *Hingganoleptaena*，*Viruella* 为主体，正形贝类退居次要地位，无铰纲也较多。本组合带在五龙屯南聚水河卖木山附近出现的有：*Glyptorthis* sp.，*G. humaensis*，*Taphrorthis* sp.，*Acrotreta* sp.，*Hingganoleptaena nenjiangensis*，*H. humaensis*，*Giraldibella humaensis*，*Magicostrophia* sp.，*Dolerorthis rankini*，*Viruella orientalis*，*Odoratus wangi*，*O. acutangularis*，*Wulongella*? sp.，*Lingulella* sp.，*Philhedra hingganlingensis*。裸河沿岸出现有：*Ptychopleurella* sp.，*Gunnarella* sp.，*Onniella meseloba*，*Viruella orientalis*，*Orthiambonites* sp.，*Paucicrura* sp.，*Orthis* sp.，*Nicoella* sp.，*Acrotreta* sp. *Glyptorthis* sp.。其中 *Giraldibella* 是捷克波希米亚地区晚奥陶世 Kosov 组中的重要分子；*Onniella* 见于波希米亚晚奥陶世卡拉道克期的 Bohdalec 组；*Giraldibella*，*Philhedra*，*Dolerorthis*，*Viruella*，*Onniella*，*Glyptorthis*，*Paucicrura* 在欧洲、北美卡拉道克期地层中出现；*Taphrorthis* 在北美见于阿巴拉契亚山脉 Porterfield 阶，Wright (1984) 描述的西欧爱尔兰的 *Taphrorthis* 分子是采于阿什极尔阶下部层位。从这些分子分析，本组合带时代应为晚奥陶世卡拉道克晚期。

⑦*Dalmanella sulcata*-*Dedzetina feilongshanensis* 组合带

该组合带腕足类发展到一个新的高峰。其特点是数量多，分异度大，地方性种属增多，无铰纲开始衰退，以扇房贝类：*Dalmanella*，*Ravoztina*，*Onniella*，*Dedzetina* 和扭月贝类：*Viruella*，*Rafinesquina*，*Luhaia* 为主体，正形贝类仍有出现，但数量不多，小嘴贝开始出现。主要有 *Dalmanella hingganensis*，*D. sulcata*，*Ravozetina rava*，*Howellites dongbeiensis*，"*H.*" *sinica*，*Dedzetina feilongshanensis*，*Wulongella convexoplana*，*W.* sp.，*Luhaia vardi*，*Rafinesquina ordovica*，*Magicostrophia* sp.，*Viruella orientalis*，*Onniella* sp.，"*O.*" *dongbeiensis*，*Acrotreta* sp.，*Rostricellula lapworthis* 等。该组合带中的 *Dalmanella*，*Dedzetina*，*Ravozetina*，*Howellites*，*Rafinesquina* 分布于波希米亚晚奥陶世阿什极尔期 Kraluv Dvur 和 Kossov 组，前两属出现的数量较多。*Dalmanella*，*Ravozetina*，*Onniella* 在波希米亚卡拉道克期 Zahorany 和Bohdalec 组也曾出现。*Howellites* 也见于 Zahorany 组。*Luhaia* 见于前苏联波罗的海沿岸地区的上

奥陶统。*Rostricellula*，*Rafinesquina* 广布于北美、欧洲和亚洲中、上奥陶统。

从该组合带分析看，时代为 卡拉道克晚期，还可能延至阿什极尔早期。

⑧*Odoratus wangi* - *Magicostrophia hingganensis* 组合带

该组合带特点是化石数量多，属种单调，仅有两个新分子，均系扭月贝类，其它各类均绝迹，计有：*Odoratus wangi*，*Magicostrophia hingganensis*。

上述三个组合带分布于呼玛县五隆屯南聚水河上游剖面(P_{24},P_{24-1})的第 6—17 层内，其中⑥*Hingganoleptaena nenjiangensis-Giraldibella humaensis* 组合带分布于第 6—13 层；而⑦*Dalmanella sulcata-Dedzetina feilongshanensis* 组合带和⑧*Odoratus wangi-Magicostrophia hingganensis* 组合带分布于第 14—17 层中。

三叶虫

三叶虫是兴安地层区奥陶纪地层划分对比的重要依据之一。本区奥陶纪三叶虫地理分布广，延续时代长，种类繁多，从寒武纪后颊类占有统治地位时期转向奥陶纪前颊类居优势时期。早奥陶世 Asaphinae，Pliomeridae，Cheiruridae 居多，中奥陶世 Cheiruridae，Illaenidae，Remopleurididae 发育，晚奥陶世 Encrinuridae，Remopleurididae，Dalmanitaceadae 等兴旺。

①*Zoraspis-Anacheiruraspis* 组合带

南润善 1985 年建立，产于黄斑脊山组。该组合带有如下类型：*Geragnostus longus*，*Apatokephalus debilis*，*Zoraspis lobata*，*Z. angustilkgna*，*Niobella* sp.，? *Megalaspidella* sp.，? *Megistaspis* sp.，*Dikelokephalina angularis*，*Asaphopsis* sp.，*Ceratopyge* sp.，*Harpides* sp.，*Orometopus* sp.，*Gonicehirurus scalaris*，*Anacheiruraspis lineala*，*A. dilatata*，*A. decustata*，*Eopharostoma caporata*。

上述组合中的 *Ceratopyge*，*Apatokephalus* 不仅是北欧下奥陶统特马道克阶上部的重要带化石，而且是其他洲相当层位的重要化石。中国的相当层位中也有出现，如祁连区甘肃玉门的早奥陶世阴沟群下部。*Ceratopyge* 在江南区江西北部武宁的早奥陶世地层中出现。*Apatokephalus* 在华北区的早奥陶世冶里组和扬子区贵州三都的早奥陶世地层中均有出现。*Apatokephalus* 在前苏联东北部相当阿伦尼格的早奥陶世希金组下部层位中出现。其它属如 *Geragnostus*，*Harpides*，*Orometopus*，*Asaphopsis*，*Dikelokephalina* 也为特马道克阶上部层位的常见分子。

上述分析表明，*Ceratopyge*，*Apatokephalus* 层位一般稳定，地理分布很广，时限短，本区同北欧的三叶虫面貌基本相同。因此，产上述三叶虫化石的黄斑脊山组地层时代应为早奥陶世特马道克晚期。

黄斑脊山组中 *Zoraspis* 和 *Anacheiruraspis* 在数量上占优势，而 *Ceratopyge* 与 *Apatokephalus* 很少。

②*Pliomerops-Parasphaerexochus* 组合带

产于铜山组的下部，分布于嫩江县裸河西岸（P_{506}）剖面第 1 层。其主要分子有 *Pseudosphaerexochus sinensis*，*Ischyrophyma nenjiangensis*，*Parasphaerexochus confragous*，Leiostegiidae，*Xingania quadrata*，*Pliomerops* sp.，*Orttenbyaspis* sp.，*Sphaerexochus*? sp. 等。

郭鸿俊、赵达 1982 年建立的 *Parasphaerexochus* 组合与上述组合带的三叶虫组合大致相当。其时代为阿伦尼格期。

③*Pliomerellus-Metopolichas* 组合带

产于铜山组。该组合带分布于嫩江县裸河西岸(P_{506})剖面的第 6 层。其主要分子有：*Gerag-*

nostus sp. , *Carrikia xinganensis*, *Panderia* sp. , *Dimeropyge hestrix*, *Quinquecosta heilongjiangensis*, *Parasphaerexochus conicus*, *Encrinuroides* sp. , *Pliomerellus nenjiangensis*, *Ischyrophyma tumida* 等。

郭鸿俊、赵达 1982 年建立的 *Pliomerellus-Metopolichas* 组合，基本相当上述组合带，时代为兰维恩期。

④*Trinodus-Eudolatites* 组合

郭鸿俊、赵达 1982 年建立，产于铜山组上部。其中有：*Trinodus* sp. , *Eudolatites* cf. *angelini*, *Remopleurides* sp. , *Encrinuroides* cf. *sexcostatus*，其时代为兰代洛期。本组合中的 *Trinodus* 和 *Remopleurides* 仅见于铜山组。

⑤*Remopleurides-Ceraurinella* 组合

郭鸿俊、段吉业、薛春汀于 1979 年报道的多宝山组三叶虫有 *Geragnostus*, *Remopleurides*，其时代为兰代洛期—卡拉道克期。郭鸿俊、赵达 1982 年建立本组合，其时代是卡拉道克早期。该组合有：*Dysplanus* sp. , *Ceraurinella* aff. *chondra*, *Amphilichas* sp. , *Illaenus americanus*。

Dysplanus 分布在欧、亚阿伦尼格期至卡拉道克期地层。*Ceraurinella chondra* 产在美国兰代洛期地层。*Illaenus americanus* 见于加拿大卡拉道克斯地层。这个组合的时代考虑了与其共生的腕足类为卡拉道克早期，故该组合的时代为卡拉道克早期。

⑥*Encrinuroides* (*Humaencrinuroides*) 组合

本组合由南润善于 1985 年建立，产于裸河组，其时代为卡拉道克期。其中：*Amphilichas*, *Calyptaulax*, *Ceraurinella*, *Cybeloides*, *Dimeropyge*, *Homotelus*, *Remopleurides*, *Sphaerexochus*, *Isotelus*, *Stenopareia* 等产于苏格兰格尔文区的卡拉道克期地层。*Stenopareia avus* 是斯堪的纳维亚卡拉道克期的分子。*Isotelus gigas* 见于欧、亚、北美卡拉道克期地层中。说明该组合的时代为卡拉道克期可能性大。

⑦*Phillipsinella-Whittingtonia* 组合

郭鸿俊、赵达 1982 年建立，产于裸河组中。本组合中三叶虫经南润善（1966）鉴定有：*Sphaerexochus*, *Calliops*, *Encrinuroides*, Illaenidae，其时代为晚奥陶世。南润善又于 1980 年研究报道本组合三叶虫有：*Sphaerexochus luoheensis*, *Calliops taimyricus* 时代为晚奥陶世。郭鸿俊、段吉业、薛春汀于 1979 年报道，此组合中有 *Platylichas laxatus*。该组合在英国的时代为卡拉道克期。

Phillipsinella parabola 产在波希米亚卡拉道克期和瑞典阿什极尔期地层。*Lonchodomas pennatus* 见于英国的卡拉道克期地层。*Ceraurinella glaber* 产在瑞典的卡拉道克晚期地层。*Whittingtonia bispinosa* 在爱尔兰阿什极尔期地层中也有出现。*Sphaerexochus luoheensis* 是本地种。综上所述本组合中多数分子时代为卡拉道克期—阿什极尔期，部分为卡拉道克期，故其时代定为卡拉道克期。

笔石

奥陶纪产笔石地层出露在小兴安岭西北部和伊勒呼里山东麓，时代为阿伦尼格期—阿什极尔期。

①*Didymograptus* cf. *nanus* 组合带

由南润善、朱慈英等 1992 年建立，产于铜山组中。薛春汀最初鉴定的本组合笔石有：*Didymograptus* cf. *nanus*, *Glossograptus* sp. , *Dendrograptus* sp. , *Dictyonema* sp. , *Orthograptus* sp. , *Pseudoclimacograptus* sp. , *Ptilograptus* sp. 。郭鸿俊、赵达 1982 年报道的本组合笔石

有：*Didymograptus* cf. *nanus*，*Dictyonema* sp.，*Dendrograptus* sp.，*Callograptus* sp.，*Desmograptus* sp. 等。

该组合带分布于嫩江县裸河西岸剖面（P_{506}）第 4—5 层，唯有 *Glossograptus* 延伸较宽（第 4—24 层）。

Didymograptus nanus 见于英国、美国阿伦尼格晚期至兰维恩期地层及中国云南金平大理区、保山区和湘赣区早奥陶世地层，时代为阿伦尼格期至兰维恩期。*Dendrograptus* 和 *Callograptus* 的时代为中寒武世—早石炭世，*Dictyonema* 的时代为晚寒武世—早石炭世，*Desmograptus* 的时代为早奥陶世—早石炭世。

本组合的时代主要依据笔石 *Didymograptrs* cf. *nanus* 和参考三叶虫 *Parasphaerexochus confragosus*，*Pseudospharexochus*（*Pateraspis*）*inflatus*，应为阿伦尼格期。

②*Phyllograptus anna* 组合带

南润善、朱慈英等 1992 年建立，产于铜山组中。郭鸿俊、段吉业、薛春汀于 1979 年报道的笔石有 *Dictyonema* sp.，*Desmograptus* sp.，*Dendrograptus* sp.，*Callograptus* sp.，*Ptilograptus* sp.，*Didymograptus* sp.，*Orthograptus* sp.，*Glossograptus* sp.，*Phyllograptus anna*，*Orthograptus* sp.，*Glyptograptus* sp.，*Climacograptus* sp。郭鸿俊、赵达 1987 年报道的笔石有 *Phyllograptus anna*，*P.* cf. *anna*，*Climacograptus* sp.，*Glyptograptus* sp.，*Orthograptus* sp.。其时代为阿伦尼格晚期—兰维恩期。

本组合带分布于嫩江县裸河西岸剖面（P_{506}）的第 8—24 层，见有 *Phyllograptus anna*，*Dictyonema* sp.，*Orthograptus* sp.，*Climacograptus* sp.，*C. forticaudatus*，*Amplexograptus* sp.，*Glossograptus* sp.，*Lonchograptus* sp.，*Pseudoclimacograptus* sp. 等。

Phyllograptus anna 产在澳大利亚中西部坎宁盆地、美国纽约及前苏联拉托维亚、中国云南大理区、广东西部、安徽宁国、湖北宜昌等地的阿伦尼格期—兰维恩期地层中。

综上所述，本组合带的笔石分布广，其时代主要根据 *Phyllograptus anna* 的时代，应为阿伦尼格期—兰维恩期。但是，考虑到与其同组的三叶虫的时代偏晚，并有兰维恩期分子，如 *Pliomerellus jacuticus*。因此，其时代很可能是兰维恩期。

③*Dicellograptus sextans-Climacograptus putillus* 组合带

由南润善、朱慈英等 1992 年建立，产在铜山组中。

本组合带笔石经薛春汀鉴定有：*Glyptograptus* sp.，*Dicellograptus sextans*，*Climacograptus putillus*，*Pseudoclimacograptus* cf. *scharenbergi*，*Dendrograptus* sp.，*Dictyonema* sp.，*Amplexograptus* sp. 等。郭鸿俊、赵达 1982 年报道的本组合带笔石有：*Dicellograptus sextans*，*D.* sp.（cf. *D. smithi*），*Climacograptus putillus*，*C.* sp.。该组合带分布于嫩江县裸河西岸剖面（P_{503}）第 19—34 层。在第 19 层出现 *Dictyonema* sp.，*Climacograptus* sp. 等。在第 34 层中，多为从第 19 层延续的属种，如 *Dicellograptus sextans*，*D.* sp.，*Pseudoclimacograptus* sp.，*P.* cf. *scharenbergi*，*Climacograptus putillus*，*C.* sp. 等。也有从下部组合带 *Phyllograptus anna* 延续来的分子 *Dictyonema* sp.，*Amplexograptus* sp. 等。但本组合带也有其特有的分子，如 *Dicellograptus sextans* 和 *Climacograptus putillus*。

据郭鸿俊、赵达 1982 年的资料，*Dicellograptus sextans* 产在英国及中国湖北宜昌、天山和美国的兰代洛期至卡拉道克期地层中。*Climacograptus putillus* 见于中国广西、广东、湖南、安徽、甘肃和美国的兰代洛期至阿什极尔期地层中。

上述两种中，前一种时代较短，根据这一种时代，本组合带的时代应为兰代洛期—卡拉道克期。但是，参考其他门类的时代，将其暂置于兰代洛期。

④*Dictyonema-Dendrograptus* 组合

南润善、朱慈英 1992 年建立，产于裸河组中，此组合为 *Dictyonema*，*Dendrograptus* 等树形笔石科（Dendrograptidae）占优势的笔石动物群，其时代主要根据其共生的三叶虫的时代，暂定为卡拉道克期。

我国卡拉道克期地层中未曾发现以树形笔石占优势的笔石动物群。俄罗斯东部和美国东北部卡拉道克期地层中有 *Dictyonema* 等树形笔石。

⑤*Orthograptus* cf. *truncatus* 组合

南润善、朱慈英等 1992 年建立，产于爱辉组中。此组合经薛春汀研究有 *Orthograptus* cf. *truncatus*，*Pseudoclimaocgraptus* cf. *scharenbergi*。

郭鸿俊、赵达(1982)认为，本组合大致可与英国的 *Pleurograptus linearis* 带相当，其时代相当于卡拉道克末期—阿什极尔期。

（二）志留纪

黑龙江省志留纪地层生物化石较丰富，并以产腕足类为主。腕足类又以著名的 *Tuvaella* 为代表。苏养正 1981 年据 *Tuvaella* 各种的出现及其组合，自下而上划分四个组合(表 3－2)：

表 3－2　志留纪地层多重划分对比表

岩石地层单位	年代地层单位	生物地层单位 腕足类
卧都河组	普里多利阶	④*Tuvaella gigantea* 组合
	罗德洛阶	③*Tuvaella rackovskii*－*T. gigantea* 组合
八十里小河组	文罗克阶	②*Tuvaella rackovskii* 组合
黄花沟组	兰德维里阶	①*Chonetoidea* 组合

①*Chonetoidea* 组合

产于黄花沟组中，以产 *Chonetoidea*，*Meifordia*，*Atrypa* 为主，如：*Chonetoidea luoheensis*，*Meifordia subrotunda*，*Atrypa* sp.，此外还有 *Stegorhynchella angaciensis*，*Leptostrophia*? sp.，*Tuvaella rackovskii* 等。

②*Tuvaella rackovskii* 组合

产于八十里小河组中。计有：*Tuvaella rackovskii*，*Dalmanella initalensis*，*Leptostrophia elegestica*，*Strophonella* sp.，*Leptaena* "*rhomboidalis*"，*Stegorhynchella angaciensis*，*Howellella tapsaensis*，*Meristina hinganensis*，*Protocortezorthis* sp.，*Chonetoidea luoheensis*，*Meifordia subrotunda* 等。

③*Tuvaella rackovskii-T. gigantea* 组合

产于卧都河组下部板岩层中。计有：*Tuvaella rackovskii*，*T. gigantea*，*T. minuta*，*Leptostrophia elegestica*，*Leptaena* "*rhomboidalis*"，*L. hinganensis*，*Stegorhynchella angaciensis*，*Protocortezorthis makovskii*，*Dalmanella initalensis*，"*Camarotoechia*" *nalivkini*，*Elegesta nikiforovae*，*Eospirifer tuvaensis*，*Tastaria aurifera*，*Meristina ovalis*，*Cyrtia latisulcus*，*Howellella tapsaensis*，*Schizoramma rigida*。

④*Tuvaella gigantea* 组合

产于卧都河组上部。计有：*Tuvaella gigantea*，*Leptostrophia elegestica*，*Leptaena* “*rhomboidalis*”，*Stegorhynchella angaciensis*，*Protocortezorthis makovskii*，*Dalmanella initalensis*，*Coelospira saffordi*，*Meristina ovalis*，*Cyrtia latisulcus*，*Tannuspirifer sinicus*。

上列组合中的腕足类各种，绝大多数是地方性的种，不能进行区域对比，而 *Tuvaella* 的各种，在各组合中虽有变化，但就属而论，还是比较稳定的，种的变化也有一定规律，因此，可以作为确定时代和进行地层对比的重要依据。*Tuvaella* 各种及其构成的各组合，在省内主要分布在小兴安岭地区，如：关鸟河、裸河、卧都河、古兰河、大河里河沿岸和三卡等地。在省外的中国内蒙古及蒙古、俄罗斯的贝加尔和图瓦等地都有广泛分布。

（三）泥盆纪

泥盆纪生物繁盛，以底栖生物为主，特别是腕足类，其次是珊瑚，在大部分泥盆纪地层中均有分布，本大区只见 4 个腕足类组合（表 3-3），介绍如下：

表 3-3 泥盆纪地层多重划分对比表

<table>
<tr><th colspan="3" rowspan="2">岩石地层单位</th><th rowspan="2">年代地层单位</th><th colspan="4">生物地层单位</th></tr>
<tr><th colspan="2">腕足类</th><th>珊瑚</th><th>植物</th></tr>
<tr><td colspan="3">福兴屯组</td><td>吉维特阶</td><td colspan="2"></td><td></td><td>Taeniocrada decheniana-Protolepidodendron yanshouense 组合</td></tr>
<tr><td>宏川组</td><td>黑台组</td><td rowspan="4">泥鳅河组</td><td>爱菲尔阶</td><td>④Acrospirifer dyadobomus 组合</td><td>⑥ “Fimbrispirifer divaricatus” -Euryspirifer grabaui 组合</td><td>Sulcorphyllum-Cystiphylloides 组合</td><td rowspan="4"></td></tr>
<tr><td colspan="2">黑龙宫组</td><td>爱姆斯阶</td><td>③Gladiostrophia kondoi 组合</td><td>⑤Coelospirella orientalis 组合</td><td rowspan="3"></td></tr>
<tr><td colspan="2" rowspan="2"></td><td>布拉格阶</td><td colspan="2">②Leptocoelia sinica 组合</td></tr>
<tr><td>洛霍考夫阶</td><td colspan="2">①Plectodonta mariae-Meristella aff. atoka 组合</td></tr>
</table>

①*Plectodonta mariae-Meristella* aff. *atoka* 组合

薛春汀 1980 年建立，当时指产于西古兰河组中，现划归泥鳅河组。主要分子有：*Resserella* sp.，*Levenea* sp.，*Orthostrophia strophomenoides parva*，*Plectodonta mariae*，*Rugoleptaena* sp.，*Lissatrypa* sp.，*Coelospira virginiformis*，*Meristella* aff. *atoka* 等。这个组合的特点：有繁盛于志留纪而延至早泥盆世的属 *Plecdonta*，*Resserella*，*Lissatrypa* 等。并且多数属种见于北美阿巴拉契亚区，其中 *Coelospira virginiformis* 在美国产于俄克拉何马州早泥盆世，而 *Plectodonta mariae* 则产于乌克兰的下泥盆统底部的包尔绍夫层。因此，该组合的时代为早泥盆世洛霍考夫期。

②*Leptocoelia sinica* 组合

薛春汀1980年建立，产于爱辉县西古兰河的泥鳅河组中。主要分子有：*Aulacella delenensis*，*Levenea mesoloba*，*Paramerista brevisepta*，*Coelospira pseudocamilla*，*Cyrtina kazi*，*Leptocoelia sinica*，*Fascicostella parva* 等。这些属种在内蒙古的泥鳅河组中亦常见，多为地方性种。仅 *Coelospira pseudocamilla* 产于美国内华达州大盆地，相当于 *Trematospira* 带；*Cyrtina kazi* 首见于波希米亚布拉格阶及洛霍考夫阶，后又发现于前苏联阿尔泰下泥盆统索洛维申斯克层。因此，该组合的时代为早泥盆世布拉格期。

③*Gladiostrophia kondoi* 组合

薛春汀等1980年建立于爱辉县(现黑河市)金水，产于泥鳅河组上部。主要分子有：*Reeftonia borealis*，*Discomyorthis kinsuiensis*，*Leptaenopyxis bouei*，*Megastrophia* sp.，*M. manchurica*，*Gladiostrophia kondoi*，*Lepostrophia nonakai*，*Rhytistrophia muharica*，*Lissostrophia triloba*，*Xenizostrophia muharica*，*Wilsoniella grandis*，*Coelospira virginiformis*，*Acrospirifer macrothyris*，*Paraspirifer gigantea* 等。

该组合中的 *Rhytistrophia* 在北半球早泥盆世地层中有着广泛分布；*Leptaenopyxis bouei* 分布于西欧布拉格期—早爱姆斯期及前苏联阿尔泰和中国新疆、内蒙古的早泥盆世晚期地层中；*Acrospirifer macrothyris* 在北美产于早泥盆世地层中。因而，这一组合的时代应该相当爱姆斯期。

④*Acrospirifer dyadobomus* 组合

薛春汀等1980年建立于爱辉县(现黑河市)西古兰河，产于泥鳅河组上部。其中很多分子是从前组合延续而来的，如：*Coelospirella dongbeiensis*，*Acrospirifer macrothyris*，*Howellella amurensis*，*Megastrophia* sp.，*M. manchurica*，*Reeftonia borealis*，*Tridensilis piloides*，*Xenizostrophia muharica* 等。某些属种仅出现于本组合，如 *Coelospirella dongbeiensis minor*，*Acrospirifer? dyadobomus*，*Fimbrispirifer divaricatus* 等。说明这个组合与前一组合有密切地联系。其中 *Fimbrispirifer divaricatus* 在北美产于早、中泥盆世地层中，因而，这一组合的时代应为爱姆斯期—爱菲尔期。

(四) 早石炭世

本区早石炭世生物以腕足类为主，本大区划分2个组合，分布在洪湖吐河组、红水泉组中。

①*Fusella-Syringothyris* 组合

郭胜哲、苏养正(1992)建立，产于洪湖吐河组下部层凝灰岩中，属种有：*Fusella praeulbanensis convexa*，*F. taidonensis*，*F.* aff. *ulbanensis*，*F.? insueta*，*Syringothyris hannibalensis*，*Pugilis annae*。以 *Fusella* 的大量出现为特征。

Fusella taidonensis 及 *Syringothyris hannibalensis* 为早石炭世杜内期的代表分子，均产于欧洲及北美的杜内阶。*Fusella*，*Syringothyris* 及 *Pugilis* 在吉林省同期地层中亦常见，因此，本组合的时代为早石炭世杜内期。

②*Rotaia-Torynifer* 组合

黑龙江省地层清理小组建立(1994)，产于红水泉组粉砂质绢云板岩及生物碎屑灰岩中，主要属种有：*Rotaia sibirica*，*Torynifer microspinosus*，*T. pseudolineatus asiaticus*，*Fusella* sp.，*Syringothyris* sp.，*Pseudosyrinx* sp.，*Athyris* cf. *expansa*，*Neospirifer chranici*，*N.? attenuatiformis*，*Chonetes* cf. *ischimicus tomilensis*，*Martinia* (*Paramartinia*) sp.，*Krotovia spinulasa*，*Pustula* cf. *ovalis*，*Schuchertella* cf. *magna* 等。

Rotaia sibirica 见于前苏联库兹涅茨韦宪阶上部，*Chonetes ischimicus tomilensis* 是前苏联库兹巴斯韦宪阶下部的常见分子，*Neospirifer chranici* 是美国科罗拉多州宾西法尼亚阶底部分子，*Neospirifer*? *attenuatiformis* 见于吉林省延边地区早石炭世地层中，*Athyris* cf. *expansa* 产于俄罗斯莫斯科盆地韦宪阶，*Krotovia spinulasa* 是爱尔兰韦宪阶的重要分子，*Tarynifer pseudolineatus asiaticus* 多产于前苏联库兹巴斯的杜内阶，但在韦宪阶也有少量出现，只有 *Pustula* cf. *ovalis*，*Schuchertella* cf. *magna* 是库兹巴斯杜内阶的分子。综上所述，本组合虽有少数属种偏低，产于杜内阶，但从数量较多的属种看，多产于欧洲、萨彦-阿尔泰各地区下石炭统韦宪阶，故时代应为早石炭世韦宪期。

第三节　地层横剖面及层序地层讨论

一、奥陶纪—志留纪地层

黑龙江省奥陶纪—志留纪地层在达来-兴隆地层分区、东乌-呼玛地层分区分布较集中，且很发育。以后者地层连续性较好，而达来-兴隆地层分区则未发现志留纪地层。

（一）时空分布

1. 达来-兴隆地层分区

伊勒呼里山群库纳森河组和黄斑脊山组为早奥陶世沉积。大伊希康河组、南阳河组位于黄斑脊山组之上，推测为早—中奥陶世沉积；安娘娘桥组依其产卡拉道克中晚期的三叶虫及腕足类化石，应为晚奥陶世沉积。如图 3－6 所示，库纳森河组为省内奥陶纪的最下部层位，但未见其与下伏地层接触。安娘娘桥组在达来-兴隆地层分区为奥陶纪最上部层位，在兴隆地区见其不整合（超覆）于早寒武世兴隆群之上 。

2. 东乌-呼玛地层分区

(1) 奥陶纪地层　本分区奥陶纪地层层序自下而上依次为：早—中奥陶世铜山组、中奥陶世多宝山组、晚奥陶世裸河组及爱辉组，各组之间均为整合接触。最下部层位的铜山组未见其与下伏地层接触。而爱辉组与其上覆的黄花沟组为整合过渡关系（图 3－6）。

东乌-呼玛地层分区与达来-兴隆地层分区对比，大伊希康河组、南阳河组与铜山组、多宝山组层位相当；安娘娘桥组与裸河组和爱辉组层位相当。

(2) 志留纪地层　本分区志留纪地层整合于爱辉组之上，其地层层序自下而上依次为：早志留世黄花沟组、中志留世八十里小河组、晚志留世卧都河组，各单位间均为整合接触（图 3－6）。

（二）顶、底界面

底界面仅于兴隆地区见安娘娘桥组不整合于早寒武世兴隆群之上；顶界面，在达来-兴隆地层分区未发现志留纪地层，泥盆纪泥鳅河组与奥陶纪地层未见接触。

（三）垂向叠覆及横向变化

1. 达来-兴隆地层分区

伊勒呼里山群呈现出一个海进(退积)层序，但其由几个次级层序构成。其一是库纳森河组与黄斑脊山组构成一个下粗上细的退积层序，由下部长石砂岩、杂砂岩、凝灰砾岩，上部粉砂岩、板岩构成的韵律层；其二是大伊希康河组与南阳河组构成的退积层序，与前者不同的是，下部未见凝灰砾岩，以长石砂岩为主；其三是安娘娘桥组自身构成同样的由粗至细退

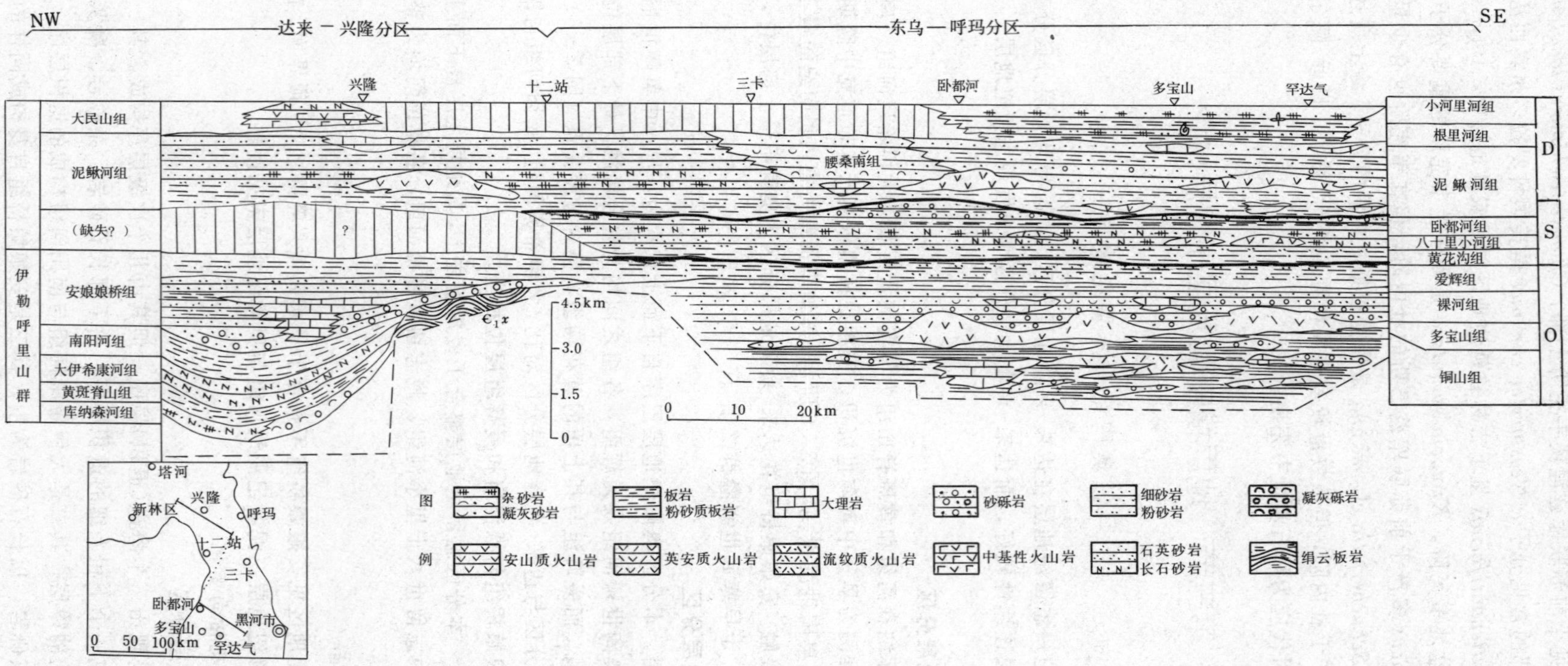

图 3-6 黑龙江省西北部奥陶纪—泥盆纪地层横剖面示意图

积层序，其横向变化为自东向西砾岩组合相变为灰岩、砂岩组合。

从图 3－6 中分析，本分区奥陶纪地层似乎构成一个盆地沉积。

2. 东乌－呼玛地层分区

本分区出露的铜山组和多宝山组为陆源碎屑岩－火山岩组合，其中以铜山组较典型，岩石组合为黑色笔石页岩与火山碎屑岩、砂砾岩交替沉积，且具浊积岩特征。向西至嫩江沿岸，火山岩减少，局部出现巨厚大理岩。多宝山组为铜山组之上的火山岩组合，为火山喷发鼎盛时期，其岩石组合中的碎屑岩显示海退韵律——进积层序。

本分区的裸河组与爱辉组构成了一个海进韵律——退积层序。即下部以杂色砾岩为底，向上为含砾砂岩、杂砂岩、砂板岩及黑色笔石页岩。黑色笔石页岩，延伸较广，层位稳定。

整合于爱辉组之上的志留纪地层又出现了海退韵律——进积层序。但这一层序由两个次一级的韵律构成，即黄花沟组和八十里小河组构成的进积层序；卧都河组自身构成进积层序。横向上，在嫩江沿岸，卧都河组厚度偏大，出现了厚层状杂砂质石英砂岩。

二、晚志留世—泥盆纪地层

达来－兴隆地层分区、东乌－呼玛地层分区晚志留世—泥盆纪地层较发育，尤其后者泥盆纪地层连续性甚好。

（一）时空分布

（1）泥鳅河组时代置晚志留世晚期—中泥盆世。在裸河、根里河、西古兰河见泥鳅河组整合于卧都河组之上。在兴隆地区泥鳅河组未见顶底。岩性以粉砂岩、板岩为主夹火山岩及大理岩凸镜体。

（2）腰桑南组与泥鳅河组上部呈相变过渡，为紫红色粉砂岩、凝灰砂岩。本组仅见于嫩江沿岸的大腰桑南及金水等地。

（3）根里河组位于泥鳅河组之上，时代置中泥盆世，以杂砂岩、砂砾岩为主夹板岩。其分布局限。在东乌－呼玛地层分区限于根里河、卧都河南等地，多呈小面积出露。

（4）小河里河组位于根里河组之上，以砂岩、板岩为主夹凝灰岩，并产植物化石，时代置中晚泥盆世。其分布更为局限，仅见于小河里河地区。

（5）省内的大民山组系与内蒙古大民山组对比划出的孤立地质体，出露于呼玛县五道沟，面积约 10 km^2。岩性为中基性火山岩、硅质岩及长石砂岩。

（二）垂向叠覆及横向变化

泥盆纪地层在东乌－呼玛地层分区的罕达气、多宝山地区发育甚好，研究较详。泥鳅河组整合于晚志留世早期的卧都河组之上，以细碎屑岩为主。根里河组与小河里河组为砂板岩组合夹凝灰岩。总体构成进积层序。

西部的达来－兴隆地层分区的兴隆地区泥鳅河组与典型地区无大区别，以细碎屑岩为主，底部夹薄层灰岩。其上仅局部形成大民山组火山－碎屑沉积。

从图 3－6 中可见晚泥盆世地层局限于小范围，推测多数地区为沉积间断区。

第四章
晚石炭世—早三叠世

第一节 岩石地层单位

新伊根河组 C_3x （01－23－0663）

【创名及原始定义】 黑龙江第二区调大队1981年创建于内蒙古额尔古纳右旗伊力根牧场。原始定义指“零星出露于额尔古纳右旗上石炭统陆相及海陆交互相碎屑岩，主要岩石为泥质粉砂岩、细砂粉砂岩夹细、中砾岩，产植物化石，控制厚度1 418.3 m，上、下界不清。”

【沿革】 黑龙江省新伊根河组在1985年《1：20万塔源幅区调报告》中称塔源组。本次对比研究将塔源组并入新伊根河组。塔源组停用。

【现在定义】 指分布于大兴安岭地区以平行不整合覆于红水泉组之上的晚石炭世陆相或海陆交互相的碎屑岩组合，含安加拉型植物化石。顶部常被中生代火山岩覆盖。

【层型】 正层型剖面在内蒙古。省内次层型为新林区塔源西南二支线剖面（W_5P_4）（124°11′00″，51°24′30″）（图1－1中25），黑龙江第二区调大队1983年测制。

上覆地层：**白音高老组** 白色石英斑岩质角砾状凝灰熔岩

＝＝＝＝＝＝ 断 层 ＝＝＝＝＝＝

新伊根河组	总厚度 358.89 m
8. 黑色粉砂质绢云板岩夹含岩屑变粉砂岩	173.60 m
7. 灰黑色变粉砂质绢云板岩夹含岩屑变粉砂岩，板岩产植物化石：cf. *Angaridium* sp.，*Noeggerathiopsis* sp.	114.62 m
6. 杂色变砂质复成分砾岩，顶部为含砾粗砂岩、砂岩。砾石磨圆度好，多呈圆状或次圆状，砾石直径一般为2～4 cm，大者达10 cm以上	4.65 m
5. 灰黑色弱片理化变细砂岩	1.35 m
4. 灰白色杂砂岩	0.64 m
3. 青灰色复成分砂质砾岩。砾石成分复杂，有变粉砂岩、斑点板岩、绢云板岩，霏细岩和石英岩等，磨圆度好，砾石直径为2 cm左右，最大者10 cm，砂质胶结	64.21 m

〰〰〰 不 整 合 〰〰〰

下伏地层：**大网子组** 灰白色绢云板岩

【地质特征及区域变化】 下部为杂色、青灰色复成分砂质砾岩夹变细砂岩及杂砂岩；上部为粉砂质绢云板岩夹变粉砂岩。自下而上由粗变细。板岩中产植物化石：cf. *Angaridium* sp.，*Noeggerathiopsis* sp.。下与晚元古代—早寒武世大网子组呈不整合接触，上与晚侏罗世白音高老组为断层接触。时代置于晚石炭世。

自内蒙古呈NE向延至我省仅在北部的新林区塔源西南二支线有少量出露（图3-3），面积不足1 km^2。厚约358 m。

宝力高庙组 C_3P_1bl （01-23-0662）

【创名及原始定义】 内蒙古自治区地质局呼和浩特幅地质队1960年创建于内蒙古东乌珠穆沁旗（简称东乌旗）宝力高庙白云敖包。原始定义为“分布在宝力高庙、小坝梁、达布苏诺尔一带，岩性主要为砂岩、砾岩和火山岩，上、下界不清，出露厚度为3 000～5 000 m。时代为早二叠世。”

【沿革】 黑龙江省宝力高庙组在关鸟河沿岸曾称星火组，在三矿沟北山、花朵山、老道店及新生等地曾称花朵山组，本次对比研究将其并入宝力高庙组。后两者停用。

【现在定义】 指分布于东乌珠穆沁旗地区，以不整合或喷发不整合分别覆于泥盆纪安格尔音乌拉组、泥鳅河组以及更老地层之上的陆相中酸性火山熔岩、火山碎屑岩和正常沉积的碎屑岩，它们相间或交互出现。其顶部被林西组或中生代地层覆盖。

【层型】 正层型剖面在内蒙古。省内次层型为嫩江县关鸟河中游北岸剖面（P_8）（125°35′40″，50°09′30″）（图1-1中26），黑龙江第一区调大队1974年测制。

宝力高庙组	总厚度＞772.70 m
12. 暗灰色硅化英安玢岩。（未见顶）	＞34.40 m
11. 暗灰色角岩化含砾英安质凝灰熔岩	43.50 m
10. 暗灰色英安质凝灰熔岩	55.10 m
9. 灰色流纹斑岩	241.80 m
8. 绿灰色英安质凝灰砾岩夹含砾凝灰砂岩	121.10 m
7. 灰白色英安玢岩	25.80 m
6. 深灰色火山角砾岩，局部夹凝灰砂岩及凝灰岩	66.70 m
5. 深灰色凝灰砂岩夹碳质、泥质粉砂岩。产植物化石：*Noeggerathiopsis* sp.	26.00 m
4. 流纹质凝灰熔岩	33.40 m
3. 流纹斑岩	35.90 m
2. 深灰色凝灰砂岩	49.40 m
1. 黑色角岩化含砾安山质、流纹质凝灰熔岩。（未见底）	＞39.60 m

【地质特征及区域变化】 我省宝力高庙组为一套以中酸性、酸性火山岩为主，夹少量中性火山岩及正常沉积碎屑岩的陆相火山—沉积建造。其岩石组合由英安玢岩、流纹斑岩、（含砾）英安质及流纹质凝灰熔岩夹少量含砾安山质凝灰熔岩、火山角砾岩、凝灰砾岩、凝灰砂岩等组成。在凝灰砂岩的碳质及泥质粉砂岩夹层中产植物化石 *Noeggerathiopsis* sp.。部分岩

石具硅化、角岩化。与下伏、上覆地层的接触关系不明。时代置晚石炭世—早二叠世。

本组主要出露于黑龙江省北部的嫩江县，呼玛县及黑河市亦有零星的分布（图 3－3）。在嫩江县关鸟河沿岸，以中酸性及酸性火山岩为主，凝灰岩及中性火山岩不够发育，其厚度明显变薄，为 504～773 m，产植物化石 *Noeggerathiopsis* sp.。在嫩江县三矿沟北及花朵山一带，以中性火山岩为主，夹少量中酸性及酸性火山岩，厚度为 414～1 769 m。在呼玛县老道店地区，由中酸性及中性火山岩组成，夹有绢云绿泥板岩及长石岩屑砂岩，厚度为 562 m。在黑河市新生鄂伦春族乡一带，以蚀变安山玢岩为主，夹含砾杂砂岩，厚度约 1 172 m。

大石寨组　P_1d　（01－23－0673）

【创名及原始定义】　内蒙古区测二队 1965 年创建于内蒙古科尔沁右翼前旗大石寨地区。原始定义为一套浅海相喷发的中、酸性熔岩及凝灰岩，夹有不稳定的泥质、砂质沉积岩组合。上部以中性熔岩及凝灰岩为主，夹泥板岩、凝灰质砂岩等；下部以中酸性熔岩及凝灰岩为主。它整合于索伦组之上，被吴家屯组不整合覆盖。时代为是二叠世晚期。

【沿革】　延至黑龙江省龙江县华安地区的大石寨组，1954 年刘国昌称高家窝棚灰岩，1957 年梁庆初称高家窝棚岩系，1972 年张海驲等在《1：20 万扎赉特旗幅区调报告》中称新生组、新林组、高家窝棚组。1976 年刘步昌等在《1：20 万华安公社幅区调报告》中称双龙山组、高家窝棚组。1993 年《黑龙江地质志》中称新生组、高家窝棚组。本次对比研究归入大石寨组，另外亦将嫩江县塔溪地区和德都县宝神山地区原划核桃山组归并其中，上述原命名的各组均停用。

【现在定义】　指广泛分布于锡林浩特-磐石地层分区的哲斯组浅海相碎屑岩及灰岩和寿山沟组海陆交互相碎屑岩之间的海相中酸性熔岩及凝灰岩组合，局部夹正常碎屑岩，产动物化石。下界未见底，与上覆哲斯组为整合接触。

【层型】　正层型剖面在内蒙古。省内次层型为龙江县济沁河乡石灰窑剖面（P_{15}、P_{33}）（122°41′30″，47°20′30″）（图 1－1 中 27），黑龙江第二区调大队 1975 年测制。

上覆地层：**哲斯组**　大理岩

——————— 整　合 ———————

大石寨组	总厚度＞905.90 m
23. 绿灰色绿泥石化碳酸盐化角闪安山玢岩、英安玢岩	19.00 m
22. 黑色斑点状绿泥石化碳质硅质岩	43.20 m
21. 黑灰色绿泥石化含碳质硅质板岩及微晶石英岩	18.80 m
20. 绿灰色、暗绿色安山玢岩、辉石安山玢岩、英安玢岩，局部夹酸性凝灰岩薄层	576.80 m
19. 米黄色绿泥石化含碳质微晶石英岩	20.10 m
18. 绿灰色绿泥石化阳起石化安山玢岩	152.50 m
17. 灰色、黑色流纹质凝灰熔岩、流纹斑岩	76.30 m
16. 灰色绿泥石化石英钠长斑岩	15.09 m
15. 灰色白云母化绿泥石化片理化酸性凝灰熔岩	85.53 m
14. 灰色绿泥石化石英钠长斑岩	57.70 m
13. 灰白色绿帘石化阳起石化石英岩化酸性火山碎屑岩	49.45 m
12. 灰色、灰黄色绿泥黑云石英片岩	51.81 m
11. 黑灰色黄铁矿化阳起石化细晶石英岩	26.65 m

10. 褐色、黑灰色黄铁矿化绿帘石化绿泥石化角闪石英片岩 38.01 m
9. 褐灰色绿泥石化酸性火山碎屑岩 47.28 m
8. 灰白色含石英透辉石粗晶大理岩夹细晶石英岩 113.82 m
7. 褐黄色碎裂黄铁矿化绿帘石化角闪石英片岩 12.62 m
6. 灰白色大理岩 12.62 m
5. 褐黄色酸性角砾熔岩 4.85 m
4. 黑色云母石英片岩 11.34 m
3. 灰黑色石英云母片岩及石英长石片岩 14.35 m
2. 蚀变玢岩 13.92 m
1. 灰色内碎屑亮晶灰岩。(未见底) ＞14.91 m

【地质特征及区域变化】 省内大石寨组上部由灰白色、灰色、灰黑色中性、中酸性及酸性火山岩夹少量硅质岩及石英岩组成；下部由石英岩、石英片岩、酸性火山岩及大理岩等组成。岩石蚀变较强，具绿泥石化、绿帘石化、碳酸盐化、白云母化、阳起石化、黄铁矿化。未见底，顶部与上覆哲斯组整合接触。时代置早二叠世。

大石寨组由内蒙古呈 NE 向延至黑龙江省西部龙江县华安地区、小兴安岭西北部嫩江县塔溪地区及德都县宝神山地区。在华安地区，岩相及厚度无明显变化，夹有碳酸盐岩凸镜体，且局部变质程度较强出现角岩。在与其毗邻的扎赉特旗地区，中、酸性火山岩中的正常沉积碎屑岩明显变厚。在嫩江县塔溪地区，仅发育酸性火山岩，厚度达 2 159 m，中性火山岩极少，呈夹层出现在酸性火山岩中。在德都县宝神山地区，仍以酸性火山岩为主，中性及中酸性火山岩夹于其中，厚度达 2 596 m（图 4－1）。塔溪、华安地区本组地层产以 *Yakovlevia*，*Spiriferella* 为代表的腕足类化石，德都地区未见古生物化石。

哲斯组 $P_1\hat{z}$ (01－23－0672)

【创名及原始定义】 由美国人 Berkey 和 Morris1927 年创名，创名地点为现属于内蒙古达尔罕茂明安联合旗满都拉苏木东 35 km 的哲斯一带。原始定义是将分布于哲斯一带的砂岩、页岩和产二叠纪 *Lyttonia* 动物群的灰岩等称为哲斯组。

【沿革】 延至黑龙江省龙江县华安中和屯地区的哲斯组，1954 年刘国昌称四甲山灰岩、柳条沟灰岩。1957 年梁庆初称高家窝棚岩系。1972 年张海驲等在扎赉特旗塔布毛都称神山组。1976 年刘步昌等称四甲山组、柳条沟组。在嫩江县塔溪地区曾称塔溪组。本次对比研究均归入哲斯组。原称各组省内停用。

【现在定义】 指广泛分布于乌兰察布盟、锡林郭勒盟及兴安盟北部，分别整合或不整合于早二叠世的包特格组及大石寨组之上的一套浅海相砂岩、板岩和灰岩凸镜体的岩石组合。部分地区发育有火山碎屑岩和硅质岩，富产腕足类、珊瑚、䗴等门类化石。正层型剖面未见顶，但区域上被晚二叠世林西组整合或不整合所覆。

【层型】 正层型剖面在内蒙古。省内次层型为龙江县中和屯剖面 (P_{14}) (122°46′00″，47°21′00″)（图 1－1 中 28），黑龙江第二区调大队 1974 年测制。

哲斯组 总厚度＞371.70 m

29. 黄绿色含砂细砂变泥质石英粉砂岩。(未见顶) ＞41.30 m
28. 角砾灰岩，砾石中见䗴科化石 85.10 m

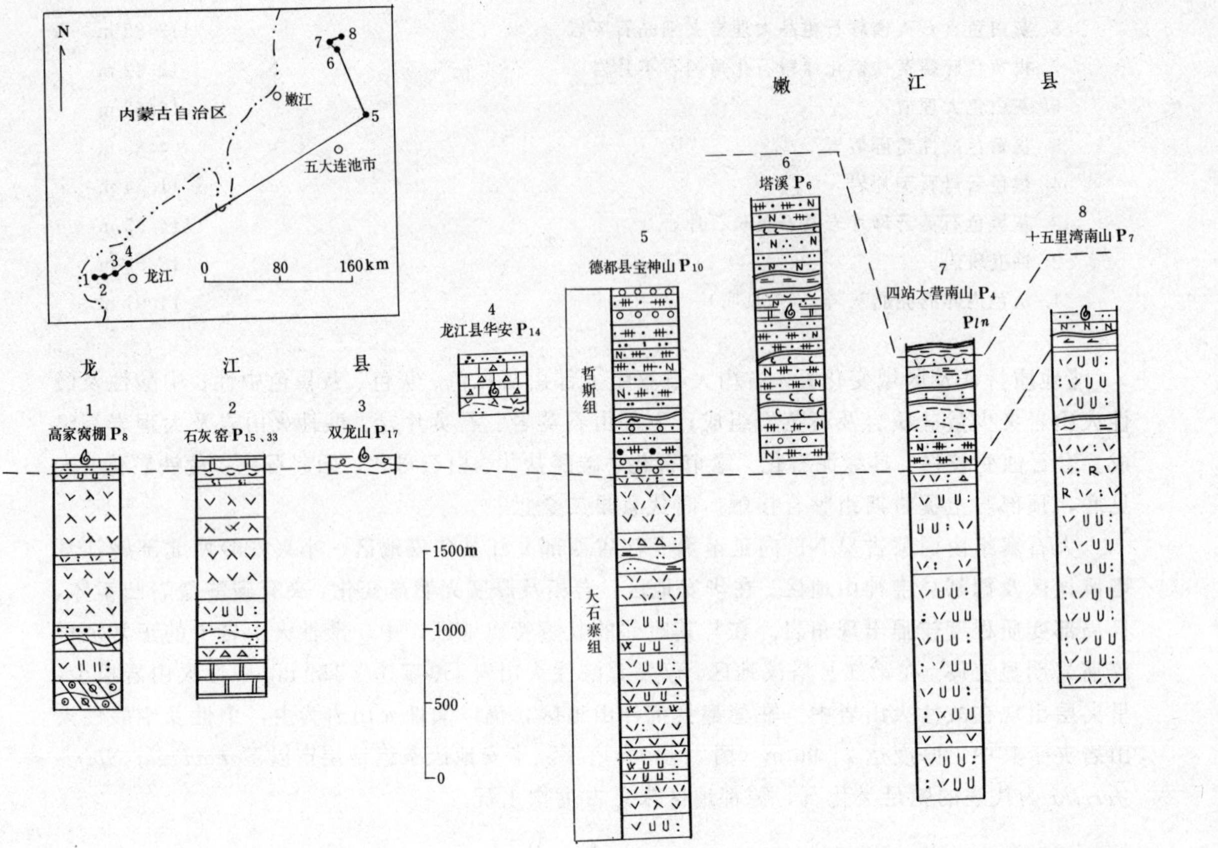

图 4－1　大石寨组、哲斯组柱状对比图

27. 灰色泥质钙质粉砂岩，夹含陆源碎屑亮晶灰岩和硅质胶结粉砂岩薄层	9.90 m
26. 灰白色含陆源碎屑的内碎屑亮晶灰岩	1.20 m
25. 黄绿色、黑灰色粉砂岩	1.00 m
24. 角砾灰岩，砾石中见䗴科化石	85.40 m
23. 深灰色亮晶灰岩	10.80 m
22. 棕灰色内碎屑亮晶砾屑灰岩	13.40 m
21. 灰白色生物碎屑灰岩	0.90 m
20. 内碎屑亮晶砾屑灰岩	4.30 m
19. 灰白色、淡绿色亮晶灰岩	2.60 m
18. 棕色含菱铁矿硅质海绵骨针硅质岩与含生物碎屑蛋白石的硅质岩	3.50 m
17. 黑灰色磁铁矿化亮晶灰岩	7.80 m
16. 绿灰色含砾变钙质泥质石英粉砂岩	1.70 m
15. 黑灰色亮晶灰岩，产动物化石：*Lophophyllidium crassiseptatum*，*Tachylasma* sp.，*Verbeekiella ussurica*，*Calophyllum* sp.，*Maichelasma magnum*	5.00 m
14. 泥质粉砂岩	0.30 m
13. 灰白色含石英碎屑苔藓虫亮晶灰岩。产动物化石：*Neospirifer* sp.，*Dictyoclostus* sp.。另外，在该层东北约 120 m 采石坑中见有：*Neospirifer* cf. *striatoparadoxus*	5.00 m

12. 灰色、深灰色含石英碎屑䗴亮晶灰岩。产腕足类化石：*Marginifera gobiensis*，䗴科化石：*Parafusulina plauta*，*Monodiexodina caracorumensis*，*M. sutschanica*，*M. ordinata*，*M. cylindrica*，*M. linearis*，*Skinnerina*? sp.， 5.50 m

11. 灰色、紫灰色含沥青石英碎屑䗴亮晶灰岩。底部见6 cm厚的含细砾砂岩，产䗴科化石：*Parafusulina brevibacium*，*Monodiexodina sutschanica*，*M. linearis*，*Schwagerina andrisensis*，*S. bellula*? 5.95 m

10. 灰色、紫灰色含沥青石英碎屑䗴亮晶灰岩 5.95 m

9. 黑灰色片理化含粉砂䗴灰岩，产䗴：*Pseudofusulina* sp.，*P.* cf. *baschkirica*，*P.* sp.，*Monodiexodina matsubaishicompacta*，*Schwagerina vesca*，*S. quasi compacta* 4.00 m

8. 黑灰色绿泥石英大理岩，产䗴：*Monodiexodina ferganica*，*Schwagerina zhongheensis* 3.50 m

7. 灰白色杂色粒状大理岩 3.30 m

6. 条带状粉砂质千枚岩和绿泥大理岩 2.40 m

5. 灰色、深灰色细晶大理岩化苔藓虫䗴灰岩，产䗴：*Pseudofusulina*? sp. 3.70 m

4. 石英大理岩 3.70 m

3. 黄灰色含粉砂硅质绿泥绢云板岩 7.60 m

2. 黄绿色绿泥碳质泥质粉砂岩 6.20 m

1. 黄绿色粉砂质微晶石英绿泥千枚岩。（未见底） >40.70 m

【地质特征及区域变化】 省内哲斯组为一套富产䗴、珊瑚及腕足类化石的浅海相碳酸盐岩—碎屑岩组合，其岩石组合以灰岩为主，夹少量粉砂岩、千枚岩及板岩。顶底不全。哲斯组在内蒙古有广泛的分布，延至我省主要出露于西部龙江县华安地区，小兴安岭西北部嫩江县塔溪地区。在华安地区本组发育有大量灰岩，厚可达399 m。在塔溪地区为细碎屑岩夹灰岩凸镜体，厚度为1 870 m（图4-1）。在华安地区产有丰富的腕足类、珊瑚及䗴化石，其中腕足类以*Yakovlevia*，*Spiriferella*为代表，珊瑚以*Tachylasma*，*Calophyllum*为代表，䗴以*Monodiexodina*，*Parafusulina*为代表。在塔溪地区产以*Yakovlevia*，*Spiriferella*为代表的腕足类，未见䗴及珊瑚等化石。

林西组 P_2ln （01-23-0671）

【创名及原始定义】 系1924年由法国人Teilhard Chardin（德日进）在内蒙古自治区林西县林西镇附近创名的林西系的修订名，原始定义指林西镇一带的黑色砂板岩。

【沿革】 延至黑龙江省龙江县老龙头地区的林西组，1979年《黑龙江地层表》及1993年《黑龙江地质志》中均称孙家坟组。本次对比研究归入林西组。该套地层还有命名为余庆沟组、高盛沟组、嘉鲁河组、蔺家屯组，均归入林西组，省内停用。

【现在定义】 指分布于锡林浩特-磐石地层分区，整合或不整合在哲斯组之上的湖相、泻湖相黑灰色为主色调的砂岩板岩组合，含*Palaeanodonta*和*Palaeomutela*动物群及植物化石。上界被中生代不同地层单元所覆。

【层型】 正层型剖面在内蒙古。省内次层型为龙江县济沁河乡老龙头村剖面（P_{18}）（122°31′00″，47°20′30″）（图1-1中29），黑龙江第二区调大队1976年测制。

上覆地层：**老龙头组** 褐棕色铁质复矿细砂岩、黄绿色角砾状粉砂质板岩

——————整　合——————

林西组 总厚度2 663.43 m

74. 灰色、黑灰色安山玢岩　29.04 m

73. 黄绿色板状含褐铁矿泥质粉砂岩　97.90 m

72. 黄绿色板状泥质不等粒复矿砂岩　49.60 m

71. 黄绿色含砂砾具劈理斑点板岩或波状层理具泥裂板岩　117.60 m

70. 黄绿色板状泥质不等粒复矿砂岩　30.85 m

69. 黄绿色粉砂泥质板岩　7.76 m

68. 黑灰色、绿灰色泥质板岩　10.34 m

67. 灰白色长石石英砂岩　9.48 m

66. 黑灰色、绿灰色粉砂质泥质板岩。靠近底部产双壳类化石：*Palaeomutela* sp.，*Palaeanodonta*? sp.；植物化石：*Noeggerathiopsis* sp.　172.87 m

65. 灰色具波状层理复矿粉砂岩、细砂岩与含碳质复矿粉砂细砂岩　57.30 m

64. 黄绿色复矿细砂岩与粉砂岩互层　85.46 m

63. 灰色板状含碳泥质复矿细砂岩夹黄绿色细砂岩，见双壳类化石碎片　36.62 m

62. 黄灰色复矿细砂岩　63.14 m

61. 黑灰色、黄灰色粉砂岩、细砂岩和中砂岩互层　64.75 m

60. 褐黄色板状粉砂细砂岩，见双壳类化石碎片　2.04 m

59. 褐黄色板状细砂岩，见双壳类化石碎片　15.65 m

58. 灰色具紊乱波状层理粉砂岩，见植物化石碎片　5.45 m

57. 褐黄色板状细砂岩　34.04 m

56. 灰色、黑灰色细砂粉砂岩，见双壳类化石碎片　8.85 m

55. 黄灰色复矿细砂岩，产双壳类化石：*Palaeomutela* sp.　7.48 m

54. 灰色、灰黑色条带状粉砂质碳质板岩与泥质复矿细砂粉砂岩互层　70.03 m

53. 灰色、黑灰色角砾状具紊乱层理粉砂质页岩与粉砂岩互层。产双壳类化石：*Oligodon* sp.，*Palaeomutela* cf. *semilunulata*，*P.* cf. *ovalis*，*P.* cf. *hahaiensis*，*P.* cf. *subrectangularis*，*P.* aff. *irregularis*，*P.* sp.，*Palaeanodonta castor*，*P.* cf. *castor*，*P.* sp.　68.01 m

52. 灰色、黑灰色粉砂岩与黄灰色细砂粉砂岩互层　29.19 m

51. 灰色斜层理碳质粉砂质页岩，斜层理碳质粉砂岩与粉砂硅质泥质岩互层。产双壳类化石：*Palaeomutela* sp.　17.52 m

50. 灰色、黑灰色斜层理碳质复矿细砂粉砂岩，含泥质结核　52.40 m

49. 绿灰色粉砂细砂岩　30.15 m

48. 灰色紊乱微层理粉砂岩　20.79 m

47. 灰色粉砂细砂岩，含泥质结核　16.09 m

46. 灰色角砾状具紊乱层理碳质泥质石英长石粉砂岩，局部具斜层理　35.54 m

45. 灰色复矿细砂岩夹粉砂泥质页岩薄层。产双壳类化石：*Oligodon* sp.　118.34 m

44. 灰色具微层状斜层理碳质泥质石英砂岩　57.24 m

43. 黄绿色复矿中细砂岩　31.85 m

42. 灰色微层状碳质泥质石英长石粉砂岩。富产双壳类化石：*Palaeanodonta* cf. *verneuli*，*P.* cf. *fischeri*，*Carbonicola khinganensis*　25.80 m

41. 灰绿色复矿细砂岩　21.11 m

40. 灰色含粉砂硅质泥质岩，局部具波状微层理　2.93 m

39. 灰色粉砂细砂岩　1.26 m

38. 灰白色中粒长石石英砂岩　0.10 m

37. 灰黑色泥质细砂粉砂岩夹页岩。产双壳类化石：*Palaeomutela* sp.　1.24 m

36. 黑灰色斑点粉砂质碳质页岩、泥质石英粉砂细砂岩互层。产植物化石：*Paracalamites*

	sp.，*Noeggerathiopsis* sp.，*Glossozamites kryshtofovichi*	0.37 m
35.	灰色泥质粉砂岩与黄灰色细砂岩互层	2.89 m
34.	黑灰色碳质泥质粉砂岩、复矿细砂岩夹粉砂质页岩。产双壳类化石：*Palaeomutela* sp.；植物化石：*Paracalamites* sp.，*Neocalamites*？sp.	5.88 m
33.	灰白色复矿石英细砂岩和灰色粉砂岩互层	134.93 m
32.	黄绿色粉砂质页岩夹灰色含砾细砂岩	138.93 m
31.	灰色粉砂硅质泥质岩	44.82 m
30.	黄绿色泥质页岩	83.62 m
29.	灰色、灰绿色复矿中砂岩	10.10 m
28.	灰绿色复矿粉砂细砂岩	57.67 m
27.	灰白色、黄灰色含粉砂硅质泥质岩，含砾不等粒复矿砂岩夹黑灰色粉砂岩	38.85 m
26.	灰色、灰白色硅质泥质岩、火山灰粘土岩与细砂粉砂岩互层	4.02 m
25.	灰白色酸性凝灰熔岩	23.60 m
24.	灰绿色安山玢岩	98.56 m
23.	灰色、黑色细砂岩与细砂粉砂岩互层	21.36 m
22.	绿灰色具紊乱层理粉砂泥质岩与细砂粉砂岩互层	39.82 m
21.	灰色片理化泥质粉砂岩	77.17 m
20.	黑灰色具微片理化含粉砂碳质灰岩	40.85 m
19.	灰色蚀变安山玢岩	15.12 m
18.	黑灰色酸性凝灰岩	5.60 m
17.	灰色蚀变安山玢岩	98.59 m
16.	黄褐灰色蚀变酸性岩屑晶屑凝灰岩	36.14 m
15.	灰色凝灰砾岩，靠近底部为灰色泥质细砂岩	23.90 m
14.	灰色具水平微层理泥质细砂粉砂岩	12.38 m
13.	灰色板状泥质细砂岩，泥质粉砂岩	23.35 m
12.	灰色复矿细砂岩	6.01 m
11.	灰白色含砾粗砂岩	19.81 m
10.	灰白色长石石英砂岩夹薄层粉砂岩	20.13 m
9.	灰色、黑灰色水平层理泥质粉砂岩。产双壳类化石：*Palaeomutela*？sp.，*Palaeanodonta*？sp.，*Carbonicola*？sp.，*C. khinganensis*	17.72 m
8.	黄灰色酸性凝灰熔岩	1.23 m
7.	灰色角砾岩	2.62 m
6.	黄绿灰色粉砂岩	3.85 m
5.	灰白色酸性凝灰熔岩	16.94 m
4.	黑灰色泥质粉砂岩	29.76 m
3.	灰黑色蚀变安山玢岩	1.03 m

断层接触

下伏地层：**大石寨组**　酸性凝灰熔岩

【地质特征及区域变化】　省内林西组由杂色泥质页岩或泥质板岩、粉砂岩、细砂粉砂岩、（复矿）细砂岩、中细粒砂岩、中砂岩等构成数个韵律层，其中夹多层中、酸性火山岩。部分岩石含砾、含碳质及泥质结核。具波状、水平（微）层理、斜层理及紊乱层理。偏下部夹碳质灰岩及凝灰砾岩。岩石具轻微变质。产多层丰富的双壳类化石（其中以 *Palaeomutela*，

Palaeanodonta 为代表，以往称 $P-P$ 动物群）及植物化石。顶部以紫色层的始现为上覆老龙头组的底界，二者为整合接触。底部与早二叠世大石寨组为断层接触。时代置晚二叠世。

林西组在内蒙古有广泛分布，延至黑龙江省呈NE向展布，主要出露于西部龙江县华安地区老龙头，嫩江县与黑河市接壤部位的塔溪地区四站大营南山及蔺家屯南山，北部呼玛县兴隆地区三包山及小四道沟、德都县莲花山地区卧牛河下游及滨东地区的阿城市胡家屯等地。在华安地区主要为复矿砂岩和板岩，间夹多层中、酸性火山岩，底部见碳质灰岩及砾岩，部分岩石具蚀变，厚可达 2 876 m；在塔溪地区系一套砂岩、板岩组合，局部夹泥灰岩和千枚岩，出露面积 459 km^2，厚度为 467～1 904 m；在兴隆地区沉积物明显变粗，为杂砂质长石砂岩、长石砂岩及板岩，夹有凝灰岩及凝灰砂岩，厚度为 745～1 399 m（《1：20 万兴隆沟幅及呼玛县幅区调报告》中称余庆沟组、高盛沟组和嘉鲁河组）；在德都县莲花山地区沉积厚度较大，可达 2 366 m，由板岩及砂岩组成，局部夹有砾岩、千枚岩及凝灰岩（《1：20 万龙镇幅及沐河屯幅区调报告》中称蔺家屯组）；滨东地区沉积物明显变细，厚度变薄，仅有 450 m，为粉砂岩和粉砂质板岩（《1：20 万宾县幅及五常县幅区调报告》中称土门岭组）。

老龙头组　T_1l　（01－23－0239）

【创名及原始定义】　黑龙江第二区调大队刘步昌等 1976 年创建于龙江县济沁河乡孙家坟东山。自下而上划分为三个岩段。Ⅰ段：以长石石英粗砂岩和复矿砂岩为主，厚 420 m；Ⅱ段：为红层，主要为紫灰色泥质铁质粉砂岩，含砾复矿砂岩夹中酸性火山岩，厚 561 m；Ⅲ段：粉砂岩、复矿细砂岩、绢云板岩夹中酸性火山岩，厚大于 140 m。整合于孙家坟组之上，时代为晚二叠世。

【沿革】　1979 年《黑龙江地层表》沿用老龙头组，并将时代置于晚二叠世。1993 年张海驲等在《黑龙江地质志》中将老龙头组的时代置于早三叠世。本次对比研究采用张海驲等的方案。在其他地区曾称为八站组、义气罕组、毛兰河组及楼家围子组均归入老龙头组，省内停用。

【现在定义】　指分布于龙江县、嫩江县、黑河市、逊克县等地区，以正常沉积碎屑岩为主夹中酸性火山岩和紫色层的一套地层。主要岩性为砂岩、粉砂岩及板岩夹酸性凝灰熔岩等，产非海相双壳类化石。正层型处未见顶底。在老龙头村剖面（P_{18}）底部与林西组整合接触。

【层型】　正层型为龙江县济沁河乡孙家坟东山剖面（P_{23}）（122°33′00″，47°21′00″）（图 1－1 中 30），黑龙江第二区调大队 1976 年测制。

老龙头组	总厚度＞808.23 m
31. 黄灰色复矿粗—中砂岩。（未见顶）	＞4.92 m
30. 黑灰色板状细砂粉砂岩。产介形虫：*Kemeroviana*? sp.	21.64 m
29. 灰色复矿细砂岩夹绢云板岩	21.70 m
28. 褐灰色含泥质板岩碎块泥质粉砂岩	26.08 m
27. 黑灰色泥质粉砂岩。产双壳类化石：*Palaeomutela* sp.，*Palaeanodonta*? sp.，*Carbonicola*? sp.	0.19 m
26. 灰色板状粉砂岩夹中粒砂岩	27.35 m
25. 灰绿色泥质粉砂岩。产双壳类化石：*Palaeomutela* sp.，*P. subparallela*，*P.* cf. *lunulata*，*Palaeanodonta*? sp.，*Carbonicola*? sp.，	0.12 m
24. 黑灰色板状粉砂岩夹砂岩薄层	34.26 m

23.	黄灰色泥质胶结复矿粉砂岩	4.56 m
22.	黄灰色泥质绿泥绢云板岩	58.92 m
21.	灰白色中粒杂砂岩，含粉砂岩角砾	5.42 m
20.	灰色、绿灰色绿泥绢云板岩	22.74 m
19.	褐灰色、绿灰色铁质泥质复矿粉砂岩	21.26 m
18.	褐灰色、暗灰色板状、条带状复矿粉砂细砂岩	13.68 m
17.	紫灰色水平层理含铁复矿细砂岩	10.65 m
16.	黄绿色细砂粉砂岩	34.20 m
15.	紫灰色粉砂质板岩	37.25 m
14.	绿灰色板状泥质粉砂岩	1.52 m
13.	紫色粉砂质板岩	37.25 m
12.	绿灰色粉砂岩和紫灰色细砂粉砂岩互层	48.44 m
11.	紫色、绿灰色含粉砂泥质板岩	35.60 m
10.	绿灰色、深灰色凝灰质长石石英砂岩	47.44 m
9.	绿灰色变酸性凝灰熔岩	36.88 m
8.	绿帘石化酸性凝灰熔岩	64.87 m
7.	黄绿灰色斑点状粉砂泥质板岩	38.12 m
6.	黄灰色复矿石英细砂岩	5.51 m
5.	褐黄色粉砂泥质板岩	65.29 m
4.	黄绿色板状、条带状泥质粉砂岩	1.57 m
3.	黄灰色杂砂质粉砂细砂岩	22.71 m
2.	褐黄色、褐灰色粉砂泥质板岩	43.89 m
1.	暗紫色粉砂质铁质泥质板岩。(未见底)	>14.10 m

【地质特征及区域变化】 老龙头组最突出的一个特点就是含有紫色层，其岩石以正常沉积碎屑岩为主，夹中酸性火山岩等，部分岩石具轻微变质，生物化石产以 *Palaeomutela* 为代表的非海相双壳类，几乎不出现 *Palaeanodonta*，所产 *Palaeomutela* 一属的种的数量亦远不如林西组多。时代置早三叠世。

老龙头组除在西部龙江县华安地区有分布外，在嫩江县三矿沟一带，北部黑河市义气罕河及秀水车站、逊克县毛兰河及滨东地区楼家围子也有出露。在嫩江县三矿沟一带以正常沉积碎屑岩为主，未见火山岩夹层，厚度变化不大，为931～1 004 m（《1：20 万卧都河幅区调报告》中称八站组)。在黑河市义气罕河及秀水车站附近相变较大，下部以杂砂岩为主夹粉砂质板岩和砾岩，上部出现厚达 600 m 的中性火山岩（《1：20 万罕达气幅及沐河屯幅区调报告》中称义气罕组和蔺家屯组)。在逊克县毛兰河一带为一套含紫色层的砂板岩组合，厚度约646 m（《1：20 万辰清公社幅区调报告》中称毛兰河组)。在滨东地区楼家围子附近为一套紫红色砂砾岩组合，厚度为 463 m，出露面积不足 2 km^2，整合于林西组之上（《1：20 万宾县幅及五常县幅区调报告》中称楼家围子组)。嫩江县三矿沟、黑河市秀水车站附近及正层型剖面所在地产以 *Palaeomutela* 为代表的双壳类化石，楼家围子所产海相动物化石属异地迁移。在逊克县毛兰河一带未见古生物遗迹。

【问题讨论】 需要指出的是，楼家围子组虽创名较早，但因其不具代表性，所产生物面貌也与老龙头组不同，仅据特有的紫色层与老龙头组对比，暂将其划归老龙头组。因本组整合于产 *Glossozamites kryshtofovichi* 和 *Neocalamites*? sp. 植物化石的林西组之上，故将其时代置于早三叠世。

第二节 生物地层特征及地质年代

本区该断代涉及的地层单位，其中产植物化石的有新伊根河组、宝力高庙组、林西组；产动物化石的有哲斯组、林西组、老龙头组。按时代叙述如下：

(一) 晚石炭世—早二叠世

该期所产植物化石很少，产于新伊根河组和宝力高庙组中，主要有：cf. *Angaridium* sp.，*Noeggerathiopsis* sp.，属于伊春-尚志地层分区杨木岗组中的 *Neuropteris-Angaridium-Zamiopteris* 组合的分子。其时代为晚石炭世—早二叠世。

(二) 早二叠世

该期产古生物的地层只有哲斯组，其中以䗴、珊瑚、腕足类化石为主，其次尚有苔藓虫等。

䗴

仅见于龙江县中和屯剖面哲斯组的下部灰岩中，郭胜哲等(1992)将其划分为 *Monodiexodina-Parafusulina* 带，主要分子有：*Monodiexodina sutschanica*，*M. linearis*，*M. caracorumensis*，*M. ordinata*，*M. cylindrica*，*M. kofuganensis*，*M. matsubaishi compacta*，*M. ferganica*，*Parafusulina plauta*，*P. brevibacium*，*Schwagerina zhongheensis*，*S. vesca*，*S. quasicompacta*，*S. bellula*?，*Skinnerina*? sp.，*Pseudofusulina* cf. *baschkirica*。在该处向西南方向延伸至内蒙古查干楚鲁见有以 *Codonofusiella-Nankinella* 组合为代表的一套䗴化石，与之伴生的有腕足类、苔藓虫化石，其层位在 *Monodiexodina-Parafusulina* 带之上。该带的时代为早二叠世茅口期。

珊瑚

仅见于龙江县中和屯剖面的中部，*Monodiexodina-Parafusulina* 带的上部。本次对比研究称之为 *Tachylasma-Calophyllum* 组合，主要分子有：*Tachylasma* sp.，*Calophyllum* sp.，*Lophophyllium crassiseptatum*，*Verbeekiella ussurica*，*Maichelasma magnum*。在区域上该组合见于张广才岭-完达山地层大区伊春-尚志地层分区的玉泉灰岩、兴凯地层大区东宁-汪清地层分区的平阳镇组、庙岭组，时代为早二叠世茅口期。在该珊瑚组合之上，尚有一套 *Waagenophyllum-Liangshanophyllum* 组合，见于内蒙古查干楚鲁剖面。该组合在阿城市玉泉地区的玉泉灰岩中也有出现。

腕足类

主要见于龙江县中和屯和嫩江县塔溪地区的哲斯组中，本次对比研究称为 *Spiriferella-Yakovlevia-Anidanthus* 组合，相当于苏养正等(1992)新建的 *Yakovlevia-Muirwoodia-Anidanthus-Neospirifer-Kochiproductus* 组合。主要分子有：*Spiriferella persaranae*，*Yakovlevia mammatiformis*，*Neospirifer* cf. *moosakhailensis*，*Cancrinella* sp.，*Waagenoconcha* sp.。该组合出现在伊春-尚志地层分区的土门岭组中，时代为早二叠世早中期。

(三) 晚二叠世—早三叠世

晚二叠世—早三叠世非海相双壳类组合产于林西组和老龙头组泥质岩及泥质粉砂岩中，以往人们常习惯的称其为 *P-P* 动物群(或 *P-P* 组合)。现在看来，林西组与老龙头组中所产的双壳类化石其组合特征是有差异的，因此有必要把它们区别开来。现分述如下：

①*Palaeanodonta-Palaeomutela* 组合

本组合广泛分布于内蒙古林西及黑龙江省的华安、沐河、德都、黑河及阿城等地的林西组中，其突出特点是同时出现 *Palaeanodonta* 和 *Palaeomutela* 的一些种或相似种。

代表剖面为龙江县老龙头村剖面（P_{18}），产有：*Palaeanodonta castor*，*P.* cf. *castor*，*P.* cf. *fischeri*，*Palaeomutela hahaiensis*，*P. khinganensis*，*P. lunulata*，*P.* aff. *irregularis*，*P.* cf. *ovalis*，*P. subrectangularis* 等。共生的植物化石有：*Noeggerathiopsis* sp.，*Paracalamites* sp.，*Glossozamites kryshtofovichi*，*Neocalamites*? sp. 等。

关于林西组或 *Palaeanodonta-Palaeomutela* 组合的时代归属问题，省内外的一些地质工作者大多倾向于晚二叠世，梁仲发（1982）曾做过专题论述，他认为东北北部及内蒙古东部地区的林西组、陶海营子组、索伦组、孙家坟组、蔺家屯组（现均归入林西组）及八站组（归入老龙头组）均产丰富的 *Palaeanodonta-Palaeomutela*，它们的时代应为晚二叠世。《黑龙江地质志》(1993) 将孙家坟组、老龙头组、蔺家屯组和八站组均置于早三叠世。本次对比研究认为，因龙江县老龙头村剖面（P_{18}）中部，亦即在产 *Palaeanodonta-Palaeomutela* 的夹层中尚产 *Glossozamites kryshtofovichi*，*Neocalamites*? sp. 等植物化石，而 *Glossozamites kryshtofovichi* 和 *Neocalamites* 只有在中生代才可能出现，所以，林西组至少有一部分应属于早三叠世。需要指出的是，在野外核查过程中（1993），笔者等在阿城市交界镇胡家屯西山剖面（《1：20 万宾县、五常县幅区调报告》中原划为土门岭组）发现了 *Palaeanodonta pseudolongissima*（郑月娟鉴定），并在其下部觅得晚二叠世晚期 *Comia-Callipteris* 植物组合，此发现在我省尚属首例。

②*Palaeomutela* 组合

本组合仅见于黑龙江省龙江县孙家坟东山及嫩江县三矿沟北的老龙头组中。代表剖面为龙江县孙家坟东山剖面（P_{23}），产双壳类化石有：*Palaeomutela* cf. *lunulata*，*P. subparallela*，*P.* sp.，*Palaeanodonta*? sp.，*Carbonicola*? sp. 及共生的介形虫 *Kemeroviana*? sp.。嫩江县三矿沟北仅见 *Palaeomutela* sp.，*Palaeanodonta* sp.。其时代为早三叠世。

第二篇 张广才岭-完达山地层大区

第五章 晚元古代

第一节 岩石地层单位

张广才岭群 $Pt_3\hat{Z}$ (02-23-0061)

【创名及原始定义】 黑龙江省地质矿产局张海驲等 1993 年创建于张广才岭主峰一带。指分布于张广才岭的一套中浅变质岩系，自下而上划分为 3 个组：正沟组、红光组、新兴组，时代置晚元古代晚期。

【沿革】 1976—1977 年，黑龙江第一区测队赵文绪、王殿臣等，曾将这套地层对比为志留系二合营群，自下而上划分为磨石山组、红光组、新兴组，时代置志留纪。本次对比研究采用 1993 年张海驲等方案。

【现在定义】 分布于海林县等地，沿张广才岭出露，向西南延入吉林省境内。为一套中浅变质岩系。自下而上划分为 3 个组：正沟组、红光组、新兴组。

正沟组 $Pt_3\hat{z}$ (02-23-0062)

【创名及原始定义】 黑龙江省地质矿产局张海驲等 1993 年创建于海林县正沟。分布于海林县东风林场—晨光林场一带。主要岩石为片理化酸性火山岩、千枚岩，其次为千枚状板岩及大理岩凸镜体等。为一套细碎屑沉积—中酸性火山岩建造。时代为晚元古代晚期。

【沿革】 该组创建前，1977 年赵文绪、王殿臣等曾划为志留系二合营群磨石山组的一部分。本次对比研究采用 1993 年张海驲等的方案。

【现在定义】 分布于海林县东风林场正沟、正河身沟一带，整合于红光组之下，底界不清。主要由灰色、灰褐色片理化流纹岩及凝灰熔岩夹灰色千枚岩、千枚状板岩、英安玢岩、含石榴石堇青石片岩、绿帘黑云片岩等组成。为一套浅变质的酸(中)性火山岩夹细碎屑岩组合。

【层型】 正层型为海林县东风林场正沟剖面 (P_2) (129°09′00″,45°29′20″)(图1-1中31)，黑龙江第一区测队1976年测制。

正沟组	总厚度>741.0 m
16. 灰色、灰白色片理化流纹岩。(未见顶)	>78.0 m
15. 灰色、黑色片理化英安岩	17.0 m
14. 灰色绢云石英千枚岩	20.0 m
13. 灰色、灰黑色绢云千枚岩	34.0 m
12. 灰色绿帘黑云片岩	51.0 m
11. 灰色千枚岩	62.0 m
10. 灰褐色强片理化流纹岩	47.0 m
9. 灰色绢云石英千枚岩	77.0 m
8. 灰色、灰黑色千枚岩	12.0 m
7. 灰色片理化流纹岩	33.0 m
6. 深灰色片理化流纹岩与千枚岩互层	21.0 m
5. 灰白色含石榴石堇青石片岩	138.0 m
4. 灰褐色千枚岩，底部为千枚状碳质板岩	36.0 m
3. 白色片理化流纹岩	36.0 m
2. 灰白色弱片理化流纹岩	62.0 m
1. 强片理化流纹岩。(未见底)	>17.0 m

【地质特征及区域变化】 正沟组以酸性火山岩为主，夹细碎屑岩。主要岩石类型为流纹岩、英安玢岩、千枚岩、板岩等。为一套酸(中)性火山岩夹细碎屑沉积建造。岩石多为灰色，颜色偏暗，受轻微区域变质作用，属低级绿片岩相，局部地段受热、动力变质作用后形成片理化等现象。时代置晚元古代。

分布于海林县正沟—正河身沟一带，主要以酸性火山熔岩为主，夹千枚岩、片岩、板岩和中酸性凝灰熔岩等，出露最大厚度741 m；向南延伸到海林县红光经营所一带，主要为中酸性火山熔岩夹中性火山岩及千枚岩、片岩、变粒岩等，出露厚度为380 m(图5-1)。

红光组 Pt_3h (02-23-0063)

【创名及原始定义】 黑龙江第一区测队赵文绪等1976年创建于海林县新兴林场红光经营所。本组主要分布在西南岔至新兴林场磨石山一带。岩石由沉积变质岩及变质火山喷发岩组成。按岩性组合特征可分上、中、下三部分：上部主要为灰绿色变质泥质粉砂质板岩、灰绿色二云片岩、黑色千枚岩夹变质安山玢岩质凝灰岩及变质流纹斑岩质凝灰熔岩薄层；中部由灰绿色片理化变质安山玢岩质凝灰岩、变质安山玄武玢岩质凝灰岩组成；下部为青灰色二云片岩、灰绿色透闪阳起片岩、云母石英片岩夹黑灰色千枚状红柱石板岩、变粒岩及大理岩凸镜体。为一套中基性火山岩-细碎屑岩建造。时代为志留纪。

【沿革】 该组创建时，曾划入志留系二合营群。1993年《黑龙江地质志》厘定为晚元古代张广才岭群红光组。本次对比研究采用《黑龙江地质志》的方案。

【现在定义】 分布于海林县新兴林场、红光经营所、西沟林场等地，底界不清 (区域上整合于正沟组之上)、上整合于新兴组之下。主要由灰绿色、灰色片理化变质安山玄武质凝

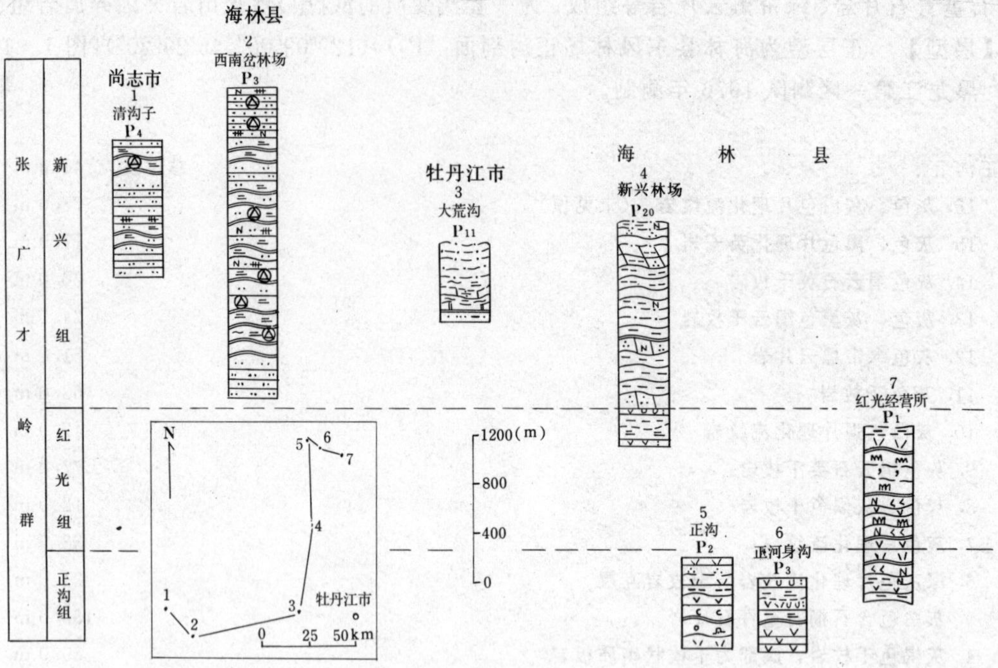

图 5-1 张广才岭群柱状对比图

(图例见本书附录Ⅳ，下同)

灰岩，黑灰色绢云千枚岩、灰绿色变质泥质粉砂质板岩，夹变质流纹质凝灰熔岩和绿帘阳起(二云)片岩等组成。为一套中浅变质的中基(中酸)性火山岩夹细碎屑岩组合。

【层型】 正层型为海林县新兴林场西山剖面 (P_{20}) (129°16′30″,45°06′10″)(图 1-1 中 32)，黑龙江第一区测队 1975 年测制。

上覆地层：**新兴组** 灰绿色角岩化变质粉砂岩

——————整 合——————

红光组　　　　总厚度＞293.0 m

3. 上部为灰绿色变质泥质粉砂质板岩夹变质安山质凝灰岩及变质流纹质凝灰熔岩薄层；中部为灰绿色二云片岩夹绿色绿帘阳起片岩及浅绿灰色强硅化火山岩薄层；下部为黑灰色绢云千枚岩夹片理化灰绿色英安质凝灰岩及黑色千枚状碳质板岩薄层　　52.0 m
2. 灰绿色片理化变质安山质凝灰岩，岩石受硅化及阳起石化、绿帘石化作用强烈　　161.0 m
1. 上部为灰绿色绿帘石化阳起石化变质安山玄武质凝灰岩；下部为深灰色具弱绿帘石化、阳起石化、片理化变质安山玄武质凝灰岩。(未见底)　　＞80.0 m

【地质特征及区域变化】 红光组以中性和中基性火山岩为主，夹细碎屑岩。主要岩石类型为安山玄武质凝灰岩、千枚岩、板岩、片岩等。岩石多为灰绿色，受轻微区域变质作用，局部地段受热、动力变质作用，产生各种蚀变及片理化等现象。系一套中基(中酸)性火山岩夹细碎屑沉积建造。时代置晚元古代。

分布于海林县新兴林场一带，出露厚度为 293 m；向东北延伸到红光经营所、葫芦崴子铁矿一带。主要以绿泥石化碳酸盐化安山岩、斜长角闪岩为主，其次为蚀变英安岩、变质流纹岩、片岩、变粒岩、混合岩(或称为糜棱岩)，并夹有大理岩层，出露最大厚度为1 069 m。在红光经营所剖面(P_1)上见到该组与下伏正沟组呈整合接触(图5-1)。

新兴组　Pt_3x　(02-23-0064)

【创名及原始定义】　黑龙江第一区测队赵文绪等1976年创建于新兴林场西山。主要分布于新兴林场西山至闹枝沟一带。原岩是一套正常沉积的粘土质、砂质、粉砂质、泥质等物质组成的中浅变质岩石。按其岩石组合可分上、中、下三部分：上部为灰色黑云斜长变粒岩(部分受混合岩化)及灰色石英角岩、黑云母石英角岩夹角岩化变质石英砂岩薄层；中部以灰色千枚岩为主夹一层黑云斜长变粒岩，其顶部为灰色黑云母片岩夹二云母片岩，其底部为灰色千枚状板岩及泥质板岩和绿帘石化长英角岩；下部以灰绿、绿灰色二云母片岩为主，底部见灰绿色角岩化变质粉砂岩夹石英岩薄层。时代为志留纪。

【沿革】　该组创建时，曾划入志留系二合营群。1993年《黑龙江地质志》厘定为晚元古代张广才岭群新兴组。本次对比研究采用《黑龙江地质志》方案。前人称的苇芦河组、固安屯组、青阳沟组归入新兴组，原名称停用。

【现在定义】　分布于海林县新兴林场、西南岔林场等地，整合于红光组之上，顶界不清。主要由灰色—灰黑色千枚岩、泥质板岩、灰绿色角岩化变质粉砂岩、灰色角岩化泥质细砂岩、深灰色黑云斜长变粒岩、灰色—灰绿色黑云(二云)片岩、石英岩及浅灰色角岩化变质石英砂岩等组成。为一套浅变质的细碎屑岩组合。

【层型】　正层型为海林县新兴林场西山剖面(P_{20})(129°16′30″,45°06′10″)(图1-1中32)，黑龙江第一区测队1975年测制。

新兴组	总厚度>1 481.0 m
12. 浅紫灰色、深灰色黑云斜长变粒岩，中部夹浅灰色角岩化变质石英砂岩。(未见顶)	>93.0 m
11. 上部以石英角岩为主夹灰色变粒岩；下部为灰色混合岩化变粒岩	188.00 m
10. 上部为黑灰色黑云母角岩、灰色含云母石英角岩；下部为灰色石英角岩	175.0 m
9. 灰色黑云片岩，下部夹薄层状褐灰色二云片岩	118.0 m
8. 灰色千枚岩，上部夹灰色黑云斜长变粒岩	327.0 m
7. 上部为灰色千枚状板岩；下部为灰色泥质板岩	107.0 m
6. 灰色、灰绿色长英角岩，具绿帘石化	35.0 m
5. 灰绿色、绿灰色、浅褐灰色二云片岩，具斑点状构造，斑点由绢云母及黑云母组成	399.0 m
4. 灰绿色角岩化变质粉砂岩夹石英岩薄层	39.00 m

——————— 整　合 ———————

下伏地层：**红光组**　灰绿色变质泥质粉砂质板岩

【地质特征及区域变化】　新兴组由一套中浅变质的细碎屑岩组成。该组岩石变质程度不一，恢复原岩，以正常沉积的砂泥质岩石为主。岩石多为灰带绿色调，颜色偏暗，受轻微区域变质作用，属低级变质岩，局部地段受岩浆活动的影响，发生角岩化、矽卡岩化及轻微混合岩化作用。为一套细碎屑沉积建造。该组被Rb-Sr等时线年龄值为670 Ma的二长花岗岩侵入，并产丰富的微古生物化石。时代置晚元古代。

分布于海林县新兴林场一带，出露厚度大于1 481 m；向西南延伸到尚志市清沟子及海林县西南岔林场一带(原称一面坡群固安屯组、青阳沟组)，主要以砂岩为主，板岩次之，出露最大厚度为 2 529 m(图 5－1)。

马家街群　Pt_3M　(02－23－0070)

【创名及原始定义】　原黑龙江省合江专署地质局第五地质队徐衍强等① 1960 年创建于桦南县马家街南双鸭子屯北山脊上，称马家街组。1979 年黑龙江区域地层表编写组介绍。分布于桦南县马家街、双鸭子屯一带。岩石主要为含红柱石、十字石、石榴石的千枚状碳质板岩，夹多层灰色、灰白色结晶灰岩及大理岩，局部夹少量斜长角闪片岩、二云片岩及绢云石英片岩等。为一套区域轻变质的岩石组合。时代为震旦纪。

【沿革】　1975 年东北三省编制地层表会议将其更名为马家街群，1993 年《黑龙江地质志》沿用马家街群，本次对比研究仍沿用之。

【现在定义】　分布于桦南县马家街、萝北县刚本山等地，位于早元古代兴东群之上(断层接触)，顶界不清。主要由深灰色千枚状含红柱石碳质板岩、灰色含红柱石(石榴石)碳质千枚岩、黄褐色十字(二云)白云片岩夹多层结晶灰岩、大理岩及灰绿色斜长角闪片岩、灰白色石英片岩、灰黄色变质长石石英砂岩等组成。为一套中浅变质的海相细碎屑岩夹碳酸盐岩组合。

【层型】　正层型为桦南县石头河镇马家街剖面(P_5)(130°45′10″,46°04′25″)(图 1－1 中 33)，黑龙江第一区测队 1975 年重测。

马家街群	总厚度＞2 555.0 m
45. 灰白色片状石英岩、二云片岩。(未见顶)	＞20.0 m
44. 灰黑色红柱石碳质板岩	36.0 m
43. 灰白色片状石英岩	7.0 m
42. 灰黄色变质长石石英砂岩	15.0 m
41. 碳质千枚岩与灰色大理岩互层	29.0 m
40. 灰黑色碳质板岩	28.0 m
39. 亮灰色千枚状含红柱石碳质板岩	84.00m
38. 灰黄色结晶灰岩	24.0 m
37. 亮灰色千枚状碳质板岩	58.0 m
36. 灰白色含透辉石结晶灰岩、含石英结晶灰岩	40.0 m
35. 亮灰色千枚状碳质板岩	23.0 m
34. 灰白色含透辉石结晶灰岩	18.0 m
33. 千枚状红柱石碳质板岩	16.0 m
32. 亮灰色千枚状碳质板岩	20.0 m
31. 深灰色千枚状含红柱石碳质板岩	39.0 m
30. 深灰色千枚状碳质板岩	42.0 m
29. 深灰色千枚状含红柱石碳质板岩	132.0 m
28. 深灰色千枚状碳质板岩	64.0 m
27. 深灰色千枚状含红柱石碳质板岩	103.0 m
26. 深灰色千枚状碳质板岩	239.0 m

① 徐衍强等，1960，1∶20 万桦川县幅区域地质测量报告（未出版）。

25. 深灰色千枚状红柱石碳质板岩	44.0 m
24. 深灰色千枚状碳质板岩	165.0 m
23. 灰绿色斜长角闪片岩	132.0 m
22. 亮灰色红柱石碳质千枚岩	191.0 m
21. 灰绿色斜长角闪片岩	126.0 m
20. 深灰色千枚状碳质板岩	16.0 m
19. 亮灰色千枚岩	42.0 m
18. 亮灰色含石榴碳质千枚岩	41.0 m
17. 深灰色千枚状红柱石碳质板岩	19.0 m
16. 灰黑色黑云石英片岩	64.0 m
15. 亮灰色含石榴碳质千枚岩	135.0 m
14. 灰色千枚岩	35.0 m
13. 深灰色碳质千枚岩	29.0 m
12. 黄褐色十字白云片岩	37.0 m
11. 黄褐色十字二云片岩	31.0 m
10. 灰褐色绢云石英片岩	18.0 m
9. 深灰色碳质千枚岩	32.0 m
8. 黄褐色十字二云片岩	12.0 m
7. 灰色千枚状红柱石碳质板岩	38.0 m
6. 灰色千枚状碳质板岩	91.0 m
5. 深灰色碳质板岩与灰白色结晶灰岩互层	115.0 m
4. 灰色碳质千枚岩	60.0 m
3. 灰色二云片岩夹大理岩，碳质千枚岩	45.0 m

═══════ 断　层 ═══════

下伏地层：**兴东群**　灰色斑状混合岩

【地质特征及区域变化】　马家街群由一套中浅变质的细碎屑岩及碳酸盐岩石组成，为一套海相细碎屑夹碳酸盐沉积建造。岩石多呈深灰色，间有黄褐色、灰褐色、灰白色，颜色偏暗。受区域变质作用后，下部岩层中生成的主要变质矿物有十字石、石榴石、角闪石等，属中低级变质的低角闪岩相；上部岩层中生成的主要变质矿物有绢云母、黑云母等，属低级变质绿片岩相。可见其变质程度有自下而上逐渐变浅的趋势。恢复原岩，为一套含碳富铝的泥(粘土)质及泥砂(半粘土)质细碎屑岩及碳酸盐岩夹中基性岩浆岩组合。

该群下部为泥砂质岩石组合，中部为泥质岩石夹中基性岩浆岩组合，上部为泥质岩与碳酸盐岩组合，顶部为砂质岩夹泥质岩组合，总体上显示了自下而上由粗→细→粗的韵律性变化。反映出下部→中部基本层序垂向变化为退积—加积型组合，属海面上升期的海侵体系域沉积；上部→顶部基本层序垂向变化为进积一加积型组合，属低水位体系域沉积，从而构成了一个大的完整沉积旋回。

该群分布于桦南县马家街一带，出露厚度 2 555 m；向北延伸到萝北县刚本山一带，碳质(石英)千枚岩、石英片岩增加，大理岩、板岩减少，且出现了新的岩石类型斜长角闪岩、变粒岩，出露厚度 911 m。

该群顶底界线不清，通过岩石地层对比，其时代暂置于晚元古代。

第二节　生物地层特征及地质年代

晚元古代张广才岭群新兴组中，产有较多的疑源类微古生物化石。根据所产微古生物分子可划为3个组合，自下而上分述如下：

①*Bracholaminalia*－*Trachysphaeridium* 组合

仅见于海林县西南岔林场南西剖面（P_3）的中下部板岩和粉砂岩中，主要有 *Trachysphaeridium* sp.，*Podolina angulata*，*Trematosphaeridium* sp.，*Zonosphaeridium* sp.，*Bracholaminalia* sp.。而 *Podolina* 在国外多出现于里菲晚期—文德早期，相当于我国北方青白口纪。

②*Laminarites*—*Retinarites* 组合

见于海林县西南岔林场南西剖面（P_3）的上部粉砂岩中和尚志市榆林林场清沟子等剖面中，主要有 *Asperatopsophosphaera* sp.，*Laminarites antiquissimus*，*Retinarites* sp.，*Trachysphaeridium* sp.，*Synsphaeridium* sp.，*Lophosphaeridium* sp.。其中 *Asperatopsophosphaera* 多出现于蓟县纪。

③*Protosphaeridium*－*Bavlenella* 组合

见于海林县新兴林场、永安林场和双峰林场一带的黑色板岩和粉砂泥质板岩中，主要有 *Protosphaeridium* sp.，*Leiosphaeridia* sp.，*Lignum* sp.，*Bavlenella* sp.。该组合还见于额尔古纳地层分区的倭勒根群吉祥沟组中。

第六章
早寒武世—奥陶纪

第一节　岩石地层单位

西林群　$\in_1 X$　(02-23-0084)

【创名及原始定义】　吴万新等①1960年创建于伊春市小西林。该群分布于大西林至小西林十林场，自下而上共分3个岩组：1、角岩组，2、页岩、粉砂岩组，3、碳酸盐类岩组。

【沿革】　1965年黑龙江省地质局第三地质大队赵同吉等，在小西林铅锌矿将西林群划分为老道庙沟组、铅山组和后山组。1977年，黑龙江省冶金地质局707地质队在伊春市五星镇钻孔中采到早寒武世三叶虫化石，将产三叶虫的灰黑色生物灰岩夹碳质板岩及其以下的白云岩组合统称五星镇组。1993年《黑龙江地质志》将西林群创名时的后山组归入铅山组，将五星镇地区五星镇组下部白云岩组合划出归铅山组，并连同老道庙沟组一起归入西林群。本次对比研究又将晨明组(位于老道庙沟组之下)归入西林群。

【现在定义】　指分布在伊春市小西林、五星镇及晨明镇等地的碳酸盐岩与细砂岩、粉砂岩及板岩组合。包括晨明组、老道庙沟组、铅山组、五星镇组。

晨明组　$\in_1 \hat{c}$　(02-23-0080)

【创名及原始定义】　中国科学院黑龙江流域综合考察队姜春潮、孙枢等1963年创建于伊春市晨明村(镇)西山。分布在晨明车站附近，岩性：下部为灰黑色沥青质白云质灰岩、沥青质灰岩夹页岩，灰色页岩、细砂岩夹薄层灰岩；上部为灰色细砂岩夹页岩。总厚度1 100 m。

【沿革】　该组创名后一直沿用，1993年《黑龙江地质志》中将其层位与西林群下部对比。本次对比研究保留晨明组碳酸盐岩的主体，将上部的碎屑岩归入老道庙沟组，并将其并入西林群。

【现在定义】　指在晨明、五星镇等地区，底界不清，整合于老道庙沟组之下的碳酸盐岩

---

① 吴万新等，1960，黑龙江省伊春市东部（L-52-Ⅳ西部）地质测量报告，黑龙江省地质局。

组合。主要为灰黑色沥青质白云质灰岩、沥青质灰岩夹页岩、粉砂岩及薄层灰岩。产藻灰结核及微体生物化石。顶以灰岩消失与老道庙沟组分界。

【层型】　正层型为汤原县晨明村剖面(P_1)(129°28′00″，46°59′00″)(图1-1中34)，孙枢1957年测制。

上覆地层：**老道庙沟组**　浅灰色细砂岩

——————— 整　合 ———————

晨明组	总厚度>687 m
10. 灰色粘土质钙质粉砂岩，夹千枚状页岩及灰岩凸镜体	80 m
9. 灰色、暗灰色千枚状页岩，顶部为薄层状至板状灰岩	38 m
8. 暗灰色薄层状含燧石条带灰岩	10 m
7. 紫灰、暗灰及黄灰色千枚状页岩，具细砂岩及灰岩的夹层和凸镜体	65 m
6. 灰黑色隐晶质灰岩，下部薄层状至板状，上部中厚层状，并夹燧石条带	20 m
5. 紫灰色千枚状页岩及灰色泥质钙质细砂岩，夹灰岩层和凸镜体	146 m
4. 灰色及灰黄色薄层状灰岩和白云质灰岩，顶部呈灰黑色，夹泥质页岩	18 m
3. 灰黑色厚层状细粒至隐晶质沥青质灰岩，具浅灰色灰岩的薄夹层	150 m
2. 暗灰色细粒至隐晶质灰岩，部分为白云岩，含燧石条带，有沥青臭味，产水藻(同1)	20 m
1. 灰黑色厚层状白云质灰岩，具泥质页岩及砂质灰岩夹层，灰岩经锤击后具强烈的沥青臭味，产水藻(?) *Chlasellopsis reio*。(未见底)	>140 m

【地质特征及区域变化】　晨明组是以碳酸盐岩为主的岩石组合。以灰黑色、灰色白云质灰岩、沥青质灰岩为特点，岩石多为厚层状，其中亦夹薄层灰岩、板岩及粉砂岩。岩石纵向上，自下而上结构逐渐变粗，颜色也相应变浅，碳酸盐岩减少，碎屑岩增加，厚层状变薄层状，反映海退韵律。岩石受低级区域变质。所产生物化石仅见 *Chlasellopsis*，*Protosphaeridium* sp.，时代暂置早寒武世。

主要分布在伊春市晨明镇和五星镇两处，与西林群各组相伴沿NW向构成带状分布，只是小西林未出露。晨明地区岩石中白云质沥青质含量很高，厚度为700 m；在五星镇为600 m。岩性变化不大(图6-1)。

老道庙沟组　$\in_1 l$　(02-23-0075)

【创名及原始定义】　黑龙江省地质局第三地质大队赵同吉等[①] 1965年创建于伊春市小西林铅锌矿，并归属西林群。指分布在伊春市小西林铅锌矿区的细砂岩、粉砂岩组合。下部为细砂岩段：深灰色角岩化细砂岩夹少量微含砾细砂岩，厚度70～375 m；上部为粉砂岩段：紫灰色角岩化粉砂岩，顶部有紫灰色粉砂质页岩及页岩，厚度200～456 m。

【沿革】　1971年张海驲等在《1:20万金山屯幅区调报告》中称西林群第一段。1993年《黑龙江地质志》中仍称老道庙沟组，其中包括五星镇地区白云质碳酸盐岩以下的碎屑岩和碳酸盐岩。本次对比研究采用《黑龙江地质志》的含义，对其延伸及变化作了补充。

【现在定义】　指分布在伊春市、五星镇、晨明镇等地区，整合于晨明组之上、铅山组之下的细碎屑岩组合。岩性为紫灰色角岩化粉砂质板岩、硅质泥质板岩、浅灰色细砂岩等。下

① 赵同吉等，1965，伊春市小西林铅锌矿1964年度总结报告。

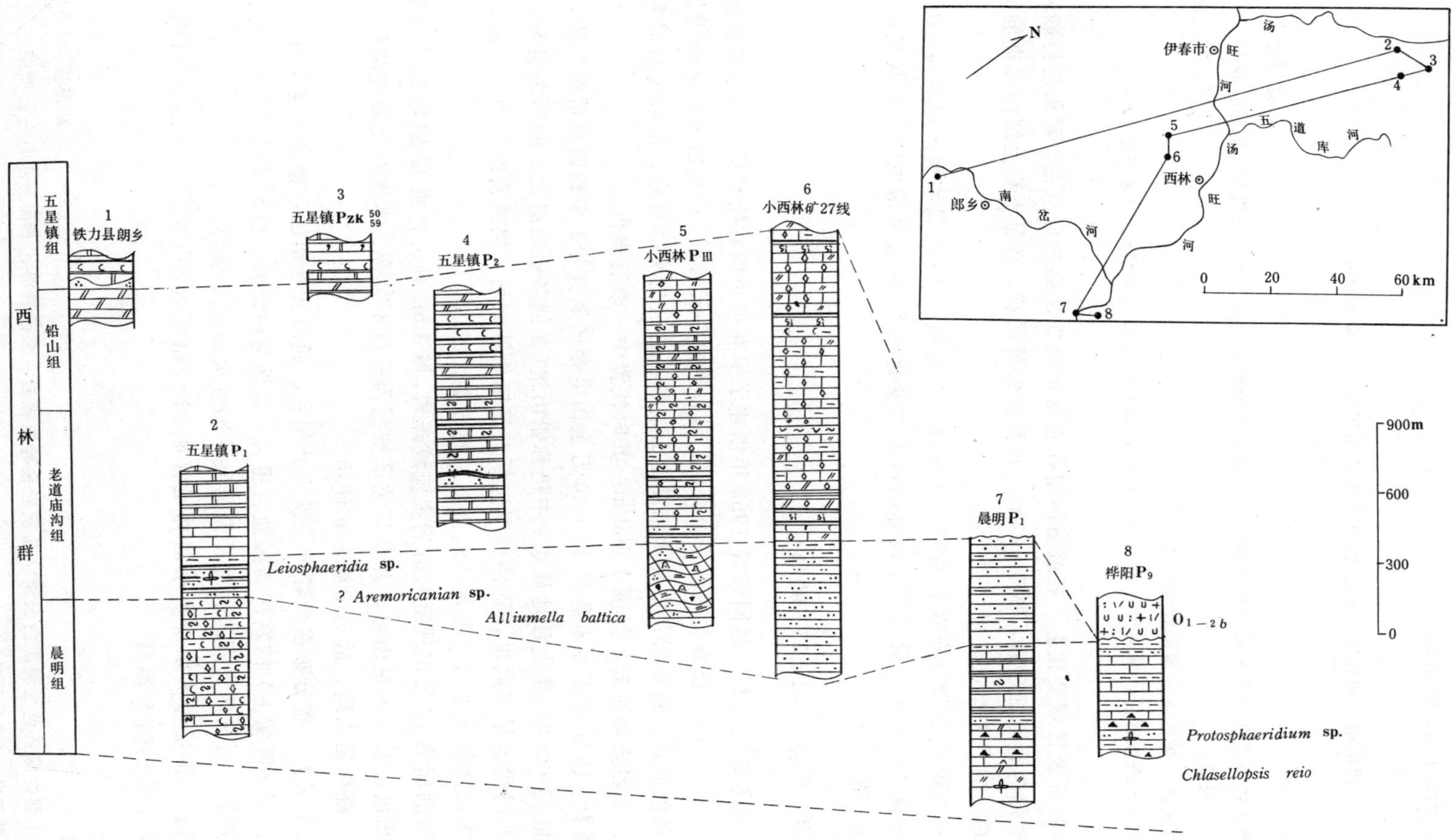

图 6-1　西林群柱状对比图

以晨明组灰岩消失为底界，上以铅山组灰岩始现为顶界。

【层型】 正层型为伊春市小西林铅锌矿27线剖面(129°08′30″,47°23′30″)（图1－1中35)，赵同吉等1964年测制。

上覆地层：**铅山组** 灰色微—厚层状白云质结晶灰岩，夹薄层粉砂岩

——————整 合——————

老道庙沟组 总厚度>593 m

3. 紫灰色至浅灰色粉砂质页岩及深灰色、紫灰色粉砂岩，向上泥质物增加，局部有矽卡岩化现象 394 m

2. 深灰色、灰色微—薄层状细砂岩 163 m

1. 灰色含砾细砂岩，常夹微—薄层状细砂岩，砾石由粉砂岩等组成。(未见底) >36 m

【地质特征及区域变化】 老道庙沟组在正层型剖面出露为深灰色、紫灰色粉砂岩、粉砂质页岩，底部为含砾细砂岩，厚度593 m。岩石多为薄层状，略显下粗上细的海进韵律，受低级区域变质。时代置早寒武世。

本组沿NW向断续分布在晨明镇—小西林—五星镇一带。在晨明地区厚度为440 m;在五星镇地区厚度为530 m。晨明与小西林两地岩性变化不大，而五星镇地区为深灰黑色板岩，且具黄铁矿化(图6－1)。

铅山组 $\in_1 q$ (02－23－0076)

【创名及原始定义】 赵同吉等1965年创建于伊春市小西林铅锌矿。指分布在伊春市小西林铅锌矿区，以白云岩为主夹砂岩组合。下部为页岩白云岩段：白色白云岩夹碳质板岩、硅质板岩及黄色页岩、粉砂岩；中部为结晶白云岩段：白云岩夹砂页岩；上部为含泥质白云岩段：泥质白云岩夹砂页岩。厚度1 600 m。其时代置中—晚石炭世。

【沿革】 1971年张海驲等在《1:20万金山屯幅区调报告》中称西林群第二段，时代置于中泥盆世。1993年《黑龙江地质志》中仍称铅山组(含创名铅山组之上的后山组及五星镇组下部层位),时代置早寒武世，延伸范围包括五星镇地区原划“黑龙宫组”中白云质碳酸盐岩部分。本次对比研究采用《黑龙江地质志》的方案。

在层型剖面第12层出现凝灰砾岩夹流纹斑岩，厚3 m。前人曾将12层与11层之间划界，其上称后山组，其下为铅山组，并将其关系推测为平行不整合。本次对比研究将后山组与铅山组合并，统称铅山组，故后山组停止使用。

【现在定义】 指分布在伊春市、铁力县朗乡、通河县等地区，整合于老道庙沟组之上、五星镇组之下（区域上）的富镁碳酸盐岩组合。岩性为白云岩、白云质结晶灰岩、结晶灰岩、条带状大理岩、白云质大理岩、泥质灰岩夹中酸性火山岩及板岩。

【层型】 正层型为伊春市小西林铅锌矿27线剖面(129°08′30″,47°23′30″)(图1－1中35)，赵同吉等1964年测制。

铅山组 总厚度>1 329 m

16. 上部为深灰色含泥质白云质结晶灰岩夹硅质板岩、细砂岩等；下部为灰色白云质结晶灰岩。(未见顶) >311.0 m

15. ①灰白色粉砂质页岩；②灰白色硅质板岩；③灰色白云质结晶灰岩；④灰色硅质板

岩；⑤灰色白云质结晶灰岩；⑥浅灰色硅质板岩夹碳质页岩薄层 73 m

14. 黑色、深灰色片理化碳质页岩夹深灰色结晶灰岩 79 m
13. 灰色、深灰色泥质结晶灰岩，有时显微层状，具明显的透闪石化现象 344 m
12. 凝灰砾岩夹深灰色流纹岩，砾石由磨圆度较好的流纹岩和少量安山岩等组成，胶结物为凝灰物质等 3 m
11. 灰绿色安山岩，底部灰白色结晶灰岩 7 m
10. 灰色、深灰色薄层状含泥质白云质结晶灰岩，具较为强烈的透闪石化现象 200 m
9. 白色、灰白色结晶白云岩，下部夹粉砂岩，中部夹千枚状页岩 156 m
8. 灰色泥质结晶灰岩 16 m
7. 深灰色、黑色片理化碳质页岩 19 m
6. 浅灰色至灰白色微—厚层状硅质页岩 49 m
5. 深灰色、黑色片理化碳质页岩 37 m
4. 灰色微—厚层状白云质结晶灰岩，向上含碳质和泥质，并夹粉砂岩薄层 35 m

———— 整 合 ————

下伏地层：**老道庙沟组** 紫灰色、浅灰色粉砂质页岩及深灰色、紫灰色粉砂岩

【地质特征及区域变化】 铅山组是以白云质碳酸盐岩为主的岩石组合。岩石中还常含碳质或夹碳质页岩、硅质页岩，局部夹流纹岩、安山岩等。岩石纵向上变化不明显，受低级区域变质，未发现古生物化石。本组为大型热液型铅锌矿床、小型矽卡岩型铁矿床的围岩，另外一些层位可形成中小型熔剂灰岩矿床和白云岩矿床。时代置早寒武世。

铅山组较之西林群其它各组延伸范围广，在伊春市小西林—五星镇一带呈NW向断续带状延伸，而在伊春市南部的铁力及通河等地区则为零星出露，且厚度较小，为150 m（图6-1）。

五星镇组 $\in_1 w$ (02-23-0077)

【创名及原始定义】 黑龙江省冶金地质勘探局707队（简称冶金707队）和郭鸿俊、段吉业① 1978年创建于伊春市五星镇。分布在伊春市五星镇地区，上部为碳质板岩、粉砂质板岩，间夹灰色大理岩、灰黑色大理岩化生物灰岩，含三叶虫等化石；中部为灰色大理岩，间夹碳质板岩、粉砂质板岩；下部为白色大理岩间夹白云质大理岩，时代置早寒武世。

【沿革】 1993年《黑龙江地质志》将原始定义做了修订，即原五星镇组中部和上部称五星镇组，下部称铅山组，时代均置早寒武世。本次对比研究采用《黑龙江地质志》的划分方案。

【现在定义】 指分布于伊春市五星镇等地的暗色碳酸盐岩组合。即灰色大理岩间夹碳质板岩、粉砂质板岩，其上为灰黑色生物大理岩、灰色大理岩夹砂质板岩、碳质板岩。其与下伏铅山组为整合接触，而顶界不清。

【层型】 正层型为伊春市五星镇钻孔剖面(ZK59、50)(129°20′10″,48°10′30″)(图1-1中36)，黑龙江省冶金707队1977年测制。

五星镇组 总厚度＞199.03 m

① 冶金地质勘探707队和郭鸿俊、段吉业，1978，黑龙江省伊春地区发现早寒武世地层及三叶虫动物群化石。黑龙江冶金地质，第1期（内刊）。

9. 灰黑色砂质板岩，板理发育。(未见顶) 8.60 m

8. 灰黑色大理岩，具黄铁矿化，板理受挤压变形 59.26 m

7. 灰黑色生物大理岩，产三叶虫：*Kootenia* sp.，*Procria* sp.，*Inouyia* sp.，*Neocobboldia*? sp.；腕足类：*Oblus* sp.，*Lingulella* sp. 及软舌螺类、单板类等动物化石 7.02 m

6. 灰色、灰黑色碳质砂板岩，具浸染状黄铁矿化 6.17 m

5. 灰黑色大理岩，硅化较强，具细脉状黄铁矿化 48.09 m

4. 灰黑色碳质板岩，具浸染状或细脉状黄铁矿化 26.41 m

3. 灰黑色大理岩，局部具有黄铁矿化，岩石具硅化坚硬 43.48 m

———————— 整　合 ————————

下伏地层：铅山组　灰色、灰白色、白云质大理岩

野外核查时测得次层型为伊春市五星镇东南山剖面(P_4)(129°19′40″,48°09′59″)(浦全生等 1993 年测制)，可作为正层型的补充，其层序如下：

上覆地层：红山组　凝灰砂岩

~~~~~~~~ 不整合 ~~~~~~~~

五星镇组　总厚度 381.0 m

9. 灰白色硅化大理岩，厚层状 194.0 m

8. 黄灰色大理岩 36.0 m

7. 灰黑色角砾状大理岩 52.0 m

6. 灰黑色大理岩，细晶结构，厚层状构造 99.0 m

———————— 整　合 ————————

下伏地层：铅山组　灰色、灰白色条带状大理岩

【地质特征及区域变化】　五星镇组是一套灰色、灰黑色大理岩、生物灰岩和碳质板岩组合。其纵向自下而上岩石结构有由细变粗的趋势，岩石具黄铁矿化，产三叶虫等动物化石。时代置早寒武世。

本组延伸范围较小，主要在伊春市五星镇地区，另在铁力县朗乡也有出露(图 6-1)。本组所产三叶虫及软舌螺类、单板类动物化石，经郭鸿俊、段吉业鉴定为勒拿期，故其时代置早寒武世。

尚志群　$O_{1-2}\hat{S}$　(02-23-0086)

【创名】　黑龙江省地层清理小组 (1994) 并组为群。

【现在定义】　分布在伊春市、铁力县、通河县、木兰县及尚志市小金沟等地区，包括宝泉组、小金沟组、大青组，系由火山岩夹正常碎屑岩构成的岩石组合。

宝泉组　$O_{1-2}b$　(02-23—0103)

【创名及原始定义】　中国科学院黑龙江流域综合考察队姜春潮、孙枢等 1963 年创建于汤原县宝泉村。分布于伊春市桦阳—宝泉—威岭车站间的汤旺河两岸，下部以变质石英斑岩为主，厚 1 100 m；中部以阳起石石英岩、云母石英岩、绢云母白云母片岩为主，夹细晶石灰岩，厚 400 m；上部以石英斑岩为主，厚 1 000 m。

【沿革】　1972 年仲伟成等在《1：20 万汤原县幅区调报告》中重新确立了宝泉组的层序，
~~~~~~~~

上段：粉砂泥质板岩、钙质石英砂岩夹大理岩凸镜体以及英安质凝灰熔岩、流纹质凝灰熔岩、硅化凝灰岩、碧玉岩型条带状硅质岩等，最大厚度500 m；中段：片理化流纹岩(包括石英角斑岩)、流纹质凝灰熔岩、流纹质凝灰角砾熔岩、流纹质硅化凝灰岩以及片理化细碧岩等夹少许片理化安山岩，最大厚度100 m(上述两段以宝泉村剖面为代表)；下段：石英砾岩、石英岩、千枚状板岩、碳质板岩夹片理化流纹岩、中基性火山岩(包括角斑岩)以及大理岩凸镜体，最大厚度806 m(本段以鹤岗市东风铁矿对面山剖面为代表)。1979年《黑龙江地层表》中改称宝泉群，并将仲伟成之三个段改称上部、中部、下部，所用剖面不变，与二合营群对比，时代置于志留纪。1993年《黑龙江地质志》中将中、下部(段)仍称宝泉组，上部(段)对比为小金沟组，时代置早奥陶世。本次对比研究采用《黑龙江地质志》的划分方案。

【现在定义】 分布在汤旺河流域及木兰县、尚志市、鹤岗市东风铁矿等地，岩性为灰绿色流纹质凝灰熔岩、凝灰岩夹黑色板岩、碳质板岩及少量结晶灰岩，底部为石英岩、石英砾岩或片理化酸性熔岩、石英角斑岩。不整合于晨明组之上，与上覆小金沟组为断层接触。

【层型】 正层型为伊春市南岔区宝泉村剖面(P_5)(129°30′00″,46°58′00″)(图1-1中37)，黑龙江第一区调大队1972年重测。

上覆地层：**小金沟组** 紫灰色粉砂泥质板岩夹大理岩凸镜体及条带状钙硅角岩

═══════ 断 层 ═══════

宝泉组	总厚度874 m
3. 灰白色、灰色片理化流纹质晶屑玻屑凝灰熔岩夹灰色片理化流纹岩	298 m
2. 灰白色、黄褐色、深灰色强片理化流纹质凝灰角砾熔岩，顶部夹片理化英安质凝灰熔岩	354 m
1. 灰褐色强片理化流纹质凝灰熔岩、角砾状石英角斑岩及粒状石英角斑岩	222 m

～～～～～～ 不 整 合 ～～～～～～

下伏地层：**晨明组** 黑色沥青质灰岩

【地质特征及区域变化】 宝泉组上部主要为灰白色、黄褐色片理化流纹质凝灰熔岩或角砾熔岩，局部夹英安岩及石英角斑岩；下部主要为黑色、灰黑色板岩、碳质板岩与流纹岩、角斑岩互层，局部夹结晶灰岩，底部为白色石英岩、石英砾岩。时代置早—中奥陶世。

本组主要分布在尚志—庆安—逊克一线以东，亚布力—依兰—南岔—乌伊岭一线以西地区，呈SN向零星分布。在宝泉村以流纹岩为主，厚度874 m；在通河县弯腰山以安山质凝灰碎屑岩及流纹岩为主(1∶20万三站村幅区调报告称下黑龙宫组)，厚度471 m；在伊春市青山口以深色千枚岩、板岩夹流纹岩为主，顶部为含砾石英砂岩(1∶20万金山屯幅区调报告称西林群)，厚度269 m；在鹤岗市东风铁矿地区为黑色板岩、碳质板岩夹流纹岩及其凝灰岩，局部夹结晶灰岩，厚度808 m(图6-2)。

小金沟组 O_2x (02-23-0104)

【创名及原始定义】 黑龙江省地质矿产局张海驲等1993年创建于尚志市小金沟。指产腕足类化石的正常碎屑岩—碳酸盐岩组合，与上覆大青组中性火山岩为整合接触。

【沿革】 该组自创建后沿用至今，本次对比研究仍沿用。

【现在定义】 分布在尚志市小金沟、宾县、通河县、铁力县、汤旺河两岸，区域上整合于宝泉组之上、大青组之下。下部为灰紫色、灰白色条带状钙质细砂岩、粉砂岩互层，夹大理岩；中部为灰白色中粗粒含砾混合砂岩；上部为灰白色厚层状大理岩、条带状大理岩、细砂粉砂岩，夹中酸性熔岩。下部大理岩中产腕足类化石。

【层型】 正层型为尚志市小金沟剖面(P_{15-2})(128°57′00″,45°18′30″)(图 1-1 中 38)，浦全生等 1987 年测制。

上覆地层：**大青组** 灰绿色安山岩

——断层接触——

小金沟组	总厚度>813.7 m
9. 乳白色厚层状大理岩、灰白色条带状大理岩夹灰绿色中酸性熔岩	159.2 m
8. 上部灰白色钙质砾质粗粒岩；屑砂岩下部灰白色钙质中粒—中粗粒混合砂岩	237.6 m
7. 上部暗灰绿色细粒钙质细砂粉砂岩；中部浅灰绿色中细粒钙质混合砂岩；下部：灰白色、浅灰绿色与暗灰绿色、灰紫色相间的变质粉砂岩，呈条带状	224.3 m
6. 浅灰色钙质中粒混合砂岩夹黄铁矿化生物灰岩，产腕足类：*Glyptomena* cf. *trippi*, *Hesperorthis* cf. *sinica* , *Dolerorthis* sp. , *Orthambonitea* sp. , *Paurorthis*? sp.	67.2 m
5. 上部灰白色变质中粒混合砂岩；中部浅灰色风化呈灰黄色变质钙质细砂粉砂岩，产腕足类：*Glyptomena* cf. *trippi*, *Hesperorthis* cf. *sinica*. , *H*. sp. , *Vellamo trentonensis* ；下部变质中粒混合砂岩，灰绿色与灰白色相间呈条带状	28.2 m
4. 紫灰色、灰紫色夹灰白色钙质粉砂岩、钙质细砂粉砂岩，底部为浅灰绿色变质细砂岩夹紫色、暗绿色变质粉砂岩薄层	94.9 m
3. 灰绿色钙质砾岩	1.0 m
2. 灰黄色大理岩，底部夹生物灰岩，产腕足类：*Oepikina* sp. , *Vellamo trentonensis*, *Cremnirthis*? sp. , *Hesperorthis* sp.	0.6 m
1. 灰紫色变质含砂粉砂岩夹灰绿色变质钙质砂岩。(未见底)	>0.7 m

【地质特征及区域变化】 小金沟组为一套正常沉积碎屑岩—碳酸盐岩组合。下部略显海进韵律，而中上部则明显为海退韵律；岩石的颜色普遍浅，多为灰白色、浅灰白色、浅灰绿色，灰紫与灰白色相间或灰紫与灰绿色呈交互形成明显的条带状；岩石富含钙质，多具硅化和透辉石化，故多较坚硬。在下部所夹的灰岩及钙质砂岩中产大量腕足类化石。时代置中奥陶世。

本组在木兰县长发屯、通河县弯腰山出露中下部，以砂岩为主，整合于宝泉组之上，厚度 400～1 100 m；在伊春市尖山河出露中上部，为板岩、砂岩夹大理岩(1970 年 1：20 万伊春市幅区调报告称土门岭组)，厚约 1 440 m；在铁力县石长、朗乡及伊春市宝泉村均见其出露中下部，为灰白色、灰绿色、紫色条带状硅化钙质砂岩(1970 年 1：20 万铁力县幅区调报告称土门岭组)，厚约 500～1 100 m(图 6-2)。

大青组　O_2dq　(02-23-0105)

【创名及原始定义】 黑龙江省地质矿产局张海驲等 1993 年创建于小金沟。指整合于小金沟组之上的中性熔岩、中酸性熔岩夹砂板岩组合。常与小金沟组相伴分布于小金沟、延寿、伊春市新林等地。岩性为灰绿色安山岩、灰紫色安山岩、英安岩夹变质粉砂岩、凝灰砂岩。厚度 531.1 m。

【沿革】 1979 年《黑龙江地层表》曾将分布于黑龙宫、小金沟及延寿等地的该套岩石组合称上黑龙宫组，本次对比研究采用《黑龙江地质志》的划分方案。

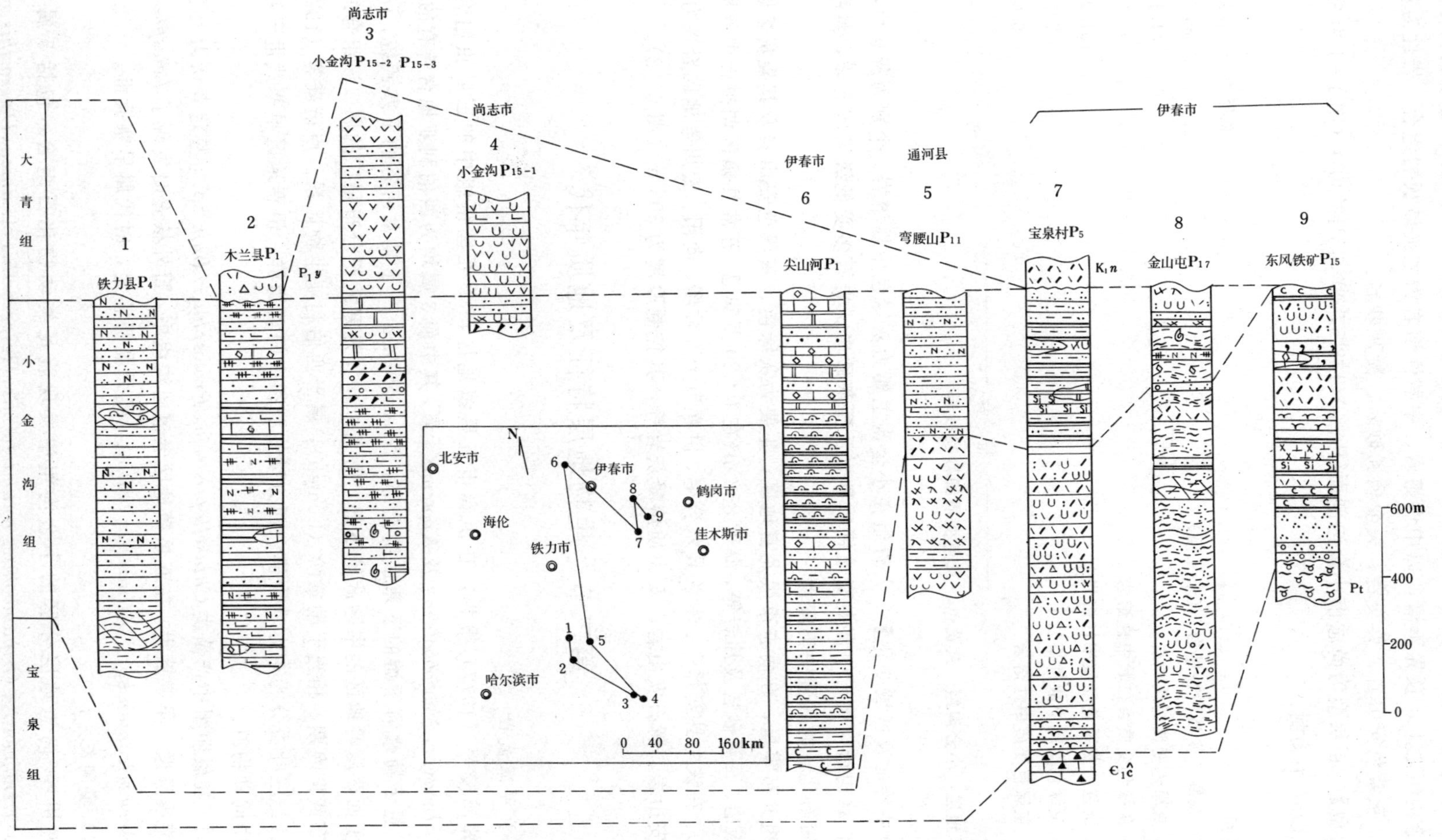

图 6-2 宝泉组、小金沟组、大青组柱状对比图

【现在定义】 指常与小金沟组相伴分布于尚志市小金沟、延寿县、伊春市新林等地，整合于小金沟组之上、顶界不清，以中性熔岩、中酸性熔岩为主夹砂板岩组合。岩性为灰绿色安山岩、灰紫色安山岩、英安岩，夹变质粉砂岩、凝灰砂岩。

【层型】 正层型为尚志市小金沟剖面(P_{15-1})(128°57′00″,45°18′30″)（图1-1中39)，浦全生等1987年测制。

大青组	总厚度＞301.2 m
10. 灰绿色变质中性熔岩。(未见顶)	＞56.9 m
9. 灰绿色变质钙质砂岩	41.1 m
8. 灰绿色变质杏仁状中性熔岩	38.7 m
7. 灰色、灰绿色变质中性熔岩	151.0 m
6. 灰绿色变质中酸性熔岩	7.5 m
5. 灰绿色变质中性熔岩	6.0 m

——————整　合——————

下伏地层：**小金沟组**　灰黄色、灰色变质细砂粉砂岩

【地质特征及区域变化】 大青组在小金沟主要为灰绿色中性熔岩，个别为灰紫色，偶见其具杏仁状构造，熔岩中常夹变质钙质砂岩及凝灰砂岩。岩石多受低级区域变质，具绿泥石化及绿帘石化。时代置中奥陶世。

本组分布零星，在尚志市黑龙宫地区，主要为灰绿色、灰黑色安山岩及其凝灰熔岩夹千枚岩、板岩、石英砂岩及片岩等，厚度858 m(在1∶20万宾县、五常县幅区调报告中曾称上黑龙宫组)。在铁力县安邦一、木兰县六合屯、伊春市十五林场、向阳、宏川等地区岩性为灰色、灰绿色安山岩、辉石安山岩、安山质熔凝灰岩等，其控制厚度为393 m（图6-2)。

第二节　生物地层特征及地质年代

（一）早寒武世

据郭鸿俊等（1977）报告，在伊春市五星镇地区产于五星镇组中的三叶虫组合共有 *Procria*，*Inouyia*，*Neocobboldia*? 及 *Kootenia* 4属，其中前3属均为西伯利亚地台特有的类型。*Procria* 见于勒拿河下游的下寒武统上部，*Neocobboldia* 产于勒拿河谷的下寒武统，*Inouyia* 曾发现于西萨彦岭地区的中寒武统下部，而 *Kootenia* 是寒武纪分布很广的属。该组合的时代应为早寒武世晚期，相当于勒拿阶（Lenian)，属于西伯利亚生物区系。卢衍豪等（1974）将世界寒武纪三叶虫分为东方动物群、西方动物群和中间动物群。伊春地区早寒武世三叶虫组合应属中间动物群。

另外，在晨明组中产藻类 *Chlasellopsis reio*，*Protosphaeridium* sp.，鉴定者认为上述生物时代为晚震旦世—早寒武世。在五星镇地区老道庙沟组中，野外核查时发现了 *Leiosphaeridia* sp.，? *Aremoricanian* sp.，*Alliumella baltica*，经尹磊明鉴定，时代属早寒武世。

（二）奥陶纪

仅在伊春-尚志地层分区的小金沟组中发现腕足类动物化石组合。包括5属5种：*Vellamo trentonensis*，*Orthambonites rotundiformis*，*Hesperorthis* cf. *sinica*，*Dolerorthis xaojingouensis*，*Glyptomena* cf. *trippi*。其中倾脊贝科的 *Vellamo* 个体数量占65%，总计正形贝目

有 4 属，扭月贝目仅 1 属，且个体数量极少。据各属的时限及一些种的地理分布，朱慈英等(1989) 认为，该组合的时代为中奥陶世卡拉道克期早时。除 *Vellamo* 外，其余 4 属均曾发现于小兴安岭西北部多宝山地区的奥陶系。表明黑龙江省中部与多宝山地区奥陶纪腕足动物间有密切联系，但两地生存环境略有差异。小金沟组腕足动物化石产在小金沟组中下部薄层的黄铁矿化生物灰岩和浅灰色钙质细砂粉砂岩中，化石仅见 3 层（第 2、5、6 层），岩层厚度为 96 m。小金沟地区奥陶纪沉积物富钙质，而多宝山地区贫钙，可能 *Vellamo* 属的生活习性是喜钙质丰富的海水和介质。朱兹英等将小金沟组腕足动物化石称为 *Vellamo trentonensis* 组合，并与多宝山地区腕足动物群一并划归北美-北欧生物区。

第七章
泥盆纪—二叠纪

第一节　岩石地层单位

黑龙宫组　D_1hl　(02－23－0165)

【创名及原始定义】　黑龙宫组源于1962年朱松年等① 创建于尚志市得好屯的下黑龙宫组。分布于尚志市黑龙宫西得好屯、四方台地区。为一套浅海相沉积，由薄层石灰岩、碎屑石灰岩、长石砂岩、复矿砂岩、杂砂岩、粉砂岩、泥质页岩组成。厚度大于1 800 m。

【沿革】　该组创建后，一直沿用。1993年《黑龙江地质志》中改称黑龙宫组，时代仍置早泥盆世。本次对比研究采用《黑龙江地质志》的方案，下黑龙宫组停用。

【现在定义】　分布于尚志市黑龙宫一带及伊春市五星镇、宏川等地，岩性为灰绿色、灰黄色、灰紫色砂砾岩、砂岩、凝灰砂岩、灰黑色板岩、结晶灰岩。顶底界不清。

【层型】　正层型为尚志县得好屯剖面(P_1)(127°48′00″,45°14′00″)(图1－1中40)，黑龙江省区测队李秀英等1961年测制。

黑龙宫组　　总厚度＞979.6 m

9. 上、中部灰褐色斑点板岩、粉砂质板岩、石英长石细砂岩互层夹少许凝灰砂岩；下部浅灰色硅质细砂岩夹泥质板岩、粉砂质板岩。(未见顶)　249.7 m

8. 上、中部灰绿色泥质板岩、斑点板岩夹粉砂岩；下部灰绿色长石砂岩、灰黑色细砂岩夹薄层板岩　51.5 m

7. 上部灰黑色泥质粉砂质板岩及粉砂质碳质板岩；中部灰黑色、灰褐色粉砂岩夹灰色、灰绿色泥质板岩、粉砂质板岩；下部灰黑色石英细砂岩、粉砂岩及硅质泥质岩，偶夹含砾长石石英砂岩　333.5 m

6. 上部黄绿色泥质岩及斑点板岩；下部深灰色细粒杂砂岩、岩屑砂岩、砂砾岩互层夹粉砂质板岩　59.0 m

① 朱松年等，1962，1961年尚志—帽儿山地区普查测量报告（未刊）。

5. 上部灰色、灰黑色、灰绿色粉砂质斑点板岩夹薄层细砂岩；下部灰白色、灰褐色细砂岩夹斑点板岩、岩屑砂岩、含砾砂岩。细砂岩中产腕足类化石 77.8 m

4. 灰色、灰黑色薄层状结晶灰岩，顶部泥质灰岩，产腕足类化石：*Leptaenopyxis bouei*，*Discomyorthis* cf. *musculosa*，*Schuchertella altaica*，*Coelospirella orientalis*，*Hysterolites* aff. *nerei*，*Cyrtinopsis* cf. *quadrata*，*Atrypa* aff. *nevadana* ，*Brachyspirifer* cf. *concinnus*；珊瑚化石：*Favosites* cf. *robustus*，*F.* ex gr. *multiplicatus*，*F.* sp.，*Pleurodictyum* sp.，*Squameofavosites*? sp.；双壳类：*Pseudavicuiopecten* sp.， 69.8 m

3. 乳白色、粉红色条带厚层状大理岩夹薄层粉砂岩，产腕足类及珊瑚化石 24.5 m

2. 浅灰绿色、深灰色凝灰砂岩、岩屑砂岩、细砂岩、石英砂岩夹粉砂岩、粉砂质泥质板岩、砂砾岩，产腕足类、苔藓虫、床板珊瑚 *Pleurodictyum* sp. 70.0 m

1. 灰白色泥质斑点板岩、片理化粉砂泥质板岩，夹浅灰褐色凝灰砂岩、岩屑砂岩。（未见底） >43.8 m

【地质特征及区域变化】 黑龙宫组为滨海相—浅海相的砂页岩—碳酸盐岩组合，沉积物自下而上由粗—细—粗，即由砂板岩—碳酸盐岩—砂板岩，构成二个不完整的沉积旋回。下部以灰色、灰绿色砂岩、杂砂岩、长石石英砂岩、凝灰砂岩及浅黄色千枚状粉砂泥质板岩、凝灰质千枚岩、粉砂岩、大理岩、结晶灰岩为主，夹中性凝灰岩、凝灰熔岩，厚度大于568 m；上部主要由深灰色粉砂质泥质板岩、斑点板岩、粉砂岩、石英细砂岩、中细粒含砾砂岩夹层间砾岩、细粒杂砂岩、中酸性凝灰岩及少量凝灰熔岩、砂砾岩等组成，厚度492 m。火山碎屑岩自下而上由多变少，又变多。乳白色、粉红色厚层条带状大理岩，灰色薄层状结晶灰岩位于本组下部，其中产丰富的腕足类、珊瑚等化石，腕足类称 *Coelospirella orientalis* 组合，是鉴别、划分本组的重要标志之一。岩石具低级区域变质。褶皱发育、岩相及厚度变化较大。时代置早泥盆世。

本组在尚志市黑龙宫西北山出露厚度777 m，下部为浅灰色薄层结晶灰岩、灰色条带状大理岩夹砂岩、板岩，产腕足类、珊瑚、苔藓虫等化石；上部为浅黄、灰绿色泥质板岩、粉砂质板岩，夹砂岩，产苔藓虫化石。在黑龙宫乡幸福屯厚为566 m，岩性基本相同；在伊春市五星镇出露厚度1 201 m，相当于本组下部，岩性为灰白色大理岩、藻类灰岩、泥质灰岩、钙质页岩，其中产腕足类、苔藓虫化石。在伊春市上甘岭区新丰林场613高地，出露厚约307 m，岩性同前。

宏川组 D_2hg （02-23-0166）

【创名及原始定义】 隋连成等1981年创建于伊春市宏川。分布在伊春市宏川、木兰县二合营等地，岩性为灰绿色、黄褐色凝灰角砾岩、凝灰砂质砾岩、砂质砾岩、砂质角砾岩、细砂岩、粉砂岩、粉砂质板岩、碳质板岩、生物碎屑灰岩。厚度156～266.8 m。产腕足类化石，时代为中泥盆世。

【沿革】 该组创建后，沿用至今，本次对比研究仍沿用。

【现在定义】 分布于伊春市宏川、木兰县二合营等地，岩性为灰绿色凝灰质砂砾岩、角砾岩、砂板岩夹灰岩。产腕足类等化石。未见顶底界。

【层型】 正层型为伊春市上甘岭区宏川站南3.5 km剖面(P_{17})(128°48′00″,48°23′30″)（图1-1中41），黑龙江第一区调大队刘殿生、吴宝辉1978年测制。

宏川组　　总厚度>266.86 m

14. 灰绿色绿帘石化凝灰角砾岩夹灰绿色变质含砾砂岩及硅化灰岩凸镜体。在礁灰岩凸镜体中产大量腕足类化石：*Coelospirella* sp. 及苔藓虫、海百合茎等。(未见顶) >21.16 m

13. 灰绿色绿帘石化凝灰砾岩夹灰岩。砾石磨圆度较好、分选差，一般砾径在0.5～60 cm，凝灰质砂质胶结。在灰岩中产大量腕足类化石：*Acrospirifer dyadomus*, *Acrospirifer* sp., *Orbiculoidea* sp., *Atrypa* sp, *Spinatrypa* sp, *Plicochonetes*? sp., *Coelospirella* sp., *Leptostrophia* cf. *heitaiensis* 及苔藓虫、海百合茎等　28.04 m

12. 灰绿色、黄褐色砂质砾岩　27.59 m

11. 灰绿色、黄褐色凝灰砂质砾岩　14.64 m

10. 灰绿色变质砂砾岩　27.89 m

9. 灰绿色凝灰质砾岩　27.24 m

8. 杂色钙质角砾岩夹灰岩凸镜体。碳酸盐岩砾石占70%～85%，胶结物为钙质，在灰岩凸镜体中产腕足类化石：*Spinatrypa* sp., *Leptaenopyxis* sp. indet., *Megakozlowskiella* sp. indet., *Megastrophia manchurica*　25.80 m

7. 杂色钙质凝灰角砾岩　6.58 m

6. 灰绿色变质砂质角砾岩　27.69 m

5. 灰绿色变质砂质砾岩夹灰岩。在灰岩中产：*Coelospirella* sp. 及大量苔藓虫、海百合茎等化石　10.77 m

4. 灰绿色变质砂质角砾岩　19.85 m

3. 灰绿色变质凝灰砾岩　8.29 m

2. 灰绿色黄褐色变质含砾中粒砂岩　17.38 m

1. 黄褐色含砾泥质粉砂岩。(未见底)　>3.94 m

【地质特征及区域变化】　宏川组为一套分选差，砾石成分极为复杂的杂色粗碎屑沉积，多为砾岩和角砾岩。其中有些岩层中的角砾岩，其胶结物与砾石成分相同，似同生砾岩，胶结物以泥质、钙质、砂质为主，有时为凝灰质。其中产腕足类化石，称 *Acrospirifer*? *dyadomus* 组合。从岩性特征分析，属滨海相沉积，具磨拉石建造特征。时代置中泥盆世。

本组局限于伊春市宏川、新丰林场一带。新丰林场以凝灰质砾岩和砂质砾岩为主。厚度约300 m。

【问题讨论】　宏川组中含有较多的砂质、泥质及凝灰质角砾岩。砾石均以角砾状为主，砾石和胶结物中均含动物化石，统属泥盆纪或中泥盆世的组合。其问题是对角砾岩的成因有不同意见，即同生砾岩、构造角砾岩或异地搬运再沉积的砾岩。另外是对化石的赋存堆积方式有不同意见，即同沉积化石，或异地异时形成的化石层，由此涉及到该地层的时代问题，有待今后工作中予以研究。

福兴屯组　D_2f　(02-23-0167)

【创名及原始定义】　黑龙江省区域地层表编写组1979年创建于延寿县福兴屯。指见于延寿县马鞍山、福兴屯，由砂岩、板岩、砂砾岩和少量霏细岩组成的岩石组合，产植物化石。厚度1 300 m。

【沿革】　1969年黑龙江省区测队在《1：20万木兰县幅区调报告》中称马鞍山组，时代置中—晚石炭世。1979年《黑龙江地层表》将马鞍山组改称福兴屯组，时代置早石炭世，采用马鞍山剖面(P_7)。1993《黑龙江地质志》沿用福兴屯组，保留建组含义，时代置中泥盆世。

本次对比研究沿用福兴屯组，同《黑龙江地质志》的含义。马鞍山组停用。

【现在定义】 指见于延寿县马鞍山、福兴屯，由砂岩、板岩、砂砾岩和少量霏细岩组成的岩石组合，产植物化石。顶部被早白垩世宁远村组不整合覆盖，底界不清。

【层型】 正层型为延寿县寿山屯马鞍山剖面(P_7)，(128°28′00″,45°27′00″)(图 1－1 中 42)，佟志芳、张海驲 1968 年测制。

上覆地层：**宁远村组** 流纹岩

～～～～～～ 不 整 合 ～～～～～～

福兴屯组	总厚度＞1316 m
10. 灰色、灰黑色板岩及斑点板岩，在剖面附近相当本层灰色板岩中产植物化石：*Lepidodendropsis* (?) sp.，*Lepidodendropsis* cf. *scobiniformis*，*Angarodendron* (?) sp.	125 m
9. 深灰色、灰白色千枚状板岩、凝灰砂岩夹绢云母化霏细岩	134 m
8. 深灰色粉砂泥质板岩夹灰色含砾板岩	267 m
7. 灰色、灰褐色泥质板岩及中粒砂岩	134 m
6. 灰色、深灰色粉砂泥质板岩	118 m
5. 深灰色含砾粗砂岩夹薄层泥质板岩及霏细岩	66 m
4. 灰色、深灰色泥质板岩夹凝灰细砂岩，斑点板岩夹含砾凝灰岩	243 m
3. 深灰色凝灰质砂砾岩、凝灰砂岩	32 m
2. 深灰色粉砂岩，受轻微变质的含砾凝灰砂岩	60 m
1. 灰色、深灰色粉砂质板岩及粉砂泥质板岩。(未见底)	＞137 m

【地质特征及区域变化】 福兴屯组为陆相碎屑沉积岩夹霏细岩、凝灰岩。板岩多为深灰色，砂岩、凝灰岩颜色较浅。岩石组合中板岩自下至上均有夹层存在，只是其中所夹粗碎屑岩的成分成熟度与结构成熟度不协调，这与火山活动影响有关。其中产植物化石称 *Taeniocrada decheniana*－*Protolepidodendron yanshouense* 组合。出露厚度 1 316 m。据所产植物化石，时代置中泥盆世。本组仅出露于延寿县马鞍山及福兴屯一带。

黑台组 $D_{1-2}ht$ (02－23－0172)

【创名及原始定义】 矢部长克(日本人)1940 年创建于密山市黑台车站北 9 km 珍珠后山，称黑台层，中国地质学编辑委员会 1956 年介绍。指一套陆源碎屑岩和碳酸盐岩组合。创名时未指定层型。

【沿革】 1956 年《中国区域地层表(草案)》改称黑台组。1963 年梁庆初在新忠村后山测制剖面，第 1—11 层为中泥盆统黑台组，第 12 层为上泥盆统老黑山组。1983 年苏养正等利用黑龙江第一区调大队新忠村剖面资料划分出新忠村组、下黑台组、上黑台组、老秃顶子组。本次对比研究将苏养正等所称的新忠村组、下黑台组、上黑台组合并称黑台组，另外还将下小北湖组、上小北湖组、小北湖组也归入黑台组，上述组名均停用。

【现在定义】 指分布在密山—宝清地区，整合于老秃顶子组之下的碳酸盐岩-碎屑岩组合。共分 3 个岩性段。下部为砂砾岩段：由花岗质砂岩、砂砾岩、砂质板岩组成；中部为灰岩段：由砂质灰岩、泥质岩、薄层灰岩等组成；上部为砂板岩段：由杂砂岩、钙质砂岩与板岩互层夹凝灰砂岩组成。底界不清。

【层型】 选层型为密山市新忠村剖面(P_2)(131°49′20″,40°11′40″)(图 1－1 中 43)，黑龙

江第一区调大队罗宗义等1978年测制。

上覆地层：**老秃顶子组**　灰色酸性凝灰岩、流纹质凝灰熔岩

——————整　合——————

黑台组　　总厚度>110.2 m

41. 黑色粉砂质板岩　8.5 m
40. 灰黑色凝灰岩　2.0 m
39. 浅黄褐色杂砂岩　0.9 m
38. 灰色粉砂质板岩　3.2 m
37. 浅黄褐色杂砂岩　0.2 m
36. 灰色板岩　2.4 m
35. 灰色凝灰岩　0.9 m
34. 灰黑色板岩　1.0 m
33. 黄褐色杂砂岩　0.7 m
32. 黑灰色粉砂质板岩　0.4 m
31. 浅黄褐色凝灰岩　0.6 m
30. 黑灰色粉砂质板岩　0.3 m
29. 浅黄褐色杂砂岩　1.3 m
28. 暗灰色板岩，产孢子：*Leiotriletes* sp.，*Retusotriletes* cf. *furcatus*，*R.* cf. *confossus*，*Microreticullatisporites*? sp.，*Emphanisporites*? sp.，*Spackmanites*? sp.，*Pustulatisporites* sp.，*Corystisporites mucronatus*，*Anapiculatisporites* sp.，*A.* cf. *tojoides*，*Apiculiretusispora* sp.，*A.* cf. *brandtli*，*Aneurospora* sp.（cf. *A. goensis*），*Dibolisporites* sp.，*D. heitaiensis*，*D. tuberculosus*.，*D. mishanensis*.，*Biornatis porapusilla*，cf. *Acinolindlarensis*，*Hystricosporites* sp.，*Perotriletes* sp.，*Diaphanospora* cf. *ricinata*，*Cymbosporites* sp.，*Colatisporites* sp.，*Calyptosporites*? sp.，*Grandispora* sp.，*G. sparsus*，*Archaeoperisaccus* sp.，疑源类：*Veryhachium* sp.，*Balltisphacridium* sp.，*B. breviciliatum*，*Pterospermella* sp.，*P. sinica*；几丁虫 *Angochitina* sp.；植物化石：Tracheids type，Filament type　3.2 m
27. 浅黄褐色杂砂岩　3.1 m
26. 黑灰色粉砂质板岩　0.4 m
25. 浅黄褐色粗粒杂砂岩　1.1 m
24. 黑灰色板岩　0.3 m
23. 浅黄褐色粗粒杂砂岩　2.1 m
22. 黄褐色生物灰岩，产腕足类化石：*Discomyorthis* sp.，*Protoleptostrophia* sp.，*Leptagonia zlichovensis*　1.5 m
21. 黄褐色杂砂质石英砂岩　2.4 m
20. 杂砂岩夹板岩　1.5 m
19. 黄褐色杂砂质石英砂岩　3.3 m
18. 浅黄褐色钙质砂岩夹板岩　3.6 m
17. 浅黄褐色钙质砂岩　3.3 m
16. 黑灰色粉砂质板岩　3.9 m
15. 浅黄褐色凝灰砂岩　2.6 m
14. 灰色粉砂质板岩　3.8 m
13. 灰黄色凝灰岩　1.1 m

12. 暗灰色粉砂质板岩 0.6 m

11. 黄褐色杂砂质板岩 0.8 m

10. 暗灰色粉砂质板岩 2.8 m

9. 浅黄褐色杂砂岩 1.3 m

8. 暗灰色粉砂质板岩。产孢子：*Leiotriletes* sp., *Verucosisporites* sp., *Granulatisporites* sp. 0.4 m

7. 浅黄褐色杂砂岩 2.6 m

6. 浅黄褐色钙质砂岩 9.2 m

5. 浅黄色凝灰质板岩夹薄层灰岩。产腕足类化石：*Dalejina* sp., *Leptagonia* aff. *zlichovensis*, *Spinatrypa subspinosa*, *Elymospirifer heitaiensis*, *Euryspirifer heitaiensis* 2.3 m

4. 浅黄褐色生物灰岩。产化石，苔藓虫：*Semicoscinum* sp., *Leioclema incrustars*, *Fenestella* sp., *Hemitrypa devonica* var. *heitaiensis*；腕足类：*Euryspirifer grabaui*, *Leptostrophia heitaiensis*, *Leptagonia* cf. *zlichovensis*, *Spinatrypa subspinosa*, *S.* aff. *subspinosa*, *Dalejina*? sp., "*Schuchertella*" sp., *Howellella*? sp., *Acrospirifer*? sp., *Paraspirifer*? sp.；珊瑚：*Squameofavosites multispinulosus*, *Striatopora* sp., *Thamnopora mishanensis* 15.1 m

3. 浅黄褐色杂砂质石英砂岩 1.3 m

2. 灰白色粗粒石英砂岩 2.2 m

1. 灰色粉砂质板岩，底部为黄褐色花岗质砂岩。板岩中产孢子：*Granulatisporites*, sp., *Retusotriletes* cf. *avanensis*。（未见底） >11.0 m

【地质特征及区域变化】 黑台组为海相—陆相的碳酸盐岩-碎屑岩组合。自下而上划分3个岩性段：砂砾岩段、灰岩段、砂板岩段。在纵向上，本组构成了一个海进韵律和一个海退韵律，即一个较完整的旋回。在砂岩、砂砾岩所夹板岩中产古孢子化石。灰岩产丰富的海相生物化石，有腕足类、珊瑚、苔藓虫、双壳类、棘皮类、三叶虫、层孔虫、牙形刺等8个门类。腕足类称 *Fimbrispirifer divaricatus* - *Euryspirifer grabaui* 组合。四射珊瑚称 *Sulcorphyllum* - *Cystiphylloides* 组合。牙形刺为 *Icriodus angustus*, *Coelocerodontus biconvexus*。时代置早—中泥盆世。

黑台组多分布在密山-宝清地层分区西部，走向近SN方向，另在宁安县小北湖也有出露。下部的砂砾岩段出露局限，见于新忠村后山、珍子山、七里卡山北侧、蓝花顶子，厚度11～100 m。中部的灰岩段，生物碎屑灰岩沿走向连续性较好，层位稳定，可作为本组的标志层。从密山西—连珠山镇—新忠村—珍子山—七里卡山—蓝花顶子，生物碎屑灰岩层逐渐加厚，并且成分逐渐变纯。上部的砂板岩段岩性较为复杂，横向变化较大，碳酸盐岩较中部显著减少，陆源碎屑岩增多，凝灰岩和凝灰质砂板岩沿走向厚度变化较大，从密山西、新忠村向珍子山、七里卡山、蓝花顶子逐渐增厚（图7-1）。

在伊春-尚志地层分区南部宁安县小北湖畔的黑台组，为陆源碎屑岩夹灰岩，产腕足类化石。

老秃顶子组 D_3l (02-23-0173)

【创名及原始定义】 张家元等① 1960年创建于宝清县老秃顶子一带，称老秃顶子火山

① 张家元等，1960，1∶20万桦川、宝清、勃利、集贤幅区域地质测量报告（未出版）。

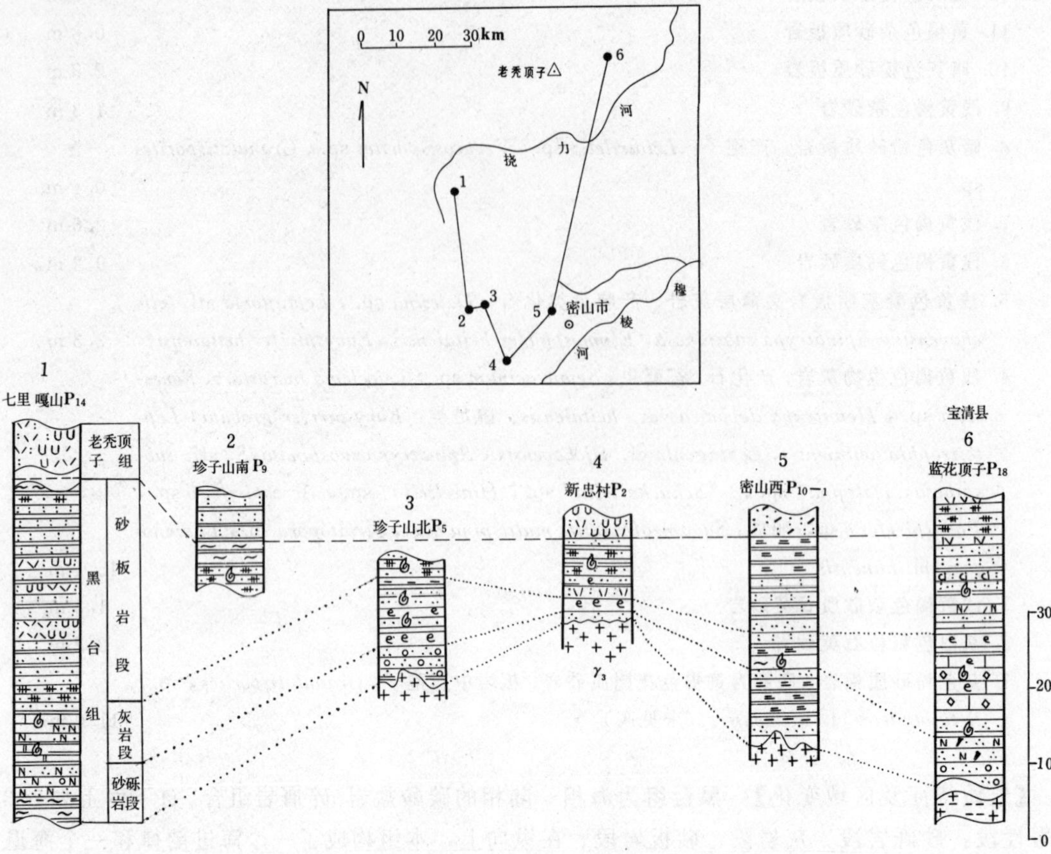

图 7-1 黑台组柱状对比图

岩组。岩性由流纹斑岩、安山玢岩及其凝灰熔岩和角砾岩组成，其中夹有薄层凝灰砂岩、泥质页岩、灰岩、斑点板岩，产苔藓虫、海百合茎、腕足类化石。厚度 1 000 m。

【沿革】 1979 年《黑龙江地层表》利用老秃顶子剖面，将老秃顶子火山岩组改称老秃顶子组。1984 年曲关生等在《1∶20 万密山县幅区调报告》中采用老秃顶子组，利用七里卡山剖面确定其定义及时代。1993 年《黑龙江地质志》中所采用的老秃顶子组与 1984 年曲关生等方案基本相同。本次对比研究采用曲关生等方案。

【现在定义】 指分布在宝清县老秃顶子、蓝花顶子，密山市七里卡山、珍子山等地，整合于黑台组之上、七里卡山组之下的火山岩—碎屑岩组合。岩性为流纹质熔岩、凝灰岩、板岩、砂岩及硅质板岩。

【层型】 正层型为宝清县老秃顶子剖面(P_{17})(131°47′00″,46°09′00″)(图 1-1 中 44)，黑龙江第一区调大队王克选等 1984 年重测。

上覆地层：**七里卡山组** 黑灰色砾岩，砾石成分复杂

——————— 整 合 ———————

老秃顶子组	总厚度 359.0 m
21. 灰色、灰黄褐色蚀变英安岩、硅化英安岩，上部见灰白色薄层流纹岩	42.9 m
20. 绿灰色安山岩、蚀变安山岩夹安山质角砾熔岩	140.8 m

19. 深灰色硅化流纹岩 45.3 m

18. 绿灰色蚀变安山质角砾熔岩 21.8 m

17. 灰黄色碎裂硅化细砂岩，局部含砾 36.4 m

16. 灰褐色熔结凝灰岩，局部微具片理化 50.4 m

15. 灰白色流纹质凝灰岩、流纹质玻屑凝灰岩 21.4 m

———— 整 合 ————

下伏地层：**黑台组** 黑灰色、绿灰色变质沉凝灰岩夹灰色细粒岩屑砂岩

【地质特征及区域变化】 老秃顶子组以流纹质熔岩及其凝灰岩为主，夹安山岩及其角砾熔岩和砂岩等，岩石颜色多较深，并具硅化及片理化，未发现化石，时代置晚泥盆世。

本组出露在宝清县老秃顶子、蓝花顶子，向北延至凉水泉；另在密山市七里卡山、珍子山、连珠山等地也有出露。在宝清县各地多为SN向，密山市各地多为NE向。在宝清县蓝花顶子以酸性中酸性火山碎屑岩为主，厚度430 m；在密山市七里卡山，岩性虽相似，但厚度则为583 m；在密山市新忠村厚度只有25 m，相当于本组下部层位；在老秃顶子，厚359 m，主要为流纹岩及其凝灰岩。

七里卡山组 D_3q (02-23-0174)

【创名及原始定义】 方仁甲等① 1960年创建于密山市七里卡山，称七里卡山岩组。分布在密山县七里卡山东侧，岩性为灰黄色、灰色细砂岩、泥质砂质页岩，夹蚀变凝灰岩及安山玢岩，底部为砾岩。页岩产植物化石。与下伏中泥盆世酸性凝灰岩及砂岩组为平行不整合，上部与上白垩统呈角度不整合。时代为石炭—二叠纪。

【沿革】 1984年曲关生等在《1:20万密山县等幅区调报告》中采用并改称七里卡山组，岩性为紫色板岩夹火山岩。本次对比研究采用曲关生等的方案。

【现在定义】 指分布在密山市七里卡山一带，整合于老秃顶子组之上、北兴组之下的一套紫色、灰紫色凝灰质板岩、细砂粉砂岩，夹英安质凝灰岩、流纹质凝灰熔岩。粉砂岩中产植物化石。

【层型】 正层型为密山市七里卡山剖面(P_{14})(131°27′30″,45°52′50″)(图1-1中45)，黑龙江第一区调大队张立铸等1980年重测。

上覆地层：**北兴组** 黄褐色中细粒英安质凝灰岩

———— 整 合 ————

七里卡山组 总厚度102.82 m

43. 以灰绿色英安质凝灰岩为主，夹多层紫色凝灰质板岩和紫色凝灰质粉砂岩，越靠近顶部紫色层越密集 5.51 m

42. 紫色凝灰质粉砂岩夹灰绿色凝灰质板岩和中细粒凝灰岩薄层 4.07 m

41. 褐色流纹质凝灰熔岩 20.34 m

40. 紫色凝灰质板岩 19.65 m

39. 浅灰色细粒英安质凝灰岩 12.10 m

38. 浅黄色凝灰粉砂质板岩夹灰白色中粒凝灰砂岩薄层 16.14 m

37. 紫色粉砂岩。产植物化石：*Psilophytites*? sp.，及藻类化石碎片 4.03 m

---

① 方仁甲等，1960，1:20万勃利县幅区域地质测量报告（未出版）。

36. 青灰色凝灰质板岩夹黄褐色中粒英安质凝灰岩薄层　16.14 m

35. 紫色粉砂岩。产植物化石:*Aphyllopteris* sp., *Psilophytites*? sp., *Hostimella* sp. 及藻类化石碎片　3.23 m

34. 灰色英安质角砾凝灰岩　1.61 m

——————— 整　合 ———————

下伏地层：**老秃顶子组**　灰黄色凝灰质板岩

【地质特征及区域变化】　七里卡山组较老秃顶子组火山物质显著减少,正常沉积岩增加。本组紫色粉砂岩、板岩为其标志层，且紫色层自下而上逐渐增多，但单层渐薄。据其中所产植物化石，将其时代置晚泥盆世。

本组仅见于七里卡山，NE 走向，面积约 0.5 km^2。

北兴组　C_1b　(02-23-0220)

【创名及原始定义】　张海驲等 1982 年创建于密山市七里卡山。指以黄褐色中粒英安质凝灰岩、灰及灰黑色凝灰质板岩为主夹中细粒混杂砂岩，含早石炭世杜内期腕足类化石的一套地层。未见顶，底界与晚泥盆世七里卡山组渐变过渡，厚 215 m。

【沿革】　1959 年方仁甲于密山市七里卡山曾称酸性凝灰岩及砂岩组，时代为中泥盆世。张海驲等创名后，沿用至今，本次对比研究仍沿用。

【现在定义】　分布于密山市七里卡山一带，整合于七里卡山组之上，顶界不清。岩性以黄褐色英安质凝灰岩、灰色及灰黑色凝灰质板岩为主夹中细粒砂岩，产腕足类化石。

【层型】　正层型为密山市七里卡山剖面(P_{14}),(131°27′30″,45°52′50″)(图 1-1 中 45),张立铸等 1980 年重测。

北兴组　总厚度>215.36 m

49. 黄绿色凝灰质板岩夹多层黄褐色细粒英安质凝灰岩薄层。(未见顶)　>111.13 m

48. 黄褐色细粒英安质凝灰岩　8.78 m

47. 灰色、灰黑色凝灰质板岩　23.40 m

46. 以灰色、黄褐色细粒英安质凝灰岩为主夹深灰色凝灰质板岩和灰色中细粒混杂砂岩。混杂砂岩中产动物化石，腕足类：*Pseudosyrinx* sp., *Martiniella* sp., *Torynifer* sp., *T. pseudolineatus*, *Camarotoechia* sp., *Chonetes missuriensis*, *Hemiplethorhynchus* cf. *fallax*, *H. qilikasanensis*；双壳类：*Dhestia* sp., *Pseudoviculopecten* sp., *Permophorus*? sp.，还有腹足类　22.83 m

45. 以黄褐色细粒英安质凝灰岩为主,夹黄褐色英安质沉凝灰岩和灰白色流纹质凝灰岩薄层　13.20 m

44. 以黄褐色中细粒英安质凝灰岩为主,夹黄褐色中粗粒英安质凝灰岩,下部以粗粒为主,向上逐渐变细　36.02 m

——————— 整　合 ———————

下伏地层:**七里卡山组**　英安质凝灰岩夹多层紫色凝灰质粉砂岩、板岩

【地质特征及区域变化】　北兴组仅在东部的密山市七里卡山有出露(图 3-3)。厚度约 215 m。下部以黄褐色的英安质凝灰岩为主，间夹少量凝灰质板岩及混杂砂岩薄层，在混杂砂岩中产以 *Hemiplethorhynchus* 为代表的杜内期腕足类化石，上部则以凝灰质板岩为主，夹有

多层黄褐色英安质凝灰岩。

唐家屯组 C_3t （02-23—0213）

【创名及原始定义】 郑广渊1963年① 创建于阿城市唐家屯。岩性由片理化酸性、中酸性、中性火山岩与千枚岩、板状凝灰沉积岩、长石砂岩、杂砂岩及斑点板岩所组成，自下而上划分为变质酸性火山沉积岩段、变质中酸性火山岩段和变质中性火山岩段。未见顶底，时代为晚泥盆世。

【沿革】 该组自创建后，沿用至今。

【现在定义】 指分布于阿城市、宾县和五常市等地，岩性以强片理化酸性、中酸性火山岩为主，夹少量中性火山岩及片理化变质的正常沉积岩。未见顶底。

【层型】 （复合）正层型为阿城县玉泉镇唐家屯剖面（Ⅰ、Ⅱ、Ⅲ、Ⅳ）(127°10′00″,45°25′00″)（图1-1中46），郑广渊1963年测制。

唐家屯组	总厚度>1 208.4 m
30. 受混染中性凝灰岩。（未见顶）	55.1 m
29. 受混染含角砾酸性凝灰熔岩及流纹岩	55.1 m
28. 受混染晶屑岩屑酸性凝灰岩	29.0 m
27. 灰黑色粉砂质板岩、斑点板岩	123.7 m
26. 含中酸性凝灰岩角砾之流纹岩	35.2 m
25. 受混染中性凝灰岩	32.9 m
24. 受混染含角砾酸性凝灰岩	50.9 m
23. 灰绿色混染长石砂岩及凝灰岩	8.6 m
22. 受混染中酸性凝灰熔岩	106.7 m
21. 淡灰绿色片理化受混染杂砂岩、中性凝灰岩	33.1 m
20. 受混染中性凝灰熔岩	17.5 m
19. 淡灰黄色片理化流纹质凝灰熔岩及凝灰岩	46.9 m
18. 灰白色片理化中酸性及酸性凝灰熔岩，局部含角砾	84.6 m
17. 灰绿色凝灰熔岩	49.7 m
16. 淡灰色片理化含角砾凝灰岩、斜长流纹岩及凝灰角砾岩	39.5 m
15. 灰色片理化酸性凝灰熔岩及凝灰角砾岩间层夹薄层凝灰岩及细砂岩	48.8 m
14. 灰色片理化火山灰凝灰岩及凝灰砂岩间层	28.0 m
13. 浅灰黄色、灰白色流纹质凝灰熔岩及火山角砾岩	48.1 m
12. 灰绿色片理化中酸性凝灰熔岩	91.6 m
11. 灰黄色片理化粉砂泥质页岩及千枚岩	22.6 m
10. 灰化、灰黄色含角砾中酸性凝灰岩及酸性凝灰岩	21.6 m
9. 灰色片理化流纹质凝灰角砾岩、凝灰熔岩、凝灰页岩，条带状砂岩与泥质页岩组成韵律层，其中夹薄层安山岩	14.0 m
8. 灰绿色片理化斜长流纹岩及中酸性凝灰熔岩	17.5 m
7. 同9层	7.0 m
6. 安山岩，安山质凝灰岩及含角砾凝灰岩，其中夹薄层斜长流纹岩	23.9 m
5. 灰绿色斜长流纹岩夹中酸性凝灰熔岩	49.6 m

① 郑广渊，1963，黑龙江省阿城县玉泉—小岭地区地质矿产初步普查报告（未刊）。

4. 紫灰色泥质千枚岩 28.4 m

3. 灰色、灰绿色片理化斜长流纹岩夹英安质凝灰岩及流纹质凝灰岩 60.0 m

2. 灰绿色千枚状凝灰页岩 8.5 m

1. 灰绿色片理化斜长流纹岩及流纹岩。(未见底) >24.9 m

【地质特征及区域变化】 唐家屯组系一套以酸性、中酸性火山岩为主，夹有中性火山岩及正常沉积碎屑岩组合。岩石多呈灰绿色，具片理化、千枚岩化、绿泥石化、绿帘石化、绢云母化、碳酸盐化及硅化等。且局部具混染现象，在火山岩中见多层火山角砾。

本组仅出露于滨东地区(图 3-3)，其在各地的分布除厚度稍有变化外，岩性比较稳定。在阿城市唐家屯及大于家店发育有含角砾凝灰岩或火山角砾岩。在尚志市永安屯北厚度明显变大，达 1 920 m，夹有多层较厚的安山岩及凝灰粉砂质板岩，板岩中产植物化石 *Paracalamites* sp.。在宾县孙家岗西北山出现较厚的泥质及碳质板岩，厚度变化不大。在五常市杨木顶子厚度较大，达 1 564 m。

关于本组的时代，因其在各地均无顶底，仅据尚志市永安屯所产植物化石 *Paracalamites* sp. 及阿城市亚沟东山本组地层的同位素年龄 306 Ma(Rb-Sr 法)，将其时代暂置于晚石炭世早期。

杨木岗组 C_3P_1y (02-23-0246)

【创名及原始定义】 王丹群等 1967 年创建于尚志市杨木岗西山。指不整合于中侏罗世太安屯组凝灰砾岩之下，以砂板岩为主夹少量火山碎屑岩及熔岩，含丰富植物化石的一套陆相沉积地层，时代置早二叠世早期。

【沿革】 该组自创建后，沿用至今，本次对比研究仍沿用。

【现在定义】 广泛分布于黑龙江省东部地区，以砂板岩为主夹少量碎屑岩及熔岩组合，产丰富的安加拉型植物化石。未见底，顶部被中侏罗世太安屯组不整合覆盖（区域上与青龙屯组整合接触）。

【层型】 正层型为尚志市杨木岗西山剖面(P_{111})(127°47′00″,45°20′20″)(图 1-1 中 47)，黑龙江省地质局区测队 1967 年测制。

上覆地层：**太安屯组** 凝灰砾岩

~~~~~~~~ 不 整 合 ~~~~~~~~

杨木岗组 总厚度>371 **m**

15. 黑色粉砂泥质板岩 11 m

14. 灰色、深灰黑色含砾凝灰粉砂质板岩夹灰色凝灰砂岩及含砾凝灰砂岩 25 m

13. 灰黑色粉砂泥质板岩夹灰白色细砂岩，产植物化石碎片 35 m

12. 灰色凝灰砾岩、灰黄色细砂岩、灰绿色凝灰砂岩及灰绿色含角砾安山质熔凝灰岩互层 35 m

11. 灰黑色粉砂泥质板岩，可相变为粉砂岩及细砂岩 245 m

10. 灰色凝灰粉砂质板岩，具片理化构造 19 m

9. 灰黑色凝灰泥质板岩，具鲕状（豆状）构造，含植物化石碎片 18 m

8. 灰色、深灰黑色粉砂质板岩夹粉砂岩及细砂岩凸镜体 27 m

7. 浅灰黄色细砂岩 68 m

6. 灰黑色中酸性凝灰熔岩 28 m
~~~~~~~~

5. 灰黑色泥质板岩夹灰黄色细粒长石砂岩，下部夹凝灰泥质板岩，板岩中产植物化石碎片 28 m

4. 灰色、浅灰绿色细砂岩夹中粒长石砂岩及薄层粉砂质板岩及砂质板岩、砂砾岩、砾岩。在细砂岩中产丰富的植物化石：*Zamiopteris* cf. *glossopteroides*，*Angaridium* sp.，*Crassinervia* cf. *kuznetskiana*，*Stenophyllum uninervium*，*Noeggerathiopsis theodori*，*N. subangusta*，*Annularia* sp. 13 m

3. 灰黑色粉砂泥质板岩夹灰色凝灰粉砂质板岩及黑色泥质板岩 17 m

2. 灰绿色，棕黄色变质细粒长石砂岩，夹薄层凝灰粉砂质板岩及凝灰砂岩 21 m

1. 暗灰色、灰绿色片理化安山岩。(未见底) >16 m

【地质特征及区域变化】 杨木岗组以灰黑色板岩为主，偏下部夹少量的中性、中酸性火山岩，局部夹有砾岩。岩石普遍受到区域变质，局部具热变质，多呈灰黑及黑色。产有以 *Angaridium* 为代表的安加拉植物化石，称为 *Neuropteris*－*Angaridium*－*Zamiopteris* 组合。时代置晚石炭世—早二叠世。

本组分布较广，但出露零星。除滨东地区尚志市杨木岗西山外，尚见于阿城市二十五户北山、延寿县青龙屯南山，东部的宁安县尔站三林场及鸡东县西大翁北坡(图 3－3)。在二十五户北山，以砂岩、板岩为主，无火山岩夹层，受热接触变质作用影响，板岩中出现变质矿物堇青石、红柱石及空晶石等，部分岩石具角岩化，有的已成为角岩，厚度明显增大，可达 1 100 m。在青龙屯南山，厚度明显变薄，仅有 40 m，为泥质板岩和凝灰泥质板岩。在尔站三林场，其厚度较大，达 872 m，以砂岩和板岩为主，夹有千枚岩和含角砾凝灰岩。在西大翁则以中酸性火山岩为主，夹斑点板岩，产植物化石：*Nephropsis* sp.，*Noeggerathiopsis derzavinni* 等，厚度为 560 m。

【其他】 本组同名异物：仲伟成 1962 年创建的杨木岗组①，位于阿城市石发屯南山杨木岗，系指由酸性火山岩所组成的一套地层，时代为早白垩世。需要指出的是，在一些文献中对杨木岗组的创名人都认为是仲伟成，而所引述的层型剖面却是王丹群等 1967 年命名杨木岗组的层型剖面，即尚志市杨木岗西山剖面。本次对比研究仍沿用王丹群等 (1967) 的方案，主要是因为尚志市杨木岗西山剖面作为杨木岗组的建组剖面已在一些文献中广被引用，仲伟成所创杨木岗组为其同名异物，应停止使用。

青龙屯组 P_1q (02－23－0253)

【创名及原始定义】 黑龙江省地质矿产局张海驲等 1993 年创建于延寿县青龙屯南山。指整合于杨木岗组之上，产植物化石的泥质板岩、凝灰岩及凝灰砂砾岩的一套中基性火山岩，时代置早二叠世。

【沿革】 本次对比研究沿用《黑龙江地质志》的方案。

【现在定义】 指见于延寿县青龙屯南山，以中、基性火山岩为主夹凝灰砂岩及凝灰质板岩组合。岩性主要为安山玢岩，玄武安山岩、凝灰砂岩、凝灰板岩等，顶部被中侏罗世太安屯组不整合覆盖，底部整合于杨木岗组之上。

【层型】 正层型为延寿县玉河乡青龙屯南山剖面 (P_6) (128°25′00″，45°22′00″)(图 1－1 中 48)，黑龙江省地质局区测队 1969 年测制。

① 仲伟成，1962，L－52－XX 宾县幅东南部 1：20 万区测报告 (未版)。

上覆地层：**太安屯组**　砂砾岩

～～～～～～～ 不整合 ～～～～～～～

青龙屯组　　总厚度 1 049 m

6. 浅黄色、紫灰色安山岩

5. 黄绿色、灰紫色安山岩夹杏仁状安山岩　　194 m

4. 青灰色、黄褐色凝灰质板岩、凝灰砂岩及安山质含角砾凝灰熔岩　　361 m

3. 暗灰色、黄绿色安山质凝灰角砾岩及灰色辉石安山岩　　198 m

2. 浅黄色、黄绿色凝灰砂岩、凝灰砾岩夹凝灰角砾岩　　111 m

———————— 整　合 ————————

下伏地层：**杨木岗组**　泥质板岩，产植物化石：*Noeggerathiopsis* sp.

【地质特征及区域变化】　青龙屯组分布局限，仅见于青龙屯南山。由安山岩，玄武安山岩及其火山碎屑岩所组成。

因本组整合于早二叠世的杨木岗组之上，所以其时代置早二叠世。

土门岭组　P_1t　(02-23-0248)

【创名及原始定义】　郑广渊 1964 年创建于五常市土门岭[①]。岩性以砂板岩为主，夹灰岩、酸性凝灰岩及凝灰砂岩凸镜体，具韵律性沉积，富含动、植物化石。时代为晚二叠世。

【沿革】　该组自创建后，沿用至今，本次对比研究仍沿用。

【现在定义】　指广泛分布于小兴安岭东南部至张广才岭地区，以砂板岩为主，夹灰岩、酸性凝灰岩及凝灰砂岩凸镜体，具韵律性沉积，富产动、植物化石的一套地层。与上覆五道岭组呈断层接触（区域上为不整合接触），未见底。

【层型】　正层型为五常市背荫河镇土门岭剖面(P_{10})(127°05′28″,45°07′35″)(图 1-1 中 49)，黑龙江省地质局区测队 1963 年测制。

上覆地层：**五道岭组**　流纹岩

════════ 断　层 ════════

土门岭组　　总厚度＞1 044 m

18. 灰绿色、灰紫色千枚状泥质板岩，夹细粒长石砂岩，凝灰砂岩及酸性凝灰岩凸镜体　　＞62 m

17. 灰绿色、灰紫色千枚状粉砂泥质板岩、泥质粉砂岩互层，夹薄层片理化凝灰砂岩　　36 m

16. 灰色片理化细粒杂砂质长石砂岩，夹薄层状粉砂泥质板岩、泥质灰岩凸镜体，在砂岩和灰岩中产腕足类化石碎片　　42 m

15. 浅灰色千枚状粉砂质板岩、粉砂泥质板岩夹片理化细粒杂砂质长石砂岩　　37 m

14. 深灰色细粒杂砂质长石砂岩，夹黑色粉砂质板岩、泥质粉砂岩、片理化泥质灰岩凸镜体，在底部泥质粉砂岩中产植物化石碎片，中部和上部杂砂质长石砂岩中产腕足类、双壳类、腹足类、苔藓虫及海百合茎化石。腕足类有：*Liosotella* cf. *spitzbergiana*, *Buxtonia* sp., *Paeckelmanella* sp., *Spirifer* sp., *Athyris* sp., *Marginifera ovalis grandis*, *Neospirifer ravana*, *Punctospirifer ornata*, *Actinoconchus expansus*, *Neospirifer moosakhailensis*, *Orthotetes pingshanensis*　　57 m

13. 灰黑色粉砂质板岩，泥质板岩夹杂砂质长石砂岩，在杂砂质长石砂岩中产腕足类、腹

① 郑广渊，1964，阿城—五常一带晚二叠世海相地层袁家屯组及土门岭组专题报告(未刊)。

足类、双壳类、苔藓虫及海百合茎化石。腕足类有：*Neospirifer moosakhailensis*，*Neospirifer* sp. 55 m

12. 深灰色、灰白色泥质长石砂岩，夹杂砂质长石砂岩及黑色泥质板岩，在杂砂质长石砂岩中产腕足类、双壳类、三叶虫、腹足类、苔藓虫及海百合茎化石。腕足类：*Leptodus* aff. *nobilis*，*L. nobilis*，*L. tenuis*，*Kochiproductus porrectus*，*Waagenoconcha irginae*，*Neospirifer moosakhailensis*，*N. ravana*，*N.* sp.，*Punctospirifer* sp.，*Actinoconchus planosulcatus*，*Liosotellus A. expansus*，*Liosotella spitzbergiana*，*L. timanicus*，*Marginifera ovalis grandis*，*Marginifera* sp.，*Athyris* sp.；双壳类：*Aviculopecten* aff. *vanvleeti*，*A. girtyi*，*Euchondria*(?) *englehardti* 43 m

11. 灰色杂砂质长石砂岩夹深灰色厚层状粉砂岩，在杂砂质长石砂岩中产腕足类、双壳类、腹足类、苔藓虫及海百合茎化石。腕足类有：*Liosotella spitzbergiana*，*L. timanicus*，*Schuchertella* sp.，*Productus* sp.，*Derbyia magnifica*，*Neospirifer moosakhailensis*，*N.* cf. *fasciger*，*Orthotichia* cf. *derbyi*，*Spiriferellina cristata*，*Rhipidomella* sp.，*Punctospirifer* sp.，*Athyris* sp.；双壳类有：*Aviculopecten* sp. 48 m

10. 灰色、深灰色细粒杂砂质长石砂岩、细粒长石砂岩、长石石英砂岩互层，夹薄层灰色、深灰色粉砂岩、结晶灰岩、泥灰岩、粉砂质板岩凸镜体。在灰岩、结晶灰岩、杂砂质长石砂岩中产腕足类、苔藓虫等化石。腕足类有：*Liosotella spitzbergiana*，*Leptodus nobilis*，*L.* aff. *nobilis*，*Neospirifer moosakhailensis*，*N.* cf. *fasciger*，*Hustedia grandicosta*，*Uncinunellina timorensis*，*Punctospirifer* sp.，*Spinomarginifera* sp.，*Schellwienella régina* 97 m

9. 灰白色大理岩化灰岩，夹薄层青灰色粉砂岩、细粒长石石英砂岩，在灰岩中富产腕足类、苔藓虫、双壳类、腹足类、海百合茎等化石。腕足类有：*Chonetes grandicosta*，*Orthotetes trigonalis*，*Hustedia grandicosta*，*Leptodus tenuis*，*Waagenoconcha irginae*，*Actinoconchus expansus*，*Spiriferella salteri*，*Stenoscisma gigantea*，*Septocamera kolymica*，*Marginifera* sp.，*Licharewiella* sp.，*Athyris* sp.，*Pseudomarginifera* sp. 26 m

8. 灰黑色厚层状砂质板岩夹粉砂岩，底部为薄层条带状结晶灰岩，顶部为薄层条带状长石砂岩 121 m

7. 深灰色条带状粉砂岩，夹薄层细粒杂砂质长石砂岩及灰白色硅质灰岩凸镜体，在底部杂砂质长石砂岩中产腕足类化石：*Waagenoconcha irginae*，*W. purdoni*，*Orthotichia* cf. *derbyi*，*Aulosteges* sp.，*Rhipidomella* sp.，? cf. *Athyris* sp. 65 m

6. 浅灰白色粉砂岩、细粒杂砂质长石砂岩、长石砂岩互层，夹条带状粉砂质板岩、灰白色结晶灰岩凸镜体，在顶部杂砂质长石砂岩和灰岩中产腕足类、双壳类、苔藓虫等化石，腕足类有：*Stenoscisma gigantea*，*Liosotella timanicus*，*Septocamera* cf. *kolymica*，*Productus* sp. 36 m

5. 深灰色、灰黑色粉砂岩、粉砂质板岩、杂砂质长石砂岩互层，在底部杂砂质长石砂岩中产腕足类化石碎片 59 m

4. 灰色、灰黑色薄层条带状粉砂岩，夹薄层粉砂质板岩及黄色细粒杂砂质长石砂岩 56 m

3. 灰黑色、深灰色条带状细粒杂砂质长石砂岩，夹灰黑色条带状粉砂岩、薄层粉砂质板岩，在底部杂砂质长石砂岩中产腕足类、双壳类化石碎片 64 m

2. 灰黑色薄层状粉砂岩、细粒杂砂质长石砂岩互层，夹粉砂泥质板岩，在中部杂砂质长石砂岩中产腕足类化石 71 m

1. 灰黑色薄层条带状粉砂质板岩，底部为薄层棕色粉砂岩。(未见底) >70 m

【地质特征及区域变化】 土门岭组岩性以砂岩和板岩为主，夹有灰岩、酸性凝灰岩及凝灰砂岩等，具韵律性沉积，富产动、植物化石。岩石具条带状构造，局部具千枚状构造及片理化，含有碳质及钙质。所产腕足类化石以 *Spiriferella - Anidanthus* 为代表，植物化石以 *Nephropsis elegans - Noeggerathiopsis derzavinii* 为代表。其中尤以腕足类化石最为丰富。时代置早二叠世。

本组广泛分布于小兴安岭东南部至张广才岭地区的伊春、铁力、阿城、五常及海林等地，大体呈 NNE 向或近 SN 向展布。在阿城市石发屯一带，厚度较薄，仅 600 m 左右，主要由碎屑岩组成；其与玉泉灰岩呈整合接触。在阿城市山河林场西山，沉积物粒度明显变细，以板岩为主，夹有碳质板岩和灰岩，厚度达 1 800 m。在铁力县神树南山和伊春市尖山河一带，沉积物粒度变粗，出现粗砂岩和砾岩，并夹有灰岩、碳质板岩和钙质砂岩，岩石局部具角岩化，厚度为 998～2 963 m；在海林县二股林场北，主要由粉砂岩组成。

玉泉灰岩　P_1y　(02-23-0247)

【创名及原始定义】　俞建章、张文堂 1951 年创建于阿城市玉泉车站附近。其上部为薄层状灰白色灰岩，下部为厚层状灰白色灰岩，产苔藓虫及珊瑚化石，未见顶底，厚度大于 80 m。时代置石炭—二叠纪。创名时未指定层型。

【沿革】　1956 年《中国区域地层表（草案）》称玉泉系，时代仍置于石炭—二叠纪。1959 年盛金章称玉泉群，时代置中石炭世—二叠纪。1960 年黄本宏① 改称“玉泉组”，时代置中一晚石炭世。本次对比研究建议仍采用玉泉灰岩一名。

【现在定义】　指分布于阿城市玉泉、交界屯、小岭、平山等地，以厚层状大理岩为主夹少量砂岩及板岩，富产珊瑚、腕足类、苔藓虫等多门类动物化石的一套地层。未见顶底。

【层型】　(复合)选层型为阿城市玉泉镇松江、陶瓷及钢石三个采石场综合剖面(129°09′00″,45°23′30″)(图 1-1 中 50)，黑龙江省地质局区测队 1964 年重测。

玉泉灰岩	总厚度＞149 m
9. 灰黑色泥质板岩，产苔藓虫化石。(未见顶)	＞5 m
8. 灰色钙质砂岩，产个体较小的腕足类化石	10 m
7. 黑灰色结晶灰岩，产珊瑚、腕足类、苔藓虫、海百合茎等化石	10 m
6. 灰白色厚层状大理岩，产珊瑚、腕足类、苔藓虫及海百合茎等化石	45 m
5. 黑色泥质板岩	＞14 m
4. 灰白色厚层状大理岩，产珊瑚、腕足类、苔藓虫、有孔虫及海百合茎等化石	7 m
3. 灰白色厚层状大理岩夹薄层板岩，而板岩中又夹大理岩凸镜体	9 m
2. 黑色板岩夹大理岩凸镜体	7 m
1. 灰白色厚层块状大理岩，产珊瑚、腕足类、苔藓虫、有孔虫及海百合茎等化石。(未见底)	＞42 m

综合松江、陶瓷及钢石三个采石场所采的化石主要有：珊瑚以 *Tachylasma magnum*, *Lophophyllidium yuquanensis*, *Calophyllum cylindrica*, *Verbeekiella rothpletzi* 为代表。腕足类保存较好，渐趋繁盛，能确定种者达 30 余种，其中以 *Marginifera jisuensis*, *Yakovlevia mammatiformis*, *Spiriferella persaranae*, *Martinia nucula*, *Kochiproductus porrectus*, *Neospirifer*

① 黄本宏，1960，小兴安岭东南部上古生界地层划分、命名及时代（未刊）。

ravana 为代表。苔藓虫有：*Stenopora permiana*，*Dybowskiella* cf. *hupehensis*，*Ramipora* sp.，*Goniocladia* sp.，*Fistulipora* sp.。

【地质特征及区域变化】 玉泉灰岩以浅色调厚层状大理岩为主，夹少量砂岩及板岩等。在区域上，与土门岭组呈同时异相或伏于土门岭组之下。其出露不全，控制厚度为149～439 m。产有以 *Spiriferella* - *Yakovlevia* - *Anidanthus* 为代表的腕足类组合和以 *Tachylasma* - *Calophyllum* 为代表的珊瑚组合。时代置早二叠世。

玉泉灰岩仅在滨东地区的玉泉、小岭、平山及交界屯一带有零星出露，且多呈孤岛状产于土门岭组分布范围内。各地区地层厚度虽有一定变化，但岩性却比较稳定，变化不大。

五道岭组 P_2w （02-23-0250）

【创名及原始定义】 郑广渊1963年① 创建于阿城市小岭镇五道岭至石发屯一带，王丹群等1967年介绍。指不整合在玉泉组或平山组之上，以中酸性及酸性火山碎屑岩为主，夹中性火山碎屑岩及凝灰质粉砂岩，产植物化石的一套陆相火山沉积地层。时代置于晚二叠世。

【沿革】 1991年张海驲等在《黑龙江地质志》中将下部的中性火山岩部分厘定为五道岭组，上部的酸性火山岩部分则划归凤山屯组。本次对比研究综合了省内大面积的1∶20万区调资料，将其划分为上部酸性火山岩段和下部中性火山岩段，统归五道岭组。变质酸性火山岩及白山组均归入五道岭组，白山组等停用。

【现在定义】 指广泛分布于张广才岭、小兴安岭东南及北部地区的中性和酸性火山岩组合，分为两个岩性段：下部中性火山岩段以中性火山岩为主和上部酸性火山岩段以酸性火山岩为主。两段均夹中酸性火山岩及正常沉积岩薄层，沉积岩夹层中产植物化石。与下伏土门岭组砂板岩为不整合接触，未见顶。

【层型】 （复合）正层型为阿城市小岭镇五道岭综合剖面(127°15′00″,45°17′30″)(图1-1中51)，黑龙江省地质局区测队1963年测制。

五道岭组	总厚度＞350 m
酸性火山岩段：	厚度为＞120 m
6. 灰白色、灰色流纹质凝灰岩、流纹岩夹少量中酸性凝灰岩，局部含角砾。（未见顶）	＞50 m
5. 灰色、灰白色流纹质凝灰岩及流纹岩夹薄层中酸性含角砾凝灰岩及两层含砾凝灰质粉砂岩	70 m
中性火山岩段：	厚度230 m
4. 灰绿色安山质凝灰熔岩	52 m
3. 灰绿色安山岩及其凝灰岩夹薄层中酸性凝灰岩	43 m
2. 灰绿色、灰黄色凝灰质粉砂岩，产植物化石 *Calamites* sp.	20 m
1. 灰色含角砾安山岩，夹安山质凝灰岩及安山岩	115 m

～～～～～～～～ 不 整 合 ～～～～～～～～

下伏地层：土门岭组　砂岩及板岩

【地质特征及区域变化】 五道岭组主要由中、酸性火山岩所组成。根据其岩石组合特征的不同，可分为两个岩段。下部的中性火山岩段主要由灰绿色安山岩、安山质凝灰岩、安山

① 郑广渊，1963，黑龙江省阿城县玉泉—小岭地区地质矿产初步普查报告（未刊）。

质凝灰熔岩等组成，夹中酸性凝灰岩及凝灰质粉砂岩，部分岩石含火山角砾，产植物化石 *Calamites* sp. 等。上部的酸性火山岩段由灰白色、灰色流纹岩及其凝灰岩夹中酸性凝灰岩、含砾凝灰质粉砂岩组成，局部含火山角砾。时代置晚二叠世。

在阿城市红星乡慈兴屯西山主要为安山质火山碎屑岩，未见酸性火山岩，厚度为 352 m。在尚志市绥化屯东山仍未见酸性火山岩，由含角砾安山质火山碎屑岩所组成，厚 550 m。在海林县横道河子一带沉积厚度明显增大，达 2 330 m，主要由中性火山岩和富含火山物质的正常沉积碎屑岩夹少量酸性火山岩所组成，部分岩石含火山角砾。在伊春市五星大桥北和铁力县柳河南山仅出露酸性火山岩，厚度为 443～2 260 m。在德都县毛兰河林场东山以酸性及中酸性火山岩为主，厚 384.3 m。在逊克县新兴村为一套变质的酸性火山岩（过去曾划归都尔滨河群，称变质酸性火山岩），其厚度较小，仅 260 m。在嫩江县四站大营南山和四站林场西大韭菜沟北则出露较全，下部以中性火山岩为主，上部以酸性火山岩为主，厚度为 704～1 415 m（过去曾划归白山组）。前述阿城市五道岭、尚志市绥化屯、海林县横道河子、伊春市五星大桥等地均产安加拉型植物化石。

红山组　P_2***hn***　(02-23—0251)

【创名及原始定义】　张海驲 1971 年创建于伊春市上甘岭区红山车站附近。指产丰富的以 *Comia* 为代表的晚二叠世安加拉型植物化石，由砾岩、砂岩及粘土岩构成明显韵律的一套河流相碎屑岩沉积，厚度为 577.8 m，时代置于晚二叠世。

【沿革】　本组自创建后，沿用至今，本次对比研究仍沿用。在省内本组在北部逊克县新兴村一带，曾称新兴村组；1979 年黑龙江省区域地层表编写组称三角山组；东部密山—宝清地区称城山组。这一些组现在均归入红山组，故停止使用。

【现在定义】　指分布于伊春、铁力、密山及东宁等地，主要由砾岩、砂岩和板岩组成的地层，含碳质偶见凝灰质及火山岩夹层，产以 *Comia* 为代表的晚二叠世安加拉植物群。顶底界不清。

【层型】　正层型为伊春市上甘岭区红山西北 1 km 铁路旁红山剖面（P_v），(128°59′10″，37°59′10″)（图 1-1 中 52），黑龙江省地质局区测队 1970 年测制。

红山组　　总厚度＞642.8 m

10. 灰绿色厚层状中细粒长石质杂砂岩和灰黑色粉砂岩互层。（未见顶）　＞40.0 m
9. 灰黄色厚层中粒杂砂质长石砂岩和灰黑色粘土岩互层夹灰黄色含钙质粉砂岩，产植物化石：*Noeggerathiopsis angustifolia*，*Alethopteris* sp.　44.0 m
8. 深灰色、灰白色中粒长石质杂砂岩和灰黑色粘土岩互层　33.0 m
7. 灰绿色中粗粒长石质杂砂岩（局部含砾石），夹灰黑色粘土岩。产植物化石：*Pecopteris* sp.，*Cladophlebis* sp.　79.0 m
6. 褐灰色砾岩夹中粗粒长石质杂砂岩　24.0 m
5. 上部为灰绿色中粗粒长石质杂砂岩夹灰黑色粉砂质粘土岩，产植物化石：*Rhipidopsis palmata*，*Taeniopteris* sp.，*Noeggerathiopsis* sp.；下部为砾岩　62.0 m
4. 上部为浅灰绿色中粒长石质杂砂岩和灰黑色粉砂质粘土岩，产植物化石：*Pecopteris anthriscifolia*，*Noeggerathiopsis* sp.，*Taeniopteris* sp.；下部为砾岩和中粒长石质杂砂岩互层　50.0 m
3. 灰白色、浅灰色中细粒长石质杂砂岩和灰黑色碳质粘土岩、粘土岩互层。产植物化石：

Comia yichunensis，*C. hongshanensis*，*Pecopteris anthriscifolia*，*Pecopteris cyathea*，*Alethopteris* sp.，*Zamiopteris glossopteroides*，*Callipteris altaica*，*C. zeilleri*，*Nephropsis elongata*，*Noeggerathiopsis angustifolia*，*Rhipidopsis* cf. *lobata*，*Schizoneura* sp.，*Baiera* sp. 105.0 m

2. 浅灰色、深灰色中细粒长石质杂砂岩夹灰黑色薄层粘土岩 47.0 m

1. 浅灰色、灰色长石质杂砂岩和灰黑色薄层粘土岩互层，产植物化石：*Comia yichunensis*，*Pecopteris* sp.，*Annularia* sp.。（未见底） >73.8 m

【地质特征及区域变化】 红山组在沉积厚度和岩相上均不够稳定，变质程度也不尽相同，正层型剖面沉积物自下而上由粗变细，由砾岩→含砾砂岩→砂岩→粘土岩构成明显的韵律沉积，并多次重复出现，局部地段砾岩层分布不稳定。岩石一般未经变质，多呈灰绿、浅灰和灰黑色，且普遍含碳质及凝灰质，产以 *Comia* 为代表的植物化石。时代置晚二叠世。

本组主要出露于我省中部小兴安岭至张广才岭地区，佳木斯隆起以东的密山和东宁地区也有出露，大体上呈 SN 方向展布。北部的逊克县新兴村一带，厚度变薄，约为 278 m，岩石具轻微变质。中部的铁力地区由砂岩和板岩组成，未见砾岩，厚 490～1 088 m，受热变质作用影响，部分板岩具斑点构造并含红柱石。在东部密山—宝清地区的密山市城山一带，沉积物明显变粗，夹数层砾岩，并出现凝灰岩及熔岩，厚 433 m。前述地区地层中普遍含碳质，所含凝灰物质由北向南有逐渐增多的趋势。

林西组 P_2*ln* （01－23－0671）

该组系由乌兰浩特-哈尔滨地层分区延入到本区，指出露在阿城市胡家屯附近的一套灰黑色粉砂质板岩、粉砂岩夹少许细砂岩湖相沉积地层，它的下部产以 *Comia* 为代表的 *Comia*－*Callipteris*－*Iniopteris* 植物组合，厚度大于 450 m。

1967 年王丹群等在《1：20 万五常县、宾县幅区调报告》中将它置于早二叠世土门岭组，1980 年黑龙江省地质局第一地质大队李丹等在该地 1：5 万地质调查时发现了可疑的 *Comia* 化石，1993 年《黑龙江地质志》据此将其归入红山组，指出与下伏土门岭组为连续沉积，但没有见到二者直接关系。1993 年赵武丰等对该剖面重新核查，补采了化石，在剖面的下部采到可靠的 *Comia*，*Callipteris* 为代表的植物化石和在上部采到 *Palaeanodonta* 即 *P*－*P* 动物群的分子，同时发现它与土门岭组没有直接接触。本次对比研究根据其以湖相沉积的细碎屑岩和产 *P*－*P* 动物群化石的特征，与乌兰浩特-哈尔滨地层分区的林西组对比相当，故沿用之（详见第四章第一节岩石地层单位）。

光庆组 C_3*g* （02－23－0221）

【创名及原始定义】 曲关生等 1984 年创建于密山市庙山。指整合于庙山组之下，岩性主要为流纹质凝灰岩、英安质凝灰岩、夹粉砂质板岩、杂砂岩，下部为砾岩、粗砂岩的一套地层。时代为中—晚石炭世。

【沿革】 该组沿革及本次对比研究采用的方案见表 7－1。

【现在定义】 分布于密山市七里卡山、珍子山、庙山等地，下部以杂砂岩为主夹凝灰质板岩及凝灰岩，底部为砾岩；上部为凝灰质板岩与杂砂岩互层，产植物化石。底界不清，顶部与珍子山组呈整合接触。

表 7-1 光庆组、珍子山组、二龙山组沿革表

<table>
<tr><td colspan="3">梁庆初①</td><td colspan="2">黑龙江省区域
地层表编写组</td><td colspan="2">曲关生等</td><td colspan="2">黑龙江省地质矿产局
《黑龙江地质志》</td><td colspan="2">本 书</td></tr>
<tr><td colspan="3">1964</td><td colspan="2">1979</td><td colspan="2">1984</td><td colspan="2">1993</td><td colspan="2"></td></tr>
<tr><td colspan="3">庙山、珍子山</td><td colspan="2">宝清地层小区</td><td colspan="2">庙山、珍子山</td><td colspan="2">宝清地层小区</td><td colspan="2">密山-宝清地层分区</td></tr>
<tr><td>P_2</td><td colspan="2">二龙山组</td><td>P_2</td><td>二龙山组</td><td rowspan="2">P_1</td><td>二龙山组</td><td>P_1</td><td>二龙山组</td><td rowspan="3">P_1</td><td>二龙山组</td></tr>
<tr><td rowspan="2">P_1</td><td colspan="2" rowspan="2">塔头河组</td><td rowspan="2">P_1</td><td rowspan="2">塔头河组</td><td>塔头河组</td><td rowspan="4">C_3</td><td>塔头河组</td><td rowspan="3">珍子山组</td></tr>
<tr><td rowspan="2">C_3</td><td>珍子山组</td><td rowspan="2">珍子山组</td></tr>
<tr><td rowspan="2">D_{2-3}</td><td rowspan="2">珍子山组</td><td>厚层砂岩段</td><td rowspan="2">P_1?</td><td rowspan="2">珍子山组</td><td>庙山组</td><td rowspan="2">C_3</td></tr>
<tr><td>凝灰碎屑岩段</td><td>D_{2-3}</td><td>光庆组</td><td>光庆组</td><td>光庆组</td></tr>
</table>

【层型】 正层型为密山市庙山剖面（P_7）（131°34′00″，45°36′00″）（图 1-1 中 53），黑龙江第一区调大队张立铸等 1980 年测制。

上覆地层：珍子山组 粉砂岩

——————整 合——————

光庆组 总厚度＞832.34 m

37. 灰绿色沉凝灰岩 17.25 m
36. 灰黄色中粒杂砂岩 17.25 m
35. 深灰绿色、灰黑色凝灰质板岩 22.15 m
34. 灰黄色中粒杂砂岩 22.41 m
33. 青灰色、灰绿色凝灰质板岩 32.33 m
32. 黄绿色中细粒杂砂质长石砂岩 18.56 m
31. 黄褐色、青灰色凝灰质板岩 17.75 m
30. 灰绿色、青灰色沉凝灰岩 35.34 m
29. 紫色、灰绿色泥质钙质粉砂岩 10.73 m
28. 青灰色细粒杂砂岩夹粉砂泥质板岩薄层 20.08 m
27. 青灰色、黄绿色凝灰质板岩 48.10 m
26. 黄绿色中粒杂砂岩 7.03 m
25. 灰黄色沉凝灰岩 12.33 m
24. 灰绿色凝灰质板岩 23.44 m
23. 深灰黄色细粒杂砂岩 5.45 m
22. 青灰色、浅灰白色、浅黄绿色、紫红色凝灰质板岩。产植物化石：*Angaridium* sp.，*Nephropsis*? sp. 133.82 m
21. 青灰色、黄褐色沉凝灰岩 9.61 m
20. 深灰色中细粒杂砂岩 10.02 m

① 梁庆初，1964，密山西部晚古生代地层报告（未刊）。

19. 青灰色、灰白色凝灰质板岩	7.62 m
18. 黄绿色、灰绿色中粒杂砂岩	14.38 m
17. 青灰色凝灰质板岩	2.59 m
16. 黄绿色中细粒杂砂岩	18.23 m
15. 灰白色、浅青灰色凝灰质板岩	8.62 m
14. 青灰色、黄绿色粉砂质板岩	37.45 m
13. 青灰色、黄绿色凝灰质板岩	48.59 m
12. 黄褐色、青灰色细粒杂砂质长石砂岩	12.07 m
11. 青灰色玻屑凝灰岩，产植物化石碎片	11.96 m
10. 黄褐色、黄绿色细粒杂砂岩	9.97 m
9. 青灰色、黄绿色凝灰质板岩	30.20 m
8. 青灰色绢云绿泥板岩夹粉砂细砂岩薄层	8.59 m
7. 黄绿色凝灰质板岩	10.65 m
6. 灰白色、青灰色安山质凝灰岩	14.07 m
5. 浅黄色、灰色凝灰质板岩	22.69 m
4. 灰白色、灰黄色安山质凝灰岩夹黄绿色粉砂质板岩	22.69 m
3. 浅灰黄色、灰白色酸性凝灰岩	10.40 m
2. 青灰色、黄绿色细粒杂砂质长石砂岩夹粉砂质板岩	10.64 m
1. 灰黑色酸性凝灰岩。(未见底)	＞45.03 m

【地质特征及区域变化】 光庆组自下而上具有火山物质由粗变细，并逐渐减少，正常碎屑沉积物质逐渐增多的特点。其下部为正常沉积碎屑岩与火山碎屑岩互层，底部见砾岩；上部为正常沉积碎屑岩与凝灰质板岩互层。岩石具轻微变质，所有板岩的板理均不发育，产以 *Angaridium* 为代表的安加拉植物群。时代置晚石炭世。

本组分布于密山市七里卡山、珍子山、庙山及老黑山等地(图 3－3)。在七里卡山，底部见凝灰砾岩，向上为砂岩和板岩，顶部为英安质凝灰岩、凝灰质板岩及杂砂质石英砂岩，厚 460 m。在珍子山南，底部出现百余米厚的黄褐色砾岩，之上为凝灰岩、凝灰质板岩及砂岩等，未见顶部层位，厚度为 555 m。在珍子山北，厚度明显变薄，为 94 m，岩性为杂砂岩、板岩和凝灰岩。在庙山，厚度较大，达 832 m，未见底部砾岩层。在老黑山，厚度变薄，为 400 m，由杂砂岩与凝灰质板岩组成，相当于本组的上部层位(图 7－2)。

珍子山组　$C_3P_1\hat{z}$　(02－23－0223)

【创名及原始定义】 梁庆初 1964 年创建于密山市二龙山林场至珍子山一带。指整合于塔头河组之下，产植物化石的一套陆相沉积地层。上部为厚层砂岩段，下部为凝灰碎屑岩段。时代置于中—晚石炭世。

【沿革】 详见表 7－1。本次对比研究将庙山组、珍子山组和塔头河组合并，统称珍子山组，原组名停用。

【现在定义】 分布于密山、宝清地区，指整合于光庆组之上、二龙山组之下的正常碎屑沉积岩夹煤层和少量凝灰质板岩，以含安加拉植物群为主的一套陆相碎屑岩组合。

【层型】 正层型为密山市二龙山林场剖面(P_6)(131°37′50″,45°36′40″)(图 1－1 中 54)，黑龙江第一区调大队 1980 年补测。

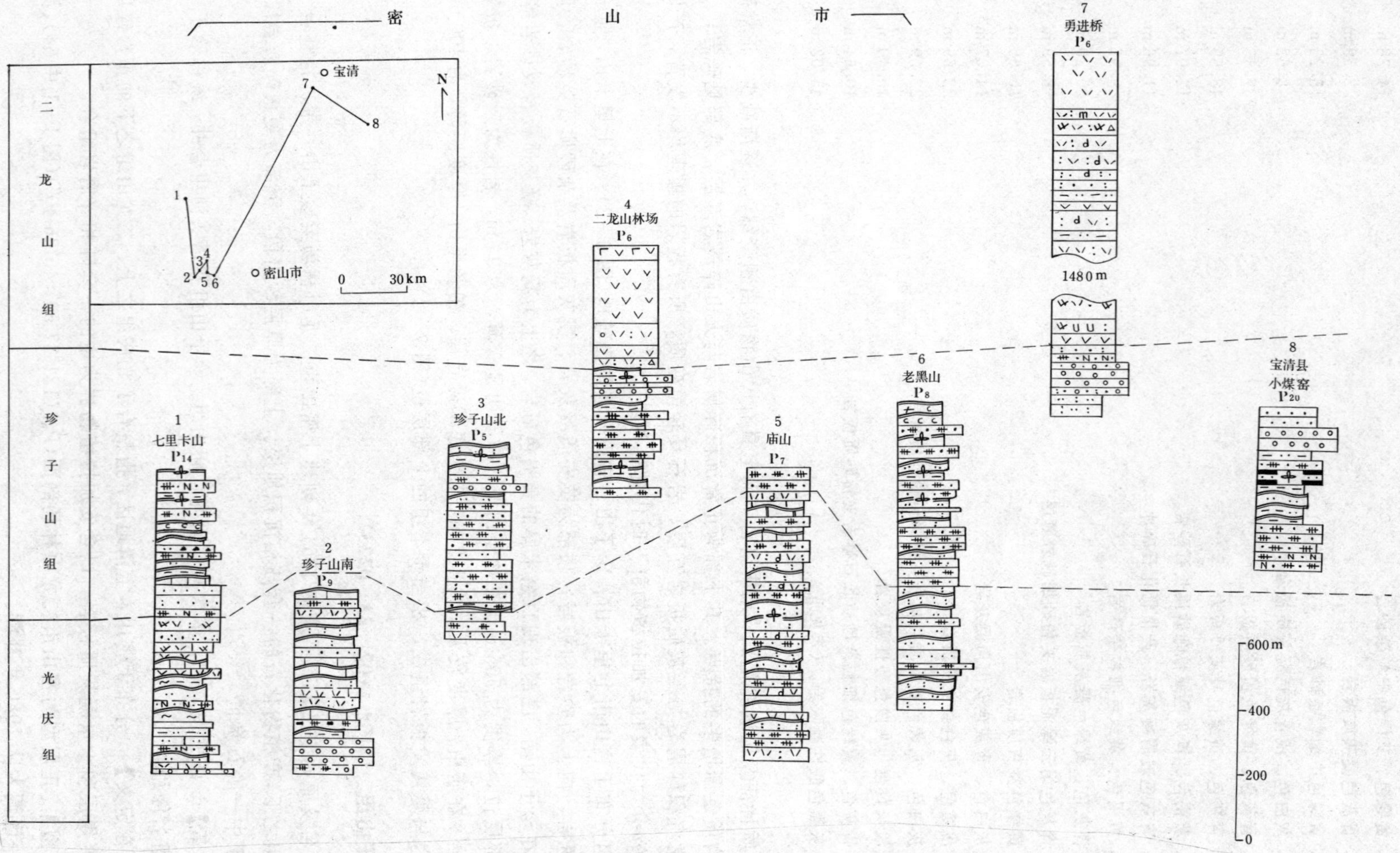

图 7-2 光庆组、珍子山组、二龙山组柱状对比图

上覆地层：**二龙山组** 含角砾凝灰岩夹粉砂质板岩薄层

——————— 整 合 ———————

珍子山组 总厚度>412.87 m

16. 以粉砂质板岩为主夹细砂粉砂岩，产植物化石碎片 15.08 m
15. 以砾质砂岩为主夹粉砂质板岩和泥质板岩，产植物化石：*Nephropsis* sp.，*Noeggerathiopsis* sp. 17.32 m
14. 以黄褐色粉砂岩为主夹黑色泥质板岩，产植物化石碎片 24.82 m
13. 黄褐色粉砂质板岩 13.10 m
12. 黄绿色细粒杂砂岩 11.78 m
11. 砾岩 3.65 m
10. 灰色、灰绿色细砂粉砂岩夹砾岩凸镜体 11.66 m
9. 灰黑色泥质板岩，产植物化石碎片 42.77 m
8. 灰黑色含砾杂砂岩 20.10 m
7. 黑色泥质板岩夹碳质板岩薄层和煤层，煤层厚10 cm。产植物化石：*Noeggerathiopsis* cf. *batschatensis*，*N. lianzhushanensis*，*Crassinervia* cf. *kuznetskiana*，*Nephropsis* sp. *Sphenopteris* sp.，*Samaropsis* sp.，*Cardiocarpus* sp. 20.19 m
6. 黄褐色细粒杂砂岩 31.63 m
5. 黄褐色中粒杂砂岩夹碳质板岩薄层，碳质板岩中产植物化石碎片 44.67 m
4. 浅灰色细粒杂砂岩夹黑色泥质板岩薄层 44.67 m
3. 黑色泥质板岩夹碳质板岩薄层，产植物化石：*Noeggerathiopsis* sp. 20.4 m
2. 以紫灰色粉砂质板岩为主，夹含砾粗粒杂砂岩和碳质板岩薄层，板岩中产植物化石碎片 36.29 m
1. 黄褐色中粒杂砂岩。(未见底) >40.0 m

【地质特征及区域变化】 珍子山组下部为一套厚度较大，岩性比较简单的粗碎屑陆相沉积，主要由不同粒级的杂砂岩组成，总体上具下粗上细的沉积特点，但韵律不发育；中部为一套粗细相间的碎屑沉积夹煤层，韵律发育，所含火山碎屑较下部显著减少，具有多层紫色层，所产化石以安加拉植物群为主，混生华夏植物群分子，上部为一套由砂岩和板岩构成多韵律的陆相沉积，不含火山物质，夹砾岩，产少量安加拉植物化石。时代置晚石炭世-早二叠世。

本组主要出露于黑龙江省东部的密山和宝清地区(图3-3)。在密山市七里卡山出露中、下部，岩性较稳定无明显变化，厚度为430 m。在密山市庙山仅出露下部，为中粗粒或含砾杂砂岩夹凝灰质粉砂岩及板岩，厚度变薄，仅71 m。在密山市老黑山出露中、下部，岩性无明显变化，厚度变大，达600 m。在宝清县八五二农场小煤窑仅出露中部，夹16 m厚煤层。在宝清县东方红林场及太平沟南鹿场仅出露中部，以含碳质和夹劣质煤为特征，厚约209～267 m。在宝清县勇进桥出露中、上部，厚度约220 m（图7-2）。

二龙山组 P_1e （02-23-0272）

【创名及原始定义】 梁庆初1964年创建于密山市二龙山林场。指位于塔头河组之上，以中性、中基性火山岩为主夹碱性喷出岩及砂砾岩组合，时代置晚二叠世。

【沿革】 本组自创建以来广为利用，1984年曲关生等将其时代厘定为早二叠世，并认为其与下伏地层为整合关系。本次对比研究沿用曲关生等（1984）的方案(表7-1)。

【现在定义】 分布于密山市二龙山林场、宝清县勇进桥等地，整合于珍子山组之上，岩性以安山岩、安山玄武岩、(含砾或角砾)凝灰岩为主，夹粉砂质板岩薄层。底部以含角砾凝灰岩始现与珍子山组粉砂质板岩分界，未见顶。

【层型】 正层型为密山市二龙山林场剖面 (P_6) (131°37′50″,45°36′40″)(图 1-1 中 54)，黑龙江第一区调大队 1980 年补测。

二龙山组	总厚度＞400.60 m
21. 灰绿色、褐黄绿色安山玄武岩夹安山岩薄层。(未见顶)	55.22 m
20. 杂色安山岩，有的具沸石化	206.89 m
19. 紫褐灰色含砾凝灰岩	75.95 m
18. 褐灰色、紫褐色安山岩	45.18 m
17. 含角砾凝灰岩夹粉砂质板岩薄层	17.36 m

——————— 整 合 ———————

下伏地层：**珍子山组** 以粉砂质板岩为主夹细砂粉砂岩

【地质特征及区域变化】 本组为一套以杂色中性、中基性火山岩为主的陆相火山沉积建造。其岩石的组合方式具有凝灰岩与熔岩交替出现，间夹少量正常沉积碎屑岩的特点。时代置早二叠世

本组除在密山市二龙山林场出露外，在宝清县勇进桥等地亦有出露(图 3-3)，并出现较多的中酸性及酸性火山岩(图 7-2)。

杨岗组 P_2yn (02-23-0273)

【创名及原始定义】 曲关生等 1984 年创建于虎林县杨岗镇后山。岩性以酸性、中酸性火山岩为主夹少量中、基性火山岩和正常沉积碎屑岩，产植物化石。未见底，顶被城山组平行不整合覆盖。时代为晚二叠世。

【沿革】 1993 年《黑龙江地质志》将杨岗组划归兴利组，时代置于晚二叠世—早三叠世。本次对比研究采用曲关生等 (1984) 的方案。

【现在定义】 指出露于虎林县杨岗镇后山和密山市城山等地的火山岩夹沉积岩组合。以酸性、中酸性火山岩为主夹少量中、基性火山岩和正常沉积碎屑岩，碎屑岩中产植物化石。未见顶底，区域上顶被红山组平行不整合覆盖。

【层型】 正层型为虎林县杨岗镇杨岗乡后山剖面 (P_{36}) (132°18′40″,45°45′00″)(图 1-1 中 55)，黑龙江第一区调大队 1980 年测制。

杨岗组	总厚度＞2 541.18 m
25. 灰白色英安质角砾熔岩。(未见顶)	50.26 m
24. 黄色流纹质凝灰岩	60.31 m
23. 黄色流纹岩	91.63 m
22. 灰黄色凝灰岩	13.51 m
21. 白色英安岩	23.12 m
20. 黄白色流纹质凝灰熔岩	95.78 m
19. 黄色流纹岩	131.99 m
18. 灰色英安质含角砾凝灰岩	28.93 m

17. 白色流纹岩	38.56 m
16. 黑灰色粉砂质板岩	21.47 m
15. 白色、黄色流纹岩	66.97 m
14. 深灰色绿泥绢云板岩	42.92 m
13. 灰黄色、白色流纹岩	74.24 m
12. 灰色玄武岩	33.23 m
11. 紫色英安质含角砾熔结凝灰岩	29.80 m
10. 灰色英安质熔结凝灰岩	18.99 m
9. 灰色英安质熔结角砾岩	56.82 m
8. 灰色、深灰色英安质含角砾熔结凝灰岩	468.96 m
7. 紫色、灰色安山质含角砾熔结凝灰岩	283.44 m
6. 灰色英安质熔结凝灰岩	102.54 m
5. 灰色安山质熔结凝灰岩	51.49 m
4. 灰色、灰紫色英安质熔结凝灰岩	308.82 m
3. 灰紫色英安质含角砾熔结凝灰岩	38.78 m
2. 黄色英安质熔结凝灰岩	18.39 m
1. 紫色英安质含角砾熔结凝灰岩。(未见底)	390.23 m

【地质特征及区域变化】 杨岗组上部以浅色调的流纹岩及其火山碎屑岩为主,间夹英安岩、英安质火山碎屑岩及板岩;下部则以英安质火山碎屑岩为主,间夹安山质火山碎屑岩。厚度大于 2 541 m。从岩石组合特征可以看出:本组下部以喷发相或爆发相火山岩为主,上部则以溢流相与喷发相火山岩交替出现间夹少量正常沉积岩为特征。时代置晚二叠世。

本组在区域上分布比较局限,仅见于杨岗、城山及裴德等地。在密山市城山一带,以灰白色流纹岩及火山角砾岩为主,间夹富含凝灰物质的正常沉积岩和薄煤层,厚度较小,仅 61 m,被红山组平行不整合覆盖。出露于密山市裴德一带,上部以正常沉积岩为主夹中及中酸性火山岩,下部为凝灰岩与中酸及酸性火山岩交替出现,产多层安加拉型植物化石 *Noeggerathiopsis* sp. 等。

第二节　生物地层特征及地质年代

(一) 泥盆纪

本区泥盆纪生物比较繁盛,既有动物化石又有植物化石;动物化石以腕足类、珊瑚、苔藓虫为主,其次尚有牙形刺、双壳类、海百合茎等;植物化石有古植物、古孢子。主要产于黑龙宫组、宏川组、黑台组、福兴屯组中。

腕足类

腕足类化石广见于本区早—中泥盆世地层中,可分为 3 个组合(表 3-3 之⑤、⑥、④):

①*Coelospirella orientalis* 组合

郭胜哲、苏养正等 1992 年建立。该组合产于黑龙宫组,与小兴安岭西北部(薛春汀等 1980 年建立)*Gladiostrophia kondoi* 组合基本一致。

② "*Fimbrispirifer divaricatus*" - *Euryspirifer grabaui* 组合

郭胜哲、苏养正等 1992 年建立。该组合产于黑台组。主要属种为:*Leptogonia* aff. *zlichovensis*, *Leptostrophia heitaiensis*, *Spinatrypa subspinosa*, *Euryspirifer grabaui*, "*Fim-*

brispirifer divaricatus"，"*Costispirifer*" *heitaiensis*，*Cryptonella pentagonia*，*Cyrtina* sp.，*Retgia* sp. 反映浅水，含钙砂泥质底，富氧透光而水动力较强的生态环境。苏养正等(1983)认为其时代为早泥盆世爱姆斯晚期，本书将其置于中泥盆世爱菲尔期。

③*Acrospirifer*? *dyadobomus* 组合

郭胜哲、苏养正等 1992 年建立。产于宏川组，层位属上爱姆斯阶。其中有 *Leptostrophia* cf. *heitaiensis*，*Megastrophia manchurica*，*Tridensilis* sp.，*Borealirhynchia* sp.，*Spinatrypa* sp.，*Coelospirella dongbeiensis*，*C. dongbeiensis minor*，*Acrospirifer*? *dyadobomus*，*A. murchisoni*。上述多数分子可以与东乌-呼玛地层分区泥鳅河组上部的化石群对比。

珊瑚

珊瑚化石在泥盆纪地层中也有产出，但不及腕足类丰富，仅有四射珊瑚：*Sulcorphyllum* -*Cystiphylloides* 组合(表 3-3)。该组合产在黑台组中下部，系由郭胜哲 1992 年建立。主要属种为：*Acanthophyllia breviseptatum*，*A. coelotabulatum*，*Grypophyllum* cf. *denckmani*，*Pseudoblothrophyllum crassiseptatum*，*Hexagonaria kirki*，*Zonophyllum duplicatum* 以及 *Sulcorphyllum*，*Phacellophyllum*，*Sinospongophyllum*，*Exilifrons*，*Cylindrophyllum*，*Lythophyllum*，*Cystiphylloides* 的一些新种。

苔藓虫

苔藓虫化石广见于本区的泥盆纪地层中，但以密山-宝清地层分区的黑台组中最发育，可划分为：*Semicoscinium* - *Fenestella* - *Hemitrypa* 组合，主要分子有 *Fenestella vera*，*Leioclema minor*，*Polypora belgebaschensis*，*Semicoscinium striatum*。

古孢子

古孢子仅见于密山-宝清地层分区的黑台组中，但以上部最为发育，构成：*Dibolisporites* - *Apiculiretusispora* - *Grandispora* - *Biornatispora* 组合，时代相当于吉维特期。

植物

植物化石主要产于伊春-尚志地层分区的延寿县马鞍山一带的福兴屯组，划为 *Taeniocrada decheniana*—*Protolepidodendron yanshouense* 组合（表 3-3），系郭胜哲、黄本宏 1992 年建立。主要分子有 *Taeniocrada decheniana*，*Barsassia sibirica*，*Protolepidodendron yanshouense*，*Lepidodendropsis*? sp. 等。

（二）早石炭世

腕足类

早石炭世以腕足类化石为主，仅划 1 个组合。

Hemiplethorhynchus - *Pseudosyrinx* 组合

沈阳地质矿产研究所郭胜哲、苏养正等(1992)创名于密山市金沙乡七里卡山。该组合产于北兴组，属种有：*Chonetes missouriensis*，*Bagrasia* sp.，*Hemiplethorhynchus pseudofallax*，*Pseudosyrinx mishanensis*，*P.* cf. *plenoides*，*Torynifer pseudolineatus*。缺失诸如 *Fusella* 等早石炭世常见的典型分子，亦不见在晚泥盆世经常出现的代表分子，如 *Tenticospirifer*，*Cyrtospirifer* 等属，但构成本组合的绝大多数属几乎都繁盛于早石炭世。

Pseudosyrinx 广泛分布于我国、哈萨克斯坦及库兹涅茨盆地和中亚以及北美的相当杜内期的地层之中。*Torynifer* 初见于晚泥盆世，一直延至中石炭世。在北美、库兹涅茨盆地及阿富汗的下石炭统中广见报道。*Torynifer pseudolineatus* 分布于北美、哈萨克斯坦以及库兹涅茨盆地和鲁得诺阿尔泰的杜内期地层中。*Hemiplethorhynchus* 仅限于早石炭世，分布于鲁得诺阿

尔泰和加拿大的杜内期地层中。在北邻的俄罗斯结雅地区亦见有一套早石炭世杜内期地层（未命名），于砂岩中也产有一腕足类组合，其构成与本组合十分相似，其中有：*Torynifer pseudolineatus*，*Hemiplethorhynchus*，*Chonetes* 等。据前所述，本组合的时代应为早石炭世杜内期。

（三）晚石炭世

植物

Neuropteris - Angaridium - Zamiopteris 组合

郭胜哲、黄本宏等 1992 年创名，产于黑龙江省玉泉地区的杨木岗组及密山—宝清地区的珍子山组。该组合包括 *Neuropteris* cf. *paimbaensis*，*N. orientalis*，*N. mrassiensis*，*N. plicata*，*N.* cf. *otozamioides*，*Angaridium potaninii*，*A. submongolicum*，*A.* cf. *mongolicum*，*Zamiopteris* cf. *glossopterioides*，*Crassinervia kuznetskiana*，*Noeggerathiopsis latifolia*，*N. subangusta*，*N. tschirkovae*，*N.* cf. *krychtofovichii*，*Annularia* sp.，*Paracalamites* sp.，*Angaropteridium cardiopteroides*。主要由蕨类植物 *Neuropteris - Angaridium* 及裸子植物构成，是典型的安加拉型植物组合，代表高纬度的寒冷气候环境。

该组合的对比及时代，黄本宏等曾有专题论述，将其定为晚石炭世。

（四）早二叠世

植物

Nephropsis elegans - Noeggerathiopsis derzavinni 组合

黑龙江地层清理小组（1994）所建。产于珍子山组和杨木岗组中，该组合包括 *Nephropsis elegans*，*Noeggerathiopsis derzavinni*，*N*，*latifolia*，*Zamiopteris* sp.，*Paracalamites* sp.，*Sphenobaiera* sp. 等。

该组合与晚石炭世植物组合虽存在某些共有的属种，但二者还是有区别的。*Angaridium*，*Angaropteridium* 及 *Neuropteris* 在早二叠世的 *Nephropsis elegans - Noeggerathiopsis derzavinni* 组合从未出现，这一情况在吉林省含蜓珊瑚的同期地层的陆相植物夹层乃至蒙古的早二叠世植物群中都是如此。其与晚二叠世植物组合的区别在于没有出现后者中常见的 *Comia* 及 *Callipteris* 等。珍子山组和杨木岗组为一穿时的岩石地层单位。

早二叠世晚期的植物化石主要产于阿城市石发屯和伊春市的尖山河土门岭组的上部，主要有 *Lobatannularia* cf. *ensifolis*，*L. heianensis*，*Ruflorai* sp.，*Sphenophyllum* sp.，*Sphenopteris* cf. *maneichensis*，构成以 *Lobatannularia* 为代表的植物化石组合。与 *Muirwoodia - Anidanthus* 腕足类组合层位相当。

本区的早二叠世动物以腕足类和珊瑚为主，主要见于玉泉灰岩和土门岭组中。腕足类可分为两个组合，珊瑚为一个组合。

腕足类

①*Spiriferella - Yakovlevia - Anidanthus* 组合

该组合产于土门岭组的下部和玉泉灰岩中，主要分布在伊春-尚志地层分区的南部玉泉、桦林镇，向北可达伊春地区。主要分子有 *Spirifellella keilhavii*，*Yakovlevia mammatiformis*，*Cancrinella cancriniformis*，*Neospirifer subfasciger*；该组合可以与乌兰浩特-哈尔滨地层分区的哲斯组中的腕足类组合相当。时代为早二叠世早期。

②*Muirwoodia - Anidanthus* 组合

该组合不甚发育，仅产于伊春地区的尖山河和阿城市交界屯一带的土门岭组的上部，主

要包括 *Licharewia yichunensis*，*Actinoconchus expansus*，*Chonetes* aff. *schlagintweiti*，*Marginifera morrisi*。该组合可与兴凯地层大区的亮子川组中的腕足类组合相当，时代为早二叠世晚期。

珊瑚

Tachylasma – Calophyllum 组合

该组合仅产于本区的玉泉灰岩中，包括 *Tachyllasma magnum*，*Calophyllum baytuganense*，*Lophocarinophyllum karpinskyi*，*Verbeekiella rothpletzi*。该组合基本与东乌-哈尔滨地层分区的珊瑚组合相当，与腕足类的 *Spiriferella – Yakovlevia – Anidanthus* 组合相伴产出，层位相当，时代为早二叠世早期。

（五）晚二叠世

本区的晚二叠世以陆相沉积为主，涉及的层位有五道岭组、红山组和林西组，其中以红山组和林西组古生物特征比较明显，可分为 1 个植物组合和 1 个动物组合。

植物

Comia – Callipteris – Iniopteris 组合

黄本宏 1992 年创建。产于红山组及林西组下部，包括 *Comia xizhonata*，*C. yichunensis*，*C. hongshanensis*，*Callipteris altaica*，*C. zeilleri*，*Alethopteris* sp.，*Annularia* sp.，*Cladophlebis* sp.，*Taeniopteris* sp.，*Noeggerathiopsis angustifolia*，*Pecopteris cyathea*，*P. anthriscifolia*，*Rhipidopsis* cf. *lobata*，*R. palmata*，*Nephropsis elongata*，*Schizoneura* sp.，*Zamiopsis glossopterioides*。属安加拉植物群，时代为晚二叠世。

陆相双壳类

该组合产于阿城市胡家屯剖面林西组的上部，只见有 *Palaeanodenta pseudolongissima*，属于 *Palaeanodonta – Palaeomutela* 组合。

第三篇　兴凯地层大区

第八章
晚元古代—早寒武世

黄松群　Pt_3H　(03－23－0258)

【创名及原始定义】　杨耀宇、曲关生等 1978 年创建于太平岭一带。指分布于穆棱县、东宁县等地，沿太平岭出露的一套变质岩系。自下而上划分为 3 个组：杨木组、阎王殿组、双桥子组。时代为中石炭世—早二叠世。

【沿革】　该群自创建后，1993 年《黑龙江地质志》保留并厘定了黄松群，自下而上划分为 2 个组：杨木组和阎王殿组，时代为晚元古代。本次对比研究采用《黑龙江地质志》方案。

【现在定义】　分布于穆棱县、东宁县、鸡东县等地，为一套中浅变质岩系，自下而上划分为 2 个组：杨木组、阎王殿组。

杨木组　Pt_3y　(03－23－0259)

【创名及原始定义】　杨耀宇、曲关生等 1978 年创建于东宁县杨木一带。分布于穆棱县共和与东宁县杨木、黄松、黑瞎子沟一带，主要由灰色含石榴二云钠长片岩、黑云斜长片岩及石英片岩、变粒岩、角闪片岩等组成，局部含磁铁石英岩层。属陆相—滨海相沉积建造。时代置中石炭世—早二叠世。

【沿革】　创建后沿用至今，本次对比研究仍沿用。

【现在定义】　分布于东宁县杨木、黄松、黑瞎子沟及穆棱县共和乡等地，主要由含石榴二云钠长片岩、黑云(二云)斜长片岩及黑云(二云)斜长变粒岩、含二云二长变粒岩、含石榴二云石英片岩，夹含石榴斜长角闪片岩、石英岩等组成。为一套中浅变质的碎屑岩夹中基性火山岩组合。正层型未见顶底（区域上顶与阎王殿组整合接触）。

【层型】　正层型为东宁县沙河子乡杨木车间剖面(P_2)(130°35′58″,44°05′58″)(图 1－1 中 56)，黑龙江省第一区测队 1976 年测制。

杨木组　　总厚度＞3827 m

18. 灰色含石榴二云钠长片岩。(未见顶)	＞477 m
17. 灰色眼球状二云斜长片岩	82 m
16. 灰色含石榴二云钠长片岩	231 m
15. 灰色二云斜长变粒岩	225 m
14. 浅灰色含二云钠长片岩	80 m
13. 灰黑色含石榴二云石英片岩	78 m
12. 黄褐色含石榴二云石英片岩	68 m
11. 浅灰白色含二云二长变粒岩	67 m
10. 灰褐色眼球状二云钠长片岩	167 m
9. 灰色二云钠长片岩	105 m
8. 灰色二云斜长片岩	116 m
7. 灰绿色含石榴斜长角闪片岩	110 m
6. 灰色黑云斜长片岩	727 m
5. 灰褐色黑云斜长变粒岩	387 m
4. 灰褐色眼球状黑云斜长片岩	483 m
3. 灰色石英岩	25 m
2. 灰褐色黑云斜长变粒岩	277 m
1. 黄褐色黑云斜长片岩。(未见底)	＞122 m

【地质特征及区域变化】　杨木组由一套中浅变质的碎屑岩夹中基性火山岩组成。岩石类型以钠长片岩、变粒岩为主，其次为石英片岩、角闪片岩，局部夹斜长片岩、云母片岩、阳起片岩等，为一套海相碎屑沉积夹中基性火山岩建造。岩石为灰色，带褐或绿色调，颜色偏浅。受区域变质作用，生成角闪石、石榴石、阳起石、透闪石、透辉石等变质矿物，属中低级变质角闪岩相。恢复原岩后，钠长片岩、斜长片岩属副变质岩，为泥质及泥砂质岩石；角闪片岩、阳起片岩的原岩为中基性火山岩。岩层中赋存沉积变质型铁磷矿化。通过区域岩石地层对比，其时代暂置于晚元古代。

本组向东北延伸到东宁县黑瞎子沟一带，岩性变化不大，出露厚度 851 m，整合于阎王殿组之下；向东南延伸到东宁县双林林场及黄松一带，主要为各种类型的片岩，局部地段见角闪片岩夹含磁铁石英岩，出露厚度 900 m；向西南延伸到穆棱县共和乡东光一带，主要为钠长片岩，出露厚度 657 m。

阎王殿组　Pt_3yn　(03－23－0260)

【创名原始定义】　杨耀宇、曲关生等 1978 年创建于东宁县阎王殿山—黑瞎子沟一带。分布于东宁县双桥子林场、二道沟、阎王殿山、黑瞎子沟及穆棱县共和公社一带。主要以含石榴碳质绢云千枚岩为主，其下部层位中夹有二云石英片岩、变粒岩或变质砂岩、大理岩凸镜体，顶部层位多为变质凝灰砂岩、变质沉凝灰岩。属陆相一滨海相沉积建造。时代置中石炭世一早二叠世。

【沿革】　创建后沿用至今，本次对比研究仍沿用。

【现在定义】　分布于东宁县阎王殿山、黑瞎子沟及穆棱县共和乡等地，整合于杨木组之上，顶界不清。为一套浅变质的海相细碎屑岩夹碳酸盐岩组合。主要由含石榴碳质绢云千枚岩、含碳质石榴云母千枚岩组成，局部地段夹变质砂岩、二云片岩及大理岩凸镜体等。

【层型】 正层型为东宁县道河乡黑瞎子沟剖面(P_1)(130°50′50″,44°08′50″)(图1-1中57)，黑龙江省第一区测队1976年测制。

阎王殿组	总厚度>1715 m
11. 灰黑色斑点状含石榴碳质云母千枚岩。(未见顶)	448 m
10. 灰色变质砂岩与灰色含石榴云母千枚岩互层	651 m
9. 灰色斑点状含碳质石榴云母千枚岩	616 m

——————— 整 合 ———————

下伏地层：**杨木组** 浅黄色二云石英片岩

【地质特征及区域变化】 阎王殿组为一套海相细碎屑岩夹碳酸盐岩组合。岩石多为灰黑色、颜色偏暗。受区域变质作用，生成石榴石、黑云母、绢云母等变质矿物，属低级变质绿片岩相，局部岩层受热力变质作用，生成矽线石、堇青石等变质矿物。恢复原岩后，含碳质石榴绢云千枚岩、红柱石片岩为含碳质泥质岩石，且多为富铝质岩层。该组岩层中普遍含碳质，且多为泥质岩石，局部夹大理岩凸镜体，时代暂置于晚元古代。

本组向西南延伸到穆棱县共和乡东光青年点一带，以含碳质石榴绢云千枚岩为主，夹二云(黑云、白云)片岩、红柱石片岩等，出露厚度1 227 m；向东北延伸到东宁县绥阳镇二道沟一带，仍以含碳质石榴绢云千枚岩为主，夹少量石英片岩等，出露厚度1 391 m。

金银库组 $\in_1 jn$ (03-23-0078)

【创名及原始定义】 张国华等1975年① 创建于密山市金银库，称金银库碳酸盐组。指兴凯湖畔金银库附近出露的大理岩组合，最大厚度为500 m。

【沿革】 1959年宁奇生等在《密山县金银库地质普查报告》中称金银库地区碳酸盐岩石组合为寒武系。1984年曲关生等在《1∶20万密山县等幅区调报告》中称金银库组，其含义指上述碳酸盐岩及其以上的板岩组合，总厚度约1 123 m。本次对比研究采用曲关生等划分方案，并划分两个段：大理岩段和砂板岩段。

【现在定义】 指分布在兴凯湖北岸金银库地区的碳酸盐岩和砂板岩组合。分两个岩性段，下部大理岩段：为乳白色大理岩、条带状大理岩、碳质大理岩及透辉石大理岩等；上部砂板岩段：为粉砂质千枚状板岩、粉砂质板岩等夹大理岩。顶底界不清。

【层型】 正层型为密山市金银库黄窑沟剖面(132°14′00″,45°31′45″)(图1-1中58)，黑龙江省地质局宁奇生等1959年测制，张立铸等1980年重测。

金银库组	总厚度>1183.02 m
砂板岩段	厚度275.02 m
23. 灰色粉砂质千枚状板岩。(未见顶)	>51.31 m
22. 灰色、灰白色硅化细晶大理岩、微条带状大理岩，夹灰黑色含绿帘角闪斜长变粒岩薄层	59.61 m
21. 灰色千枚状绿泥粉砂质板岩夹大理岩薄层	4.51 m

① 张国华等，1975，密山县金银库地质普查报告。黑龙江省地质科学研究所(未刊)。

20. 灰绿色绿泥板岩	20.76 m
19. 灰绿色千枚状粉砂质板岩	55.64 m
18. 灰色、灰白色含透闪石石英片岩夹绿色阳起片岩薄层	83.19 m
大理岩段	厚度 908.00 m
17. 灰色条带状大理岩夹白色条带状大理岩	292.03 m
16. 乳白色糖粒状大理岩	40.95 m
15. 灰黑色含碳质大理岩	65.80 m
14. 灰绿色绿泥千枚岩	51.40 m
13. 灰色含碳质大理岩	65.80 m
12. 灰白色条带状大理岩	85.85 m
11. 灰色碳质大理岩	40.94 m
10. 乳白色糖粒状大理岩	26.74 m
9. 灰色条带状大理岩	33.92 m
8. 乳白色糖粒状大理岩	21.20 m
7. 灰白色条带状大理岩	8.48 m
6. 乳白色条带状大理岩	37.52 m
5. 灰色大理岩	79.79 m
4. 灰色含透闪石大理岩	33.38 m
3. 乳白色糖粒状大理岩	22.58 m
2. 灰色绿帘大理岩	24.46 m
1. 灰色绿泥千枚岩。(未见底)	＞19.45m

【地质特征及区域变化】　金银库组以含碳质为特点，碳质多含在大理岩层中。岩石呈低级区域变质，大理岩具透闪石化，板岩具千枚岩化，局部受热、动力变质作用变质程度较深。大理岩中含 CaO 52%～55%，可用做石灰、水泥等原料。该组在兴凯湖北岸，呈 NE 向零散分布，面积约 30 km^2。依据区域对比，时代暂置于早寒武世。

第九章
晚石炭世—二叠纪

第一节 岩石地层单位

杨木岗组 C_3p_1y （02－23－0246）

该组在本区分布于鸡东县西大翁及宁安县尔站三林场一带，岩性以中酸性火山岩为主夹板岩，时代置晚石炭世—早二叠世，其它已在第七章第一节中详述，此略。

平阳镇组 P_1p （03－23－0268）

【创名及原始定义】 乌苏里江地质队1958年创建于鸡东县平阳镇石灰窑一带，称平阳镇岩系，1962年赵德志等① 称平阳镇组，1979年黑龙江区域地层表编写组介绍。其含义指分布于平阳镇一带，由黑色页岩和石灰岩组成，时代为晚古生代。

【沿革】 1962年，牡丹江专署地质局第三地质队赵德志等称平阳镇组，时代置早二叠世。1984年，曲关生等将原平阳镇组上部以砂岩为主的一套地层命名为洞子沟组，下部以千枚岩为主的一套地层视为平阳镇组，时代仍置早二叠世。1993年，《黑龙江地质志》将洞子沟组划归城山组，保留了平阳镇组。本次对比研究采用曲关生等(1984)方案。

【现在定义】 指分布于鸡东县石灰窑、大营山及东宁县双桥子等地，以千枚岩为主，偶夹砂岩、片岩及大理岩凸镜体的一套地层，产珊瑚化石。未见底，其上与洞子沟组呈断层接触（区域上与双桥子组整合接触）。

【层型】 正层型为鸡东县石灰窑剖面(P_{12})(131°20′,45°03′)(图1－1中59)，黑龙江第一区调大队1980年重测。

上覆地层：**洞子沟组** 灰色片理化细粒长石砂岩

---

① 赵德志等，1962，1∶20万平阳镇幅区域地质测量报告（未出版）。(此报告中说明乌苏里江地质队1958年创建平阳镇岩系)。

═══════ 断层接触 ═══════

平阳镇组 总厚度＞691.40 m

6. 灰黑色绢云千枚岩 0.20 m

5. 灰白色大理岩，产珊瑚化石：*Pleurophyllum* sp.，*Paracaninia*? sp.，*Lytrolasma*? sp.，*Tachylasma* cf. *pseudocha*，*T. stereoseptatum*，*T. magnum*，*Duplophyllum* sp.，*Lophophyllidium* sp.，*Verbeekiella* sp. 13.70 m

4. 灰黑色绢云千枚岩 78.30 m

3. 灰黑色含绿帘绢云千枚岩 55.80 m

2. 灰黑色碳质绢云千枚岩 465.50 m

1. 灰色绢云千枚岩。(未见底) ＞77.90 m

【地质特征及区域变化】 平阳镇组主要为一套富含碳质的浅海相泥质岩，局部夹灰岩凸镜体或凝灰岩及沉凝灰岩，受变质作用的影响，泥质岩和灰岩已变成千枚岩和大理岩，局部尚出现片岩。灰岩中产以 *Tachylasma* 为代表的珊瑚化石。时代置早二叠世。

本组往西南延伸到东宁县二道沟一带（过去曾划归阎王殿组），以碳质绢云千枚岩为主夹有变质凝灰砂岩及沉凝灰岩，未见灰岩凸镜体，厚度为 486m；整合于双桥子组之下。

双桥子组 $P_1\hat{s}$ (03-23-0261)

【创名及原始定义】 杨耀宇、曲关生等 1978 年创建于东宁县双桥子。分布于东宁县绥阳镇北双桥子一带，整合于阎王殿组之上，由变质中酸性熔岩及火山碎屑岩、中性火山岩、绢云千枚岩、千枚状板岩组成，产植物化石，时代置于中石炭世—早二叠世。

【沿革】 创建后沿用至今，本次对比研究仍沿用。

【现在定义】 分布于东宁县双桥子及鸡东县大营山等地，整合于平阳镇组之上，未见顶（区域上顶与洞子沟组整合接触）。由泥质岩、粉砂岩及砂岩夹多层中性、中酸性火山岩等组成，产植物化石。

【层型】 正层型为东宁县绥阳镇双桥子二道沟剖面(P_7)(131°01′00″，44°34′30″)(图 1-1 中 60)，黑龙江第一区调大队 1978 年测制。

双桥子组 总厚度＞395 m

11. 下部为暗灰色、灰黑色变质凝灰砂岩；上部为薄层变质细沉凝灰岩。(未见顶) ＞85 m

10. 灰黑色、黑色碳质绢云千枚岩夹变质凝灰砂岩、变质沉凝灰岩，千枚岩中产植物化石：*Cordaites*? sp.，*Alethopteris*? sp. 126 m

9. 暗灰绿色变质安山质凝灰岩为主，夹安山质凝灰熔岩 70 m

8. 灰绿色变质安山质凝灰岩为主，凝灰熔岩、熔凝灰岩次之，局部见含砾凝灰岩 114 m

——— 整 合 ———

下伏地层：**平阳镇组** 碳质绢云千枚岩夹变质凝灰砂岩

【地质特征及区域变化】 双桥子组以正常沉积的泥质岩、粉砂岩及砂岩为主，夹有多层中性、中酸性火山岩。产植物化石：*Cordaites*? sp.，*Alethopteris* sp.。岩石普遍变质，并具片理化，泥质岩基本不含碳质，时代置早二叠世。

本组出露不广，在大营山一带夹有中酸性及酸性火山岩，并见少量片岩，岩石普遍片理化，厚度为 615 m，整合于洞子沟组之下。

洞子沟组　P_1dn　(03-23-0269)

【创名及原始定义】　曲关生等1984年创建于鸡东县石灰窑。指分布于鸡东县石灰窑及大营山南坡，整合于平阳镇组之上，以石英砂岩、长石砂岩、长石石英砂岩为主，夹千枚岩、板岩及火山岩，为一套陆相火山沉积地层，时代为早二叠世。

【沿革】　1993年《黑龙江地质志》将其划归城山组，本次对比研究将原洞子沟组下部有火山岩夹层部分划归双桥子组，其上部仍为洞子沟组。

【现在定义】　分布于鸡东县石灰窑及大营山南坡一带，为一套以石英砂岩、长石砂岩、长石石英砂岩为主，夹千枚岩及板岩和少量火山岩层的地层。未见顶，整合于双桥子组之上。

【层型】　正层型为鸡东县石灰窑剖面(P_{12})(131°20′,45°03′)　(图1-1中59),黑龙江第一区调大队1980年重测。

洞子沟组	总厚度>1 903.98 m
45. 灰色片理化细粒长石砂岩。(未见顶)	>19.96 m
44. 灰黑色粉砂泥质板岩	27.52 m
43. 灰色细粒杂砂质长石砂岩	12.88 m
42. 灰黄色细粒长石砂岩	42.30 m
41. 灰色中粒长石砂岩	36.45 m
40. 灰色中粒石英砂岩	78.83 m
39. 灰色细粒杂砂质长石砂岩，顶部为灰黑色粗砂质板岩	25.27 m
38. 灰色细粒长石石英砂岩	34.17 m
37. 灰色条带状粉砂岩	6.26 m
36. 灰色中粒长石石英砂岩	118.41 m
35. 浅灰色中粒石英砂岩	70.20 m
34. 灰黑色粉砂泥质板岩	48.98 m
33. 浅灰色中粒长石石英砂岩	36.59 m
32. 绿帘石化流纹质凝灰熔岩	67.33 m
31. 黄灰色条纹状粗砂质板岩	88.27 m
30. 黄灰色粉砂质板岩	56.14 m
29. 灰色绿泥绢云板岩	79.73 m
28. 灰白色片理化细粒长石砂岩	13.95 m
27. 灰色千枚状绢云板岩、粉砂质板岩，夹浅灰色片理化细粒长石砂岩薄层	44.14 m
26. 片理化细粒长石砂岩	8.57 m
25. 灰色千枚状粉砂质板岩	23.36 m
24. 浅灰色片理化细粒长石石英砂岩	11.35 m
23. 灰色千枚状粉砂质板岩	15.14 m
22. 浅灰色片理化细粒长石石英砂岩	145.31 m
21. 黄灰色千枚状粉砂质板岩和灰色条纹状粉砂质板岩	34.01 m
20. 灰黄色片理化中粒长石石英砂岩	20.20 m
19. 灰色片理化细粒长石石英砂岩	30.83 m
18. 灰色条纹状粉砂质板岩	29.78 m
17. 灰色片理化粉砂岩	15.67 m
16. 灰色千枚状粉砂质板岩和条纹状粉砂质板岩	24.56 m

15. 灰色片理化粉砂岩	225.23 m
14. 灰色片理化细粒长石石英砂岩	45.14 m
13. 灰色片理化中粒长石砂岩	24.15 m
12. 灰黄色片理化细粒长石石英砂岩	79.94 m
11. 灰色千枚状粉砂质板岩	49.09 m
10. 浅灰色片理化细粒长石砂岩	48.47 m
9. 灰绿色粉砂质板岩	30.68 m
8. 灰色片理化细粒长石石英砂岩	46.17 m
7. 灰色片理化细粒长石砂岩	88.95 m

═══ 断层接触 ═══

下伏地层：**平阳镇组** 灰黑色绢云千枚岩

副层型为鸡东县前卫乡五排村大营山南坡剖面（P_{11}）（131°15′，44°56′）（图 1-1 中 61），黑龙江第一区调大队 1980 年测制。

洞子沟组	总厚度＞517.30 m
33. 灰色角岩化长石石英砂岩夹黑色角岩化粉砂岩。（未见顶）	56.60 m
32. 灰色片理化中细粒长石石英砂岩夹黑色片理化粉砂岩	114.20 m
31. 灰黑色粉砂质千枚岩	40.00 m
30. 灰色片理化中粒长石砂岩	10.00 m
29. 灰色碳质绢云千枚岩	39.90 m
28. 灰色片理化细粒长石石英砂岩	91.10 m
27. 灰色片理化中粒长石石英砂岩	23.60 m
26. 灰黑色粉砂质千枚岩	15.60 m
25. 灰色片理化中细粒石英砂岩和灰绿色片理化细粒长石石英砂岩	74.30 m
24. 灰色片理化中粒长石砂岩与灰黑色碳质绢云千枚岩互层	20.30 m
23. 灰色片理化中细粒长石石英砂岩	31.70 m

——— 整　合 ———

下伏地层：**双桥子组** 灰白色片理化安山岩

【地质特征及区域变化】 洞子沟组仅出露于我省东部的鸡东县石灰窑及大营山一带，呈 NE 向展布，面积约 17 km^2。区域上虽其厚度有一定变化，但其岩性却比较稳定，主要为一套砂板岩组合，火山岩层。岩石多灰色，且片理化较强，局部尚有角岩化。厚度为 517～1 904 m。

杨岗组 P_2yn （02-23-0273）

详见第七章第一节岩石地层单位。

庙岭组 P_1m （03-23-0264）

【创名及原始定义】 克里沃鲁茨基 1958 年创建于吉林省汪清县大兴沟镇庙岭，称庙岭碳酸盐岩。指庙岭一带的灰岩类，时代为晚二叠世。

【沿革】 吉林省地质局区测队 1964 年改称庙岭组。黑龙江省庙岭组 1993 年《黑龙江地质志》中称浪东沟组。本次对比研究根据区域对比，将浪东沟组并入庙岭组，前者停用。

【现在定义】 位于大蒜沟组（砾岩）之上，整合或平行不整合于山谷旗组之下的以碎屑岩为主夹有灰岩凸镜体的一套地层。下部以灰色、绿灰色长石石英砂岩、杂砂岩、粉砂岩为主，夹有薄层灰岩凸镜体；上部以砂岩、粉砂岩、板岩为主。夹有厚层灰岩凸镜体。产丰富的䗴、珊瑚等化石。顶界不清。

【层型】 正层型剖面在吉林省，黑龙江省次层型为东宁县老黑山镇、白刀山—浪东沟开荒队剖面(P_{11})(131°04′30″,43°50′00″)(图1-1中62)，吉林省地质局区域地质调查大队1979年测制。

上覆地层：红叶桥火山岩　灰绿色片理化变质安山质角砾凝灰熔岩

——————— 整　合 ———————

庙岭组	总厚度>1 251.40 m
13. 黑色千枚状凝灰粉砂质板岩	169.50 m
12. 灰白色大理岩，厚层状，产海百合茎化石	174.70 m
11. 黑色粉砂岩	39.50 m
10. 黑色粉砂岩夹大理岩及泥质灰岩	47.10 m
9. 灰白色片理化不纯大理岩，产海百合茎化石	9.50 m
8. 灰白色片理化大理岩，局部见燧石结核	162.60 m
7. 灰白色片理化大理岩	61.30 m
6. 灰黑色粉砂岩	61.30 m
5. 灰白色厚层状大理岩，具燧石条带	248.10 m
4. 灰白色大理岩，厚层状	29.00 m
3. 灰白色大理岩夹浅灰色大理岩	73.00 m
2. 灰白色片理化大理岩	78.50 m
1. 灰白色厚层状大理岩。(未见底)	>95.40 m

【地质特征及区域变化】 黑龙江省庙岭组以灰白色厚层状大理岩为主，夹少量黑色、灰黑色粉砂岩及凝灰粉砂质板岩。产海百合茎、珊瑚化石，部分岩石具片理化。未见底，顶界与早二叠世红叶桥火山岩整合接触。时代置早二叠世。

本组主要出露于吉林省汪清县，延至黑龙江省仅在东宁县老黑山地区的白刀山—浪东沟开荒队及亮子川一带有少量分布。在亮子川一带，为一套富含凝灰物质的砂板岩组合，并夹有少量中—中酸性熔岩，厚度可达1 246 m。

红叶桥火山岩　P_1h　(03-23-0262)

【创名及原始定义】 黑龙江省地质矿产局张海驲等1993年创建于东宁县亮子川一带，称红叶桥组。分布于东宁县亮子川一带，下部以中性、中酸性火山岩为主夹砂板岩及灰岩，产䗴化石；中部以含碳质的砂板岩为主，产动、植物化石；上部为粉砂岩与中细粒砂岩互层。整合于二龙山组之上，其上被船底山玄武岩不整合覆盖，厚1 216 m。时代置于早二叠世—晚二叠世早期。

【沿革】 1981年吉林省地矿局区调队王友勤等将东宁县亮子川剖面第1—14层划归上柯岛组，第15—26层命名为亮子川组。1993年《黑龙江地质志》中对亮子川剖面又做了重新划分，自下而上划分为浪东沟组(第1—7层和第9层)，二龙山组(第8层和第10—11层)、红叶桥组(第12—26层)。本次对比研究将亮子川剖面上部第15—26层仍视为亮子川组，中部(第10—14层)改称红叶桥火山岩，时代置早二叠世。

【现在定义】 指东宁县亮子川剖面(第10—14层)，以片理化变质中性、中酸性火山岩为主夹砂岩、板岩及灰岩凸镜体，产䗴化石 *Yabeina*? sp. 的一套地层。整合于庙岭组之上，其上被亮子川组平行不整合覆盖。

【层型】 正层型为东宁县老黑山镇亮子川剖面(131°12′,43°30′)(图1-1中63)，吉林省地质局区域地质调查大队1979年测制。

上覆地层：亮子川组　灰色凝灰质砾岩

——————— 平行不整合 ———————

红叶桥火山岩	总厚度333.0 m
14. 上部为黑色粉砂岩夹浅灰色片理化含砾凝灰质砂岩；中下部为灰白色片理化熔岩及板岩、凝灰岩互层	3.4 m
13. 灰黑色片理化板岩夹灰绿色蚀变安山岩	46.6 m
12. 灰色片理化钙质、凝灰质砾岩夹变质安山质角砾凝灰岩及灰岩凸镜体，产䗴：*Yabeina* sp. 和海百合茎化石等	16.9 m
11. 灰绿色片理化英安质凝灰熔岩	203.6 m
10. 灰绿色片理化变质安山岩与黑色板岩互层	62.5 m

———— 整　合 ————

下伏地层：庙岭组　灰黑色片理化板岩

【地质特征及区域变化】 红叶桥火山岩以火山岩与板层互层或火山岩夹板岩等为基本层序。产䗴：*Yabeina* sp. 及海百合茎化石等。时代置早二叠世。在白刀山—浪东沟一带，正常沉积的碎屑岩较亮子川一带有所增加，并出现变质中基性及基性熔岩的夹层，产苔藓虫：*Polypora* sp.，? *Stenopora* sp.，厚度可达100m。

亮子川组　P_1l (03-23-0263)

【创名及原始定义】 王友勤等1981年创建于东宁县亮子川。分布于东宁县老黑山镇亮子川一带，产早二叠世的动物化石及植物化石碎片，由角岩化粉砂岩、变质中细粒砂岩及角岩等组成。平行不整合于上柯岛组（现为红叶桥火山岩）之上，被船底山玄武岩不整合覆盖。

【沿革】 1993年，《黑龙江地质志》中曾将其划归红叶桥组，本次对比研究采用王友勤(1981)的方案。

【现在定义】 指不含火山岩的角岩化粉砂岩、变质中细粒砂岩及角岩组合，产早二叠世动物化石及植物化石碎片。平行不整合于红叶桥火山岩之上，被晚第三纪船底山组不整合覆盖。

【层型】 正层型为东宁县老黑山镇亮子川剖面（位置等见本节红叶桥火山岩）。

上覆地层：船底山组

~~~~~~~~ 不整合 ~~~~~~~~

亮子川组	总厚度1 150.30 m
26. 灰黑色红柱石角岩与灰黑色角岩化粉砂岩互层	54.32 m
25. 灰色变质中细粒砂岩夹灰黑色变质粉砂岩薄层	177.54 m
24. 灰黑色红柱石堇青石角岩夹角岩化粉砂岩	14.23 m
~~~~~~~~

23. 灰色变质中细粒砂岩 203.66 m

22. 灰色变质细砂岩与灰黑色变质粉砂岩互层 20.17 m

21. 灰色变质中粒砂岩 16.14 m

20. 灰色变质砂岩与灰黑色变质粉砂岩互层 37.46 m

19. 灰黑色红柱石堇青石角岩夹角岩化粉砂岩 119.53 m

18. 灰黑色角岩化粉砂岩与灰色细砂岩互层 138.87 m

17. 上部灰色变质不等粒砂岩;下部灰色变质细砂岩与灰黑色变质粉砂岩互层 43.98 m

16. 灰黑色含碳质粉砂岩。产动物化石,腕足类:*Attenuatella paraincurvata*,*Orthotichia* cf. *janiceps*,*O.*? sp.,*Anidanthus* cf. *aagardi*,*Chonetes* cf. *schlagintweiti*,*Muirwoodia* sp.,*Cancrinella* sp.,*Martinia*? sp.,*Linoproductus* cf. *hemisphaerium*,*L.* sp.,;双壳类:*Luciella* sp.,*Wikingia elegans*,*Pseudomonotis qinlongensis*,*P.* sp.,另有一些不能鉴定的植物化石碎片 317.56 m

15. 上部为含砾粗砂岩与黑色粉砂岩互层,下部为灰色凝灰质砾岩,砾石为黑色板岩、粉砂岩 6.84 m

—————— 平行不整合 ——————

下伏地层:**红叶桥火山岩** 黑色粉砂岩夹浅灰色含砾凝灰质砂岩

【地质特征及区域变化】 亮子川组为一套滨海或海陆交互相沉积,系由砂岩、粉砂岩组成的正常陆源碎屑岩组合,产有腕足类、双壳类及植物化石碎片。时代置早二叠世。本组除亮子川外,在白刀山也有出露,岩性基本相同。

开山屯组 P_2k (03-23-0270)

【创名及原始定义】 吉林区测队二分队1960年创建于吉林省延吉县开山屯,称开山屯扇砾岩。指开山屯附近的一套扇砾岩,其中夹有黑色板岩和砂岩薄层,厚度为900 m。产大量植物化石,时代为晚二叠世。

【沿革】 1981年,王友勤等在《1:20万老黑山公社幅区调报告》中称开山屯组。

【现在定义】 滩前组之上,以花岗质砾岩为主,夹有砂岩和碳质粉砂岩的一套陆相地层,产丰富的植物化石。与下伏滩前组平行不整合接触,上与龙井组不整合接触。

【层型】 正层型剖面在吉林省。黑龙江省次层型为东宁县老黑山镇大甸子剖面(131°44′,43°34′)(图1-1中64),吉林省地质局区域地质调查大队1979年测制。

上覆地层:**罗圈站组** 砾岩

~~~~~~~~ 不 整 合 ~~~~~~~~

开山屯组 总厚度>525.60 m

4. 灰绿色凝灰质砂岩夹砾岩及灰黑色砂岩 169.40 m

3. 灰色砾岩夹黑色砂岩 112.00 m

2. 砾岩与灰色凝灰质砂岩、黑色粉砂岩之韵律层,产植物化石:*Gigantonoclea*? sp.,*Taeniopteris* sp.,*T.*? sp.,*Cladophlebis* sp. 184.50 m

1. 灰色砾岩。(未见底) >59.70 m

【地质特征及区域变化】 黑龙江省开山屯组由砾岩夹凝灰质砂岩、砂岩及少量粉砂岩组成。岩石多呈灰色、灰黑色及黑色,产植物化石,时代置晚二叠世。不整合于产晚三叠世植
~~~~~~~~

物化石的罗圈站组之下，底部被花岗岩侵入。开山屯组延至黑龙江省仅在东宁县老黑山地区有出露，其厚度约为 525.6m。

红山组　P_2hn　(02－23－0251)

本区的红山组为伊春-尚志地层分区对比而来，1981 年王友勤在《1：20 万老黑山公社幅区调报告》中划归亮子川组，时代为早二叠世。1993 年《黑龙江地质志》中划归城山组，时代为晚二叠世。主要岩性：上部为紫色千枚状凝灰粉砂质板岩及粉砂质板岩；中部为灰黑色千枚状粉砂岩及凝灰质粉砂岩夹浅灰色细—中粒凝灰质砂岩；下部为灰黑色千枚状凝灰质粉砂岩夹凝灰质粗砂岩，产植物化石：*Paracalamites*? sp.，*Comia* sp.，*Callipteris*? *laceratifolis*，厚度大于 1 983 m。因其与产早二叠世腕足类化石的亮子川组主体部分关系不清，又岩性和生物群的特征不同，故本次对比研究将其分出，对比到红山组（本组详见第七章第一节岩石地层单位）。

第二节　生物地层特征及地质年代

（一）晚石炭世—早二叠世

植物

本期为陆相生物，仅见于鸡东县西大翁杨木岗组的板岩中，所产植物化石相当于张广才岭-完达山地层大区的早二叠世 *Nephropsis elegans*－*Noeggerathiopsis derzavinni* 组合，主要分子有：*Nephropsis* sp.，*N. rhomboidea*，*N. cochlearis*，*Noeggerathiopsis derzavinni*，*N. brevifolia* 等。相当于珍子山组上部的植物组合。

（二）早二叠世

本期以动物化石为主，主要为珊瑚、腕足类和䗴。

珊瑚

Tachylasma－*Calophyllum* 组合　主要产于平阳镇组和庙岭组，主要分子有：*Tachylasma magnum*，*T.* cf. *pseudocha*，*Plerophyllum* sp.，*Paracaninia* sp.，*Lytrolasma* sp.，*Lophophyllidium* sp.，*L.* cf. *pendulum*，*L. acostatum*，*Verbeekiella* sp.，*Cyathocarinia* sp.

腕足类

Muirwoodia－*Anidanthus* 组合　仅见于亮子川组中，主要分子有：*Muirwoodia* sp.，*Anidanthus* sp.，*Attenuatella paraincurvata*，*Orthotichia* cf. *janiceps* 等。与伊春-尚志地层分区土门岭组上部腕足类组合相当。

䗴

Yabeina 带　仅见 *Yabeina* 一个分子，产于红叶桥火山岩的灰岩凸镜体中。

（三）晚二叠世

本期为陆相生物，主要产于开山屯砾岩和红山组中，开山屯砾岩中有以 *Gigantonoclea* 为代表的华夏植物群的特有分子，其次尚有 *Cladophlebis* sp.，*Taeniopteris* sp.，少量中生代色彩的成分。红山组的植物化石属于 *Comia*－*Callipteris*－*Iniopteris* 组合，化石极少，主要有 *Comia* sp.，*Callipteris laceratifolis*，*Paracalamites* sp.，与伊春-尚志地层分区红山组的植物组合相当。

第四篇　滨太平洋地层区

第十章
晚三叠世—白垩纪

第一节　岩石地层单位

一、大兴安岭-燕山地层分区、松辽地层分区

额木尔河群　*JE*　(01-23-0703)

【创名及原始定义】　黑龙江省区域地层表编写组1979年创名。系指上黑龙江坳陷中巨厚的河湖相碎屑沉积。自下而上划分为栖林集组、漠河组和开库康组。总厚8 700～9 000 m，与下伏古生界不整合接触，被兴安岭群火山岩不整合覆盖。时代为中侏罗世。

【沿革】　1951年前苏联地质工作者M.C.纳吉宾娜将本群称为阿穆尔坳陷沉积层，1958年她又将其分为海相中侏罗统和淡水陆相上侏罗统—下白垩统。1963年中国科学院黑龙江流域综合考察队在上黑龙江坳陷建立了“上黑龙江群”，划分了5个岩组。1963年地质科学院（简称地科院）在编制1∶100万地质图时，将原5个岩组并成3个组。1979年《黑龙江地层表》，基本采用了地科院划分意见，但考虑到上黑龙江群与黑龙江群易混淆，故更名为额木尔河群。1985年黑龙江省第二区调大队未采用额木尔河群，将相应地层划分6个组。本次对比研究从这套地层的岩相建造和区域分布特点考虑，恢复使用额木尔河群，自下而上划分为绣峰组、二十二站组、漠河组和开库康组（表10-1）。

【现在定义】　指上黑龙江坳陷中巨厚的河湖相碎屑沉积，自下而上划分为绣峰组、二十二站组、漠河组和开库康组。

绣峰组　$J_{1-2}x$　(01-23-0335)

【创名及原始定义】　黑龙江第二区调大队张文才等1985年创建于塔河县绣峰。指整合于阿抗提河组之上、二十二站组之下的陆源粗碎屑沉积。下部以砾岩为主，夹砂岩；中、上

表 10-1 额木尔河群沿革表

<table>
<tr><td colspan="6">M.C. 纳吉宾娜</td><td colspan="3">中国科学院黑龙江流域综合考察队</td><td colspan="3">地质科学院 1∶100 万地质图编图组</td><td colspan="3">黑龙江省区域地层表编写组</td><td colspan="2">其和日格等</td><td colspan="2">黑龙江省地矿局《黑龙江地质志》</td><td colspan="4">本　书</td></tr>
<tr><td colspan="3">1951</td><td colspan="3">1958</td><td colspan="3">1963</td><td colspan="3">1963</td><td colspan="3">1979</td><td colspan="2">1985</td><td colspan="2">1993</td><td colspan="4"></td></tr>
<tr><td colspan="6">上黑龙江流域</td><td colspan="3">上黑龙江坳陷</td><td colspan="3">上黑龙江小区</td><td colspan="3">上黑龙江小区</td><td colspan="2">大兴安岭北部</td><td colspan="2">额尔古纳分区</td><td colspan="4">漠河小区</td></tr>
<tr><td rowspan="4">J_2</td><td rowspan="8">阿穆尔坳陷沉积层</td><td rowspan="2">上部砾岩、复矿砂岩</td><td rowspan="2">K_1</td><td rowspan="8">阿穆尔坳陷沉积层</td><td rowspan="2">上部砾岩、复矿砂岩</td><td rowspan="8">J_{2+3}</td><td rowspan="8">上黑龙江群</td><td>腰站砂页岩组</td><td rowspan="8">J_{2+3}</td><td rowspan="8">上黑龙江群</td><td rowspan="2">开库康组</td><td rowspan="8">J_2</td><td rowspan="8">额木尔河群</td><td rowspan="2">开库康组</td><td>K_1</td><td>下渔亮子组</td><td rowspan="2">J_3</td><td rowspan="2">开库康组</td><td rowspan="2">J_3</td><td rowspan="8">额木尔河群</td><td colspan="2" rowspan="2">开库康组</td></tr>
<tr><td>开库康砾岩组</td><td>J_3</td><td>开库康组</td></tr>
<tr><td rowspan="2">中部含煤系（淡水陆相）</td><td rowspan="2">J_3</td><td rowspan="2">中部含煤系（淡水陆相）</td><td>古站砂岩组</td><td rowspan="2">漠河组</td><td rowspan="2">漠河组</td><td rowspan="3">J_2</td><td>额木尔河组</td><td rowspan="6">J_2</td><td>额木尔河组</td><td rowspan="5">J_2</td><td colspan="2">漠河组</td></tr>
<tr><td>乌苏里碳质页岩砂岩组</td><td>二十二站组</td><td>二十二站组</td><td rowspan="5">绣峰组</td><td rowspan="3">二十二站组</td></tr>
<tr><td rowspan="4">J_1</td><td rowspan="4">下部砂岩（淡水陆相）</td><td rowspan="4">J_2</td><td rowspan="4">下部砂岩（海相）</td><td rowspan="4">老沟砾岩砂岩组</td><td rowspan="4">栖林集组</td><td rowspan="4">栖林集组</td><td rowspan="2">绣峰组</td><td rowspan="4">绣峰组</td></tr>
<tr><td rowspan="2">J_1</td></tr>
<tr><td rowspan="2">阿抗提河组</td><td rowspan="2"></td></tr>
<tr><td>T_3</td><td>J_1</td></tr>
</table>

部为砾岩、中粗粒砂岩、砂岩互层，夹煤线或煤层，产植物化石。时代为早—中侏罗世。

【沿革】 见额木尔河群沿革表10－1。本组地层最初称老沟砾岩砂岩组，因与元古宙地层重名而改称栖林集组。从命名优先的原则应采用栖林集组，但考虑绣峰组剖面顶底清楚，使用面较广，故采用绣峰组。栖林集组、老沟砾岩砂岩组和阿抗提河组为同物异名，停止使用。

【现在定义】 指分布于上黑龙江坳陷，不整合于前中生代花岗岩之上的陆源粗碎屑沉积。下部以砾岩、砂砾岩为主，夹凸镜状砂岩；中上部为砾岩、含砾粗砂岩、砂岩互层，夹煤线，产植物化石。与上覆二十二站组灰黑色泥岩整合接触。

【层型】 正层型为塔河县绣峰公社二支线剖面（$N_{35}P_{15}$）（125°49′00″，52°33′36″）（图1－2中8），黑龙江第二区调大队1984年测制。

绣峰组	总厚度＞606.46 m
26. 微红黄褐色粉砂岩夹灰褐色泥质粉砂岩，产植物化石碎片。（未见顶）	＞12.75 m
25. 微红色细粒长石砂岩	11.70 m
24. 黄褐色薄层状中粒长石砂岩夹薄层状粉砂岩	19.40 m
23. 灰白色、黄褐色粗粒长石砂岩夹灰色含细砂粉砂岩薄层	14.30 m
22. 黄褐色块状含砾中粗粒长石砂岩	15.40 m
21. 黄褐色略具薄层状细砂粉砂岩	20.60 m
20. 黄褐色含砾粗粒长石砂岩	18.22 m
19. 黄褐色含砾不等粒砂岩	23.84 m
18. 黄褐色粗粒长石砂岩	13.57 m
17. 黄绿色略具层状含火山岩屑粗粒长石砂岩	20.60 m
16. 黄褐色细粒长石砂岩夹黄绿色粉砂岩	14.59 m
15. 灰绿色薄层状粗粒长石砂岩与黄褐色似层状粗砂细砾岩互层	21.52 m
14. 深灰绿色中粗粒长石砂岩	7.39 m
13. 黄褐色细砂岩、中粒砂岩、粗砂岩、细砾岩互层夹黄色粉砂岩薄层，产植物化石碎片	10.77 m
12. 黄褐色粗砾细砾岩	14.22 m
11. 黄褐色中粗粒长石砂岩	5.61 m
10. 黄褐色细砾粗砾岩	99.85 m
9. 黄褐色细砾粗砾岩夹窝状或凸镜状中粗粒长石砂岩	27.74 m
8. 黄褐色粗砾岩，部分砾径为1～3 m	229.29 m
7. 灰白色具紫红色条带局部含砾蒙脱石粘土岩	0.30 m
6. 浅灰绿色含砾砂岩	0.50 m
5. 黄褐色含细砾中粗粒长石砂岩	0.40 m
4. 浅灰色花岗质砾岩	1.70 m
3. 猪肝色含砂粘土岩（局部呈粘土质粗中粒砂岩）	0.30 m
2. 黄褐色花岗质粗砾细砾岩	0.10 m
1. 微灰褐色花岗岩风化壳	1.80 m

~~~~~~~~~~~~ 不 整 合 ~~~~~~~~~~~~

下伏：花岗岩

次层型为塔河县绣峰公社二支线十八公里北山剖面（$N_{35}P_{12}$）（124°45′30″，52°33′35″）（图1－2中9），黑龙江第二区调大队1985年测制。
~~~~~~~~~~~~

上覆地层：二十二站组　灰黑色粉砂质泥岩

——————整　合——————

绣峰组　　总厚度＞431.83 m

13. 灰黄色具灰色条带含粉砂细砂岩，黄褐色中细粒砂岩夹多层薄煤层，单层厚 5～20 cm	21.80 m
12. 黄褐色厚层含砾长石粗砂岩夹灰色产植物化石碎片的含细砂泥质粉砂岩薄层及煤线	51.89 m
11. 黄褐色厚层状块状含细砾粗砂岩夹多层暗灰色细砂岩、黄灰色条带状粉砂细砂岩、黑灰色条纹状碳质细砂粉砂岩薄层，其中产植物化石：*Coniopteris* sp.，*Ginkgo* sp.	78.85 m
10. 黄褐色块状含砾长石粗砂岩，黄灰色产植物化石碎片的中细粒长石砂岩	71.52 m
9. 黄褐色含细砾凝灰质砂岩	7.02 m
8. 黄褐色厚层状含砾粗砂岩夹褐黄色、灰色产植物化石碎片的层状中细粒砂岩	30.51 m
7. 暗灰色、褐黄色块状含细砾长石粗砂岩夹黄灰色条带状细砂粉砂岩薄层	21.66 m
6. 黄褐色凝灰质砂岩，产植物化石碎片	15.72 m
5. 黄褐色含砾粗砂岩	19.29 m
4. 浅灰色凝灰质细砂粉砂岩	9.24 m
3. 褐色厚层状含细砾粗砂岩	31.75 m
2. 褐黄色块状细砂岩夹褐色块状含细砾粗砂岩	18.88 m
1. 灰白色细砂岩。(未见底)	＞4.42 m

【地质特征及区域变化】　绣峰组为一套河流相至滨湖相粗碎屑堆积。下部以黄褐色粗砾岩、细砾岩为主，夹窝状、凸镜状中粗粒长石砂岩，砾岩砾石排列无序，分选性差，成分以花岗岩类为主，多呈次圆到滚圆状，底部风化壳为就地风化再沉积的花岗岩碎屑；中上部为砾岩、含砾粗砂岩、砂岩、泥质粉砂岩互层，单层一般为中至厚层状，层面往往见微凸镜状砂体，顶部发育水平微细层理、紊乱层理。产 *Coniopteris-Phoenicopsis* 植物群分子和 *Margaritifera-Ferganoconcha* 双壳类组合分子，夹薄煤层。时代置早—中侏罗世。

绣峰组呈 SEE 向分布于上黑龙江坳陷的南缘。在西部的老沟至栖林集一带，本组出露较全，底部发育风化壳型沉积，顶部以厚层砾岩与漠河组分界，夹凝灰岩及煤线，产植物化石，控制厚度约 1 586 m；在中东部的胜利林场至二十二站一带，本组下部出露不好，中上部为砾岩与砂岩组成的韵律沉积，产丰富的动、植物化石，与二十二站组呈横向变化关系，控制厚度 1 484 m；在东部的绣峰至桂花站一带，本组厚度可达 2 750 m，下部以砾岩为主，上部以含砾砂岩为主，与二十二站组灰黑色粉砂质泥岩整合过渡，产植物化石并夹煤线（图 10－1）。

二十二站组　J_2e　(01－23－0336)

【创名及原始定义】　黑龙江第二区调大队其和日格等 1985 年创建于塔河县二十二站。系指分布于二十二站、马林和瓦拉干一带的长石岩屑砂岩、泥质粉砂岩、变细砂粉砂岩组合。与绣峰组整合接触，与额木尔河组渐变过渡，富含动、植物化石，时代为中侏罗世。

【沿革】　见额木尔河群沿革表 10－1。1959 年中国科学院黑龙江流域综合考察队所建的腰站砂页岩组即为本组地层，后被并入开库康组，经过 80 年代的区调工作，发现原来的层序有问题即腰站砂页岩组并非在开库康砾岩之上，而是位于绣峰组砾岩之上，本次对比研究采用二十二站组一名，腰站砂页岩组停止使用。

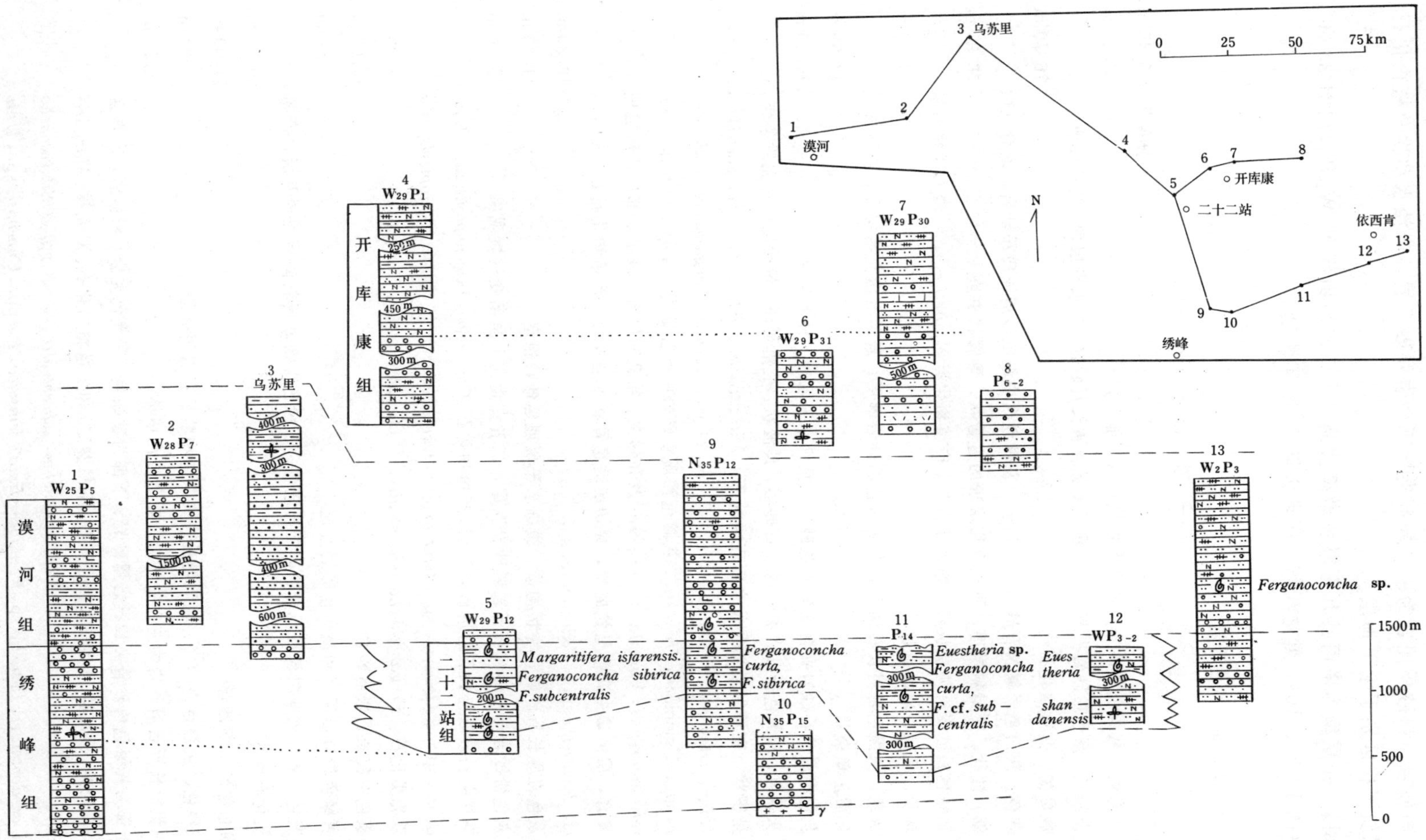

图 10-1　额木尔河群柱状对比图

【现在定义】 指整合于绣峰组之上，漠河组之下的陆源细碎屑沉积。以灰黑色、灰绿色细砂岩、粉砂岩、粉砂质泥岩为主，局部夹含砾砂岩及砂砾岩，产淡水动物及植物化石。以暗色砂泥质沉积区别于上下地层。

【层型】 正层型为塔河县开库康乡嫩漠公路二十二站后山剖面($W_{29}P_{12}$)(124°33′00″,53°02′00″)(图1-2中10)，黑龙江第二区调大队1985年测制。

上覆地层：**漠河组** 灰色砾岩

——————整 合——————

二十二站组 总厚度969.40 m

22. 灰黑色、灰绿色粉砂岩，产介形虫化石（不能鉴定） 4.30 m
21. 灰黑色、灰色粉砂岩夹灰色、灰黑色薄层岩屑长石砂岩，具水平层理、波状层理，产腹足类、介形虫化石 76.70 m
20. 灰色、灰白色岩屑长石砂岩夹粉砂岩，灰绿色含中细粒砂屑泥质粉砂岩，发育（微细）波状、交错斜层理，可见穿切层理的直管状、弯管状虫迹 76.80 m
19. 灰绿色粉砂岩夹薄层状岩屑粉砂质泥岩。产植物化石 *Equisetites* sp.，岩石风化后呈球状、桃状、似龟裂状 9.40 m
18. 灰色、灰黑色岩屑长石细砂岩夹灰绿色粉砂岩薄层，岩层具微交错层理，粉砂岩风化后呈龟裂状 42.80 m
17. 灰色岩屑长石砂岩夹含细砂岩屑砂岩，具细水平层理、波状层理 121.40 m
16. 灰绿色、灰黑色粉砂岩夹岩屑长石砂岩，具波状、交错层理。粉砂岩中夹泥质条带，呈楔状。在该层上部层位产双壳类化石：*Margaritifera isfarensis*，*Margaritifera* (*Margaritanopsis*?) *walaganensis*，*M*. (*M*.?) *yilisongensis*，*Ferganoconcha sibirica*，*F*. sp.，Unionidae，*Unio* sp.。灰黑色泥质粉砂岩中产腹足类：*Ampulovalvata suturalis amurensis*，*Valvata* cf. *turgensis* 及介形虫、轮藻等化石。该层下部层位斜层理发育，层面蠕虫爬痕呈蛇曲状，穿切层理直管状虫迹发育，产植物化石 *Ctenis* sp.，cf. *Jacutiella* sp.，*Podozamites* sp. 110.80 m
15. 灰色岩屑长石砂岩，块状构造，微细水平层理延伸较稳定 11.80 m
14. 灰色粉砂岩与中细粒长石岩屑砂岩互层，二者在走向上呈渐变过渡现象 75.20 m
13. 灰绿色粉砂岩与长石岩屑砂岩互层，产植物化石：*Coniopteris hymenophylloides*，*Equisetites* sp.，*Podozamite* sp.，*Ginkgo* sp.，*Czekanowskia* cf. *rigida*，*Coniopteris* sp.；双壳类化石：*Ferganoconcha subcentralis*，*F*. cf. *subcentralis*，*Unio* sp. 28.00 m
12. 灰色中粒长石岩屑砂岩 14.00 m
11. 黄绿色粉砂质泥岩和泥质粉砂岩互层 5.60 m
10. 灰色、灰黄色中粗粒长石岩屑砂岩与灰色、灰绿色含细砂屑粉砂质泥岩互层，产植物化石碎片 50.20 m
9. 黄色粉砂质细砂岩 11.00 m
8. 灰绿色、灰黑色粉砂岩、泥质粉砂岩夹灰色中粒长石岩屑砂岩 4.50 m
7. 中粗粒长石岩屑砂岩为主夹粉砂岩、粗砂岩凸镜体 5.70 m
6. 上部为灰绿色粉砂岩夹长石岩屑砂岩；下部为黄绿色、灰黑色泥岩、粉砂岩，产丰富的双壳类、腹足类、介形虫(保存不好，不易鉴定)和少量植物化石。双壳类：*Margaritifera isfarensis*，*M*. sp.，*Ferganoconcha subcentralis*，*F*. sp.，*Sibireconcha* cf. *anodontoides*，*Tutuella* sp，*Pseudocardinia*? *jenisaica*，*P*. spp.，*Cuneopsis* sp.，*Unio* sp.；植物化石：*Coniopteris hymenophylloides*，*C*. sp.，*Equisetites* sp. 30.00 m

5. 灰色岩屑长石砂岩夹灰黑色泥质粉砂岩凸镜体，具微细水平层理 41.80 m

4. 灰黑色泥岩、灰绿色粉砂岩、灰色中粒长石岩屑砂岩互层，砂岩中发育大型交错层理、斜层理、微细交错层理、包卷层理等 56.50 m

3. 灰黑色粉砂岩、灰色中细粒岩屑长石砂岩、石英长石细砂岩互层，具水平层理、斜层理，产植物化石碎片 57.40 m

2. 黑灰色细砂岩与灰色中细粒岩屑长石砂岩互层，具水平层理、斜层理，产植物化石碎片 47.00 m

1. 灰黑色粉砂质泥岩，灰色岩屑长石细砂岩，中粗粒长石岩屑砂岩互层，微细水平层理、斜层理发育，并见穿切层理的管状虫迹。在下部灰绿色、灰黑色粉砂岩薄层中产双壳类、腹足类、叶肢介、植物等化石。双壳类：*Margaritifera? isfarensis*，*M.* (*Margaritanopsis?*) sp.，*Ferganoconcha curta*，*F. liaoxiensis*，*Unio* sp.；腹足类：*Gyraulus* sp.，*Viviparus* sp.；叶肢介：*Triglypta?* sp.，*Euestheria* sp.，植物化石：*Nilssonia* cf. *compta*，*Ctenis? chinensis*，*C.* sp.，*Coniopteris hymenophylloides* 88.50 m

———— 整 合 ————

下伏地层：**绣峰组** 砂岩

【地质特征及区域变化】 二十二站组为一套滨湖至浅湖相砂泥质沉积，主要由灰绿色、灰色岩屑长石砂岩、长石岩屑砂岩与灰黑色细砂岩、粉砂岩、泥质粉砂岩组成。具韵律沉积特征，发育大—中型斜层理、交错层理、包卷层理等，见有冲痕、流痕、波痕、沟模等层面构造。产丰富的淡水双壳类、腹足类、介形虫等动物及植物化石。双壳类为 *Margaritifera-Ferganoconcha* 组合，植物属 *Coniopteris-Phoenicopsis* 植物群晚期组合。本组以黑色粉砂泥质岩石与上下由粗碎屑岩组成的地层分界，在区域上与绣峰组中上部具有同时异相关系，根据古鲁干、二十二站幅（1∶5 万）区调资料，二者不仅在产状上可以延伸过去，而且含有相同的火山岩夹层及生物组合。时代置中侏罗世。

该组呈 EW 向带状分布于上黑龙江坳陷东部，主要见于二十二站、伊里莫亚山以东、腰站、桂花站等地。由西向东，粗碎屑含量增加，地层厚度增大，如在绣峰一带为 367 m，在腰站一带大于 1 626 m，至桂花站一带大于 2 765 m。在二十二站一带，本组与绣峰组中上部层位呈同时异相关系，不仅岩层产状可以连过去，而且含有相同的英安岩夹层和相同的生物组合（图 10－1）。

【问题讨论】 相当本组地层层位，在俄罗斯境内有海相层发现，但在上黑龙江盆地至今未发现海相化石夹层，这是今后工作应注意的。

漠河组 J_2m (01－23－0322)

【创名及原始定义】 地质科学院 1∶100 万地质图编图组[1] 1963 年创建，1979 年黑龙江省区域地层表编写组介绍，创名地点在漠河县乌苏里沿江一带。其含义指栖林集组之上，开库康组之下的碎屑岩组合，分下部砂岩段和上部砂页岩段，厚度大于 3 550 m，时代为中或晚侏罗世。

【沿革】 见额木尔河群沿革表 10－1。1963 年中科院黑龙江流域综合考察队所建的乌苏里碳质页岩砂岩组合和古站砂岩组因在区域上分不开，被合并为漠河组，故停止使用；1985

① 地质科学院 1∶100 万地质图编图组，1963，黑龙江省地质图说明书（1∶100 万）。

年其和日格等所建额木尔河组晚于漠河组，且与群重名，作为同物异名停止使用。

【现在定义】 指分布于上黑龙江坳陷，位于绣峰组或二十二站组之上，开库康组之下的碎屑岩组合。下部以砂岩为主夹砾岩，上部为砂岩与粉砂质泥岩互层。产植物化石，夹薄煤层。正层型未见顶底。区域上下与绣峰组或二十二站组、上与开库康组，均为整合接触。

【层型】 正层型为漠河县乌苏里沿江剖面（123°20′，53°32′）（图 1-2 中 11），俞建章、李廷栋等 1958 年测制。

漠河组

总厚度＞2 650 m

10. 深灰色中细砂岩，夹少量灰色粗砂岩和黑色粉砂岩及泥质页岩薄层。（未见顶） 400 m

9. 以泥质页岩和粉砂岩为主，夹深灰色细砂岩及薄层泥质页岩 300 m

8. 灰色粗粒石英砂岩，夹薄层粉砂岩和泥质及碳质页岩，产植物化石：*Raphaelia diamensis*，*Podozamites lanceolatus* 500 m

7. 碳质页岩和粉砂岩，夹深灰色细砂岩 100 m

6. 深灰色细砂岩，夹少量中粗粒砂岩及 20～30 m 厚碳质页岩与粉砂岩互层 200 m

5. 黑色页岩和粉砂岩，夹薄层状粉砂质页岩及深灰色细砂岩 150 m

4. 灰色中细砂岩，夹少量中粗砂岩 200 m

3. 灰色中细粒石英砂岩，偶夹浅灰色粗砂岩，底部有约 1 m 厚的砾岩 600 m

2. 浅灰色粗砂岩与中砂岩互层，夹细砂岩、粉砂岩及泥质页岩 100 m

1. 灰色中细粒块状砂岩，夹少量浅灰色中粗粒砂岩及细砂岩、粉砂岩、页岩。（未见底） ＞100 m

【地质特征及区域变化】 漠河组为一套以河流相为主间有沼泽相的碎屑沉积，以各种粒级的砂岩为主，夹砾岩、含砾粗砂岩、泥质页岩和煤线或薄煤层。具韵律沉积特征，含有多个由正粒序、反粒序、正反粒序组成的韵律层。产丰富的植物化石，属 *Coniopteris-Phoenicopsis* 植物群晚期组合。在坳陷西部整合于绣峰组之上，以厚层砾岩消失为本组开始；在东部整合于二十二站组之上，以黑色砂泥质岩石与本组底部砾岩或含砾砂岩分界。顶与开库康组呈整合接触，时代置中侏罗世。

漠河组为额木尔河群中最发育的一个组，呈近 EW 向带状分布于上黑龙江坳陷中。在老沟至古站一带，本组粒度较细，砂泥质岩石所占比例较大，在其它地方，则为砾岩、含砾砂岩、砂岩、泥质页岩的韵律性互层，夹多层薄煤层或煤线，产植物化石。其厚度在 2 000 至 4 000 m之间（图 10－1）。

开库康组　J_3k　（01－23－0338）

【创名及原始定义】 中国科学院黑龙江流域综合考察队 1963 年创建于黑龙江右岸（南岸）开库康附近，称开库康砾岩组。指一套以灰黑色厚层砾岩为主，并有灰黑色细—粗粒复矿砂岩、含砾砂岩及灰绿色厚层页岩的地层，怀疑与下伏古站砂页岩组有沉积间断，但未见接触界线。

【沿革】 见额木尔河群沿革表 10－1。在下渔亮子岛一带出露的开库康组，1985 年黑龙江第二区调大队其和日格等曾建为下渔亮子组，为一套曲流砂坝相沉积，《黑龙江地质志》(1993) 将其并入开库康组。本次对比研究采用合并后的开库康组。故下渔亮子组停止使用。

【现在定义】 指发育于上黑龙江坳陷开库康一带的陆源粗碎屑岩组合。以灰色、杂色巨砾岩、砾岩和复成分砂岩为主，夹灰黑色粉砂岩，产植物化石。选层型未见顶底。

【层型】 开库康组因开库康附近未测剖面而选用了盘古河中游右侧支流蒙白河及左侧支流塔里亚河两条路线剖面作代表剖面，经黑龙江第二区调大队1∶20万开库康幅区域地质调查，发现原来所选用的两条路线剖面所代表的层位为绣峰组，因此未予采用而在本组典型发育地区开库康附近重新测制了剖面。选层型为塔河县开库康乡开库康码头西黑龙江右岸堑崖剖面（124°44′10″，53°08′12″）（图1-2中12），黑龙江第二区调大队1984年测制。

开库康组	总厚度＞741.10 m
15. 灰色、灰褐色中巨砾岩夹多层薄层状黄绿色长石砂岩。（未见顶）	＞64.50 m
14. 上部灰黑色细砂粉砂岩；中部浅灰色长石砂岩；下部灰紫色砾岩	7.80 m
13. 绿灰色砾岩，中细粒岩屑长石砂岩，细砂粉砂岩韵律式沉积	7.50 m
12. 上部浅灰色长石砂岩夹灰绿色砾岩、粉砂岩薄层；下部灰色中巨砾岩夹长石砂岩薄层，产植物化石碎片	153.60 m
11. 灰色砾岩夹长石砂岩薄层	31.70 m
10. 灰黑色粉砂岩，黄褐色、灰色长石砂岩，灰色砾岩，产植物化石：*Coniopteris* sp.，*Sphenozamites* sp.，*Nilssonia* sp.	5.90 m
9. 上部黄褐色石英长石砂岩夹灰黑色细砂粉砂岩；下部灰褐色砾岩，产腹足类化石	8.10 m
8. 上部黄褐色石英长石砂岩，局部含砾；下部灰色砾岩，夹多层薄层状长石砂岩	188.40 m
7. 浅灰色长石砂岩	17.20 m
6. 灰黑色变岩屑长石细砂岩	3.40 m
5. 黄褐色含砾长石岩屑粗砂岩	19.30 m
4. 灰色岩屑长石砂岩	64.30 m
3. 黄色岩屑长石砂岩，局部含砾，产植物化石碎片	96.40 m
2. 灰色含岩屑石英长石砂岩夹黑色变泥质粉砂岩，产植物化石：*Coniopteris burejensis*	51.30 m
1. 灰色中粒长石岩屑砂岩夹薄层状黑色粉砂岩，产植物化石碎片。（未见顶）	＞21.70 m

【地质特征及区域变化】 开库康组为一套河流相沉积。主要由河道亚相和曲流沙坝亚相组成，二者在平面及剖面均呈交替关系。河道亚相以砾岩为主，夹复成分砂岩，产植物化石碎片，发育交错层理及水平层理；曲流沙坝亚相以复成分砂岩、含砾砂岩为主，夹砾岩、泥质粉砂岩，局部见钙质砂岩、流纹质凝灰岩及煤线，产植物化石，发育水平层理和斜层理。本组所产植物化石以 *Coniopteris-Phoenicopsis* 植物群晚期组合分子为主，但在下渔亮子岛本组上部层位已见典型 *Ruffordia-Onychiopsis* 植物群早期组合的典型分子。时代置晚侏罗世。

开库康组主要见于上黑龙江坳陷东部北侧近黑龙江岸一带。在二十三站至下渔亮子岛一带，上下以复成分砂岩为主，夹砾岩及砂泥质岩石和流纹质凝灰岩，中部以砾岩为主夹砂岩，控制厚度大于2 630 m；由开库康乡向东至双合站一带，以复成分砾岩为主，夹砂岩，控制厚度大于504 m（图10-1）。区域上与下伏漠河组呈整合接触。关于本组与漠河组的关系，根据1∶20万开库康幅区调报告资料为微角度不整合关系，但仅见于一条辅助剖面，上下岩性均不典型。考虑到二者为同一盆地形成期间的产物，不会有较大的沉积间断存在，因此确定其接触关系为整合接触。

七林河组　J_2q　（01-23-0301）

【创名及原始定义】 张海驲等1977年创建于黑河市永胜屯。指一套灰绿色、黄白色凝灰砾岩、砂砾岩、凝灰熔岩、凝灰岩等组合。含煤线，产植物化石，不整合于海西期花岗岩之上，被龙江组不整合覆盖，时代为晚侏罗世。

【沿革】 创名前，1958 年张国华将该地层同木耳气煤系一起归入鸡西组，本次对比研究。采用张海驲方案，只是将其时代置中侏罗世。原七林干河组为七林河组同物异名，应停用。

【现在定义】 分布于大、小兴安岭地区，以富含凝灰质的碎屑岩为主，夹中酸性火山岩，夹劣质煤线及产植物化石。顶底界不清。

【层型】 正层型为黑河市罕达气镇永胜屯剖面（126°32′30″，50°21′00″）（图 1-2 中 13），浦全生等 1976 年测制。

七林河组	总厚度＞725.60 m
9. 灰绿色绿泥石化安山岩、英安岩。（未见顶）	＞16.73 m
8. 灰绿色凝灰角砾岩	48.78 m
7. 灰色、灰褐色、灰黑色凝灰砂岩、含砾凝灰砂岩、凝灰砂砾岩夹三层煤线，单层厚 3～5 cm，均为黑色劣质煤，产植物化石	67.53 m
6. 黄褐色、褐绿色中细粒凝灰砂岩，夹两层煤线，均为黑色劣质煤，呈碎块状，单层厚约 3 cm，产植物化石：*Coniopteris* cf. *burejensis*	147.00 m
5. 黄白色、褐黄色凝灰砂砾岩，砾石成分以花岗岩为主，夹五层煤线，为粉末状劣质煤，单层厚 3～4 cm。下部产植物化石碎片	163.50 m
4. 棕褐色、黄白色凝灰砂岩，夹两层煤线，为黑色劣质煤，单层厚 58 cm	68.99 m
3. 灰绿色粗砾岩或巨砾岩，其砾石成分复杂，有英安岩和花岗岩	31.86 m
2. 灰绿色、灰褐色安山质凝灰熔岩	43.00 m
1. 灰绿色、黄褐色砂砾岩、凝灰砂砾岩。砾石磨圆较好，成分较复杂，有中性、中酸性火山岩及花岗岩，砾径多在 5～20 cm，胶结物为砂质和凝灰质	135.91 m

～～～～～～～～ 不 整 合 ～～～～～～～～

下伏：花岗岩

【地质特征及区域变化】 七林河组为富含火山物质的陆源粗碎屑岩。下部以砂砾岩、砾岩和凝灰砂砾岩为主夹中性凝灰熔岩，砾石磨圆好，成分复杂；上部为凝灰砂岩，夹多层劣质煤线，并产 *Coniopteris* cf. *burejensis* 等植物化石和孢粉。时代置中侏罗世。

七林河组呈 NE 向零星见于龙江县山泉、小湾及黑河市罕达气、三卡等地，属山间盆地型沉积。在山泉一带夹凸镜状煤层，厚度 741～1 010 m；在小湾一带以正常沉积的砂砾岩为主夹煤线，厚度大于 164 m；在罕达气永胜屯一带夹多层煤线，厚度大于 725 m；在三卡一带，以正常沉积的砂砾岩、砂岩为主，夹七层煤，厚度大于 786 m。

【问题讨论】 七林河组从层位上相当于内蒙古的南平组，但考虑到内蒙古目前已不采用南平组，所以省内以采用七林河组为宜。

塔木兰沟组 $J_{2-3}tm$ （01-23-0339）

【创名及原始定义】 黑龙江第二区调大队王荣富等 1981 年创建于内蒙古呼伦贝尔盟牙克石市绰尔镇塔木兰沟。原始定义“指火山岩夹沉积岩，岩性为灰绿色杏仁状、致密块状更长玄武岩及其角砾岩，粗安岩夹灰黑色粉砂泥质岩薄层，最大厚度 1 640 m，下界整合于中侏罗世南平组之上，上界被中晚侏罗世吉祥峰组整合覆盖，时代为中晚侏罗世”。

【沿革】 1958—1959 年宁奇生等将该套地层归入下兴安岭火山岩组，俞建章等则称根河中基性熔岩组。1981 年王荣富等在 1∶20 万绰尔幅区调工作时将其创名塔木兰沟组，此后名称及含义基本固定，本次对比研究沿用。宁奇生等所创名的“下兴安岭火山岩组”和俞建章等所创名的“根河中基性熔岩组”，虽然包括了本组地层，但同时也含有其上相当龙江组和甘河组中基性火山岩在内，所以在其后的使用中概念比较混乱，因而停用。

【现在定义】 指平行不整合于万宝组之上，被土城子组平行不整合或满克头鄂博组不整合覆盖的中基性火山熔岩、火山碎屑岩夹沉积岩。

【层型】 正层型剖面在内蒙古。省内次层型为塔河县开库康乡二十三站北，嫩漠公路东剖面（23-0339-4-2）。

【地质特征及区域变化】 省内塔木兰沟组为一套以熔岩为主的中基性火山岩组合。具碳酸盐化、绢云母化等蚀变和气孔状、杏仁状构造，杏仁体以石英和碳酸盐矿物为主。岩石组合下部以橄榄玄武岩为主，其次为玄武岩及安山玄武岩；上部以玄武岩为主，其次为安山玄武岩。岩石系列以碱性玄武岩系列为主，部分属钙碱性系列。喷发不整合于漠河组砂砾岩之上，被龙江组含砾凝灰岩不整合覆盖，厚度大于 1 161 m。时代置中—晚侏罗世。

塔木兰沟组系由内蒙古延入黑龙江省，呈 NE 向分布于大、小兴安岭地区。在大兴安岭地区本组岩性变化不大，以中基性熔岩为主，夹火山角砾岩及凝灰岩。由西至东可划分出漠河—约古斯根河、东天、瓦露里至翠岗三个火山喷发带。以中部的东天火山喷发带规模较大，其余两带多为零星的小地质体。厚度为 200～1 161 m 以上。本组在西带的图强东被白音高老组砂砾岩不整合覆盖；在中带覆于额木尔河群之上，被龙江组不整合覆盖；在东带覆于前中生代花岗岩之上，被白音高老组中酸性火山岩喷发不整合覆盖。

在小兴安岭地区本组零星见于黑河市西峰山等地，岩性以安山玄武岩、安山岩为主，厚度为 300～600 m 之间，Rb-Sr 等时线同位素年龄值为 150.2～160.8 Ma。

【问题讨论】 塔木兰沟组在省内覆于中—晚侏罗世额木尔河群之上，而在内蒙古则为中侏罗世土城子组所覆盖。如果地层时代确定无误的话，则可能系大兴安岭火山岩带由 SW 向 NE 火山活动中心逐步迁移所造成的穿时现象。

白音高老组 J_3by (01-23-0702)

【创名及原始定义】 辽宁省区测二队 1974 年创建于内蒙古赤峰市巴林左旗哈达英格乡白音高老。上部为酸性熔岩、凝灰岩、英安质熔结凝灰岩，下部为凝灰质砂砾岩、细砂岩夹粉砂质泥质页岩及少量酸性凝灰岩、熔岩，含动、植物化石，整合在玛尼吐组中性火山岩之上，被梅勒图组中基性火山岩不整合覆盖。

【沿革】 白音高老组自创名后沿用至今。黑龙江省该地层中酸性火山岩部分 1974 年第一区调大队称壮志组，1981 年第二区调大队称吉祥峰组；产叶肢介化石的沉积岩部分第二区调大队 1981 年称木瑞组，第一区调大队 1983 年称王福店组。本次对比研究将上述地层统称白音高老组，其它名称均停用。

【现在定义】 为杂色酸性火山碎屑岩、酸性熔岩、酸性熔结凝灰岩夹中酸性火山碎屑岩、火山碎屑沉积岩、沉积岩及安山岩。其整合在玛尼吐组中性火山岩之上，被梅勒图组中基性火山岩不整合覆盖。

【层型】 正层型剖面在内蒙古。省内次层型为呼中区白卡鲁山林场东北 7 km 博乌勒山剖面（123°16′55″，52°15′28″）（图 1-2 中 14），黑龙江省二区调大队 1989 年测制。

上覆地层：龙江组　浅灰绿色玄武质岩屑凝灰岩

——— 整　合 ———

白音高老组	总厚度>481.11 m
17. 灰绿色流纹质凝灰角砾岩	10.01 m
16. 灰白色流纹质玻屑凝灰岩	>0.10 m
15. 浅灰色、灰褐色流纹英安岩	60.03 m
14. 灰绿色流纹质玻屑凝灰岩	11.70 m
13. 浅灰绿色流纹质火山角砾岩	62.53 m
12. 灰绿色、灰紫色凝灰角砾岩	19.78 m
11. 灰绿色、灰紫色含陆源碎屑流纹质晶屑凝灰岩	3.11 m
10. 灰绿色、灰黑色薄层状凝灰质粉砂岩	6.84 m
9. 深灰色、黄绿色薄层状凝灰质钙质泥岩，底部产叶肢介:*Sentestheria* cf. *banjietaensis* *S. minuta*，*S.* sp.	5.76 m
8. 灰绿色、灰褐色流纹质晶屑玻屑凝灰岩	6.38 m
7. 暗紫色、灰绿色流纹质岩屑晶屑凝灰岩	0.15 m
6. 紫红色火山灰凝灰岩	36.90 m
5. 紫红色流纹质火山角砾岩	23.25 m
4. 紫红色流纹质晶屑凝灰岩与火山灰凝灰岩互层	18.77 m
3. 紫红色英安质熔结凝灰岩	121.23 m
2. 浅灰绿色流纹质火山灰凝灰岩	64.16 m
1. 紫红色流纹质晶屑凝灰角砾岩。(未见底)	>30.32 m

【地质特征及区域变化】　省内白音高老组为一套陆相中酸性火山岩，属钙碱性岩系，具低钙富碱特点，以喷发爆发相的火山碎屑岩为主，夹中酸性、酸性熔岩，局部夹凝灰角砾岩及钙质泥岩，产叶肢介化石，属 *Jibeilimnadia-Keratestheria* 组合分子。同位素年龄为 140～145 Ma。时代置晚侏罗世。

该组主要分布在大兴安岭地区，另在小兴安岭地区的呼玛县、黑河市等地也有零星出露。

在大兴安岭地区，本组主要分布于白卡鲁山至塔河连线以南地区，可分成西、中、东三个火山喷发带。西带位于盘古—白卡鲁山—卡马兰河以西，以中酸性火山碎屑岩、熔结凝灰岩为主，夹流纹岩、英安岩。在图强东本组中下部以正常沉积为主，产 *Nestoria* 等叶肢介化石，其厚度变化较大，约 240～1 035 m；中带以二十一站—塔河—三十一公里与东带分界，以英安质熔结凝灰岩为主，夹英安岩、流纹质火山角砾岩、凝灰岩及凝灰质钙质泥岩，产叶肢介化石，整合于龙江组之下，厚度大于 480 m；东带以欧浦—十七站—松茂山与小兴安岭地区分界，以流纹质、英安质凝灰岩为主，夹流纹岩及流纹质熔结凝灰岩，厚度大于 941 m。在小兴安岭地区，呼玛县余庆沟一带，本组以正常沉积岩为主，产 *Nestoria* 等叶肢介化石，被龙江组整合覆盖，厚约 253 m；黑河市西峰山等地，以中酸性火山碎屑岩为主，夹沉积岩，厚度大于 787 m。

【问题讨论】　同典型发育地区的白音高老组相比，黑龙江省地层以中酸性火山岩为主，沉积岩或火山沉积岩不发育。另外，其下未见有相当玛尼吐组及满克头鄂博组的层位，而直接覆于塔木兰沟组中基性火山岩之上。

龙江组　K_1l　(01-23-0366)

【创名及原始定义】　1979年黑龙江省区域地层表编写组（1974年大庆中生代地层会议期间王五力等提议）将中、上兴安岭火山岩组合并称龙江组。系指龙江县光华剖面和邵家窝棚剖面所代表的不整合于南平组之上的中酸性火山岩组合，产叶肢介、介形虫、昆虫等热河生物群化石，时代为晚侏罗世。

【沿革】　1972年张海驲于龙江县曾将该组称为中兴安岭火山岩组，并将其上产热河生物群的以酸性火山岩为主的地层对比为上兴安岭火山岩组。1993年张海驲等在《黑龙江地质志》中，将龙江组含义修订同原中兴安岭火山岩组。本次对比研究沿用张海驲等修订后的龙江组含义。中兴安岭火山岩组为龙江组同物异名，玄武岩组归入龙江组，省内均停用。

【现在定义】　指分布于大兴安岭东坡、小兴安岭西北坡，平行不整合于七林河组之上、光华组之下的陆相中性火山岩组合。主要岩性为安山岩及其凝灰熔岩、凝灰岩夹流纹岩及其凝灰熔岩。

【层型】　正层型为龙江县山泉镇光华大队剖面（122°55′00″，47°14′00″）（图1-2中15），黑龙江第一区调大队1972年测制。

上覆地层：**光华组**　灰白色层凝灰岩，产昆虫、叶肢介、介形虫等化石

———————　平行不整合　———————

龙江组	总厚度 1 889.40 m
16. 灰绿色安山质含砾凝灰岩	31.00 m
15. 黄褐色硅化含砾安山质凝灰熔岩	49.60 m
14. 灰绿色安山质含角砾凝灰岩	68.60 m
13. 灰绿色凝灰细砾岩	152.20 m
12. 灰紫色、灰绿色安山质凝灰岩，局部含角砾	150.80 m
11. 灰紫色、灰绿色安山玢岩	160.90 m
10. 灰紫色含砾安山质凝灰岩和安山玢岩	33.30 m
9. 灰紫色安山玢岩	286.30 m
8. 灰紫色、灰白色英安质凝灰角砾岩和硅化流纹质凝灰熔岩	369.30 m
7. 灰紫色、灰褐色安山玢岩	160.80 m
接邵家窝棚剖面（P_{16}）	
6. 灰紫色蚀变安山玢岩	61.20 m
5. 灰绿色含砾蚀变安山质凝灰熔岩	51.80 m
4. 黄灰色、深灰色蚀变安山玢岩	171.50 m
3. 灰绿色蚀变安山质凝灰熔岩	42.00 m
2. 灰绿色蚀变安山玢岩	98.70 m
1. 绿灰色蚀变安山玢岩和灰色轻蚀变斜长流纹斑岩互层	19.40 m

———————　平行不整合　———————

下伏地层：**七林河组**　含砾凝灰细砂岩

【地质特征及区域变化】　龙江组以灰紫色、灰绿色安山岩为主，中下部夹中酸性、酸性火山碎屑岩、熔岩，上部多见中性火山碎屑岩，并具火山沉积岩夹层。厚度约为1 889 m。其平均化学成分与安山岩相当，但钾、钠偏高，里特曼组合指数为1.8～3.0，属钙碱性岩系正

常太平洋型。时代置早白垩世。

在小兴安岭地层小区，龙江组主要见于龙江、沾河、嫩江、黑河、呼玛等地。其岩性以灰紫色、灰绿色中性熔岩为主，夹中性火山角砾岩及中酸性、酸性熔岩。在沾河一带，上部出现偏碱性安山岩，在余庆老沟整合于白音高老组之上。其厚度在嫩江、黑河、呼玛一带为900～2 000 m，由西向东厚度变小，在沾河一带约300 m。在大兴安岭地层小区，龙江组见于古站、马林西沟—蒙克山林场、博乌勒山等地。其岩性以中基性熔岩为主夹中酸性熔岩。在蒙克山一带不整合于额木尔河群之上，在博乌勒山整合于白音高老组之上。控制厚度为116～750 m。

光华组　K_1gn　（01－23－0364）

【创名及原始定义】　黑龙江省地质矿产局张海驲等1993年创建于龙江县光华村一带。指位于龙江组之上的酸性火山岩夹沉积岩组合，产叶肢介、介形虫、昆虫等热河生物群化石，时代为早白垩世。

【沿革】　该组自创建后，沿用至今。本次对比研究仍沿用。该套地层曾命名为上库力组、富林组和坤特奇组均为光华组同物异名，省内应停用。

【现在定义】　指分布于大兴安岭北部、伊勒呼里山、小兴安岭西北部的酸性火山岩夹沉积岩组合。主要岩性为酸性凝灰岩、中性熔岩夹粘土岩、杂砂岩等，产叶肢介、介形虫、昆虫等热河生物群化石及珍珠岩、沸石等矿产。与下伏龙江组平行不整合接触，顶界不清。

【层型】　正层型为龙江县山泉镇光华大队剖面（125°55′，47°14′）（图1－2中15），黑龙江第一区调大队1972年测制。

光华组	总厚度＞276.10 m
27. 灰绿色流纹质凝灰岩。（未见顶）	＞10.20 m
26. 灰绿色含砾不等粒长石质杂砂岩	36.30 m
25. 灰紫色安山质凝灰熔岩	15.30 m
24. 灰白色粘土岩，产植物化石：*Cladophlebis browniana*	54.40 m
23. 灰紫色玻基安山玢岩	20.50 m
22. 灰白色粘土岩，产植物化石：*Equisetum* sp.，*Pityophyllum* sp.；叶肢介：*Pseudograpta murchisoniae*，*Plocestheria damiaoensis*，*P. chifengensis*，*P. zhangjiagouensis*，*Asioestheria hamakengensis*，*Dongbeiestheria guanghuaensis*，*D. shanquanensis*，*Longjiangestheria opima*；腹足类：*Bithynia* sp.	22.60 m
21. 灰紫色安山玢岩	13.30 m
20. 灰白色流纹质凝灰岩	14.90 m
19. 灰白色粘土岩，产昆虫化石：*Ephemeropsis trisetalis*	34.20 m
18. 灰白色流纹质凝灰岩	24.40 m
17. 灰白色沉凝灰岩，产昆虫化石：*Ephemeropsis trisetalis*，*Coptoclava longipoda*；叶肢介：*Longjiangestheria opima*，*Pseudograpta murchisoniae*，*Plocestheria damiaoensis*；双壳类：*Ferganoconcha subcentralis*，*F. sibirica*；腹足类：*Valvata* aff. *suturalis*；介形虫：*Cypridea* sp.，*Darwinula contracta*，*Ziziphocypris* cf. *simakovi*，*Z.* sp.	40.00 m

—————— 平行不整合 ——————

下伏地层：**龙江组**　灰绿色安山质含砾凝灰岩

【地质特征及区域变化】　光华组以灰白色酸性凝灰岩、沉凝灰岩和粘土岩为主，夹灰绿色杂砂岩和灰紫色安山岩。酸性凝灰岩可相变为熔岩或火山角砾岩，局部含珍珠岩。灰白色粘土岩及沉凝灰岩中富产叶肢介、介形虫、淡水双壳类、腹足类、昆虫及植物化石。其中动物化石属王思恩等划分的热河生物群中期组合。时代置早白垩世。

小兴安岭地层小区中本组主要见于龙江、嫩江、黑河、呼玛、沾河等地，与龙江组相伴出露。岩性以灰白色、灰绿色酸性火山碎屑岩和流纹岩为主，夹中性、中酸性火山岩、珍珠岩及沉积岩。化石主要见于龙江地区，以叶肢介 *Pseudograpta* 和昆虫 *Ephemeropsis trisetalis* 为主，在富拉尔基富 63 井，尚见东方叶肢介化石①。厚度变化较大，由几百米至二千米不等。

大兴安岭地层小区中本组主要见于古站南、大结鲁当河上游、瓦露里至三十一公里北等地。在古站南及大结鲁当河上游，以酸性火山碎屑岩为主夹中性、中酸性熔岩及火山沉积岩，产 *Ephemeropsis trisetalis* 及 *Ferganoconcha* 化石，超覆于塔木兰沟组之上，控制厚度为 315～630 m；在瓦露里至三十一公里北，以凝灰岩、熔结凝灰岩和流纹岩为主，多喷发不整合于龙江组之上，控制厚度为 80～265 m。

九峰山组　K_1j　(01-23-0360)

【创名及原始定义】　黑龙江省煤田地质勘探管理局（简称黑龙江煤管局）109 队李朝琛等② 1973 年创建于内蒙古鄂伦春自治旗大杨树煤田，1979 年黑龙江省区域地层表编写组介绍，指大杨树煤田的含煤地层。岩性以沉积岩和火山沉积岩为主夹火山碎屑岩及玄武岩，产植物化石，平行不整合于甘河组之下。其划分标准为一套夹玄武岩的火山-沉积型含煤地层。

【沿革】　1929 年谭锡畴、王恒升将发育于大兴安岭东坡甘河流域的一套中基性火山岩及其中的煤系地层命名为甘河火山岩系，九峰山组相当其中的煤系地层。1957 年纳吉宾娜将大杨树盆地中生代地层划分了 4 个岩组，九峰山组即相当第 2 个岩组下甘河岩组。1963 年姜春潮将小兴安岭西北坡及大兴安岭东坡地层分为 3 个统 5 部分，九峰山组相当其中的上侏罗统含煤陆源沉积。1973 年李朝琛等将甘河火山岩系二分，上部中基性熔岩称甘河组，相当于纳吉宾娜的上甘河岩组和玄武岩组；下部以含煤沉积为主的地层称为九峰山组，时代为晚侏罗世，此后沿用至今。本次对比研究仍沿用。下甘河岩组与九峰山组为同物异名，省内停用。

【现在定义】　指龙江组之上、甘河组之下的陆相含煤地层。岩性以灰白色砂岩、含砾砂岩、凝灰砂岩和灰黑色泥岩为主夹火山碎屑岩及玄武岩。底界不清，与上覆甘河组玄武岩呈平行不整合接触。

【层型】　正层型剖面在内蒙古。省内次层型为呼玛县椅子圈煤矿 ZK74-03 孔钻孔剖面（126°18′，51°36′）（图 1-2 中 16），据椅子圈煤矿 1974 年钻孔资料。

上覆地层：**甘河组**　气孔状杏仁状玄武岩

——————　平行不整合　——————

九峰山组	总厚度＞153.60 m
29. 凝灰质泥岩	1.70 m
28. 黑色煤层	5.00 m
27. 灰白色、黑色泥岩、凝灰岩互层，泥岩中产植物化石	4.50 m

① 崔同翠，1988，东方叶肢介在松辽盆地的发现及意义。《大庆石油地质与开发》（内刊）。
② 黑龙江省煤田地质勘探管理局 109 队李朝琛等，1973，内蒙古大杨树煤田地质勘探报告（未刊）。

26. 黑色煤层	0.50 m
25. 黑色粉砂质泥岩	2.50 m
24. 黑色致密状玄武岩	9.70 m
23. 黑色凝灰岩，顶部为灰白色	1.90 m
22. 灰黑色、黑色致密块状玄武岩	26.20 m
21. 灰黑色粉砂岩与粉砂质泥岩互层，微层理发育	4.20 m
20. 黑色致密块状玄武岩	28.40 m
19. 黑色泥岩夹薄层灰白色层状细凝灰岩	7.60 m
18. 黑色泥岩夹褐色泥岩薄层	5.90 m
17. 灰白色砂岩、粉砂岩夹薄煤层	2.60 m
16. 黑色煤层	4.80 m
15. 灰白色砂岩与黑色泥岩夹一薄煤层，砂岩中产植物化石	2.40 m
14. 黑色煤层	1.10 m
13. 黑色泥岩夹薄层灰白色凝灰砂岩，泥岩中产少量植物化石	2.40 m
12. 黑色块状煤层夹极薄层褐色凝灰砂岩	1.00 m
11. 黑色泥岩夹极薄层凝灰砂岩	6.20 m
10. 灰黑色致密块状煤层	1.00 m
9. 灰绿色、灰黑色砂岩夹煤层	1.50 m
8. 灰黑色、灰白色泥岩夹褐色凝灰砂岩，顶部有一薄煤层	5.80 m
7. 灰绿色中粒砂岩和灰黑色细砂岩、粉砂岩互层	6.20 m
6. 黑色泥岩、灰白色粉砂岩夹灰白色砂岩及 6 层薄煤层	4.30 m
5. 黑色块状煤层，底部为薄层黑色泥岩	1.10 m
4. 灰绿色含煤屑层状细凝灰岩	0.50 m
3. 灰黑色泥岩夹中粗粒砂岩及 3 层薄煤层	11.10 m
2. 灰黑色凝灰岩	2.00 m
1. 灰黑色杏仁状玄武岩。(未见底)	$>$1.50 m

【地质特征及区域变化】　省内九峰山组为火山断坳陷盆地型沉积。下部以灰黑色泥岩、灰白色砂岩为主，夹凝灰砂岩、凝灰岩和玄武岩，夹多层薄煤层。泥岩多具极薄的砂岩夹层，砂岩中含煤屑；上部以灰黑色泥岩、凝灰质或粉砂质泥岩为主，夹多层工业煤层及玄武岩和凝灰岩和粉砂岩，泥岩和粉砂岩中发育微层理，产植物化石。下限不清，上限以凝灰质泥岩与甘河组厚层气孔状玄武岩平行不整合接触。时代置早白垩世。

九峰山组呈 NE 向分布于大兴安岭东坡和小兴安岭西北坡，其主体部分在内蒙古大杨树盆地，省内主要见于嫩江县的建边农场、呼玛县的椅子圈，在黑河、孙吴、辰清等地也有一定分布。本组在区域上岩性变化不大，其厚度在建边农场一带为 800～1 250 m，在呼玛县翻身屯为 835 m，在三合站为 600 m，在霍拉盆为 706 m，由南向北，由西向东均有减薄的趋势。

【问题讨论】　关于九峰山组是否有玄武岩夹层问题，是近十几年来存在争议的问题，问题的提出是由于在大杨树以西六万平方公里范围内九峰山组不见玄武岩夹层。根据我们掌握的资料，九峰山组中所夹玄武岩，与上下岩层产状和谐，未见明显的穿插关系和热烘烤现象，因此还不能说它们是后期顺层侵入的次火山岩。另外，即使查明原建组剖面所夹的玄武岩为后期侵入的，也不能说明九峰山组中所夹的玄武岩都是后期侵入的，因为从区域资料看，从九峰山组沉积至其结束都有火山活动。这样，既可有早期进入盆地的溶岩流，也可以有后期侵入的次火山岩体，这并不是非此即彼的关系。

甘河组 K_1g (01-23-0355)

【创名及原始定义】 1973年黑龙江煤管局109队李朝琛等创建于内蒙古鄂伦春自治旗大杨树煤田，1979年黑龙江省区域地层表编写组介绍，原始定义指一套基性火山岩，火山碎屑岩夹沉积岩。

【沿革】 参见九峰山组沿革内容。另外，1981年我省第二区调大队于内蒙古博克图建依列克得组，同年我省第一区调大队于伊春地区建美丰组，均相当于甘河组。本次对比研究采用李朝琛等修订后的甘河组代表上述以中基性熔岩为主的地层。上甘河岩组、玄武岩组、依列克得组、美丰组停用。

【现在定义】 指大磨拐河组（包括原九峰山组）与伊敏组之间的一套基性火山岩夹少量沉积岩序列，岩性为灰黑色、灰紫色玄武岩、气孔状、杏仁状玄武岩、凝灰岩及砂质泥岩。其与上、下地层均为整合接触，局部为指状交叉关系。

【层型】 正层型剖面在内蒙古。省内次层型为嫩江县哈尔通西北山剖面（125°52′00″，49°38′40″）（图1-2中17），黑龙江第一区调大队1984年测制。

上覆地层：**福民河组** 流纹质火山角砾岩

~~~~~~~~ 不 整 合 ~~~~~~~~

甘河组	总厚度 838.10 m
26. 灰褐色气孔状含橄榄玄武岩	226.10 m
25. 灰褐色橄榄玄武岩	11.20 m
24. 灰褐色气孔状橄榄玄武岩	5.10 m
23. 灰褐色杏仁状橄榄玄武岩	48.40 m
22. 灰褐色气孔状橄榄玄武岩	23.10 m
21. 灰褐色杏仁状橄榄玄武岩	15.20 m
20. 灰黑色致密状橄榄玄武岩	35.60 m
19. 灰褐色气孔状杏仁状橄榄玄武岩	72.10 m
18. 灰黑色、灰褐色致密状橄榄玄武岩	146.30 m
17. 灰褐色气孔状、杏仁状橄榄玄武岩	66.60 m
16. 灰黑色、灰紫色、红褐色橄榄玄武岩夹玄武安山岩、气孔状含橄榄玄武岩	155.10 m
15. 红褐色玄武安山质火山角砾岩	15.90 m
14. 灰褐色、褐紫色杏仁状橄榄玄武岩	8.00 m
13. 灰黑色橄榄玄武岩	9.40 m

——————— 平行不整合 ———————

下伏地层：**九峰山组** 灰白色沉凝灰岩夹灰黑色沉凝灰岩及碳质页岩

【地质特征及区域变化】 省内甘河组为一套以中基性熔岩为主的火山岩组合。主要由气孔状、杏仁状橄榄玄武岩、玄武安山岩和玄武安山质火山角砾岩组成，沉积夹层少见。气孔状、杏仁状构造比较发育，杏仁体多为玛瑙及燧石。其底部平行不整合或整合于九峰山组之上，上部被福民河组不整合覆盖。玄武岩平均化学成分具有富硅富碱贫钙、铁、镁的特点，相当辉石安山岩。其里特曼组合指数：大兴安岭地层小区为3.34～3.51，属钙碱性岩系弱太平洋型，小兴安岭地层小区为2.47～3.3，属钙碱性岩系正常太平洋型。时代置早白垩世。
~~~~~~~~

甘河组广泛分布于大、小兴安岭地层小区，为燕山中期火山旋回最发育的地层之一。在小兴安岭地层小区，主要见于甘南以北，嫩江、呼玛及伊春北部等地，岩石以玄武岩、安山玄武岩和安山岩为主。在嫩江县座虎滩至霍龙门一带，具有基→中→基的演化规律，厚度为610～2 075 m；在呼玛镇至铁帽山一带，具有基→中基→碱性的演化规律，下与九峰山组整合接触，被西岗子组不整合覆盖，厚度为400～513 m；在伊春市美丰林场至阿廷河一带，岩石以橄榄玄武岩、安山玄武岩、安山岩及其火山碎屑岩为主，夹中酸性火山岩及粗面岩，具有基→中基→中酸性的演化规律，上部被永青组平行不整合覆盖，厚度大于1 634 m。在大兴安岭地层小区多呈零星的小地质体覆盖于光华组或白音高老组之上，主要见于长缨北、二十四站林场、马林西沟、依希肯等地。岩石以玄武岩、安山玄武岩为主，夹粗安岩，并伴有次火山岩。厚度为165～819 m，以依希肯一带最厚。

综观区域分布特点，甘河期火山活动中心已由大兴安岭主峰一带东移至龙江—大杨树—呼玛一线，由西至东，火山活动增强，岩石基性程度和碱度均有降低趋势。

西岗子组　K_1x　(01-23-0351)

【创名及原始定义】　黑龙江煤管局207队罗骏[1] 1960年创建于爱辉县（现黑河市）西岗子。指西岗子煤田整合于三道沟组之上的含煤地层，岩性以灰白色粉砂岩、细砂岩为主，底部为砂砾岩。上限未控制，时代为晚侏罗世。

【沿革】　该组自创建后，1979年《黑龙江地层表》将其归入伊敏组。1993年《黑龙江地质志》恢复西岗子组，并修订含义包括其下的三道沟组。本次对比研究采用《黑龙江地质志》方案。三道沟组停用。

【现在定义】　指不整合于甘河组之上、孙吴组之下的含煤地层。主要由砂岩和砂砾岩组成，含工业煤层，产植物化石，分上、下两个岩性段。

【层型】　正层型为黑河市西岗子镇西岗子煤田第一走向剖面（127°21′，49°53′）（图1-2中18），黑龙江煤管局207队罗骏1960年测制。

上覆地层：孙吴组　砂砾岩

～～～～～～ 不 整 合 ～～～～～～

西岗子组	总厚度 838.51 m
上段	厚度 214.70 m
47. 灰色粉砂岩夹薄煤层	15.80 m
46. 煤（Ⅱ号层）	0.50 m
45. 灰白色粉砂岩	15.80 m
44. 煤（Ⅲ号层）	0.50 m
43. 灰白色细砂岩夹薄层粉砂岩和泥岩	16.20 m
42. 煤（Ⅳ号层）	0.50 m
41. 灰白色粉砂岩夹细砂岩和煤层，局部夹砾岩	41.40 m
40. 灰色、灰白色砾岩	60.00 m
39. 灰色、暗灰色粉砂岩、细砂岩夹砾岩和砂砾岩	20.30 m
38. 灰色、灰绿色砾岩、砂砾岩夹薄层细粉砂岩	43.70 m

① 黑龙江省煤管局207队罗骏，1960，西岗子煤田三道沟区普查勘探报告，未刊。

下段	厚度 623.81 m
37. 灰白色粉砂岩夹薄层砂砾岩和煤层	65.10 m
36. 煤（Ⅴ号层）	0.50 m
35. 灰白色粉砂岩夹薄层泥岩	10.40 m
34. 煤（Ⅵ号）	0.50 m
33. 灰色粉砂岩、泥岩夹薄煤层	11.65 m
32. 煤（Ⅶ号）	0.50 m
31. 灰白色粉砂岩夹粗砂岩和黑色泥岩	38.60 m
30. 煤（Ⅷ号）	0.50 m
29. 灰白色细砂岩夹泥岩和粗砂岩	9.35 m
28. 煤（Ⅸ号）	0.50 m
27. 灰白色粉砂岩、细砂岩、粗砂岩与砂砾岩互层	40.30 m
26. 灰白色、灰绿色砂砾岩与细砂岩互层	13.70 m
24. 灰绿色砂砾岩和砾岩	17.60 m
23. 灰白色含砾砂岩、砾岩夹粉砂岩	55.30 m
22. 灰白色细砂岩和粉砂岩	16.45 m
21. 灰白色、灰色中粗粒砂岩夹薄层细砂岩	30.05 m
20. 黑灰色粉砂岩	19.05 m
19. 灰白色砂砾岩夹薄层细粉砂岩	20.55 m
18. 煤层	0.50 m
17. 灰色砂砾岩夹薄层细粉砂岩	26.15 m
16. 灰白色粉砂岩	3.50 m
15. 灰白色、灰色砂岩夹薄层粉砂岩	1.56 m
14. 深灰色、灰绿色细砂岩、粉砂岩	2.80 m
13. 灰色、灰白色砂岩	13.25 m
12. 深灰色细砂岩夹薄层粉砂岩	2.95 m
11. 灰黑色泥岩和粉砂岩	7.65 m
10. 灰白色砾岩和砂砾岩	47.55 m
9. 灰白色、深灰色粉砂岩夹薄层粗砂岩	13.60 m
8. 灰白色粗砂岩、深灰色粉砂岩夹薄层粗砂岩	13.30 m
7. 灰白色砂砾岩和粗砂岩	7.20 m
6. 灰色细砂岩和深灰色粉砂岩	11.70 m
5. 灰黑色泥岩	2.00 m
4. 灰色、灰白色砂砾岩和中细粒砂岩	34.60 m
3. 灰色、深灰色粉砂岩和细砂岩	13.70 m
2. 黑灰色泥岩	22.85 m
1. 灰白色砾岩	20.00 m

～～～～～～～～～ 不 整 合 ～～～～～～～～～

下覆地层：甘河组　粗面安山岩

【地质特征及区域变化】　西岗子组仅见于黑河市的西岗子至三道沟一带。为一套河流、湖沼相含煤碎屑沉积。下段厚 623.81 m，由灰白色、深灰色砾岩、砂砾岩、粗砂岩至粉砂岩、泥岩和多层可采煤组成，砾岩与砂泥岩多呈互层状产出，由粗至细可划两个旋回；上段厚 214.70 m，下部以砾岩、砂砾岩为主，夹细砂岩、粉砂岩，上部为灰白色粉砂岩夹细砂岩、泥岩及可采煤层，产孢粉、植物化石，构成由粗至细的正旋回。时代置早白垩世。

【问题讨论】 关于黑龙江省东西部煤系对比问题，尚未取得统一认识。1979年黑龙江省区域地层表编写组将三道沟组、西岗子组划入扎赉诺尔群的大磨拐河组和伊敏组，与鸡西群的穆棱组、城子河组对比。1990年马家俊、蔺秀章在研究东、西部煤系地层时，根据煤系地层的变质程度、生物情况及火山岩同位素年龄数据，将西部的西岗子组与东部的淘淇河组对比；1993年《黑龙江地质志》将西岗子组、九峰山组与穆棱组、城子河组对比。本次对比研究认为，从大的沉积建造环境考虑，西岗子组、九峰山组与鸡西群的穆棱组、城子河组应属同期煤系地层，但又确实存在着西部甘河组之上的西岗子组，从煤层的变质程度及所含生物情况看，与穆棱组、城子河组有一定的差异，如前者未经受变质作用，煤以褐煤为主，后者则为经过变质的高级烟煤、气煤、焦煤等；前者产有见于淘淇河组、东山组的 *Neozamites*，后者则位于产 *Neozamites* 的东山组之下。因此，二者虽属同一含煤层位，并非在同一等时面上，西部煤系的时代要偏晚一些。

松花江群 K*S* （01-23-0426）

【创名及原始定义】 松花江群由内野敏夫等（日本）1937年创名，称松花江统。地点在吉林省榆树市陶赖昭松花江南岸，其含义指一套杂色泥岩层及黑色泥岩层。

【沿革】 1942年小林贞一与铃木好一将泉头层、嫩江层、伏龙泉层均纳入松花江统，扩大了松花江统的原始含义。1958年地质部第二普查勘探大队将泉头至四方台层称松花江系。1959年松辽石油勘探局综合队始称松花江群，并将未定名组（明水组）纳入；同年顾知微于第一次全国地层会议将松花江群限于嫩江组以上地层，登楼库组至姚家组称泉头群。1965年地质部第二普查勘探大队将登楼库组至伏龙泉组称松花江群。1985年大庆石油管理局高瑞琪、赵传本将泉头组至嫩江组称松花江群。1986年郝诒纯、苏德英将泉头组至明水组称松花江群。本次对比研究将松辽盆地发展过程中形成的由登楼库组至明水组整套地层均纳入松花江群（表10-2）。

【现在定义】 松花江群指松辽盆地整个白垩纪地层，以湖相细碎屑沉积为主，产多门类淡水生物化石和丰富的油气资源。自下而上划分为登楼库组、泉头组、青山口组、姚家组、嫩江组、四方台组和明水组。

登楼库组 K_1*dn* （01-23-0349）

【创名及原始定义】 松辽石油普查大队1959年创建于吉林省前郭尔罗斯蒙古族自治县吉拉叶乡登楼库松基二井。其含义为由棕黑色、灰黑色、紫色、青灰色粉砂质泥岩、粉砂岩、细砂岩组成的一套地层，厚度大于440 m，与上覆泉头组呈连续过渡，时代为晚侏罗世或白垩纪。

【沿革】 登楼库组自建组以来基本为各家所沿用（表10-2），仅裘松余1988—1991年将登楼库组以松基六井为代表剖面，二分为安达组和石屋组。本次对比研究仍沿用登楼库组，安达组和石屋组停用。

【现在定义】 在松辽盆地深部是由灰黑、深灰色夹紫色为主的泥岩、砂岩、砾岩组成的一套地层。盆地东南缘本组相变为河流相粗碎屑岩，以砂岩、含砾砂岩、砾岩为主，夹少量泥岩。产植物化石。不整合在不同时代老地层之上。与上覆泉头组呈过渡关系。

【层型】 选层型剖面在吉林省。省内次层型为安达市松基六井钻孔剖面（125°19′，46°24′）剖面（图1-2中39），大庆油田钻井指挥部32139钻井队1967年测制。

表 10-2 松花江群沿革表

作者	年代	地区	地层划分（自上而下）
内野敏夫等	1937	吉林省榆树市	K?：松花江统
小林贞一、铃木好一	1942	伏龙泉地区	K2-3：松花江统（伏龙泉层、嫩江层、泉头层）
东北地质局地勘组	1955	松辽盆地	K：松花江统、泉头统
地质部第二普查大队	1958	松辽盆地	E：北安层（克山层）；K：松花江系（四方台层、伏龙泉层、姚家层、青山口层、泉头层）
松辽石油局综合队	1959	松辽盆地	?；K：松花江群（四方台组、伏龙泉组、姚家组、青山口组、泉头组）；K/J：登楼库组
顾知微	1959	松花江区	K_2：松花江群（四方台组、嫩江组、姚家组、青山口组）；K_1：泉头群（纪家岭组、登楼库组）
地质部第二普查大队	1965	松辽盆地	E：明水组、四方台组；K_2：松花江群（伏龙泉组、姚家组、青山口组、泉头组）；K_1：登楼库组
高瑞琪、赵传本	1985	松辽盆地	K_3：明水组、四方台组；K_2：松花江群（嫩江组、姚家组、青山口组、泉头组）；K_1：登楼库组
郝诒纯、苏德英	1986	松辽分区	K_3：明水组、四方台组；K_2：松花江群（嫩江组、姚家组、青山口组、泉头组）；K_1：登楼库组
本书		松嫩地层小区	K_2：松花江群（明水组、四方台组、嫩江组、姚家组、青山口组）；K_1：泉头组、登楼库组

上覆地层：**泉头组**　泥岩

——————— 整　合 ———————

登楼库组　总厚度 1 547.00 m

四段　厚度 166.00 m

18. 浅绿灰色细粒杂砂岩，局部见炭屑　11.00 m
17. 紫褐色、灰褐色粉砂质泥岩与紫灰色、浅紫灰色细粒杂砂质长石砂岩和粉砂岩互层，含铁质结核及钙质团块　59.00 m
16. 浅灰色、灰白色细粒杂砂岩及细粒、中粒杂砂质长石砂岩，夹紫褐色、灰褐色粉砂质泥岩和杂色泥质粉砂岩　65.50 m
15. 紫褐色、灰褐色粉砂质泥岩，夹紫褐色泥质粉砂岩　30.50 m

三段　厚度 562.00 m

14. 浅灰色、灰白色含砾杂砂质长石砂岩，夹灰绿色泥岩　28.00 m
13. 灰白色细粒杂砂质长石砂岩与灰褐色、深灰色、紫褐色粉砂质泥岩及灰色泥质粉砂岩互层　149.00 m
12. 深灰色、灰褐色、紫褐色粉砂质泥岩与灰白色、浅灰绿色、浅灰色、紫灰色细粒杂砂质长石砂岩、深灰色粉砂质泥岩、灰色泥质粉砂岩互层　124.00 m
11. 深灰色粉砂质泥岩与深灰色、灰色泥质粉砂岩、灰白色细粒、中粒杂砂岩互层　71.00 m
10. 浅灰色、灰白色杂砂质长石砂岩与深灰色粉砂质泥岩呈不等厚互层　17.00 m
9. 深灰色、紫褐色粉砂质泥岩与绿灰色泥质粉砂岩呈不等厚互层　59.00 m
8. 灰白色块状细粒杂砂质长石砂岩及细粒杂砂岩，局部含钙质砾石　59.00 m
7. 深灰色、灰褐色粉砂质泥岩、绿灰色泥质粉砂岩与灰色、浅灰色杂砂质长石砂岩呈不等厚互层，砂岩自上而下变粗，含砾石、泥砾及炭屑，局部含钙质　55.00 m

二段　厚度 700.00m

6. 深灰色粉砂质泥岩与绿灰色泥质粉砂岩呈不等厚互层，夹浅灰色、灰白色细粒杂砂岩及杂砂质长石砂岩，局部含炭屑及砾石　36.00 m
5. 深灰色、灰黑色粉砂质泥岩与浅灰色、灰白色细粒杂砂岩互层，夹绿灰色泥质粉砂岩，局部含钙质和炭屑，具微细层理，偶见泥灰岩　87.00 m
4. 灰黑色粉砂质泥岩与绿灰色泥质粉砂岩呈不等厚互层，夹灰白色细粒杂砂岩　223.00 m
3. 灰黑色粉砂质泥岩与灰色泥质粉砂岩呈不等厚互层，夹浅灰色、灰白色杂砂岩　354.00 m

一段　厚度 119.00 m

2. 杂色砾岩与浅灰色砾状砂岩互层，含炭屑　33.00 m
1. 浅灰色、灰白色砾岩，夹砂砾岩　86.00 m

~~~~~~~~ 不 整 合 ~~~~~~~~

下伏地层：**光华组**　凝灰岩

【地质特征及区域变化】　省内登楼库组可划分两个正旋回、四个岩性段。第一旋回由一段和二段组成：一段下部为灰白色砾岩夹砂砾岩，不整合于侏罗纪—白垩纪火山岩之上（光华组等），上部为杂色砾岩与砂岩互层，含炭屑，厚度 119 m；二段为灰黑色粉砂质泥岩与灰绿色泥质粉砂岩不等厚互层夹灰白色杂砂岩，厚度 700 m。第二旋回由三段、四段组成：三段为灰白色块状中细粒杂砂质长石砂岩与粉砂质泥岩及泥质粉砂岩不等厚互层，厚 562 m；四段为紫褐色、灰褐色粉砂质泥岩与灰白色、浅绿灰色杂砂岩不等厚互层，含铁质结核、钙质团块及炭屑，与上覆泉头组底部紫褐色粉砂质泥岩渐变过渡，厚 166 m，产孢粉、少量植物及零星叶肢介化石。时代置早白垩世。
~~~~~~~~

登楼库组分布明显受基底构造控制，省内钻遇该组的地区有安达、葡萄花、三肇等地，地表未见出露。其岩石组合基本相同，但安达、葡萄花一带粒度细，泥岩多为黑色，三肇和东部隆起区粒度较粗，泥岩多为红色。在安达、葡萄花一带厚度为 1 547 m，在肇州的朝阳沟一带厚度大于 1 019 m（图 10－2）。

泉头组　K_1q　（01－23－0348）

【创名及原始定义】　羽田重吉（日本）1927 年创建于辽宁省昌图县泉头村附近，称泉头层。指由赤褐紫等色砾岩、凝灰质砂岩、泥岩、页岩组成的一套地层，时代为白垩纪。

【沿革】　1943 年（日人）坂口重雄将泉头层改称泉头统，时代为白垩纪。1959 年地质部第二普查勘探大队和松辽石油勘探局综合队改称泉头组，同年顾知微将登楼库组至姚家组称泉头群，将泉头组改称纪家岭组。此后纪家岭组未被采用，泉头组沿用至今（表 10－2）。

【现在定义】　指不整合于阜新组及其他较老地层之上的以紫色页岩、粉砂岩为主，夹紫、黄、灰绿、灰等杂色砂岩、含砾砂岩、砾岩及砂质灰岩等组成的一套地层。区内未见上覆地层。

【层型】　正层型剖面在辽宁省。省内次层型为富裕县乌一井钻孔剖面（124°30′，47°30′）（图 1－2 中 40），大庆油田勘探指挥部 32139 队 1974 年测制。

上覆地层：**青山口组**　黑色泥岩

——————— 整　合 ———————

泉头组	总厚度 614.50 m
四段	厚度 49.50 m
12. 灰绿色粉砂质泥岩，灰色粉细砂岩	6.50 m
11. 灰色泥质粉砂岩、粉砂质泥岩、灰白色粉砂岩夹紫红色泥岩，底部为褐色细-中砂岩	27.00 m
10. 褐色粉砂岩、粉砂质泥岩、灰白色细-中砂岩夹少量紫红色、灰色泥岩，底部为钙质含泥砾粉砂岩	16.00 m
三段	厚度 293.50 m
9. 灰色泥质粉砂岩、灰绿色粉砂质泥岩与紫红色泥岩互层，下部夹粉细砂岩及褐色泥质粉砂岩	69.50 m
8. 紫红色泥岩、粉砂质泥岩与褐色泥质粉砂岩互层，夹灰色、灰白色粉砂岩、细一中砂岩及含钙粉砂岩	77.00 m
7. 灰白色粉砂岩钙质粉砂岩、细一中砂岩、紫红色泥岩及粉砂质泥岩，底部为灰白色砂砾岩	82.00 m
6. 灰白色、灰色砂岩、粉砂岩、泥质粉砂岩与褐色泥质粉砂岩互层	65.00 m
二段	厚度 80.00 m
5. 紫红色粉砂质泥岩、紫红色夹灰绿色泥质粉砂岩、粉砂岩、细砂岩互层	42.00 m
4. 灰色、紫红色、杂灰绿色泥岩与灰色、灰白色粉砂岩互层，含炭屑	38.00 m
一段	厚度 191.50 m
3. 紫红色、杂灰绿色、灰白色砂砾岩与紫红色泥岩、褐色、灰色泥质粉砂岩互层，含钙质团块、炭屑和菱铁矿	82.00 m
2. 紫红色、杂灰绿色砾岩、砂砾岩夹灰色砂岩、灰白色中粗砂岩	54.00 m
1. 紫红色、杂灰绿色砂砾岩夹黑色泥岩、粉砂质泥岩和灰色粉砂岩	55.00 m

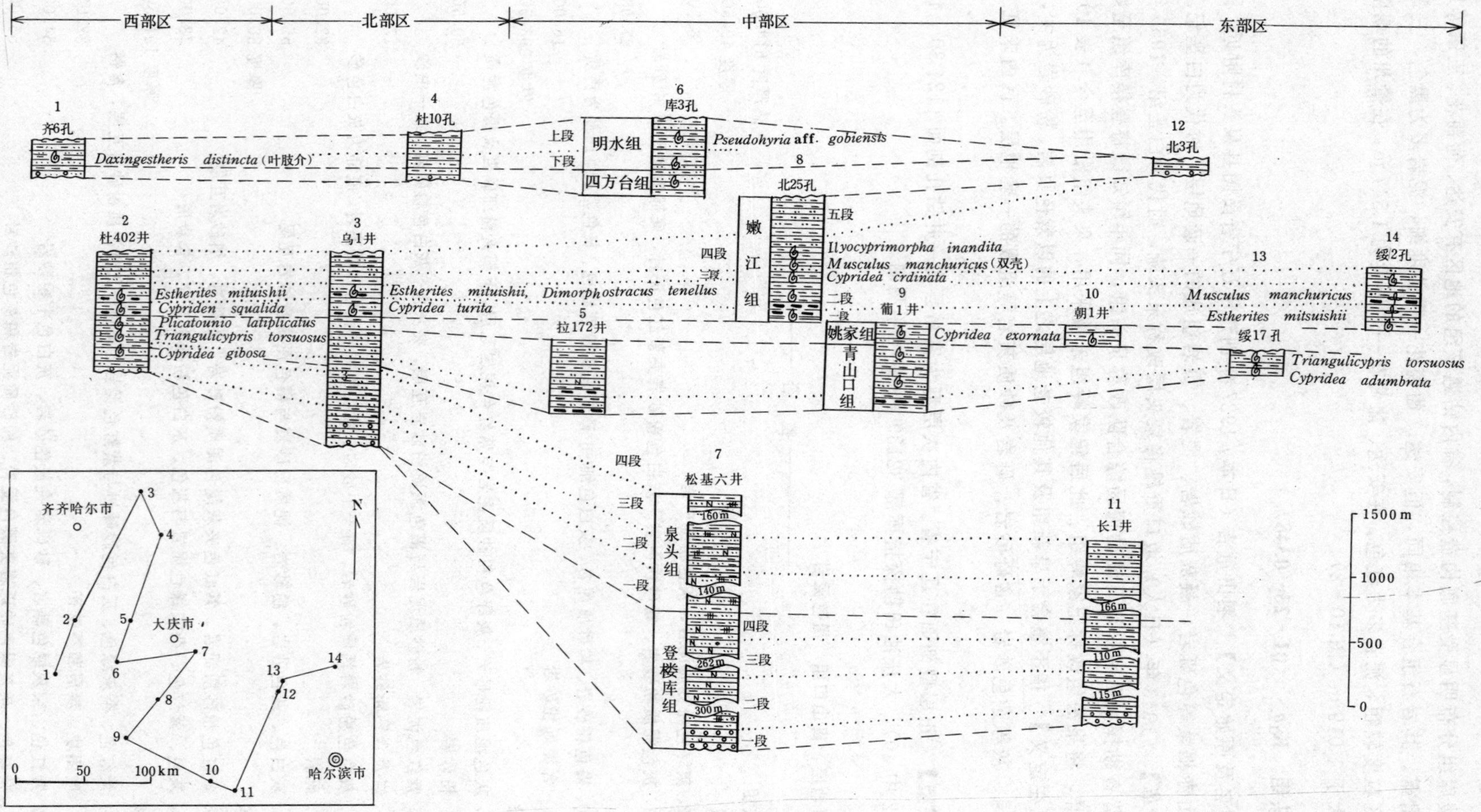

图 10-2 松花江群柱状对比图

——————整　合——————

下伏地层：**登楼库组**　杂色砾岩、含砾砂岩与灰色、紫褐色粉砂质泥岩、泥质粉砂岩互层

【地质特征及区域变化】　省内泉头组分四个岩性段。一段为紫红色、杂绿色砂砾岩、砂岩、泥岩，含钙质团块、炭屑及菱铁矿；二段为紫红色、杂绿色泥岩与灰至灰白色砂岩互层，含炭屑；三段下部为灰白色砂岩、钙质砂岩与紫红色、褐色泥岩、粉砂质泥岩互层夹砂砾岩，上部为紫红色泥岩、粉砂质泥岩与泥质粉砂岩互层夹灰白色粉砂岩、砂岩及钙质砂岩，产双壳类及介形虫化石；四段为杂色泥岩、粉砂质泥岩及粉砂岩、细砂岩的韵律性互层，含钙质泥砾，产植物、双壳类、介形虫化石，下与登楼库组整合接触，与上覆青山口组为连续沉积。时代置早白垩世。

泉头组在省内主要分布于松嫩盆地绥棱—北安—德都—讷河连线以南地区，向南延入吉林省。早期沉积主要限于中央坳陷地带，晚期范围明显扩大，盆地内均有分布。其厚度一般为 600～1 500 m，最大可达 2 200 m。

一段在北部的林甸—明水一带以杂色砾岩为主夹砂岩、泥岩，超覆于基底之上；在中部的大庆、葡萄花及东部隆起区的坳陷地带为砂岩与泥岩互层，西部地区缺失本段。二段各地岩性大体相同。三段沉积时范围明显扩大，在西部的富拉尔基至泰来一带，下部多含角砾岩；在绥化一带顶部发育厚层黑色泥岩，产介形虫及植物化石。四段以底部富含钙质和顶部普遍发育一层灰绿色富含介形虫泥岩为特点，全区均有分布（图 10－2）。

青山口组　K_2qn　（01－23－0347）

【创名及原始定义】　松辽石油普查大队 1958 年创建于吉林省农安县青山口，称青山口层。全国地层委员会 1962 年介绍。自上而下为：Cr_1b_2 层由灰色、青灰色薄层、块状高岭土质泥岩组成，产介形虫，并夹数层含油层；Cr_1b_1 层以黑、灰黑色页岩、泥岩为主，夹灰黑色砂质页岩及油页岩。产介形虫，并构成介形虫泥灰岩，还有叶肢介、鱼等。

【沿革】　1959 年松辽石油普查大队改称青山口组①，1962 年全国地层会议正式称青山口组，此后沿用至今（表 10－2）。

【现在定义】　指整合于泉头组之上、姚家组之下，以灰、青灰、灰黑、黑色泥岩、页岩、砂质泥岩为主，夹数层油页岩所组成的地层。产介形虫、叶肢介、鱼化石等。其上下界线均以紫色泥岩出现或消失分界。在黑龙江省以厚层暗色泥岩为顶、底，与上、下地层分界。

【层型】　选层型在吉林省大安市。省内次层型为安达市葡一井钻孔剖面（124°35′00″，45°55′00″）（图 1－2 中 41），松辽石油勘探指挥部 32142 队 1961 年测制。

上覆地层：**姚家组**　细砂岩

——————整　合——————

青山口组	总厚度 488.50 m
10. 黑色泥岩，夹介形虫化石层，介形虫有：*Cypridea panda*	10.00 m
9. 灰绿色粉砂质泥岩	13.50 m
8. 黑灰色、深灰色泥岩夹灰色、灰绿色粉砂质泥岩及黑褐色泥岩，产大量介形虫化石	78.00 m
7. 灰黑色、黑灰色页岩、灰黑色泥岩，夹薄层深灰色泥质灰岩及灰色细砂岩，产叶肢介：	

① 松辽石油普查大队，1959，1958 年松辽石油地质普查报告第Ⅰ、Ⅱ部分（未刊）。

Clathrostracus songhuajiangensis，介形虫：*Lycopterocypris* sp.，*Ziziphocypris rugosa*，*Z. simakovi*，*Sunliavia tumida* 及双壳类、鱼化石碎片　121.00 m

6. 黑色、黑灰色页岩，灰黑色泥岩夹灰黑色粉砂质泥岩及灰白色粉砂岩，产介形虫：*Triangulicypris torsuosus*　81.00 m

5. 灰色细砂岩与黑灰色泥岩互层　5.00 m

4. 灰黑色、黑色泥岩、灰黑色页岩，夹泥质灰岩及泥岩，产介形虫：*Limnocypridea copiosa*，*Triangulicypris trinoderis*，*T. torsuosus* 及鱼化石碎片　98.50 m

3. 灰黑色、黑色泥岩夹灰黑色页岩　15.00 m

2. 黑色、灰黑色页岩夹薄层油页岩及含砂质泥灰岩　24.00 m

1. 黑色泥岩夹薄层深灰色泥质灰岩，含黄铁矿晶体　41.50 m

——— 整　合 ———

下伏地层：**泉头组**　泥岩

【地质特征及区域变化】　省内青山口组以暗色细碎屑沉积为主，为松辽盆地的主要生油层之一。下部地层以黑色泥岩、页岩为主夹薄层泥灰岩和油页岩，属正韵律结构，底部黑色泥岩富含黄铁矿，姚家组细砂岩之下，为区域性标志层；上部地层以黑灰色泥岩、页岩为主夹砂质泥岩、砂岩、泥质灰岩及介形虫层，自下而上由反韵律转正韵律。整合于泉头组灰绿色泥岩之上。本组为松辽盆地第一次生物繁盛期，产有介形虫、叶肢介、双壳类、鱼、蜥、沟鞭藻、孢粉、植物、轮藻等多门类生物化石。时代置晚白垩世早期。

青山口组基本遍布全区。下部地层各地基本相同，北部地区向盆地边缘砂岩增多并出现红色泥岩，厚度为 30～130 m，生物不发育，除介形虫外，仅见零星植物化石；上部地层以暗色泥岩为主，其厚度在中部地区为 400～500 m，东部、北部地区为 130～350 m，西部地区厚度较小为 53～124 m，生物发育，计有介形虫、叶肢介、鱼、双壳类、腹足类、鳄、植物、轮藻、沟鞭藻、孢粉等十余个门类（图 10－2）。

根据高瑞琪、何承全 1992 年资料，在青山口组下部黑色泥岩中发现微咸水至半咸水沟鞭藻 7 属 12 种，以口堪斯藻属和拟裸沟藻属为主，属海水影响下较深水泻湖环境生物组合。

姚家组　K_2yj　(01－23－0346)

【创名及原始定义】　松辽石油普查大队 1958 年创建于吉林省德惠县姚家车站松花江桥南端，称姚家层。全国地层委员会 1962 年介绍。其含义是：分布于姚家车站和整个盆地内的上部层为棕红、砖红色块状泥岩与灰绿色粉砂质泥岩、粉砂岩互层，产介形虫、双壳类化石；下部层为褐红色与灰绿色块状及厚层状泥岩互层。与青山口层呈渐变过渡关系。

【沿革】　1959 年松辽石油普查大队改称姚家组，1962 年全国地层会议正式称姚家组，此后沿用至今（表 10－2）。

【现在定义】　指整合于青山口组之上、嫩江组之下的一套湖相沉积细碎屑岩。主要以棕红、砖红、褐红色泥岩与灰绿色泥岩、粉砂岩互层为特点。产介形虫、双壳类等化石。与上覆嫩江组以杂色泥岩消失为界，与下伏青山口组以出现杂色泥岩为界。

【层型】　选层型剖面在吉林省扶余市。省内次层型为安达市萨 195 井钻孔剖面（125°02′，46°35′）（图 1－2 中 42），松辽石油勘探局 1964 年测制。

上覆地层：**嫩江组**　黑色泥岩

——————整　合——————

姚家组	总厚度 137.00 m
12. 灰绿色粉、细砂岩，上部渐变为泥质砂岩、砂质泥岩，产介形虫:*Candona* sp.	4.80 m
11. 灰绿色、灰色泥岩、砂质泥岩与灰色、灰绿色细、粉砂岩、泥质砂岩互层，产介形虫：*Cypridea dorsoangula*，*C. songhuajiangensis*，*Lycopterocypris obinflatus*	16.60 m
10. 灰色及少量灰绿色泥质粉砂岩、粉砂质泥岩，夹薄层砂岩及灰黑色泥岩，下部为砂岩及介形虫钙质砂岩，产介形虫化石与第 11 层同，尚有 *Ziziphocypris concta*	12.40 m
9. 灰色、灰绿色泥岩、砂质泥岩、泥质砂岩互层，夹薄层砂岩及钙质砂岩，产介形虫：*Cypridea infidelis*；叶肢介:*Palaeolimnadiopsis andaensis*	9.50 m
8. 灰绿色、灰白色细、粉砂岩夹薄层灰色、灰绿色砂质泥岩	6.70 m
7. 灰色、灰绿色泥质砂岩、砂质泥岩及泥岩互层，夹砂岩及介形虫钙质砂岩，产介形虫:*Cypridea favosa*，*C. infidelis*	15.00 m
6. 灰色及少量绿色泥岩、砂质泥岩与砂岩互层，产介形虫化石，除同上层者外，还有 *Cypridea fabulata*，*Ziziphocypris concta*	19.00 m
5. 灰色泥质粉砂岩、粉砂质泥岩，夹薄层砂岩及钙质粉砂岩，产介形虫：*Cypridea infidelis*，*C. favosa*，*Lycopterocypris* sp.	6.00 m
4. 灰绿色、灰色、紫红色泥岩、砂质泥岩和泥质砂岩，中下部夹薄层砂岩，产介形虫:*Cypridea* aff. *tera*，*Ziziphocypris rugosa*，*Z. concta*，*Candoniella* sp.	21.40 m
3. 灰绿色块状泥岩、薄层泥质粉砂岩	3.90 m
2. 灰白色、灰色中、细砂岩，上部夹薄层泥质粉砂岩	12.10 m
1. 灰色、灰白色中、细砂岩，夹薄层灰色、灰绿色泥岩、泥质砂岩及钙质砂岩	9.60 m

——————整　合——————

下伏地层：青山口组　黑色泥岩

【地质特征及区域变化】　省内姚家组以杂色泥岩与灰白色、灰绿色砂岩互层为特点，下部为灰白色中、细砂岩与灰绿色、紫红色泥岩、砂质泥岩互层，夹钙质砂岩，产介形虫化石。上部为灰色、灰绿色、灰黑色、棕红色泥岩、砂质泥岩与灰白色、灰绿色细砂岩、粉砂岩、泥质砂岩互层，夹钙质砂岩和介形虫钙质砂岩，局部见油页岩。产介形虫、叶肢介、双壳类、鱼及孢粉化石。与下伏青山口组在盆地中部为整合接触，其它地区为平行不整合接触，上与嫩江组整合接触，为松辽盆地的主要储油层。时代置晚白垩世早期。

姚家组分布范围基本同青山口组，除北部嫩江至德都一线以北无沉积外，基本遍及全区。下部地层在盆地中心的古龙、葡萄花一带，为灰黑色、灰绿色泥岩与砂岩互层，向东、东南则为棕红色、灰绿色泥岩夹粉砂岩；向北、西岩石粒度变粗，其厚度在中部地区为 60～73 m，其它地区则为 14～45 m。上部地层在盆地中心为灰绿色、灰黑色泥岩夹粉砂质泥岩及油页岩，其它地区为棕红色、灰绿色泥岩夹灰白色、灰绿色细砂岩，西部地区见泥砾岩，其厚度在盆地中部地区为 60～100 m，其它地区为 17～88 m。上部地层生物比较发育，有介形虫、轮藻、叶肢介、鱼、双壳类、孢粉等门类（图 10－2）。

姚家组为松辽盆地水域退缩时期的产物，深湖至较深湖相仅限于安达至葡萄花一带，东部地区为大面积山前淤积平原相，北部及西部以泛滥平原相和三角洲分流平原相为主。

嫩江组　K_2nn　（01－23－0343）

【创名及原始定义】　谭锡畴、王恒升 1929 年创建于嫩江县城西北甘河东岸柳屯（或蒋家屯）东山坡（现划归内蒙古自治区），称嫩江页岩系。指出露于嫩江县城至柏根里一带的灰色、蓝灰色页岩，产甲壳及植物化石。厚约 500 m，时代为早白垩世。

【沿革】 1942 年小林贞一、铃木好一（日本）在吉林省农安县伏龙泉地区建立的伏龙泉层，相当嫩江组上部层位。1958 年松辽石油普查大队以伏龙泉层代表包括嫩江页岩系、“伏龙泉层”及其以上一段地层。1959 年顾知微曾建议以嫩江组取代伏龙泉组，后因使用习惯未被采用。1979 年《黑龙江地层表》采用嫩江组。此后沿用至今（表 10－2）。乌河组、北学合组归入嫩江组，伏龙泉组、东风组、曾家窝棚组与嫩江组同物异名，省内停用。

【现在定义】 指松辽盆地，整合于姚家组之上、四方台组之下的细碎屑岩组合。以灰黑色泥岩为主，夹灰白色、灰绿色细砂岩、粉砂岩。下部夹油页岩，上部出现红色泥岩。产丰富的介形虫、叶肢介及鱼、双壳类、腹足类、轮藻等化石。

【层型】 未查到创名时的剖面，现以肇州县光荣乡郑德福屯北 25 孔钻孔剖面（125°15′，45°42′）（图 1－2 中 43）为选层型，地质部第二普查勘探大队 1965 年测制。

上覆地层：四方台组 细砂岩

——————整 合——————

嫩江组	总厚度 1 010.70 m
五段	厚度 285.70 m
21. 棕红色粉砂质泥岩，底部为灰白色细砂岩，泥岩中产植物化石碎片	45.40 m
20. 暗棕色、棕红色粉砂质泥岩，夹薄层细砂岩和棕红色泥岩	41.40 m
19. 灰绿色粉砂质泥岩夹薄层泥岩、泥质粉砂岩和细砂岩	66.10 m
18. 灰棕色泥岩夹灰绿色细砂岩，产介形虫 *Cypridea* sp.	89.70 m
17. 灰绿色、紫红色粉砂质泥岩，夹泥质粉砂岩和细砂岩	43.10 m
四段	厚度 278.00 m
16. 灰绿色泥岩、粉砂质泥岩及泥质粉砂岩，夹灰白色粉砂岩及细砂岩，上部为紫红色粉砂质泥岩	131.80 m
15. 灰绿色泥岩、粉砂质泥岩及泥质粉砂岩，底部为灰白色粉砂岩夹灰黑色粉砂质泥岩，化石丰富，产介形虫：*Ilyocyprimorpha sungarinensis*，双壳类：*Leptesthes asiatica*，*Fulpioides huaideensis*，*Sphaerium shantungense*	40.70 m
14. 灰绿色泥岩、粉砂质泥岩及泥质粉砂岩，夹薄层粉砂岩和细砂岩，上部灰黑色泥岩中产介形虫：*Ilyocyprimorpha inandita*，*Cypridea liaoheensis*；双壳类：*Leptesthes asiatica*，*Sphaerium fulungchuanense*	82.80 m
13. 灰色及灰绿色粉砂质泥岩与灰白色细砂岩互层，产双壳类：*Sphaerium fulungchuanense*，*Fulpioides orientalis*，*Brachidontes sinensis*，*Musculus manchuricus* 及植物化石碎片	22.70 m
三段	厚度 93.00 m
12. 灰绿色粉砂质泥岩与灰白色粉砂岩、细砂岩不等厚互层，产双壳类：*Sphaerium fulungchuanense*，*Sphaerium shantungense*	15.70 m
11. 灰白色细砂岩夹灰色、灰绿色粉砂质泥岩，产腹足类化石及植物化石碎片	17.10 m
10. 顶部为灰色粉砂质泥岩及灰白色粉砂岩，往下为黑灰色泥质粉砂岩夹灰白色粉砂岩	19.60 m
9. 灰黑色泥岩，底部为灰黑色粉砂质泥岩，产双壳类：*Sphaerium fulungchuanense*；介形虫：*Cypridea* ex gr. *arca*，*C. bella*，*Limnocypridea harbinensis*，*Cypridea ordinata*，*C.* ? *dissona*	40.60 m
二段	厚度 233.50 m

8. 灰黑色泥页岩夹灰色泥质粉砂岩，产双壳类：*Musculus subrotundus*；介形虫：*Cypridea* aff. *arca*，*Limnocypridea harbinensis* 38.50 m

7. 灰色粉砂质泥岩与灰黑色泥页岩呈不等厚互层，产介形虫：*Mongolianella ampla* 57.00 m

6. 灰色、灰黑色粉砂质泥岩，夹薄层泥质粉砂岩及灰黑色泥页岩，产双壳类：*Musculus manchuricus*；介形虫：*Mongolianella*? *ampla* 83.00 m

5. 灰黑色泥页岩夹灰黑色泥岩，产介形虫：*Cypridea* aff. *acclinia* 32.40 m

4. 灰黑色油页岩，产叶肢介及介形虫化石 22.60 m

一段 厚度 120.50 m

3. 黑灰—灰黑色泥页岩夹薄层油页岩，产双壳类：*Fulpioides orientalis*；介形虫：*Cypridea gunzhulinensis*，*C.* aff. *recta*，*C. tsomlinensis*，*Harbinia hapla* 90.10 m

2. 青灰色及灰黑色泥岩夹粉砂质砂岩，产介形虫：*Cypridea tera*，*C. porrecta*，*Zizipho-cypris simakovi* 21.40 m

1. 灰黑色泥页岩，产介形虫及叶肢介化石 9.00 m

——— 整　合 ———

下伏地层：**姚家组**　砂质泥岩

【地质特征及区域变化】　嫩江组岩石的粒度具有下细上粗，颜色由黑绿—红的特点。可分为五个岩性段：一段以灰黑色泥岩、页岩为主夹油页岩及粉砂质泥岩，底部灰黑色泥页岩称第二标准层，以此与姚家组分界；二段为灰黑色泥页岩与粉砂质泥岩互层夹泥质粉砂岩，底部灰黑色油页岩称第三标准层，；三段下部以灰黑色泥岩为主，上部为灰白色细砂岩、粉砂岩与粉砂质泥岩或泥质粉砂岩不等厚互层，形成三个下细上粗的反韵律层；四段以灰绿色泥岩、粉砂质泥岩为主，夹泥质粉砂岩及灰白色细砂岩、粉砂岩；五段为棕红色、灰绿色粉砂质泥岩、泥岩夹灰绿色、灰白色细砂岩、泥质粉砂岩。本组一、二段为松辽盆地的主要生油岩系之一。本组是松花江群中生物最发育的一个地层单位，产植物、恐龙、昆虫、鳄、鳖、鱼、叶肢介、介形虫、双壳类、腹足类、轮藻、沟鞭藻等十几个门类。时代置晚白垩世。

嫩江组在松辽盆地内广泛分布，地表露头见于兰西县的呼兰河沿岸及北部嫩江、德都两县部分地区。以盆地中部地区和东部地区发育较全，北部和西部地区缺失第五段，在泰康一带仅见有一、二段沉积。其厚度在中部地区为 500 至 1 010 m；东部地区为 504～645 m；北部、西部地区一般为 170～400 m。其岩石组合，各地大致相同，一、二段在中部地区以灰黑色泥岩、泥页岩为主，夹砂质泥岩及油页岩，东部地区出现砂岩夹层，北部及西部地区为泥页岩与砂岩互层；三、四段岩性在盆地中无变化；五段主要分布于中部和东部肇东、绥化等地，岩性变化不大（图 10－2）。嫩江组与下伏姚家组为连续沉积，只是在北部的嫩江、德都等地超覆于前中生代地层之上。

四方台组　K_2s　(01－23－0342)

【创名及原始定义】　四方台组源自郝铃琦 (Horinchi K)（日本）① 1937 年创建的四方台层。指出露于绥化县（现为绥化市）四方台克音河两岸的红色砂岩，时代为白垩纪。

【沿革】　1958 年松辽石油普查大队用四方台层代表伏龙泉层之上、北安层之下的一套地层，1959 年改称四方台组，同年全国地层会议将四方台组含义扩大，包括其上的北安层。1960

① Horinchi K，余静贤按音译为郝玲琦，又据大庆石油管理局勘探开发研究院高瑞琪等 1985 年资料，Horinchi 在《松花江生物群的特征及其地质意义》一文中中文名为堀内。

年松辽石油局综合队将北安层另建明水组，四方台组恢复原四方台层的含义，此后沿用至今(表 10-2)。

【现在定义】 指松辽盆地，整合于嫩江组之上、明水组之下，以红色调为主的砂泥质岩石组合。主要为褐红色、灰绿色泥岩，粉砂岩、砂岩，含钙质结核，产介形虫、叶肢介、腹足类、双壳类化石。

【层型】 该组创建时未指定正层型，因此确定选层型为杜尔伯特蒙古族自治县库3孔钻孔剖面（124°28′30″，46°51′00″）（图 1-2 中 44），松辽石油普查大队三区队 1961 年测制。

上覆地层：明水组　含钙质细砾砂岩

——————整　合——————

四方台组　　总厚度 160.00 m

9. 褐红色夹灰绿色块状含粉砂质泥岩，含钙质，产介形虫、腹足类化石　26.00 m

8. 灰绿色夹褐红色块状含砂质泥岩，含钙质结核，具水平和交错层理，产介形虫化石：*Cypridea cavernosa*，*C. apiculata*，*C.* aff. *amoena*，*Candoniella sujini*　15.50 m

7. 褐红色块状含砂质泥岩，夹零星钙质桔核，产少量介形虫和双壳类化石，介形虫有：*Timiriasevia kaitunensis*　19.50 m

6. 灰色、灰绿色中层状粉砂岩及泥岩，粉砂岩具微层理，泥质胶结，局部含钙质结核　18.00 m

5. 灰色、褐红色长石石英砂岩夹红色、灰绿色块状泥岩　18.00 m

4. 灰绿色块状泥岩夹粉砂质泥岩及泥质砂岩，泥岩中微层理清楚，砂岩夹泥砾及钙质结核，产介形虫、叶肢介及腹足类化石，介形虫有 *Cypridea amoena*　18.00 m

3. 以褐红色块状砂质泥岩和砂岩为主，夹灰绿色泥岩，砂岩被泥质及钙质胶结，碎屑呈半棱角状，产介形虫：*Cypridea amoena*　9.50 m

2. 褐红色、灰绿色块状石英长石砂岩，上部为灰绿色泥岩，含少量钙质结核，底部为钙质砂岩夹泥砾，产介形虫：*Cypridea amoena*　23.50 m

1. 棕红色、灰绿色、浅紫色薄层状—块状泥岩、红色泥岩，含砂质和钙质结核　12.00 m

——————整　合——————

下伏地层：嫩江组　泥岩

【地质特征及区域变化】 四方台组由粗至细可划分两个旋回，下旋回下部为褐红色、灰绿色石英长石砂岩、砂岩与砂质泥岩、泥岩互层，上部为灰绿色块状泥岩夹砂质泥岩、泥质砂岩；上旋回以褐红色长石石英砂岩为底，向上由灰绿色粉砂岩过渡为褐红色、灰绿色砂质泥岩。本组岩石色调具红绿相间特点，岩石中多含钙质桔核。底部在盆地中心为棕红色、灰绿色泥岩，与嫩江组整合接触，在其它地区则以砂岩或含砾砂岩为底，平行不整合于嫩江组不同层位之上。产丰富的化石，介形虫以愉快星介为主，双壳类为类三角蚌动物群晚期代表，腹足类为繁盛于晚白垩世的属种，孢粉以被子花粉占明显优势。时代置晚白垩世。

其分布主要限于盆地的中部和西部，东部仅分布于四方台至青岗一带，地表露头见于绥化市四方台克音河两岸。其岩石组合大体相同，厚度在中央坳陷区为 283 m，西部区为 30～60 m，北部区为 40～90 m，东部区为 0～125 m（图 10-2）。

明水组　K_2mn　(01-23-0341)

【创名及原始定义】 松辽石油勘探局综合研究队① 1960 年创建于明水县。指整合于四

① 松辽石油勘探局综合队，1960，松辽石油勘探局一九五九年地质年报（未刊）。

方台组之上的灰绿色砂岩与黑色泥岩组合，时代为晚白垩世。

【沿革】 1958年松辽石油普查大队将相当本组地层划为北安层和克山层。1959年松辽石油勘探局综合队划为未定名组，1960年将未定名组二分，下部称明水组，上部称克山组，1961年取消克山组，归入明水组，作为第二段。此后明水组含义沿用至今（表10-2）。北安层与克山层（组）归入明水组，省内停用。

【现在定义】 指松辽盆地位于四方台组之上的杂色砂泥岩组合。分两段：下段由灰绿色砂岩、砂质泥岩与灰黑色泥岩组成两旋回；上段为灰色、灰白色砂岩与杂色泥岩互层，夹钙质砂砾岩。产介形虫、双壳类及孢粉等化石。整合于四方台组之上，顶界不清。

【层型】 该组创建时未指定正层型，因此确定选层型为杜尔伯特蒙古族自治县库3孔钻孔剖面（124°28′30″，46°51′00″）（图1-2中44），松辽石油普查大队三区队1961年测制。

明水组　　　　　　　　　　　　　　　　　　　　　　　　　　　　　　　总厚度>373.00 m

上段　　　　　　　　　　　　　　　　　　　　　　　　　　　　　　　　　厚度>233.00 m

26. 灰色砂岩与泥岩互层。（未见顶）　　　　　　　　　　　　　　　　　　　>10.00 m

25. 灰白色、灰色粉砂岩与含砾砂岩互层，疏松，产双壳类：*Protelliptio*（*Plesielliptio*）*sungarianus*　　18.00 m

24. 灰色厚层状长石石英粉砂岩，夹薄层灰褐色泥岩及钙质砂岩　　　　　　　　14.50 m

23. 杂色块状泥岩夹粉砂岩，含钙质及钙质结核，产介形虫及腹足类化石　　　　15.50 m

22. 灰色、棕红色泥岩与灰色泥质粉砂岩互层，夹钙质砂岩，产双壳类:*Pseudohyria* aff. *gobiensis*　　17.50 m

21. 灰色泥质粉砂岩、细砂岩和泥砾岩，夹薄层泥岩　　　　　　　　　　　　　11.50 m

20. 灰黑色、棕红色块状泥岩和灰色粉砂岩，产双壳类:*Pseudohyria* aff. *gobiensis*　　25.00 m

19. 棕红色夹黑色块状泥岩、灰褐色块状砂质泥岩和灰色泥质粉砂岩，产介形虫：*Cypridea* aff. *apiculata*　　24.50 m

18. 棕灰色块状泥岩和灰色块状粉砂岩、粉砂质泥岩含钙质泥砾，呈韵律状互层，产双壳类：*Protelliptio*（*Plesielliptio*）*sungarianus*，介形虫：*Cypridea* sp.　　23.50 m

17. 棕红色、深褐色块状泥岩、褐色粉砂质泥岩及灰色粉砂岩、钙质砂岩，呈韵律状互层，产介形虫：*Timiriasevia kaitunensis*，*Cypridea tera*　　34.50 m

16. 深灰色、棕红色块状泥岩及灰褐色砂质泥岩和灰色层状砂岩，夹钙质砂岩，呈韵律状互层　　38.50 m

下段　　　　　　　　　　　　　　　　　　　　　　　　　　　　　　　　　厚度 140.00 m

15. 黑色泥灰岩　　　　　　　　　　　　　　　　　　　　　　　　　　　　　17.00 m

14. 以灰棕色块状泥岩和块状泥质粉砂岩为主，夹棕红色泥岩和钙质砂岩　　　　22.00 m

13. 灰绿色块状泥岩和灰色复矿砂岩，夹棕红色块状泥岩　　　　　　　　　　　24.50 m

12. 黑色泥岩，局部页理发育，上部含炭屑，产叶肢介和介形虫化石　　　　　　38.50 m

11. 棕红色、灰绿色含砂质泥岩与细砂岩互层，产介形虫：*Cyclocypris aductus*，*Cypridea apiculata*，*C. amoena*，*Protelliptio*（*Plesielliptio*）*sungarianus*　　29.00 m

10. 灰绿色粗砂岩夹灰色、褐红色砂质泥岩及泥质砂岩，底部的砂岩含钙质细砾　　9.00 m

—————— 整　合 ——————

下伏地层：四方台组　褐红色粉砂质泥岩

【地质特征及区域变化】 明水组为一套浅滨湖至河流相砂泥质沉积。下段由灰绿色、棕红色、灰棕色砂岩、砂质泥岩、泥岩与黑色泥岩组成两个正旋回，两个旋回顶部的黑色泥岩在区域上分布稳定，被称为第四、第五标准层；上段为灰至灰白色粉砂岩、砂岩与棕红色、灰棕色、黑色块状泥岩互层，可构成多个正韵律层，粒度较下段变粗，泥岩含有灰白色、粉红色钙质团块。两段均含钙质砂岩，尤以上段为多，顶部多发育砖红色块状泥岩。本组化石较四方台组丰富，叶肢介以大兴叶肢介属为主，其它门类如双壳类、腹足类、轮藻、孢粉等特点与四方台组基本相同。时代置晚白垩世晚期。

明水组分布范围同四方台组，地表露头见于四方台、明水、克东等地。以杜尔伯特蒙古族自治县和古龙地区发育最好，可厚达 370～496 m，其它地区厚 100～350 m。东部大部分地区缺失明水组，中部的安达—茂兴一带缺失一段。一段岩性各地大体相同，特别是两层黑色泥岩，各地均可见及，其与下伏四方台组为连续沉积，在依安以北超覆于嫩江组之上；二段分布范围小于一段，限于依安、明水以南，在西部及北部地区出现粗砂岩及砾岩（图 10-2）。本组化石主要见于中部地区，有介形虫、叶肢介、双壳类、轮藻等，西部、北部地区仅于下段见有叶肢介及双壳类化石碎片。

嘉荫群　K_2J　（01-23-0427）

【创名及原始定义】　罗玉兴、张志诚 1983 年创建于嘉荫地区。主要分布于嘉荫县永安村和太平林场一带，向西沿黑龙江沿岸也有出露，包括永安村组、太平林场组、渔亮子组，总厚度 1 911 m。时代为晚白垩世。

【沿革】　该群自创建后，沿用至今。本次对比研究沿用嘉荫群。

【现在定义】　指嘉荫地区晚白垩世的一套含煤及油页岩的碎屑岩组合。包括永安村组、太平林场组、渔亮子组。产恐龙、被子植物和叶肢介、介形虫等化石。

永安村组　K_2yn　（01-23-0380）

【创名及原始定义】　黑龙江第一区调大队马万昌等（1979b）创建于嘉荫县永安村。指分布于嘉荫盆地的滨湖—浅湖相细碎屑沉积。整合于太平林场组之下，推测与宁远村组为不整合接触。厚度大于 150 m。根据所产介形虫化石，时代定为早白垩世。

【沿革】　1981 年李蔚荣将永安村组二分为火烧桥组和永安村组。1983 年罗玉兴等恢复 1979 年永安村组的含义，并纳入嘉荫群。本次对比研究采用罗玉兴等 1983 年划分方案。

【现在定义】　指分布于嘉荫盆地的滨湖—浅湖相细碎屑沉积。以灰绿色、黄灰色细砂岩、粉砂岩、泥岩为主，局部夹泥灰岩、石膏及褐煤层。产介形虫、叶肢介及植物化石。底界不清，与上覆太平林场组为整合接触。

【层型】　正层型为嘉荫县朝阳镇永安村西北黑龙江岸剖面（130°30′44″，48°54′16″）（图 1-2 中 45），黑龙江第一区调大队 1979 年测制。

上覆地层：**太平林场组**　油页岩，产化石

——————整　合——————

永安村组　　总厚度＞158.90 m

17. 灰绿色中酸性细粒凝灰岩　　11.60 m
16. 灰色、灰褐色粉砂岩与厚层状长石砂岩互层，富产植物化石：*Onychiopsis* sp.，*Tertracentron* sp.，*Zizyphoides* sp.，*Taxodium* sp.，*Cercidiphyllum* sp.　　2.80 m
15. 褐灰色凸镜状薄层硅质胶结之砾岩，含黄铁矿球状结核，产脊椎动物化石　　0.10 m
14. 灰色中厚层状粉砂岩，产孢粉　　11.80 m

13. 灰绿色粉砂岩与细砂岩互层，上部夹一薄层生物碎屑灰岩及薄层硬石膏，富产鱼、介形虫、叶肢介化石：*Cypridea tera*，*Cypridea* sp.，*Candona prona*，*Candoniella* sp.，*Ziziphocypris concta*，*Z. simakovi*，*Darwinula* sp. 23.70 m

12. 黄色中厚层状含砾细粒长石砂岩，夹少量泥岩 5.30 m

11. 灰绿色泥灰岩夹薄层硬石膏等 10.90 m

10. 灰色、灰绿色粉砂岩夹薄层细粒长石砂岩，呈韵律状互层，富产植物化石 16.00 m

9. 黄色厚层状细粒长石砂岩 4.60 m

8. 灰绿色粉砂岩 8.20 m

7. 灰黄色粉砂质泥岩 15.60 m

6. 黄色厚层状含砾细粒长石砂岩，夹 15 cm 厚褐煤层 22.00 m

5. 灰色粉砂质泥岩夹薄层泥灰岩及少量石膏，产双壳类、介形虫等化石 1.90 m

4. 灰色粉砂质泥岩夹少量细砂岩，产介形虫化石：*Cypridea tera*，*C.* cf. *porvecta* 9.50 m

3. 灰绿色含砾钙质长石砂岩，产昆虫化石碎片 2.00 m

2. 灰黄色细粒长石砂岩 3.10 m

1. 深灰色薄层状粉砂岩，产介形虫、叶肢介等化石。(未见底) >9.80 m

【地质特征及区域变化】 永安村组为一套正常碎屑岩夹蒸发岩及火山碎屑岩组合。以灰绿色、灰色、黄灰色泥岩、砂质泥岩、粉砂岩、细粒长石砂岩为主，夹含砾砂岩、粗砂岩、砾岩薄层及泥灰岩、石膏层，含凸镜状薄煤层。产介形虫、植物、孢粉及脊椎动物化石。时代置晚白垩世早期。

永安村组仅见于嘉荫县黑龙江畔的火烧桥至太平林场一带，由东向西粒度变粗。其厚度在火烧桥一带为 449 m，在永安村及太平林场仅见上部地层，为 158～104 m（图 10－3）。

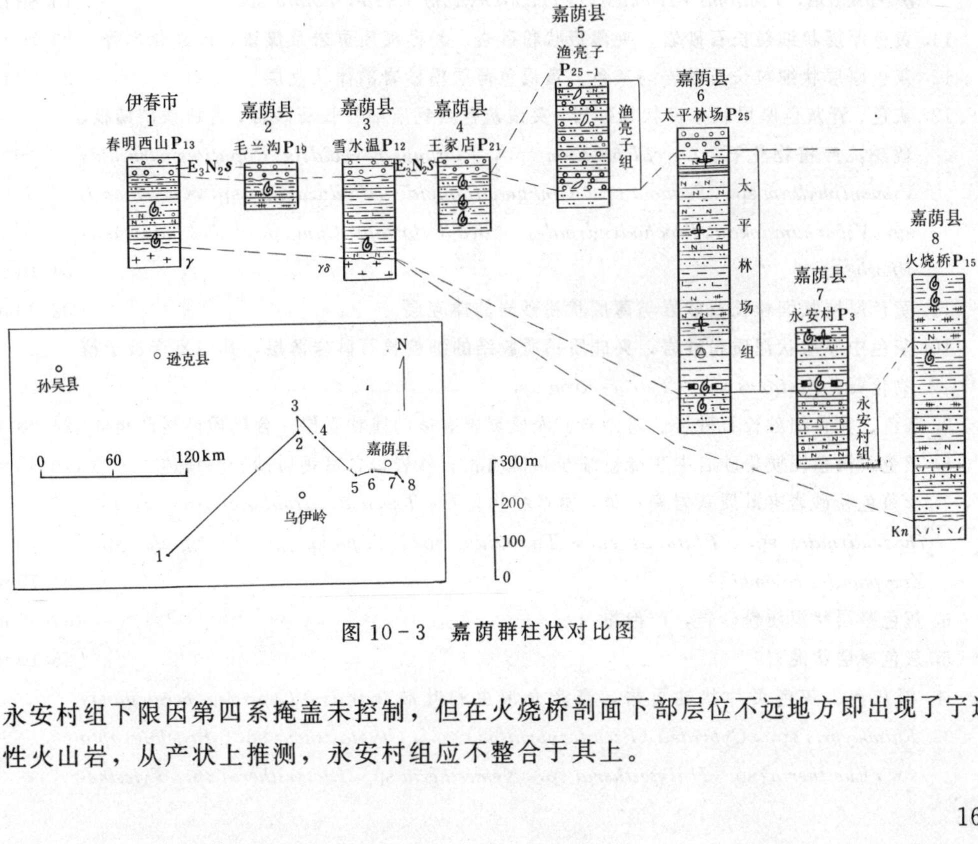

图 10－3 嘉荫群柱状对比图

永安村组下限因第四系掩盖未控制，但在火烧桥剖面下部层位不远地方即出现了宁远村组酸性火山岩，从产状上推测，永安村组应不整合于其上。

太平林场组　K_2tp　(01-23-0378)

【创名及原始定义】　马万昌等（1979b）创建于嘉荫县太平林场。指出露于嘉荫县永安村至双河镇黑龙江沿岸的一套浅湖相细碎屑沉积。主要由灰色泥岩、泥质粉砂岩和细粒长石砂岩组成。产介形虫、叶肢介、鱼和被子植物化石。时代为早白垩世。

【沿革】　1981年李蔚荣将创名的太平林场组二分为太平林场组(下)和小滚子沟组。1983年罗玉兴等恢复1979年太平林场组含义，并将其纳入嘉荫群。1993年《黑龙江地质志》将太平林场组归入嫩江组。本次对比研究采用1983年罗玉兴等划分方案。

【现在定义】　指分布于嘉荫盆地的浅湖相细碎屑沉积。主要由灰色泥岩、粉砂岩和细粒长石砂岩组成。产叶肢介、介形虫和孢粉、植物化石。下与永安村组整合接触，上被渔亮子组平行不整合覆盖。

【层型】　正层型为嘉荫县太平林场北黑龙江岸剖面（P_{25}）(130°14′58″，48°51′31″)（图1-2中46)，黑龙江第一区调大队1979年测制。

上覆地层：渔亮子组　砾岩

——————　平行不整合　——————

太平林场组　　　　　　　　　　　　　　　　　　　　　　　　总厚度 635.20 m

15. 灰褐色薄层状粉砂岩、泥质页岩、粉砂质泥岩、泥岩等呈韵律互层，泥岩中产鱼化石和植物化石:*Quereuxia angulata*，*Trapa*? *microphylla*，粉砂岩中富产植物化石：*Ginkgo adiantoides*，*Taxodium* sp.，*Keteleeria* sp.，*Onoclea nebridica*，*Cercidiphyllum* sp.，*Trochodendroides* sp.，*Zizyphoides makayi*，*Tetracentron* sp.，*Rhamnites marginatus*，*Platanus raynoldsi*，*Viburniphyllum finale*，*Betula* sp.　15.80 m

14. 黄色厚层状细粒长石砂岩，夹薄板状粉砂岩、粉砂泥质页岩及煤线，产硅化木等　83.70 m

13. 灰色厚层状细粒长石砂岩与灰色、黄褐色薄层粉砂岩韵律状互层　21.00 m

12. 灰色、青灰色厚层状条带状粉砂岩，夹浅灰色含钙质细粒长石砂岩，含黄铁矿结核、琥珀，产植物化石：*Cercidiphyllum* sp.，*Platanus raynoldsi*，*Populites carneosa*，*Viburniphyllum* sp.，*Sequoia* sp.，*Ginkgo adiantoides*，*Podozamites* sp.，*Onychiopsis* sp.，*Viburnum lokesi*，*Trochodendroides arctica*，*Celastophyllum* sp.，*Sabal maxicana*，*Phoebe* sp.　24.10 m

11. 黄色厚层状细粒长石砂岩与薄层状粉砂岩韵律互层　32.90 m

10. 灰色中厚层状泥质粉砂岩，夹硅质钙质胶结的细粒长石砂岩薄层，其中富产被子植物化石：*Platanus* sp.，*Tetracentron* sp.　69.40 m

9. 灰色、黄色细粒长石砂岩、粉砂岩、泥质页岩等呈韵律状互层，含钙质砂岩凸镜体　24.00 m

8. 灰色、褐色泥质粉砂岩夹灰绿色细粒杂砂质长石砂岩，含富钙质砂岩凸镜体　179.30 m

7. 土黄色粉砂岩夹砂质灰岩扁豆体，富产植物化石：*Trochodendroides* cf. *arctica*，*Trochodendroides* sp.，*Platanus* sp.，*Taxodium* sp.，*Sequoia* sp.，*Ginkgoites* sp.，*Zizyphoides colombi*　24.70 m

6. 灰色厚层状泥质粉砂岩，产孢粉　121.50 m

5. 灰色厚层状泥岩　26.10 m

4. 深灰色、灰色页片状油页岩，富产介形虫和叶肢介化石：*Cypridea perelegana*，*Rhinocypris* sp.，*Cypridea* (*Pseudocypridina*) sp.，*Glyptostracus* sp.，*Brachygrapta* sp.，*Euestheria*? sp.，*Halysestheria* sp.，*Nemestheria* sp.，*Dictyestheria* sp.，*Tylesthe-*

ria sp. 12.70 m

——整 合——

下伏地层：**永安村组** 灰色、黄绿色细粒凝灰质砂岩，产昆虫及植物化石

【地质特征及区域变化】 太平林场组下部由油页岩、泥岩、泥质粉砂岩构成一个由细变粗的反韵律层；上部为细粒长石砂岩、粉砂岩、粉砂质泥岩和泥岩的韵律性互层。产有叶肢介、介形虫、鱼、恐龙、植物及孢粉化石。其中叶肢介以链叶肢介属和瘤模叶肢介属为主；介形虫以女星介属为主，均为松辽盆地嫩江组的主要化石分子。时代置晚白垩世。

本组主要分布于嘉荫县火烧桥至乌云镇之间的黑龙江畔，另在伊春市春明有零星分布。其厚度在太平林场一带最大，为635 m，其它地区为100～200 m。在雪水温、春明等地中下部出现粗砂岩或含砾砂岩（图10-3）。

【问题讨论】 太平林场组与嫩江组在岩石组合和生物组合上都具有可对比性，因此《黑龙江地质志》将其归入了嫩江组。本次对比研究考虑到两者虽然可比，但并非等同，是两个大型盆地中的两个地质体，各有其岩石组合特点，应保持其各有的系统性。因此恢复太平林场组。

渔亮子组 K_2yl （01-23-0377）

【创名及原始定义】 马万昌等（1979b）创建于嘉荫县渔亮子。指出露于嘉荫县朝阳镇南和渔亮子一带的三角洲相、滨湖相粗碎屑沉积。由灰绿色、黄色砂砾岩、砾岩、含砾砂岩组成。产丰富的恐龙、鱼、龟等脊椎动物化石。厚度大于207 m，时代为晚白垩世。

【沿革】 该组自创建后，沿用至今，本次对比研究仍沿用。

【现在定义】 指分布在嘉荫盆地，富产脊椎动物化石的砂砾岩组合。主要为灰绿色、灰色砂砾岩、含砾砂岩、粗—粉砂岩组成的地层序列，产丰富的恐龙化石。底平行不整合于太平林场组之上，顶界不清。

【层型】 正层型为嘉荫县渔亮子村北黑龙江岸剖面（130°13′40″，48°51′30″）（图1-2中47），黑龙江第一区调大队1979年测制。

渔亮子组 总厚度＞287.50 m

16. 淡黄色中—厚层状含砾细砂岩、粗砂岩、细砂岩互层，产恐龙化石。（未见顶） ＞5.80 m
15. 浅黄绿色含砾中—粗粒长石石英砂岩 6.50 m
14. 蛋青色含砾泥质细砂岩，厚层状，富产鸭嘴龙科、霸王龙科、龟化石 10.80 m
13. 浅黄色、灰白色砂砾岩 22.30 m
12. 绿灰色厚层状含砾泥质粉砂岩，顺走向相变为砾岩 8.20 m
11. 灰绿色、黄色、灰白色泥质胶结厚层状砂砾岩 24.80 m
10. 灰色含砾泥质胶结粉砂岩，细—中粒砂岩，富产鸭嘴龙科、霸王龙科、龟化石等 7.10 m
9. 黄色厚层状含砾砂岩、砂砾岩，交错层理与斜层理发育 32.90 m
8. 灰色、灰绿色含砾泥质粉砂岩，产恐龙化石 5.60 m
7. 浅灰色、浅黄绿色厚层状砂砾岩 20.40 m
6. 灰绿色、猪肝色含砾泥质粉砂岩，产恐龙化石 22.60 m
5. 黄色厚层状砂砾岩，斜层理及交错层理发育，产恐龙化石 23.50 m
4. 灰绿色厚层状含砾泥质粉砂岩、细砂岩，其底部有厚1 m左右的砾岩，产恐龙化石 38.20 m
3. 灰绿色泥质胶结砂砾岩，富产恐龙化石 8.80 m

2. 浅黄绿色、黄色砂砾岩夹灰绿色含砾砂岩 38.00 m

1. 灰绿色厚层状泥质胶结砂砾岩、含砾砂岩，底部为1 m厚的砾岩，富产恐龙化石 12.00 m

—————— 平行不整合 ——————

下伏地层：**太平林场组** 粉砂岩

【地质特征及区域变化】 渔亮子组为一套粗碎屑岩组合，主要由砂砾岩、含砾砂岩、砂岩组成，三者在平面及剖面上均交替出现。岩石中发育斜层理和交错层理，富产脊椎动物化石，以恐龙（东北龙）为主，可分出九个化石层。时代置晚白垩世。底部砾岩与下伏太平林场组粉砂岩之间产状一致，但砾岩有嵌入砂岩的现象，表明二者间由于环境突变，有过短暂的冲刷间断。该组目前仅见于嘉荫县渔亮子一带（图10-3）。其与上覆富饶组之间的关系尚不清楚，有待今后工作注意解决。

富饶组 K_2fr (01-23-0375)

【创名及原始定义】 黑龙江第一区调大队隋连成等1981年创建于嘉荫县富饶（现名乌云镇）指一套浅湖相细碎屑沉积。主要由深灰色、黑色泥岩、粉砂质泥岩、黑褐色碳质泥岩夹薄层褐煤及粉砂岩组成。厚度大于299 m。根据所产植物及孢粉化石，时代定为晚白垩世。

【沿革】 1958年小兴安岭地质队王大为等将本组地层划入乌云组。1981年隋连成等因其与乌云组在岩石及生物组合上有一定差异而建立富饶组。本次对比研究采用富饶组。

【现在定义】 指分布于嘉荫地区，位于渔亮子组之上、孙吴组之下的含煤细碎屑沉积。主要为深灰色、黑色泥岩、粉砂质泥岩、粉砂岩组成的地层序列，夹薄层褐煤。底界不清，上与孙吴组不整合接触。区域上，底与渔亮子组的关系不清，顶与乌云组为整合关系。

【层型】 正层型为嘉荫县乌云镇富饶公社小河沿南山剖面（129°33′18″，49°16′56″）（图1-2中48），黑龙江第一区调大队张书范1979年测制。

上覆地层：**孙吴组** 砂岩

~~~~~~ 不 整 合 ~~~~~~

富饶组 总厚度>299.20 m

9. 黑色泥岩 15.90 m

8. 黑褐色碳质泥岩夹薄层褐煤，泥岩中产植物化石碎片 58.10 m

7. 灰白色、黄褐色、黑褐色粉砂质泥岩，产孢粉及植物化石碎片 34.00 m

6. 黑褐色泥岩 35.30 m

5. 灰白色、黄褐色粉砂质泥岩 90.00 m

4. 灰黄色、黄绿色细砂粉砂岩 12.60 m

3. 灰色粉砂质泥岩 18.60 m

2. 灰色粉砂岩，产植物化石碎片 15.10 m

1. 上部为灰色粉砂质泥岩；下部为黑褐色含褐煤碳质泥岩。（未见底） >19.60 m

【地质特征及区域变化】 富饶组为湖沼相沉积。岩石组合以灰—灰黑色泥岩、碳质泥岩、粉砂质泥岩为主，夹细砂粉砂岩及薄煤层，局部见含砾砂岩、砾岩和层凝灰角砾岩。产植物及孢粉化石，孢粉以被子植物花粉为主，以鹰粉型花粉含量高为特点。时代置于晚白垩世末期。

本组仅见于乌云镇小河沿一带，西北向沿黑龙江畔分布。在乌云煤矿控制本组上部层位，
~~~~~~

厚度大于 105 m，与上覆乌云组整合接触。在乌云镇西北白山头出露本组中上部层位，为含砾砂岩、砂岩夹煤层，富产植物化石。

【问题讨论】 富饶组原划乌云组下段，其与乌云组之间的关系据隋连成等 1981 年资料为平行不整合或整合，据罗玉兴、张志诚等 1983 年资料为整合。从两组岩石组合和植物、孢粉组合特点看，均具连续变化关系，故此二者间应属整合接触关系。

二、张广才岭-南楼山地层分区、鸡西-延吉地层分区

南村组 T_2nn （03-23-0284）

【创名及原始定义】 王友勤等 1981 年创建于东宁县南村煤矿附近。分布于东宁县老黑山、南村、西崴子和杜荒岭等地，以中基性火山岩为主夹中酸性火山岩。不整合于柯岛组之上，与上覆罗圈站组整合接触。厚度为 714.3 m，时代 置于晚三叠世。

【沿革】 1993 年《黑龙江地质志》中将其划归绥芬河组，时代定为早侏罗世。本次对比研究采用王友勤(1981)的方案。

【现在定义】 分布于东宁县老黑山地区，以中性火山岩为主夹中基性及中酸性火山岩，岩性主要为安山岩、安山玄武岩及安山质凝灰岩等。不整合于亮子川组之上，正层型未见顶（区域上与罗圈站组整合接触）。

【层型】 正层型为东宁县南村煤矿剖面($P_{XXXVIII}$)(131°52′30″,43°42′20″)(图 1-2 中 1)，吉林省地质局区域地质调查大队 1979 年测制。

南村组	总厚度＞519.20 m
11. 灰黑色安山玄武岩。(未见顶)	＞80.60 m
10. 深灰色、灰绿色杏仁状辉石安山岩	202.50 m
9. 灰色安山质集块角砾岩，角砾和集块略具韵律，集块大小 10～80 cm	45.60 m
8. 青灰色安山质角砾凝灰熔岩	12.10 m
7. 灰色变质安山岩	55.20 m
6. 粉红色流纹质熔结角砾凝灰岩	8.80 m
5. 灰绿色安山质集块岩，集块为灰绿色蚀变安山岩，大小一般在 40～60 cm，大者达1 m	63.70 m
4. 灰绿色蚀变安山玄武岩	4.40 m
3. 灰绿色、灰色安山质熔角砾岩，角砾大小 0.5～4 cm	8.80 m
2. 上部为灰绿色、灰色安山质含角砾凝灰岩，下部为灰绿色安山质含角砾凝灰熔岩，角砾略有定向排列	32.40 m
1. 灰绿色安山质角砾熔凝灰岩	＞5.00 m

～～～～～～ 不 整 合 ～～～～～～

下伏地层：**亮子川组** 粉砂岩

【地质特征及区域变化】 南村组下部以灰绿色、灰色安山质(集块)角砾岩为主夹安山玄武岩，底部见砾岩薄层；上部以灰黑色、灰绿色、紫色、灰色玄武安山岩和安山岩为主夹安山质及中酸性火山碎屑岩。表现出形成早期以强烈的火山爆发相为主，后期以中基性岩浆裂隙喷溢相为主、中酸性火山爆发相为次的火山堆积特征。时代暂置晚三叠世。

本组分布局限，仅见于老黑山地区。自南村向北至罗圈站一带，由安山质集块角砾熔岩、蚀变安山岩、英安岩和酸性熔岩组成的火山韵律层较发育，厚度逐渐变薄，约 50 m。自南村向南至太平沟、上房子一带，安山质熔岩增多，而在三节砬子和三道沟一带，深色英安岩及其角砾熔岩增多，相对的安山质火山岩减少，厚度约 195 m。

罗圈站组　T_3lq　（03－23－0285）

【创名及原始定义】　王友勤等 1981 年创建于东宁县老黑山东北 16 km 处的罗圈站北。分布于老黑山地区，以浅色流纹质和英安质火山岩为主夹少量的层凝灰岩、凝灰质砂岩和安山质火山岩，产丰富植物化石。厚度为 828.03 m，与上覆松树山组及下伏南村组均为整合接触，时代为晚三叠世。

【沿革】　自创建以来，沿用至今。本次对比研究仍沿用，并将松树山组归并其中，松树山组停用。

【现在定义】　分布于东宁县罗圈站及鸡东县西大翁等地，位于南村组之上，以流纹质和英安质火山岩为主夹少量的沉凝灰岩、凝灰质砂岩和安山质火山岩，产丰富植物化石。正层型未见顶底（区域上底与南村组整合接触，顶与绥芬河组不整合接触）。

【层型】　正层型为东宁县罗圈站北剖面(131°58′00″,43°49′30″)(图 1－2 中 2)吉林省地质局区域地质调查大队 1979 年测制。

罗圈站组	总厚度＞813.30 m
18. 浅灰色流纹质熔岩。（未见顶）	＞56.50 m
17. 灰白色流纹质凝灰角砾岩，角砾为流纹质熔岩，大小 0.5～4cm	23.10 m
16. 灰白色流纹质熔岩	80.80 m
15. 浅灰色流纹质含角砾凝灰熔岩	75.50 m
14. 浅灰绿色英安质熔角砾凝灰岩	59.40 m
13. 灰色流纹岩	21.40 m
12. 浅灰绿色英安质弱熔结含角砾凝灰岩	41.20 m
11. 灰色安山质英安岩	61.60 m
10. 灰白色流纹质凝灰岩	22.40 m
9. 灰白色英安岩	74.50 m
8. 灰白色英安质熔凝灰角砾岩，角砾成分为安山岩、英安岩和酸性熔岩	48.70 m
7. 灰白色英安质熔角砾凝灰岩	8.30 m
6. 灰白色流纹质凝灰熔岩	8.30 m
5. 灰色、灰白色英安质含角砾熔凝灰岩	28.60 m
4. 灰色安山质熔结凝灰岩，具似流动构造	14.00 m
3. 灰色英安质含角砾熔结凝灰岩	121.70 m
2. 灰色安山质凝灰角砾岩，角砾成分为安山岩、英安岩和酸性熔岩	24.00 m
1. 黄绿色凝灰质泥岩夹黑色沉凝灰岩，水平层理发育，底部见有酸性火山岩。产植物化石：*Neocalamites*? sp.，*Todites* sp.，*Taeniopteris* sp.，*T. laoheishanensis*，*Conites* sp.，*Sphenopteris*? sp.，*Nilssonia* sp.，*Czekanowskia rigida*，*C. setacea*，*Podozamites* sp.，*P. distans*，*Cycadocarpidium* cf. *erdmanni*，*C. swabii*，*C. giganteum*，*C. luoquanensis*，*C.* sp.，*Pityophyllum* sp.，*Stachyotaxus* sp.，*Carpolithus* sp.。（未见底）	＞43.30 m

【地质特征及区域变化】 罗圈站组下部由沉凝灰岩、凝灰质沉积岩和酸性火山碎屑岩及熔岩组成；上部以流纹质、英安质(熔)火山碎屑岩和火山碎屑熔岩为主夹熔岩，产丰富的植物化石，称为 *Cycadocarpidium* - *Taeniopteris* 组合。时代置晚三叠世。

本组在横向上变化不大，尽管火山岩相有别，但总的物质成分是一致的，均以酸性火山岩(包括英安岩)居主要地位。由于离火山喷发中心的远近和古火山构造位置及其古地理环境有别，其厚度以及熔岩、火山碎屑岩、火山碎屑沉积岩之间的比例关系是不一致的。在东宁地区厚度大于 813 m，产丰富的植物化石，整合于南村组之上；在鸡东县西大翁一带厚度为 1 233 m,未见生物遗迹。

绥芬河组 J_1s (03-23-0331)

【创名及原始定义】 黑龙江省地质矿产局张海驲等 1993 年创建于东宁县绥芬河山。指分布于东宁县绥芬河山，不整合于罗圈站组之上的基性至中基性熔岩夹火山碎屑岩组合，时代为早侏罗世。

【沿革】 1978 年杨耀宇等在《1：20 万穆棱镇公社幅、东宁县幅区调报告》中将该地层对比为屯田营组，本次对比研究采用张海驲的创名，屯田营组省内停用。

【现在定义】 指东宁县绥芬河山等地,不整合于罗圈站组之上的陆相中基性火山岩组合。下部以基性熔岩为主,夹中性熔岩及凝灰岩、凝灰砂岩；上部为中基性熔岩与凝灰质砂岩、凝灰质砾岩互层，夹凝灰角砾岩。顶界不清。

【层型】 正层型为东宁县绥芬河山剖面（131°10′，44°26′)（图 1-2 中 27)，黑龙江第一区调大队 1978 年测制。

绥芬河组	总厚度＞2 070 m
48. 灰绿色安山岩。(未见顶)	＞18 m
47. 紫褐色含角砾凝灰岩夹凝灰角砾岩	33 m
46. 灰紫色凝灰砂岩	31 m
45. 上部为橄榄辉石玄武岩；下部为灰紫色安山玄武岩	75 m
44. 杂色含砾凝灰砂岩夹灰绿色含砾凝灰砂岩	48 m
43. 上部为黄褐色凝灰砂岩；下部为灰黄色凝灰砂岩	74 m
42. 灰黑色玄武岩	112 m
41. 灰绿色辉石安山岩	16 m
40. 灰绿色辉石玄武岩	21 m
39. 灰褐色玄武岩	29 m
38. 紫色沸石胶结凝灰砾岩	25 m
37. 紫色含砾凝灰砂岩	17 m
36. 灰绿色、灰黑色辉石玄武岩	64 m
35. 灰紫色凝灰细砂岩	25 m
34. 紫褐色含砾凝灰岩	33 m
33. 紫色安山岩	13 m
32. 灰绿色玄武岩	13 m
31. 杂色含砾凝灰岩	12 m
30. 灰紫色杏仁状安山玄武岩	6 m
29. 灰绿色玄武岩	20 m

28. 灰紫色、灰黄色凝灰砾岩	22 m
27. 上部为深灰绿色辉石玄武岩；下部为灰褐色安山岩	19 m
26. 灰黄褐色凝灰砾岩夹含砾凝灰砂岩	7 m
25. 灰绿色玄武安山岩	28 m
24. 上部为灰绿色凝灰质砾质砂岩；下部为杂色凝灰质砾质砂岩与粉砂岩互层	34 m
23. 辉石玄武岩	36 m
22. 杂色玄武—安山质火山角砾岩	37 m
21. 灰绿色辉石玄武岩和橄榄玄武岩	43 m
20. 上部为紫色杏仁状安山玄武岩；下部为灰绿色安山岩	47 m
19. 上部为玄武质含砾凝灰岩和沉凝灰岩；下部为灰紫色安山—玄武质凝灰砂岩	50 m
18. 灰绿色安山玄武质含角砾凝灰岩	14 m
17. 上部为凝灰角砾岩；下部为灰褐色含砾玄武质凝灰岩	3 m
16. 黑色玄武岩	35 m
15. 上部为橄榄辉石玄武岩；下部为含玻璃团块玄武岩	91 m
14. 黑色玄武岩	112 m
13. 黑色辉石玄武岩	26 m
12. 黑色橄榄玄武岩	219 m
11. 浅粉红色玻屑凝灰岩	51 m
10. 辉石玄武岩	102 m
9. 暗绿色安山岩	52 m
8. 铁黑色辉石玄武岩	97 m
7. 灰褐色橄榄玄武岩夹杏仁状玄武岩，杏仁为浊沸石	61 m
6. 黑色橄榄玄武岩	20 m
5. 灰色玄武—安山质凝灰砂岩	9 m
4. 灰黑色橄榄玄武岩，含玻璃团块	55 m
3. 紫色安山玄武质含砾凝灰岩	36 m
2. 灰黑色辉石橄榄玄武岩	33 m
1. 铁黑色橄榄玄武岩	46 m

~~~~~~~~~ 不 整 合 ~~~~~~~~~

下伏地层：**罗圈站组**　中酸性火山碎屑岩

【地质特征及区域变化】　绥芬河组以溢流相的熔岩为主，具多期火山喷发特点。下部以暗色玄武岩为主夹安山岩及中基性火山碎屑岩及火山沉积岩；上部为玄武岩、玄武安山岩、安山岩夹橄榄玄武岩和凝灰砂砾岩。以含氟高为特点，属钙碱性岩。全岩 K－Ar 法同位素年龄值为 190 Ma，时代置早侏罗世。受 NE 向构造控制，主要见于绥芬河市，出露厚度为 2 070 m。

南双鸭山组　T_3n　（02－23－0287）

【创名及原始定义】　黑龙江省合江专员公署地质局第七地质队周庆仁等① 1962 年创建于宝清县南双鸭山东 3 km 处（即方山林场后山）。岩性由凝灰岩、凝灰质砂岩、粉砂岩、凝灰质泥岩等组成，产海相双壳类化石，时代置于晚三叠世。

① 黑龙江省合江专员公署地质局第七地质队周庆仁等，1962，L－53－XIII 1：20 万宝清县幅区域地质测量报告（未出版）。
~~~~~~~~~

【沿革】 1979年《黑龙江地层表》采用，1981年马万昌、康宝祥等在宝清县幅进行1∶20万区域地质调查时修订了南双鸭山组的含义，一直沿用至今。本次对比研究采用马万昌、康宝祥等方案。1984年曲关生等将密山市兴凯朝鲜族乡该套地层下部的细碎屑岩置于南双鸭山组之下，称兴凯组，本次对比研究将该组归入南双鸭山组，兴凯组停用。

【现在定义】 分布于虎林县方山林场、宝清县大煤窑、密山市兴凯朝鲜族乡等地，由凝灰粉砂质板岩、凝灰质细砂岩、沉凝灰岩、凝灰质板岩、中细粒杂砂质长石砂岩、长石质杂砂岩等组成，夹数层流纹质凝灰岩，产丰富的晚三叠世海相双壳类及植物化石。区域上被大秃山组整合覆盖，底界不清。

【层型】 正层型为虎林县方山林场后山剖面（P_1）（132°36′，46°04′）（图1-2中3），黑龙江第一区调大队1979年重测。

上覆地层：城子河组　砂砾岩

═══════ 断层接触 ═══════

南双鸭山组　总厚度＞2 076.10 m

19. 黄灰色、灰色凝灰粉砂质板岩	98.00 m
18. 黄灰色中粒杂砂质长石砂岩	144.30 m
17. 深绿色、黄灰色、深灰色凝灰质细砂岩与凝灰粉砂质板岩互层。产双壳类化石：*Parainoceramus* sp.，*Oxytoma* sp.，*Hokonuia* sp.	360.50 m
16. 姜黄色、黄灰色、深灰色凝灰质细砂岩与凝灰粉砂质板岩互层，局部含砾，产双壳类化石：*Modiolus* sp.	266.70 m
15. 黄褐色中粒、中细粒杂砂质长石砂岩	248.00 m
14. 灰色凝灰粉砂质板岩。产双壳类化石：*Pleuromya* cf. *submuseuloides*，*Otapiria* sp.，*Oxytoma* sp.	136.00 m
13. 灰色流纹质凝灰岩	20.80 m
12. 黄绿色变质中细粒凝灰质砂岩	16.60 m
11. 灰色、灰黑色凝灰粉砂质板岩。*Monotis*（*Entomonotis*）*ochotica eurachis*	185.10 m
10. 灰黑色凝灰质板岩	19.60 m
9. 灰绿色凝灰质细砂岩。产双壳类化石：*Monotis*（*Entomonotis*）*ochotica*；海百合茎 *Crinoid stem*	70.00 m
8. 灰色、灰黑色凝灰粉砂质板岩。产双壳类化石：*Monotis*（*Entomonotis*）*yakutica*，*M.*（*E.*）*scutiformis* cf. *typica*，*M.*（*E.*）*ochotica*	76.30 m
7. 灰黑色凝灰细砂岩。产双壳类化石：*Monotis*（*Entomonotis*）cf. *tenuicostata*，*M.*（*E.*）*ochotica baoqingensis*，*M.*（*E.*）*ochotica*；腹足类 *Omphaloptychia* sp.	30.80 m
6. 凝灰粉砂泥质板岩	21.70 m
5. 黄绿色沉凝灰岩	27.50 m
4. 灰色、灰黑色凝灰粉砂质板岩	101.30 m
3. 沉凝灰岩	28.60 m
2. 灰绿色凝灰质细砂岩	71.60 m
1. 灰黄色、灰黑色、灰色凝灰粉砂质板岩夹凝灰质细粒长石砂岩和凝灰质细砂岩，产丰富的双壳类化石：*Monotis*（*Entomonotis*）cf. *tenuicostata*，*M.*（*E.*）*ochotica baoqingensis*，*M.*（*E.*）spp.，*Plagiostoma nuitoense*；腹足类 *Natiria* sp.。（未见底）	＞152.70 m

【地质特征及区域变化】 南双鸭山组主要为一套含凝灰质的海陆交互相细碎屑沉积。主

要岩性为凝灰粉砂质板岩、中—中细粒杂砂质长石砂岩、凝灰砂岩，夹流纹质凝灰岩及沉凝灰岩，岩石具轻微变质。产海相双壳类化石及植物化石，双壳类化石可分为两个组合：上部为 *Otapiria*－*Oxytoma* 组合，下部为 *Monotis*(*Entomonotis*)组合，时代为晚三叠世(诺利中期)。

在密山市兴凯朝鲜族乡北山以凝灰质板岩为主，厚度 91 m，产丰富的海相双壳类化石，以 *Monotis* (*Entomonotis*) *ochotica* 为主，下部细碎屑岩中产多层植物化石，以 *Neocalamites carrerei* 和 *Podozamites distans* 为代表。在宝清县大煤窑以灰黑色粉砂泥质板岩、泥质板岩为主，厚度 402 m，产丰富的植物化石，以 *Neocalamites* sp. 和 *Todites williamsoni* 为代表。

大秃山组 J_1d (02－23－0288)

【创名及原始定义】 曲关生等 1984 年创建于密山市兴凯朝鲜族乡北山。指整合于南双鸭山组之上，以紫红色砾岩为主，夹杂色砾岩及不同粒级杂砂岩、粉砂岩及中酸性火山碎屑岩的一套陆相地层。时代置于晚三叠世。

【沿革】 1993 年《黑龙江地质志》沿用，本次对比研究仍沿用。

【现在定义】 分布在密山市兴凯朝鲜族乡北山及虎林县杨岗镇青年队一带，整合于南双鸭山组之上，岩性以紫红色砾岩为主，夹杂色砾岩及不同粒级杂砂岩、粉砂岩及中酸性火山碎屑岩。顶部被第三纪船底山玄武岩不整合覆盖。

【层型】 正层型为密山市兴凯朝鲜族乡剖面 (P_{15}) (132°03′47″, 45°44′30″) (图 1－2 中 4)，黑龙江第一区调大队 1979 年测制。

上覆地层：**船底山组** 黑灰色玄武岩

～～～～～～ 不 整 合 ～～～～～～

大秃山组	总厚度 2 095 m
72. 灰白色细凝灰岩	49 m
71. 灰黄色细凝灰砾岩	28 m
70. 灰白色沉凝灰岩	47 m
69. 灰黄色含砾中粗粒杂砂质长石砂岩	25 m
68. 灰白色细凝灰岩	54 m
67. 灰黄色粗粒长石砂岩	67 m
66. 灰白色细砾岩	89 m
65. 灰绿色、灰白色英安岩	72 m
64. 灰紫色英安质角砾凝灰岩	57 m
63. 紫灰色、灰绿色英安岩	26 m
62. 灰绿色英安质角砾凝灰岩	34 m
61. 褐红色、黄绿色砾岩夹灰黑色凝灰质粉砂岩	24 m
60. 紫红色含砾中粗粒长石砂岩	21 m
59. 紫红色砾岩	167 m
58. 灰绿色英安质角砾凝灰岩夹灰白色英安岩	33 m
57. 紫色含砾细粒长石砂岩	29 m
56. 紫红色砾岩	20 m
55. 灰黄色中粗粒长石砂岩	5 m
54. 黄色含砾中粒长石砂岩	6 m
53. 灰黄色凝灰质砾岩	42 m

52. 灰黄色中细粒杂砂质长石砂岩	19 m
51. 紫红色粉砂岩	39 m
50. 灰色含砾粗粒杂砂质长石砂岩	17 m
49. 紫红色砾岩	23 m
48. 紫红色粉砂岩	7 m
47. 紫红色砾岩	16 m
46. 紫红色粉砂岩	8 m
45. 紫红色砾岩	50 m
44. 紫红色砾质粗粒杂砂岩	16 m
43. 紫红色细粒粉砂岩	13 m
42. 紫红色砾岩夹薄层凝灰质细粒砂岩	64 m
41. 灰绿色凝灰质粉砂岩	11 m
40. 灰黄色含砾粗粒凝灰质杂砂岩	10 m
39. 灰黄绿色砾岩	27 m
38. 灰褐色含粗砂粉砂岩	24 m
37. 灰绿色细砂岩夹粉砂岩	21 m
36. 灰黄色砾岩	15 m
35. 灰黄色、灰绿色粉—细砂岩，产植物化石：*Cladophlebis* sp.	25 m
34. 紫红色、灰绿色砾岩	150 m
33. 灰绿色含砾细砂粉砂岩	22 m
32. 灰褐色砾岩与浅灰绿色粗粒杂砂岩互层	110 m
31. 红褐色、粉红色细粒杂砂岩	28 m
30. 灰褐色、粉红色细粒杂砂岩	51 m
29. 灰色含砾中粗粒杂砂质长石砂岩	4 m
28. 灰色、灰褐色、灰绿色、紫红色砾岩	163 m
27. 褐红色凝灰质粉—细砂岩与砾岩互层	16 m
26. 灰白色砾质粗粒杂砂岩	35 m
25. 灰绿色凝灰质粉砂岩，夹含砾粗粒杂砂岩	39 m
24. 浅灰绿色粗粒砾质杂砂岩与灰褐色砾岩互层	100 m
23. 灰白色含砾中粗粒杂砂岩	34 m
22. 灰绿色中砂细砂粉砂岩	17 m
21. 浅灰黄色砾质粗粒杂砂岩	14 m
20. 绿色凝灰质粉砂岩	2 m
19. 灰褐色砾岩	11 m

——————— 整　合 ———————

下伏地层：**南双鸭山组**　灰绿色凝灰质粉砂岩

【地质特征及区域变化】 大秃山组系以类磨拉石建造为特征的杂色、紫红色陆相沉积岩，其岩性以砾岩为主，夹不同粒级砂岩及少许粉砂岩，中上部出现多层中酸性火山碎屑岩。其中产植物化石 *Cladophlebis* sp.，数量少，种类单一，时代置早侏罗世。

本组分布较局限，密山市兴凯朝鲜族乡一带，下部为黄褐色、浅灰褐色砾岩，灰色砂岩、粉砂岩等夹多层酸性火山碎屑岩，上部为灰黑色、灰黄色粉砂岩、粉砂质板岩。从兴凯朝鲜族乡到杨岗镇青年队，以砾岩为主的粗碎屑岩及火山碎屑岩比较稳定，但厚度相对变薄，青年队一带上部层位中细碎屑岩增多。

【问题讨论】 该组的层位与完达山群中的永福桥组层位相当，一个是陆相磨拉石建造，一个是海相磨拉石建造，其时代似应相当，所以大秃山组的时代置早侏罗世为宜。

完达山群 T_2J_1W (02-23-0298)

【创名】 完达山群为黑龙江省地层清理小组（1994）并组为群。

【现在定义】 指分布于完达山地区，由深海相含放射虫硅质岩、浊积岩及与其混杂堆积在一起的基性-超基性岩所组成的一套岩石。自下而上包括大顶子山堆积岩、坨窑山枕状熔岩、大佳河组、大岭桥组及永福桥组。

大顶子山堆积岩 T_2d (02-23-0296)

【创名及原始定义】 康宝祥等1987年创建于饶河县大顶子山和坨窑山，称堆积杂岩系。由下部的超镁铁质堆积杂岩和位于其上的镁铁质堆积杂岩所组成，二者呈渐变过渡或断层接触，其上与枕状熔岩系及周围地质体均呈断层接触。时代置于三叠纪。

【沿革】 本次对比研究将堆积杂岩系改称大顶子山堆积岩，时代置于中三叠世。

【现在定义】 指分布于饶河地区大顶子山、坨窑山、曙光、土顶子、尖山子、参松岭、日照山北及西南岔等地，由下部的超镁铁质和上部的镁铁质堆积岩所组成的堆积岩石组合。其上与坨窑山枕状熔岩及周围地质体均呈断层接触。

【地质特征及区域变化】 根据板块构造理论并与现代大洋壳进行对比，一般认为超镁铁质堆积岩应为本区蛇绿杂岩的最底部层位。据饶河县大顶子山剖面（P_{14}），岩性主要为单辉橄榄岩、单辉角闪橄榄岩、单辉岩、角闪单辉岩、角闪岩、橄榄单辉岩；其上逐渐相变为镁铁质堆积岩，岩性主要为辉长岩、角闪单辉岩和辉绿岩。八里桥一带的镁铁质堆积岩，其岩性主要为辉长岩，单辉岩次之，辉长岩中暗色矿物定向排列，构成不十分明显的层状，并见有辉绿岩墙侵入其中，辉绿岩粒度由内部向边部逐渐变细，并具不太明显的冷凝边。辉绿岩与辉长岩的接触部位见有黄铜矿化和闪锌矿化。岩石化学特征：M/F值多数小于6.5，应属铁质超基性岩，少数为镁质岩。

坨窑山枕状熔岩 T_2ty (02-23-0297)

【创名及原始定义】 康宝祥等1987年创建于饶河县大顶子山和坨窑山，称枕状熔岩系。根据岩石组合将枕状熔岩系分为下部枕状熔岩和上部枕状熔岩，二者呈断层接触。其与堆积杂岩系及所侵位的大岭桥组亦为断层接触。时代置于三叠纪。

【沿革】 本次对比研究将枕状熔岩系改称坨窑山枕状熔岩，时代置于中三叠世。

【现在定义】 指分布于饶河地区坨窑山、大顶子山、参松岭东及大荒山西等地，由海底火山喷发的基性-超基性火山岩组成的一套岩石。根据是否有超基性熔岩和上下关系，又可将该枕状熔岩进一步划分为：①下部枕状熔岩，多呈碎块侵位于大岭桥组砂板岩中，据大带南山剖面（P_2），其岩性为玄武岩、细碧岩、基性熔岩，与其下部镁铁质堆积岩呈断层接触。②上部枕状熔岩，其岩性为科马提岩、苦橄岩、气孔状玄武岩、细碧岩、基性和超基性熔岩。上部枕状熔岩和下部枕状熔岩均呈断层接触。其与大顶子山堆积岩及所侵位的大岭桥组均呈断层接触。按其岩石化学特征，属于高钛、富碱的大洋拉斑玄武岩系列，但又不同于大洋中脊拉斑玄武岩，很可能为弧后盆地中次洋壳。

大佳河组　T_2J_1d　(02-23-0291)

【创名及原始定义】　黑龙江第一区调大队康宝祥等1987年创建于饶河县大坝北山一带。整合于大坝北山组与大岭桥组之间，为一套以杂色中—薄层状硅质岩为主夹灰岩薄层（或凸镜体）及薄层板岩的深海相硅质岩建造。产丰富的晚三叠世诺利—瑞替期放射虫及牙形刺化石。

【沿革】　1987年康宝祥在《1∶20万小佳河公社幅、饶河县幅区调报告》中对饶河地区的中三叠世—早侏罗世深海相地层自下而上划分为五个组：即中—晚三叠世十八垧地组（以硅质岩为主)、晚三叠世大坝北山组（以泥岩与硅质岩互层为主)、晚三叠世大佳河组（以硅质岩为主)、晚三叠世—早侏罗世大岭桥组（以浊积杂砂岩、泥岩夹薄层硅质岩为主)、早侏罗世永福桥组（主要为浊积杂砂岩、含砾砂岩、粉砂质泥岩和粉砂岩)，以上各组之间均为整合接触。1993年《黑龙江地质志》沿用。本次对比研究，将十八垧地组、大坝北山组归入大佳河组，前两名停用。

【现在定义】　主要分布在完达山地区，整合于大岭桥组之下，以硅质岩为主，夹硅质、粉砂质板岩及碳酸盐岩，产丰富的放射虫及牙形刺化石。底界不清。

【层型】　正层型为饶河县红旗岭农场北大坝北山剖面（P_8)，(133°14′00″，46°51′40″)（图1-2中5)，黑龙江第一区调大队1983年测制。

上覆地层：大岭桥组　粉砂质板岩

——整　合——

大佳河组	总厚度>1 593.00 m
30. 蓝灰色碧玉状薄层硅质岩，产放射虫：*Cenellipsis* sp.，*Tricolocapsa* sp.，*Cenosphaera* sp.	19.00 m
29. 蓝灰色薄层状硅质板岩，产放射虫：*Lithapium* sp. *Tricolocapsa* sp.	16.80 m
28. 蓝灰色、浅褐色薄层状硅质岩，产放射虫：*Dictyomitra* sp. 及牙形刺：*Neogondolella* sp.	97.60 m
27. 灰白色薄层状硅质板岩，产放射虫：*Cenellipsis* sp.，*Cenosphaera* sp.	22.50 m
26. 蓝灰色、深灰色薄层状硅质岩	28.10 m
25. 紫色页岩，产放射虫：*Cenellipsis* sp.，*Dictyomitra* sp.	23.30 m
24. 浅灰色薄层状硅质岩，产放射虫：*Capnuchosphaera* spp.	72.30 m
23. 深灰色硅质板岩，产放射虫：*Cenosphaera* sp.，*Cromyosphaera* sp.	23.80 m
22. 黄绿色板岩	18.80 m
21. 黄绿色粉砂质板岩	17.90 m
20. 棕黄色板岩	13.80 m
19. 棕黄色硅质板岩，产放射虫：*Ellipsoxiphus* sp.	22.00 m
18. 黄绿色变质基性熔岩	25.20 m
17. 黄绿色粉砂质板岩，产放射虫：*Cenosphaera* sp.，*Cenellipsis* sp.	24.30 m
16. 蓝灰色薄层状硅质岩	53.60 m
15. 浅灰白色板岩	18.40 m
14. 灰绿色、黄绿色粉砂质板岩，产放射虫：*Cenosphaera* sp.，*Cenellipsis* sp.	24.30 m
13. 灰绿色薄层状板岩，产放射虫：*Ellipsoxiphus* sp.	19.20 m
12. 灰绿色、浅灰色、蓝灰色薄层状板岩	199.30 m

11. 灰绿色、黄绿色薄层状含粉砂质板岩，产放射虫：*Cenosphaera* sp.，*Ellipsoxiphus* sp. 203.40 m

10. 深灰色薄层状硅质岩 23.30 m

9. 黄绿色薄层状板岩 20.00 m

8. 黄绿色薄层状含粉砂质板岩 56.30 m

7. 黄绿色薄层状板岩 49.20 m

6. 深灰色薄层状粉砂质板岩 25.40 m

5. 黄绿色薄层状板岩 21.00 m

4. 黄绿色含粉砂质板岩 62.50 m

3. 黄绿色薄层状板岩，产放射虫：*Ellipsoxiphus* sp. 27.50 m

2. 黄绿色薄层状粉砂质板岩 39.20 m

1. 浅灰色、深灰色、灰褐色薄层致密状硅质岩，产放射虫：*Yeharaia elegans*，*Dictyomitrella* sp.，*Parvicingula* sp.，*Dictyomitra* sp.，*Ellipsoxiphus* sp.，*Staurolonchidium* sp.，*Tricolocapsa* sp.，同时尚见牙形刺化石碎片。（未见底） >325.00 m

注：此外，在野外核查过程中，于该剖面（P_8）又采集到放射虫化石，经南京地质古生物研究所杨群鉴定有：*Parahsuum*，*Canoptum*，*Hsuum hisuikyoense*，*Paracanoptum*，*Laxtorum jurassicum*，*Livarella*，*Capnuchosphaera*，*Sarla*，*Plafkerium*，*Betraccium*，*Praeconocaryomma*。

【地质特征及区域变化】 大佳河组是以硅质岩为主夹多层细碎屑岩的远洋深海环境的硅质页岩型建造，主要可分为硅质—泥质岩类，硅质—纯碧玉页岩类，岩石类型有硅质岩、硅质板岩、碧玉岩。颜色较杂，以灰褐色、灰色、猪肝色、灰白色常见。所夹细碎屑岩以细砂粉砂岩、粉砂岩、粉砂质板岩为主。由于受强烈地质构造作用，岩层产状较陡，多形成NW、SN向的紧密褶皱和微形的箭鞘褶皱、膝折等。该组中产丰富的放射虫和牙形刺化石。放射虫可分为3个组合，即中三叠世 *Pseudostylosphaera - Triassocampe*（*P - T*）组合；晚三叠世 *Livarella - Canoptum*（*L - C*）组合；早侏罗世 *Bipedis - Palaeosaturnalis*（*B - P*）组合。牙形刺是以 *Neogondolella* 为代表的诺利期组合。时代置于中三叠世—早侏罗世。

大佳河组比较发育，分布较广，构成完达山蛇绿岩群的主体之一。主要分布在完达山地区，其次在同江县街津口、抚远县以及三江平原的东部新生代地层的基底也由该组构成。总体呈SN向或NNW向展布，出露面积大于1 752 km^2，厚度大于1 593 m。在红旗岭农场、八五三农场及和平桥等地，下部和上部均以硅质岩为主，中部为硅质岩与板岩互层组成。在四合顶子、马鞍山及三元坝等地仅见本组的中下部层位。在南石场、板庙沟、海音山林场、张发岭及友涧山等地则出露了本组的中上部层位。在柏花山、和平桥、青山口、五林洞及独木河等地由硅质岩与板岩互层组成，而在山里屯、大佳河、小佳河及炮守营林场等地几乎全部由硅质岩组成（图10-4）。

大岭桥组 T_3J_1*dl*　（02-23-0292）

【创名及原始定义】 康宝祥等1987年创建于饶河县二联桥南山。指分布于完达山地区，整合于大佳河组之上的巨厚复理石沉积。以浊积杂砂岩、泥岩夹薄层硅质岩为主，夹多层基性、超基性火山岩及十八垧地组硅质岩块、蛇绿岩块和石炭—二叠纪灰岩岩块，产放射虫化石，时代置于晚三叠世—早侏罗世。

【沿革】 该组自创名以来一直被沿用，本次对比研究亦沿用。

【现在定义】 指整合于大佳河组之上的深水浊积岩组合，以低成熟度的复成分砂岩与粉

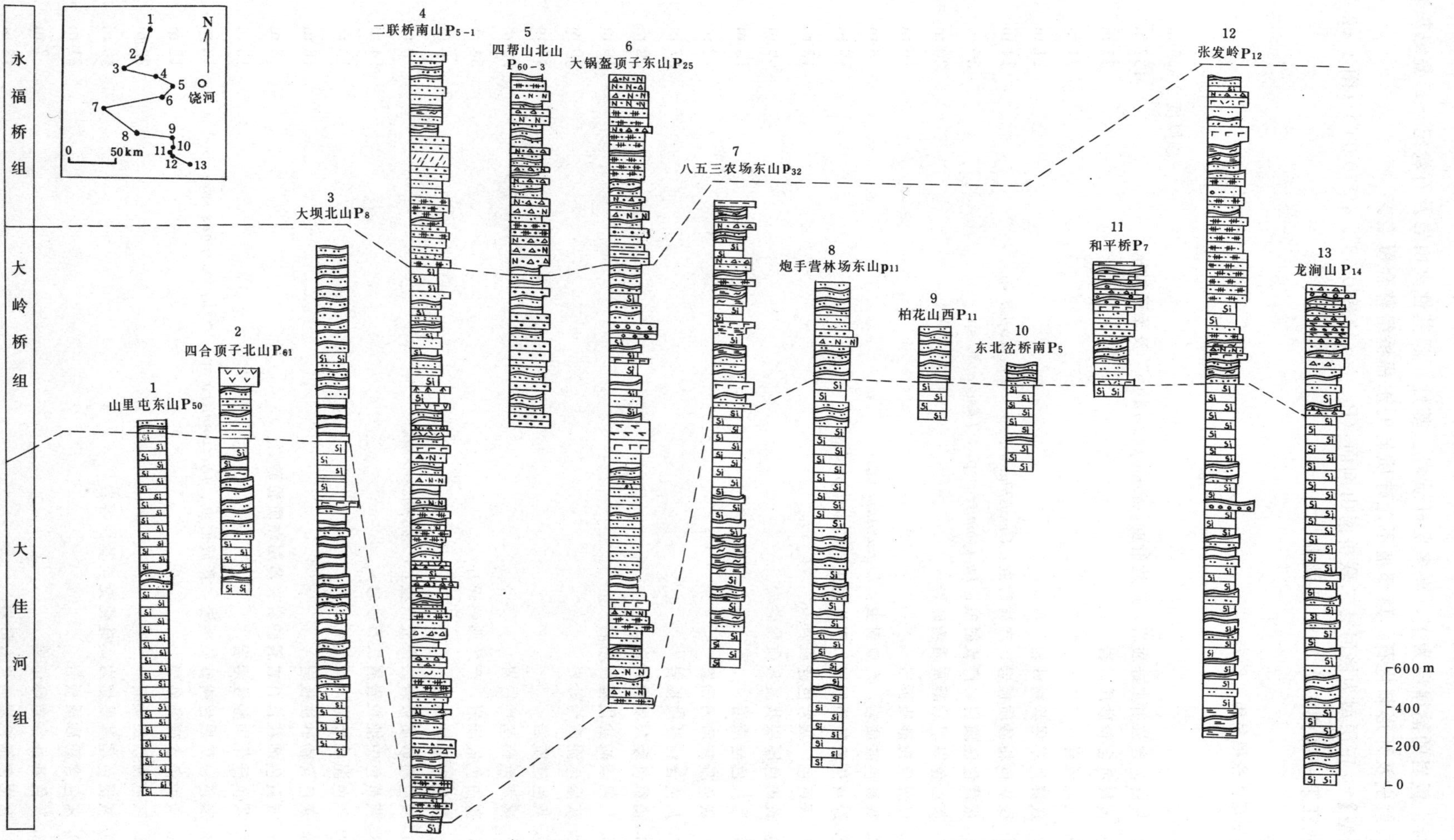

图 10-4　大佳河组、大岭桥组、永福桥组柱状对比图

砂质板岩、板岩的韵律层为主，夹多层硅质岩、基性、超基性火山岩及石炭纪—二叠纪灰岩块，产放射虫及牙形刺化石。顶部被不含硅质岩的永福桥组整合覆盖。

【层型】 正层型为饶河县二联桥南山剖面（P_{5-1}）（133°50′55″，46°50′00″）（图 1-2 中 6），黑龙江第一区调大队 1983 年测制。

上覆地层：**永福桥组** 砂岩

——————整 合——————

大岭桥组	总厚度 2 805 m
91. 灰白色含放射虫硅质岩，产放射虫：*Cenosphaera* sp. 及牙形刺碎片	132 m
90. 黄灰色含粉砂质砂岩	27 m
89. 灰色板岩	21 m
88. 灰黄色厚层状粉砂岩	21 m
87. 绿灰色粉砂质板岩，产放射虫：*Cenosphaera* sp.，*Theocapsa* sp.	14 m
86. 灰黄色硅质岩，产放射虫：*Dictyomitra* sp.，*Theocapsa* sp	20 m
85. 灰白色厚层状凝灰质粉砂岩	20 m
84. 绿灰色粉砂质板岩	16 m
83. 灰黄色硅质岩，产放射虫：*Lignopsum* sp.	8 m
82. 绿灰色粉砂质板岩，产放射虫：*Cenellipsis* sp.	49 m
81. 灰黄色、灰紫色硅质岩	13 m
80. 黄褐色厚层状凝灰质粉砂岩	66 m
79. 深灰色硅质岩	13 m
78. 灰色凝灰质粉砂岩	12 m
77. 灰色含粉砂质板岩	27 m
76. 褐黄色凝灰质粉砂岩	22 m
75. 灰色碳酸盐化基性熔岩	19 m
74. 灰黑色泥质粉砂岩	30 m
73. 灰色硅质岩	44 m
72. 褐灰色超基性熔岩	22 m
71. 灰白色硅质岩，产牙形刺碎片	54 m
70. 灰色中基性熔岩	9 m
69. 灰色粉砂质板岩，产放射虫：*Cenosphaera* sp.	9 m
68. 灰黄色中细粒岩屑长石砂岩	4 m
67. 灰色泥质板岩	10 m
66. 灰色含粉砂质板岩	16 m
65. 浅黄色细粒长石岩屑砂岩夹薄层泥质粉砂岩	18 m
64. 灰色硅化中酸性熔岩	15 m
63. 灰色、灰黑色粉砂质板岩，产放射虫：*Dictyomitra* sp.，*Ellipsoxiphus* sp.	12 m
62. 灰黄色含砾粉砂岩	12 m
61. 灰色粉砂质板岩	22 m
60. 灰褐色超基性熔岩，硅化变质基性熔岩	40 m
59. 灰色含粉砂质板岩	21 m
58. 灰色基性含角砾熔岩	7 m
57. 灰褐色细粒岩屑长石砂岩	18 m

56. 灰色粉砂质板岩，局部具硅化，产放射虫：*Cenellipsis* sp.，*Dicolocapsa* sp.，*Tricolocapsa* sp. 74 m

55. 灰黄色细粒岩屑砂岩 54 m

54. 灰色含粉砂质板岩，产放射虫：*Cenellipsis* sp.，*Cenosphaera* sp. 88 m

53. 灰色细粒岩屑长石砂岩 46 m

52. 灰色粉砂质板岩 34 m

51. 灰色中细粒—中粗粒杂砂岩 40 m

50. 灰色粉砂质板岩，产放射虫：*Cenosphaera* sp. 23 m

49. 灰色中细粒岩屑长石砂岩 29 m

48. 灰色含粉砂质板岩，产放射虫：*Theocapsa* sp.，*Cenellipsis* sp.，*Dicolocapsa* sp. 25 m

47. 灰色中粗粒杂砂岩夹板岩，产放射虫：*Cenellipsis* sp.，*Ellipsoxiphus* sp. 19 m

46. 灰色粉砂质细粒杂砂岩 31 m

45. 灰色粉砂质板岩 45 m

44. 灰色粉砂质板岩与泥质粉砂岩互层，产放射虫：*Cenosphaera* sp.，*Cromyosphaera* sp.，*Theocampe* sp. 56 m

43. 灰黄色片理化含砾凝灰岩 22 m

42. 灰黄色超基性熔岩 22 m

41. 灰色硅质岩 22 m

40. 灰黄色细碧岩 36 m

39. 灰褐色凝灰角砾岩 32 m

38. 灰色、灰褐色细碧岩 32 m

37. 灰黄色凝灰质中细粒岩屑长石砂岩 28 m

36. 灰色泥质板岩夹泥质粉砂岩 35 m

35. 灰色含砾粉砂岩 26 m

34. 灰黄色含砾细砂岩 26 m

33. 灰色中细粒杂砂岩 25 m

32. 灰黄色厚层粉砂岩 52 m

31. 灰黄色细粒岩屑砂岩与粉砂岩互层 52 m

30. 灰色含粉砂质板岩，产放射虫：*Porodiscus* sp. 49 m

29. 灰色粉砂岩 24 m

28. 灰色含粉砂质板岩 21 m

27. 灰色细粒岩屑砂岩 28 m

26. 含砾粉砂质板岩，产放射虫：*Cenellipsis* sp.，*Cenosphaera* sp.，*Cromyosphaera* sp.，*Theocampe* sp.，*Dicolocapsa* sp.，*Dictyomitra* sp. 32 m

25. 灰色泥质粉砂岩，产放射虫：*Cenosphaera* sp.，*Dicolocapsa* sp.，*Dictyomitra* sp. 60 m

24. 灰色、灰黄色中细粒杂砂岩夹泥质粉砂岩 74 m

23. 灰色粉砂质板岩 31 m

22. 灰色细粒砂岩 31 m

21. 灰色粉砂岩 31 m

20. 灰色中粒岩屑长石砂岩 37 m

19. 灰色粉砂泥质板岩夹粉砂岩 28 m

18. 灰色粉砂岩与细粒长石砂岩互层，局部硅化且相变为砂质板岩 57 m

17. 深灰色含砾板岩、粉砂岩与岩屑砂岩 30 m

16. 灰色中粗粒杂砂岩 48 m

15. 灰黄色砂质板岩 48 m

14. 灰黑色细粒长石岩屑砂岩 17 m

13. 灰色、灰黑色泥质板岩夹粉砂岩 27 m

12. 灰色、深灰色粉砂质板岩，产 *Cromyosphaera* sp. 31 m

11. 灰黑色泥质粉砂岩与粉砂质板岩互层 51 m

10. 灰褐色凝灰质杂砂岩 32 m

9. 凝灰质岩屑长石砂岩 18 m

8. 灰绿色基性熔岩 21 m

7. 黄色粉砂质板岩 25 m

6. 深灰色硅质岩 25 m

5. 硅质板岩，产放射虫：*Cenosphaera* sp.，*Tricolocapsa* sp. 18 m

4. 灰黄色中细粒杂砂岩 10 m

3. 灰绿色绿泥片岩 28 m

2. 灰色含粉砂质板岩 39 m

——————— 整 合 ———————

下伏地层：**大佳河组** 硅质岩

【地质特征及区域变化】 大岭桥组以沉积巨厚的深海相复理石建造为特征，由不同粒级的浊积杂砂岩、厚层状粉砂岩、粉砂质板岩及板岩等组成多个韵律层，其间夹数层硅质岩、基性、超基性熔岩，并夹少量的火山碎屑岩。粉砂岩及板岩中局部含砾，并含有凝灰物质，产放射虫化石及牙形刺碎片。时代置于晚三叠世—早侏罗世。

本组出露广泛，分布面积近 1 550 km^2。主要分布于西南沟山—老爷岭、山里屯南—马鞍山、大带河、青山林场、八五三农场一分场基建队、海音山、向阳屯、西南岔林场南及两路口等地，北部的四平山农场、同江县街津口—勤得利、抚远等地也有小面积分布。呈近 SN - NNW 展布，厚度自北向南有变薄的趋势。在横向上岩性变化较大，石厂、马鞍山、大带河等地较为复杂，以浊积杂砂岩、泥岩夹薄层硅质岩为主，其间夹多层基性、超基性火山岩；老爷岭、大坝北山及北部地区岩相比较简单，以砂板岩夹硅质岩为主，其中只夹少量基性火山岩；南部为岩屑长石砂岩、杂砂岩、粉砂质板岩、绢云绿泥板岩、粉砂岩夹硅质岩与基性-超基性火山岩。受动力作用及热变质影响，局部为千糜岩化、糜棱岩化砂板岩夹变硅质岩或石英岩及千糜岩化基性-超基性火山岩（图 10 - 4）。

【问题讨论】 大岭桥组在各地区均不同程度有硅质岩，其中有的含牙形刺化石，以往常将它作为大岭桥组中的岩块处理，经综合分析，认为该组应与大佳河组有同时异相的层位，所以大岭桥 组中的硅质岩，特别是含牙形刺化石层位应与大佳河组有关层位相当。

永福桥组 J_1y (02 - 23 - 0304)

【创名及原始定义】 康宝祥等 1987 年创建于饶河县四帮山北山。指分布于饶河县四帮山至头道山一带的三叠纪深海沉积之上的复理石沉积。主要由浊积杂砂岩、含砾砂岩、粉砂质泥岩和粉砂岩组成，生物遗迹甚少，少见深水相的硅质岩和泥岩。未见顶，下部与大岭桥组整合接触。

【沿革】 该组自创名以来一直被沿用，本次对比研究亦沿用。

【现在定义】 指分布于饶河地区，整合于大岭桥组深海沉积之上的不含硅质岩及火山岩夹层的复理石沉积。主要由灰绿色、黄绿色砂岩与板岩韵律层组成，罕见生物遗迹，顶界不清。

【层型】 正层型为饶河县四帮山北山剖面（P_{30-3}）（133°40′10″，46°44′00″）（图 1-2 中 7），黑龙江第一区调大队 1983 年测制。

永福桥组	总厚度＞1 017.03 m
38. 深灰色粉砂质板岩。（未见顶）	＞40.60 m
37. 上部为灰色、灰绿色细粒杂砂岩；下部为中粒岩屑长石砂岩	99.99 m
36. 灰绿色粉砂质板岩	30.14 m
35. 浅灰黄色、黄绿色中粒长石砂岩及灰色、灰绿色中细粒、中粗粒长石岩屑砂岩	89.40 m
34. 黄绿色粉砂质板岩夹薄层黄绿色细砂粉砂岩	24.40 m
33. 浅黄色、黄绿色粉砂质板岩	36.70 m
32. 灰绿色粉砂质板岩	56.10 m
31. 黄绿色中粗粒长石岩屑砂岩	22.70 m
30. 灰绿色、黄绿色粉砂质板岩夹薄层绿泥绢云板岩及细砂岩	89.80 m
29. 黄绿色中粒长石岩屑砂岩	15.30 m
28. 黄绿色板岩	23.20 m
27. 黄绿色中粒长石岩屑砂岩	29.50 m
26. 黄绿色粉砂质板岩	76.80m
25. 黄灰色、黄色中粒长石岩屑砂岩	83.30 m
24. 灰色、灰绿色 粉砂岩	31.00 m
23. 灰色、黄褐色、黄色中细粒杂砂岩	74.20 m
22. 灰白色、黄绿色中粒长石岩屑砂岩	151.20m
21. 深灰色、灰黄色粉砂泥质板岩与灰黄色中细粒岩屑长石砂岩	42.70 m

——————整 合——————

下伏地层：**大岭桥组** 细砂粉砂岩

【地质特征及区域变化】 永福桥组为一套陆源碎屑沉积。以长石砂岩为主夹多层粉砂质板岩、粉砂岩等，构成多个韵律层。其中粗碎屑成分的单层厚度较大，不含硅质岩夹层，没有动物化石，偶见植物化石的残片。时代置早侏罗世。

本组分布局限，横向上岩性变化不大。在饶河县四帮山—永福桥 —头道山—向阳山一带，呈近 SN 向分布；在大锅盔顶子东山至 430.7 高地一带，呈 NW 向条带分布，出露面积约 145 km^2。二联桥南山与四帮山北山的岩石组合相似，形成该组向斜的西翼。在小木营沟及永福桥北山，其层序及岩石组合与四帮山北山也基本相似，但岩石普遍具千糜岩化、硅化、片理化，局部达糜棱岩化。在大锅盔顶子东山为不同粒级的杂砂岩夹数层粉砂质板岩，岩石具碳酸盐化、千糜岩化，厚度为 972 m。在饶河县向阳屯北山仍以不同粒级的杂砂岩为主，偏下部夹粉砂质板岩及少量绢云绿泥板岩，厚度为 436 m（图 10-4）。

凯北群 J_1K （02-23-0320）

【创名及原始定义】 凯北群源于李蔚荣等① 1983 年创建的凯北组，创名剖面为虎林县

---

① 李蔚荣等，1983，黑龙江省东部龙爪沟群及其与鸡西群的关系。中国地质学会成立六十周年论文（内刊）。

永红乡云山剖面。指一套早侏罗世海陆交互相地层，岩性以细砂岩为主，夹薄层粉砂岩、泥岩及煤线，产动、植物化石。与龙爪沟群裴德组呈断层接触，厚度大于 266 m。根据所产海相双壳类化石，时代置早侏罗世。

【沿革】 1986 年黑龙江省中生代含煤地层研究队（简称含煤地层研究队）根据他们在这套地层中采集的双壳类和植物化石，认为其不可能老于产菊石的七虎林河组，而置于云山组。1987 年李忠文等在《1：20 万珍宝岛幅区调报告》中，将虎林县大架山一带产早侏罗世海相双壳类化石的陆源碎屑岩命名为大架山组和白鹤山组。1993 年《黑龙江地质志》，以大架山组、白鹤山组取代凯北组，并纳入龙爪沟群。本次对比研究将凯北组升级为群，包括大架山组、白鹤山组。

【现在定义】 指不整合于完达山群之上，平行不整合于龙爪沟群之下的一套早侏罗世海陆交互相陆源碎屑沉积。包括大架山组和白鹤山组，产海相双壳类、菊石、腹足类及植物化石，夹薄煤层。

大架山组 J_1dj （02－23－0306）

【创名及原始定义】 黑龙江省第一区调大队李忠文等 1987 年创建于虎林县大架山。指一套遭受区域变质的陆源碎屑岩，分两个岩性段，以灰黑色砂岩、板岩为主，含海相双壳类、菊石化石。不整合于永福桥组之上，被白鹤山组整合覆盖，时代为早侏罗世。

【沿革】 1993 年《黑龙江地质志》将大架山组纳入龙爪沟群，本次对比研究将其置于凯北群。

【现在定义】 指分布于虎林县大架山至云山一带的海相陆源碎屑岩组合。主要由灰白色硅质砾岩和灰黑色砂岩、板岩组成。产双壳类、菊石、腕足类、腹足类等多门类海相动物化石。顶部与白鹤山组整合接触，底界不清。

【层型】 正层型为虎林县小木河乡四平山东南剖面（P_9）（133°35′00″，46°15′00″）（图 1－2 中 32），黑龙江第一区调大队 1992 年重测。

上覆地层：**白鹤山组** 黄褐色中细粒杂砂岩

——整 合——

大架山组 总厚度＞1 021.73 m

16. 灰黑色粉砂质板岩夹含砾砂岩，含砾砂岩中产丰富的双壳类、腕足类、箭石等动物化石，双壳类有：*Propeamussium* aff. *olenekense*，*Parvamussium* sp.，*Palaeoneilo* sp.，*P.* cf. *longiuscala*，*Nuculana* aff. *roederi*，*Lima* cf. *parva* 28.61 m
15. 灰黑色细砂岩局部夹粉砂质板岩 50.23 m
14. 灰黑色粉砂质板岩，局部夹砾岩，粉砂岩中产丰富的双壳类化石：*Nuculana* cf. *pseudomenkii*，*Otapiria* cf. *pseudooriginalis*，*Gryphaea*?sp.，*Propeamussium* sp.，*Dysodonta*? sp.，*Nuculana* sp.，*Palaeonucula* sp. 99.72 m
13. 灰黑色粉砂岩，产双壳类化石：*Astarte* sp.，*Lima* sp.，*Palaeonucula* sp.，*Parvamussium* sp.，*Buchia tenuistriata*，*Nuculana* sp.，*Palaeoneilo* cf. *qihulinensis* 59.33 m
12. 黄褐色中细粒长石石英砂岩，岩石坚硬 40.89 m
11. 灰黑色粉砂质板岩 7.67 m
10. 浅灰色、浅灰绿色、灰黑色粉砂岩，岩石中见灰黄色砂质条带及灰黑色泥质条带 42.71 m
9. 黄绿色细粒岩屑长石砂岩，岩石中见黑色泥质条带 40.15 m

8. 浅灰黄色、黄绿色粉砂岩，岩石中见砂质及泥质条带，沿层理定向排列　296.21 m

7. 灰黄色中粗粒长石石英砂岩　20.34 m

6. 灰黑色粉砂岩　5.61 m

5. 浅紫褐色、灰紫色、灰色砂质砾岩　32.76 m

4. 灰白色硅质砾岩　168.47 m

3. 灰白色粗粒岩屑砂岩　41.38 m

2. 灰褐色硅质砾岩，胶结物由硅质及泥质组成　48.40 m

1. 灰褐色砂质砾岩，砾石大小不等（50～2 mm），由硅质岩组成。（未见底）　＞39.25 m

【地质特征及区域变化】　大架山组仅见于大架山、四平山至云山一带，面积约 32 km^2。为一套滨海至浅海相陆源碎屑沉积，岩石普遍具轻微的区域变质，以绢云母化、绿泥石化为主。下部以灰白色、灰褐色硅质砾岩、砂砾岩为主，夹中粗粒砂岩、粉砂岩。砾岩成分以下伏硅质岩为主，磨圆较好，由硅质或砂质胶结，具不清楚的水平层理及低角度交错层理，其横向上往往相变为砂砾岩或含砾粗砂岩；中部以灰黑色粉砂岩、黄绿色中细粒砂岩为主，夹灰黑色粉砂质板岩，岩性横向变化不大，以含泥质、砂质条带为特点，产多门类海相动物化石，尤以双壳类繁盛；上部以灰黑色粉砂质板岩为主，夹灰黑色细砂岩及凸镜状砾岩，板岩具水平层理和显微水平层理，富产菊石、双壳类、腕足类、腹足类、珊瑚、放射虫等多门类海相动物化石。时代置早侏罗世。

白鹤山组　J_1b　（02－23－0307）

【创名及原始定义】　李忠文等 1987 年创建于虎林县大架山。指整合于大架山组之上的砂岩、粉砂质板岩组合。分三个岩性段，产双壳类、菊石、放射虫等化石，时代为早侏罗世。

【沿革】　1993 年《黑龙江地质志》将白鹤山组纳入龙爪沟群，本次对比研究将其置于凯北群。

【现在定义】　指分布于虎林县大架山至云山一带的海相至海陆交互相砂泥质沉积，以黄绿色、灰白色砂岩和灰黑色粉砂质板岩为主，夹凸镜状砾岩。产双壳类、菊石、腕足类、放射虫等多门类海相动物化石。与下伏大架山组整合接触，区域上被裴德组平行不整合覆盖。

【层型】　正层型为虎林县大架山西剖面（P_{26}）（133°35′00″，46°15′00″）（图 1－2 中 32），黑龙江第一区调大队 1986 年测制。

白鹤山组　总厚度＞651.63 m

12. 黄绿色、灰白色中粒杂砂岩夹薄层黑灰色粉砂质板岩。（未见顶）　＞102.86 m

11. 黑色、灰黑色粉砂质板岩，局部夹凸镜状砾岩，板岩与砾岩中产动、植物化石，双壳类：*Lima* sp.，*L.* cf. *parva*，*L.* cf. *transversa chivatchensis*，*Propeamussium* aff. *olenekense*，*Palaeoneilo* sp.，*Palaeonucula* sp.，*Malletia*? sp.，*Mesosaccella* sp.，*Nuculana* sp.，*N.*（*Jupiteria*）*acuminata*，*Camptonectes* sp.，*Tancredia* sp.，*Astarte* sp.；植物：*Elatocladus* sp.，另产菊石、腹足类、腕足类、箭石、海百合茎等化石，本层下部板岩中产放射虫化石　224.10 m

10. 黄绿色、灰白色中细粒杂砂岩，局部夹薄层黑色粉砂质板岩　192.36 m

9. 灰黑色粉砂质板岩夹中细粒砂岩及凸镜状砾岩，板岩与砾岩中产动物化石，双壳类：*Propeamussium* aff. *olenekense*，*Solemya*? sp.，*Astarte* sp.，*Camptonectes* sp.，*Palaeonucula* sp.，*Lima* cf. *parva*，*Mesosaccella* sp.，*Parvamussium* sp.，*Palaeoneilo* sp.，*P.*

cf. *longiuscula*，*Nuculana* aff. *roaderi*，*Lima* sp.，另产腕足类、腹足类、珊瑚、箭石、海百合茎等化石　　64.05 m

8. 黄绿色、黄褐色中细粒长石岩屑砂岩夹黑色粉砂质板岩　　68.26 m

——— 整　合 ———

下伏地层：**大架山组**　灰黑色、灰色粉砂质板岩夹黄绿色中粒岩屑砂岩，产双壳类化石

【地质特征及区域变化】　白鹤山组为一套海相至海陆交互相陆源碎屑沉积，具轻微区域变质作用，以绿泥石化为主。下部为黄绿色、灰白色中细粒杂砂岩与灰黑色粉砂质板岩韵律性间层，夹凸镜状砾岩，由下向上，砂岩层增厚，板岩变薄，产海相双壳类、腕足类、腹足类、珊瑚、箭石等动物化石；中部以厚层灰黑色粉砂质板岩发育为特点，夹凸镜状砾岩，产海相双壳类、菊石、腹足类、腕足类、箭石、海百合茎和放射虫化石；上部为含砾砂岩、砂岩与粉砂岩或板岩的韵律沉积，仅见植物化石碎片。时代置早侏罗世。向东南延伸到虎林县云山一带为一套海陆交互相的砂泥质沉积，以黄绿色、黄褐色砂岩为主，中部夹灰黑色粉砂质板岩及薄煤层，产海相双壳类化石，上部夹砂砾岩层，厚度大于 294 m。

南大塔山组　J_2n　(02-23-0305)

【创名及原始定义】　李忠文等 1987 年创建于虎林县南大塔山附近。指不整合于三叠纪硅质岩之上，被中侏罗世独木河组平行不整合覆盖的一套中酸性、酸性火山岩，时代置于中侏罗世。

【沿革】　该组自创建后，沿用至今，本次对比研究仍沿用。

【现在定义】　指虎林县南大塔山以北独木河一带的中酸性火山岩组合，岩性为浅灰色流纹岩、英安岩及黄绿色流纹质角砾凝灰岩等。底界不清，顶与七虎林河组平行不整合接触。

【层型】　正层型为虎林县小北沟剖面（133°36′00″，46°21′30″）（图 1-2 中 33），黑龙江第一区调大队 1986 年测制。

上覆地层：**七虎林河组**　底砾岩，砾石成分为英安岩、流纹岩

——— 平行不整合 ———

南大塔山组　　总厚度 155.70 m

7. 浅灰色流纹岩　　19.50 m

6. 暗灰色英安岩　　30.90 m

5. 黄绿色流纹质角砾凝灰岩　　14.70 m

4. 浅灰色英安岩　　90.60 m

═══ 断　层 ═══

下伏地层：**大佳河组**　灰紫色硅质岩

【地质特征及区域变化】　南大塔山组仅见于虎林县独木河南小北沟一带，面积约 2.5 km^2，为一套以英安质熔岩为主的火山岩组合。由英安岩至流纹岩可划分为两个小旋回。英安岩具有富硅、富碱、贫铁、贫钙的特点。里特曼组合指数 δ 为 1.67，属钙碱性岩系强太平洋型。

【问题讨论】　关于南大塔山组层位问题目前尚有不同认识。《黑龙江地质志》根据其岩石面貌及构造分析，将其置于早侏罗世大架山组之下。本次对比研究根据其平行不整合于七

虎林河组之下，从层位、岩性及同位素年龄均可与云山地区的裴德组上部对比，时代置中侏罗世。

龙爪沟群　J_2K_1L　（02－23－0321）

【创名及原始定义】　陈广雅等①1963年创建于虎林县龙爪沟地区。指分布于虎林县、密山市、宝清县等地的晚侏罗世海陆交互相含煤地层。分为下部含煤组、中部含煤组和上部火山岩组。产海相双壳类、菊石等化石。

【沿革】　1974年陈道阔等将上部火山岩组改称上部含煤组，与鸡西群对比。1978年以后，由煤田地质研究所与南京地质古生物研究所组成的中生代含煤地层研究队（简称中生代含煤地层研究队）、由黑龙江第一区测队与长春地质学院组成的龙爪沟群专题研究组、由沈阳地质矿产研究所组织的两群专题研究组（具然弘，郑少林等），分别对龙爪沟群的岩石地层、生物组合及与鸡西群的关系进行了深入研究。从总体看，三家对龙爪沟群的含义认识基本一致，分歧主要表现在群内组的划分、命名及与鸡西群的对比。1993年张海驲等在编制黑龙江省区域地质志时，将龙爪沟群含义扩大，包括整个侏罗系海陆交互相地层，自下而上分为大架山组、白鹤山组、裴德组、七虎林河组、红星城组、朝阳组、曙光组和东安镇组。本次对比研究基本恢复创名时龙爪沟群的含义，最下部两个组另建凯北群。

【现在定义】　指黑龙江省东部以海陆交互相沉积为主的一套含煤地层。自下而上划分为裴德组、七虎林河组、红星城组、朝阳组、曙光组和东安镇组。产丰富的海相菊石、腕足类、双壳类、介形虫、沟鞭藻及植物化石等，局部具工业煤层。

裴德组　J_2p　（02－23－0308）

【创名及原始定义】　黑龙江省煤田地质勘探公司108队（简称煤田108队）1973年创建于密山县裴德乡，中生代含煤地层研究队陈道阔等1979年在全国地层会议上介绍②。指裴德地区中生代海相化石层之下的火山碎屑岩和含煤地层。

【沿革】　1979年两群专题研究组具然弘、郑少林等采用煤田108队在西堡—裴德普查找矿设计方案中创名的东胜组（1982年具然弘、郑少林等因东胜组与内蒙古侏罗纪的地层单位重名而改称东胜村组）。1986年“中生代含煤地层研究队”对裴德组定义做了修订，将火山岩之上的地层归入上覆的七虎林组。本次对比研究采用“中生代含煤地层研究队”的方案。东胜组及东胜村组为裴德组的同物异名，两群专题组曾用过的“裴德组”与本书采用的裴德组属同名异物，均停用。

【现在定义】　指不整合于盆地基底（杨岗组）之上、整合于七虎林河组之下的陆相含煤地层及火山岩层，下部以正常沉积碎屑岩为主，主要为砾岩、砂岩夹泥岩、粉砂岩、凝灰岩及薄煤层，上部以火山岩为主，主要为中性、中酸性火山角砾岩、凝灰岩夹砂岩。产*Coniopteris-Phoenicopsis*植物群晚期组合分子。

【层型】　正层型为密山市裴德乡东胜村后山煤田108队第九号探槽剖面（P_{20}）（130°56′，45°42′）（图1－2中34），黑龙江第一区调大队1978年重测。

---

① 陈广雅等，1963，黑龙江省东部晚侏罗世海陆交互相地层的初步研究。中国地质学会第三十二届学术年会论文集（内刊）。

② 黑龙江省东部中生代含煤地层研究队陈道阔等，1979，黑龙江省东部龙爪沟群的研究及其与鸡西群的对比（全国地层会议资料）。

上覆地层：**七虎林河组**　细粒长石砂岩

——————— 整　合 ———————

裴德组　　总厚度　444.40 m

29. 灰绿色安山质含砾凝灰岩　4.20 m
28. 黄褐色杂砂质细粒长石砂岩　13.90 m
27. 灰绿色英安质熔凝灰岩（火山泥球凝灰岩）夹薄层中细粒杂砂质长石砂岩，产植物化石 *Neocalamites* sp.　3.20 m
26. 黄绿色安山质角砾熔凝灰岩，角砾稍有磨圆　39.10 m
25. 灰黄色粗凝灰岩　10.40 m
24. 灰黑色沉凝灰岩　0.60 m
23. 黄绿色沉凝灰岩　10.40 m
22. 黄褐色含砾中细粒长石砂岩夹薄层凝灰质粉砂岩　17.50 m
21. 灰绿色凝灰质粉砂岩　4.10 m
20. 灰黄色细粒长石砂岩　1.40 m
19. 灰绿色泥岩，具水平层理　1.40 m
18. 灰黄色凝灰岩　5.10 m
17. 灰绿色泥质粉砂岩　4.60 m
16. 黄绿色含砾中细粒砂岩，富含小云母片　14.50 m
15. 黄褐色砾岩　8.90 m
14. 灰绿色杂砂质长石细砂岩，含少量粉砂岩　31.60 m
13. 黑色泥岩夹薄层泥质粉砂岩，小韵律十分发育，产植物化石：*Elatocladus manchurica*，*Carpolithus* sp.，*Pityophyllum* sp.　25.90 m
12. 灰白色、灰黄色细粒杂砂质长石砂岩　23.20 m
11. 灰色泥质粉砂岩　27.20 m
10. 黑色泥岩，致密、纯净，产植物化石　10.00 m
9. 灰褐色粗沉凝灰岩夹薄层中细粒含砾凝灰砂岩　40.10 m
8. 灰绿色沉凝灰岩　18.00 m
7. 灰褐色凝灰质细粒长石砂岩　3.90 m
6. 上部灰黄色细粒杂砂质长石砂岩夹薄层粉砂岩，产植物化石：*Cladophlebis* cf. *punctata*，*Neocalamites* sp.，*Zamites*? sp.，*Podozamites lanceolatus*；下部灰褐色中细粒杂砂质长石砂岩夹薄煤层、泥岩　19.30 m
5. 灰白色含砾中粒砂岩　2.30 m
4. 砾岩　9.00 m
3. 黄褐色细粒长石砂岩　5.00 m
2. 黄褐色含砾细粒长石砂岩　7.80 m
1. 砾岩，局部夹薄层粉砂岩和粉砂质泥岩，砾石成分复杂，主要为火山岩、凝灰岩、花岗岩及少量变质岩　81.80 m

~~~~~~~~ 不整合 ~~~~~~~~

下伏地层：**杨岗组**　变质粉砂岩

【地质特征及区域变化】　裴德组下部以黄褐色、灰褐色砾岩、含砾中粗粒砂岩及长石砂岩为主，夹灰黑色泥岩、泥质粉砂岩、凝灰岩及薄煤层，产植物化石。自砾岩至泥岩，可划分两个正旋回；上部以中性、中酸性火山角砾岩、凝灰岩为主，夹细粒岩屑长石砂岩，产植物化石。其中灰绿色英安质熔凝灰岩亦称火山泥球凝灰岩，俗称城墙砬子砾岩，在区域上较
~~~~~~~~

稳定，为本组标志性岩石。所产化石以植物为主，属北方区 *Coniopteris*－*Phoenicopsis* 植物群晚期组合。时代置中侏罗世。

本组呈 EW 至 NE 向条带分布于勃利盆地南缘。在煤窑东山至青年水库一带，上部为火山泥球凝灰岩、凝灰角砾岩与含砾砂岩、砂岩互层，下部砾岩不发育，以砂岩为主夹泥岩及薄煤层，产植物化石，厚度为 385～600 m；在青年水库东至裴德煤矿一带，上部以凝灰砂岩为主夹含角砾凝灰岩，下部以砂岩为主夹泥质粉砂岩，含可采煤层，产植物化石；在兴凯至云山农场三连一带，岩石组合同正层型剖面，含薄煤层，产植物化石，厚度为 434～800 m（图 10－5）。

七虎林河组　J_2qh　（02－23－0309）

【创名及原始定义】　中生代含煤地层研究队 1979 年创建于虎林县七虎林河一带，称七虎林组。李蔚荣、刘茂强等 1986 年修订七虎林组含义时因创名剖面附近无七虎林地名而有七虎林河，改称七虎林河组。指一套以海相细碎屑沉积为主的地层，划分两个岩性段，总厚 422 m。产海相菊石、双壳类及植物化石。

【沿革】　1970 年煤田 108 队在西堡—裴德普查找矿设计方案中将包括本组在内的一套地层称之为“东裴德组”，时代为中—晚侏罗世。1979 年“中生代含煤地层研究队”据虎林县云山剖面建立七虎林组，在第二届全国地层会议介绍。1986 年李蔚荣、刘茂强等改称七虎林河组，其含义大致相当七虎林组的中下部。本次对比研究采用七虎林河组，并对其内涵稍作厘定。东裴德组、七虎林组为七虎林河组同物异名，停止使用。1987 年李忠文等创建的独木河组，本次对比研究将下段归七虎林河组，上段归红星城组，故独木河组亦停止使用。

【现在定义】　指分布在勃利盆地及虎林盆地，推测整合于裴德组之上、被红星城组整合覆盖的海陆交互相砂泥质沉积。下部以粉砂岩为主夹细砂岩；上部以暗色泥岩或粉砂质泥岩为主夹砂岩，局部含凝灰质，产海相双壳类、菊石及植物化石。

【层型】　正层型为虎林县永红乡云山水库北山云山剖面（P_{111}）（132°29′30″，45°42′00″）（图 1－1 中 35），黑龙江第一区调大队 1978—1982 年重测。

上覆地层：**红星城组**　粉砂岩夹细粒凝灰砂岩

——————整　合——————

七虎林河组　　总厚度 531.81 m

23. 灰黑色薄板状泥岩，局部夹凝灰岩，产双壳类：*Mesosaccella morrisi*，*M.* cf. *morrisi* 等　27.00 m

22. 黑色似板状粉砂质泥岩，产双壳类：*Astarte*（*A.*）*extensa*，*A.*（*A.*）cf. *morrisi*，*Camptonectes* sp.，*Nuculana* sp.，*Mitylus* sp. 等　62.00 m

21. 灰黑色似板状泥岩，产双壳类：*Astarte*（*A.*）*extensa*，*Palaeoneilo peideensis*，*Thracia shokawensis* 等　32.00 m

20. 灰黑色似板状粉砂质泥岩，局部夹粉砂岩，产双壳类：*Astarte*（*A.*）*extensa*，*Entolium* sp.，*Camptonectes wandaensis* 等　26.00 m

19. 黑色薄板状泥岩　11.00 m

18. 灰黑色薄板状粉砂质泥岩与黑色泥岩互层　26.00 m

17. 黑色薄板状泥（板）岩，产菊石：*Arctocephalites* sp.；双壳类：*Mesosaccella morrisi*，*Palaeoneilo* cf. *bittneri*，*Camptonectes wadaensis*，*Mesosaccella longa*，*Palaeoneilo pei-*

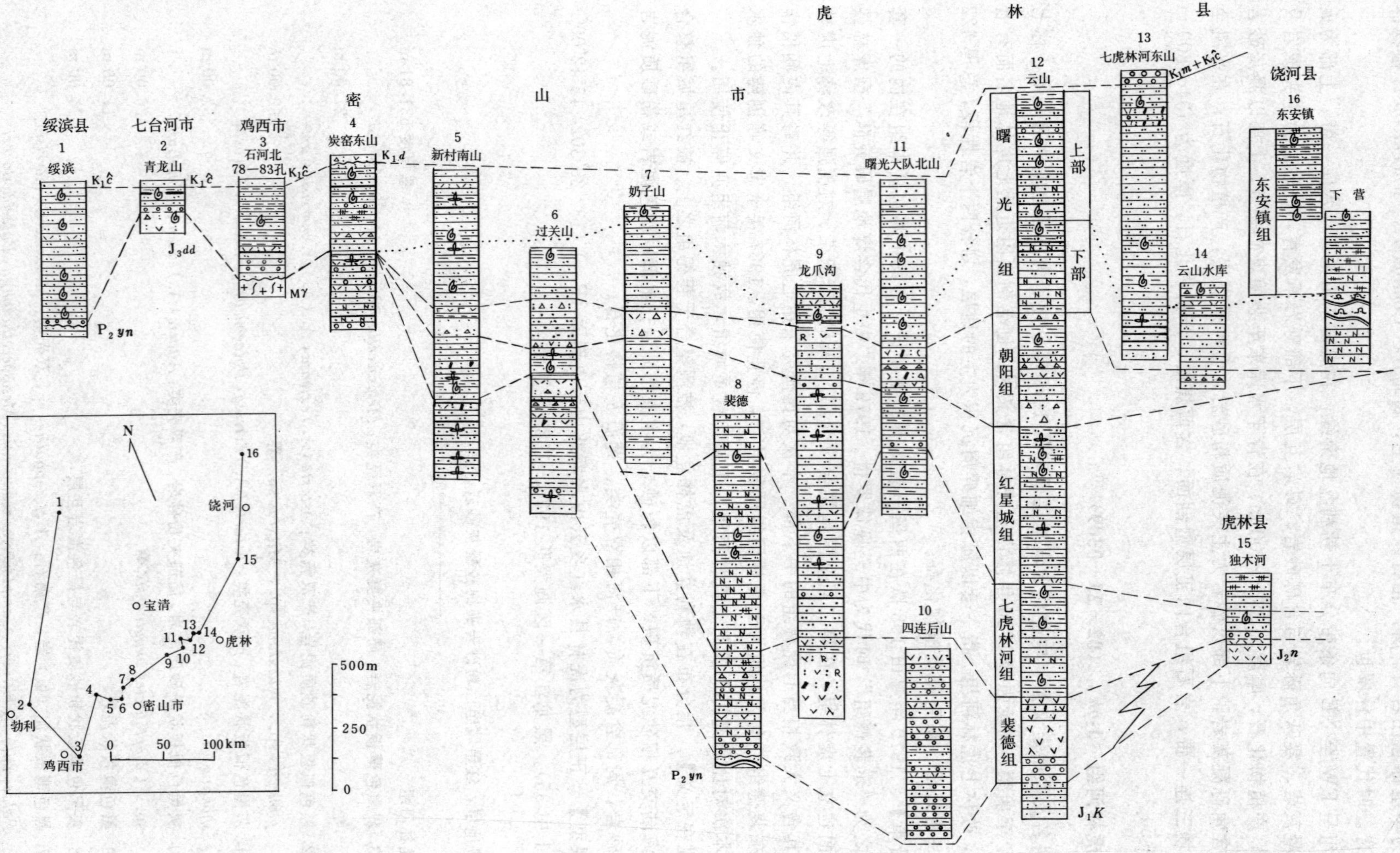

图 10-5 龙爪沟群柱状对比图

deensis，*Astarte*（*A.*）*extensa*，*A.*（*A.*）*morrisi*，*Thracia shokawensis*，*Nuculana*？sp. 等　28.00 m

16. 黑色细粒凝灰质砂岩，凝灰质粉砂岩　12.00 m
15. 黄褐色粉砂岩，局部见微层理，夹少量细砂岩　43.00 m
14. 粉砂岩，微层理发育，夹泥质板岩，产双壳类：*Palaeoneilo*？sp.，*Pinna* sp. 等　35.00 m
13. 细粒长石岩屑砂岩　9.00 m
12. 粉砂岩夹泥质粉砂岩及粉砂质泥岩　34.00 m
11. 黑色粉砂岩、泥质板岩夹粉砂岩和泥岩，产双壳类：*Astarte*（*A.*）*morrisi*，*Mesosaccella* cf. *morrisi*；腹足类：*Paracerithium* sp. 等　66.00 m
10. 泥质粉砂岩及少量细砂岩　33.00 m
9. 粉砂岩夹泥岩和细砂岩　12.00 m
8. 黑色粉砂质泥岩，微层理发育，产植物化石　6.25 m
7. 粉砂岩夹细砂岩、碳质泥岩、粉砂质泥岩和泥质粉砂岩，产植物化石　18.76 m
6. 浅黄褐色粉砂岩　7.00 m
5. 灰黄色泥质粉砂岩、粉砂岩、灰绿色细砂岩互层，夹黑色碳质泥岩和中粒砂岩　29.40 m
4. 黄绿色细砂岩、中粒砂岩互层夹粗砂岩和粉砂岩　14.40 m

══════ 断　层 ══════

下伏地层：**裴德组**　含角砾凝灰熔岩

【地质特征及区域变化】　七虎林河组为一套以海相为主的暗色砂泥质沉积。下部以灰黑色、灰黄色粉砂岩、泥质粉砂岩为主，夹泥岩、粗砂至细砂岩，顶部出现凝灰质砂岩，发育微细层理，产海相双壳类、腹足类及植物化石；上部以灰黑色泥岩、粉砂质泥岩为主，夹粉砂岩及凝灰岩，水平细层理发育，产丰富的菊石和海相双壳类化石。本组以产菊石为特点，称 *Arctocephalites* 组合，双壳类属 *Mesosacella morrisi* - *Entolium demissum* 组合，植物组合与裴德组同。时代置中侏罗世。

本组呈条带状分布于勃利盆地南缘青年水库至云山农场一带，与裴德组相伴出露，另于虎林县小北沟也有零星分布。其岩性在区域上比较稳定，下部以砂岩为主夹泥岩，上部以泥岩和粉砂岩为主夹砂岩。总体看，自东向西有粒度变粗、砂岩厚度增大的趋势。在云山地区，上部为泥岩夹一层粉砂岩，下部以粉砂岩为主夹细砂岩，厚约 531 m；在龙爪沟地区，上部夹 2～3 层砂岩，下部夹含砾砂岩，厚约 429 m；在裴德地区，上部夹数层细砂粉砂岩，下部中粗砂岩及含砾砂岩较以东地区增多，厚约 651 m。在小北沟一带（原划独木河组），其上部以粉砂质泥岩为主夹砂岩，下部以不等粒砂岩、含砾砂岩及砾岩为主，厚约 277 m（图 10 - 5）。

红星城组　J_2h　（02 - 23 - 0310）

【创名及原始定义】　李蔚荣、刘茂强等 1986 年创建于虎林县云山水库北山。指一套海陆交互相地层，以中—细粒砂岩夹钙质砂岩为主，并夹多层凝灰砂岩。与下伏七虎林河组整合接触，与上覆朝阳组推测为整合接触。产海相双壳类化石。

【沿革】　1986 年以前，相当红星城组地层被“中生代含煤地层研究队”划在七虎林组上部及下云山组下部，被具然弘、郑少林等划在“裴德组”上部及朝阳屯组下部。1986 年李蔚荣、刘茂强等建立红星城组，此后三家保持各自体系，未能统一。本次对比研究考虑到红星城组与上下地层明显可分，区域延展稳定，因此予以保留。下云山组及朝阳屯组解体，分别归入红星城组、朝阳组和曙光组，下云山组及朝阳屯组停用。

【现在定义】 指分布于青年水库—云山水库等地，整合于七虎林河组之上、推测平行不整合于曙光组及朝阳组之下的海陆交互相沉积。以中—细粒砂岩为主夹钙质砂岩及凝灰砂岩，产海相双壳类及植物化石。

【层型】 正层型为虎林县云山剖面（P_{111}）（132°29′30″，45°42′00″）（图 1-1 中 35），黑龙江第一区调大队 1978—1982 年测制。

上覆地层：**朝阳组** 含角砾凝灰岩

断 层

红星城组	总厚度 631 m
45. 上部为黑色薄层状泥质粉砂岩；下部为灰褐色细砂岩夹粉砂岩，产植物化石：*Coniopteris burejensis*，*C.* cf. *saportana* 等	86 m
44. 灰褐色微层状凝灰质粉砂岩，局部夹细砂岩，产双壳类：*Astarte mishanensis*	27 m
43. 灰褐色细粒长石岩屑砂岩	27 m
42. 青灰色细粒长石砂岩，含褐铁矿结核，夹细砂岩、粉砂岩，产双壳类：*Camptonectes longtouensis*，*Astarte mishanensis*，*A. yunshanensis*，*Arcomya chinensis*，*Bakevellia*? sp.，*Heterodonta* 等	42 m
41. 灰褐色细粒长石砂岩，产植物化石:*Coniopteris* sp. 等	22 m
40. 粉砂质板岩夹泥质粉砂岩，产植物化石：*Coniopteris* cf. *saportana* 等	4 m
39. 黑灰色中粒凝灰质砂岩夹灰白色细粒钙质砂岩	101 m
38. 灰白色细粒凝灰质砂岩	9 m
37. 桔黄色中粒长石砂岩	23 m
36. 灰紫色细粒长石岩屑砂岩	12 m
35. 灰褐色薄层状粉砂岩夹细砂岩，产植物化石：*Coniopteris* sp.，*Nilssonia sinensis*，*Elatocladus submanchurica*，等	5 m
34. 灰黄色细粒长石岩屑砂岩，局部夹粉砂质泥岩	53 m
33. 深灰色砂岩夹泥质粉砂岩和细砂岩，产双壳类：*Corbula* sp.，*C. attenuata*，*C.* aff *attenuata* 等	9 m
32. 黑色粉砂质泥岩，微层理发育，夹粉砂岩及泥岩，产海百合茎：*Cyclocylicus* sp. 等化石	5 m
31. 灰绿色粉砂岩夹泥质粉砂岩及少量细砂岩	22 m
30. 上部薄板状粉砂质泥岩；中部粉砂质泥岩；下部粉砂岩与粉砂质泥岩互层	60 m
29. 薄板状粉砂岩夹泥岩及泥质粉砂岩	45 m
28. 黑色薄板状凝灰质粉砂岩	15 m
27. 黄色粉砂岩	5 m
26. 深灰色粉砂质凝灰岩，产植物化石	9 m
25. 灰黄色泥质粉砂岩夹泥岩和凝灰质粉砂岩，产植物化石	35 m
24. 粉砂岩夹细粒凝灰质砂岩和两层沉凝灰岩	15 m

整 合

下伏地层：**七虎林河组** 灰黑色薄板状泥岩，局部夹凝灰岩，产双壳类化石

【地质特征及区域变化】 红星城组属海陆交互相沉积。下部以粉砂岩和泥质粉砂岩为主，夹凝灰质粉砂岩、凝灰岩和少量细砂岩；中上部以细粒长石砂岩和粉砂岩为主，夹凝灰质砂岩和钙质砂岩，由下至上粒度由细变粗。富产海相双壳类及植物化石。时代置中侏罗世。

本组主要分布于青年水库以东至云山水库一带，另外在过关山至新村、大桦树、独木河、小北沟等地也有出露。在云山一带，以中细粒砂岩、粉砂岩为主夹多层钙质砂岩，厚度大于631 m，产双壳类及植物化石；在龙爪沟一带岩石粒度变粗，夹有中粗粒砂岩、凝灰岩和煤层，以产植物化石为主，厚度大于577 m；在裴德一带，以灰黄色细砂岩为主夹粉砂岩及砂质泥岩，厚度大于261 m，产双壳类及植物化石；在大桦树一带，岩性为砂岩、粉砂岩、泥岩，富产双壳类化石；在虎林县小北沟一带，以细砂岩为主夹粉砂岩，厚度约184 m，产双壳类及植物化石（图10－5）。

朝阳组　$J_3\hat{c}$　(02－23－0311)

【创名及原始定义】　李蔚荣、刘茂强等1986年创建于虎林县云山水库北山。其含义指云山组之下、红星城组之上的火山碎屑岩　正常碎屑岩组合。

【沿革】　朝阳组相当于具然弘、郑少林等1982年所建朝阳屯组的中部，而“中生代含煤地层研究队”则将其归入裴德组。1993年《黑龙江地质志》沿用朝阳组，本次对比研究采用李蔚荣、刘茂强的方案。

【现在定义】　指分布在云山水库、新村等地，推测平行不整合于红星城组之上，整合于曙光组之下的陆相火山碎屑岩夹沉积岩组合。产淡水腹足类、双壳类及植物化石。

【层型】　正层型为虎林县云山剖面（P_{111}）（132°29′30″，45°42′00″）（图1－2中35），黑龙江第一区调大队1978—1982年测制。

上覆地层：**曙光组**　黄褐色岩屑长石砂岩

——————— 整　合 ———————

朝阳组	总厚度462.40 m
57. 灰色火山角砾岩	22.90 m
56. 含砾中粗粒岩屑砂岩	5.40 m
55. 黑色含粉砂泥岩夹薄层细凝灰岩，产淡水腹足类：*Viviparus* cf. *matumotoi*, *V. onogoensis*, *Bellamya* cf. *clavilithiformis*, *Rhynchocerithium* cf. *fusiforme*；双壳类：*Pisidium*? sp.	103.60 m
54. 褐黄色粉砂岩和黑灰色泥质粉砂岩	24.80 m
53. 绿黄色中细粒岩屑砂岩	8.00 m
52. 灰绿色沉凝灰岩	27.80 m
51. 火山角砾岩	21.80 m
50. 黄褐色中性凝灰岩	18.90 m
49. 含角砾凝灰岩	16.80 m
48. 黑色粉砂岩，产植物化石	66.10 m
47. 黄褐色中细粒凝灰砂岩	7.30 m
46. 含角砾凝灰岩	139.00 m

═══════ 断　层 ═══════

下伏地层：**红星城组**　泥质粉砂岩

【地质特征及区域变化】　朝阳组主要由灰色、灰褐色火山角砾岩、含角砾凝灰岩夹黑色粉砂质泥岩、粉砂岩、凝灰砂岩组成。火山岩由角砾岩至凝灰岩可分出4个韵律。黑色泥岩为厚层状，产淡水腹足类、双壳类及植物化石。时代置晚侏罗世。区域上底部火山角砾岩平行不整合于红星城组砂岩之上。

本组主要分布于云山水库至新村一带。在云山水库及云山农场一带，以黄绿色凝灰角砾岩为主，夹中细粒砂岩及泥岩，厚度约462 m；在新村一带，上部见有安山玄武岩，厚度为120 m，由东向西厚度变小（图10-5）。

曙光组　$J_3K_1\hat{s}$　（02-23-0313）

【创名及原始定义】　李蔚荣、刘茂强等1986年创建于虎林县云山水库北山。指一套以灰黄色、黄褐色粉砂岩为主，细粒岩屑长石砂岩次之，夹粉砂质泥岩、中粒砂岩、粗砂岩、凝灰岩和煤层的海陆交互相地层。富产双壳类、腹足类、介形虫、有孔虫等海相动物化石和植物化石。与下伏云山组整合接触，在珠山剖面整合于珠山组之下。厚度377 m。

【沿革】　创名的曙光组相当于“中生代含煤地层研究队”的上云山组和具然弘、郑少林等的云山组。本次对比研究修订扩大了曙光组含义，包括李、刘等的云山组，相当于“中生代含煤地层研究队”的上云山组及下云山组上部，相当于具然弘、郑少林等的云山组及朝阳屯组上部。该套地层曾称为石河北组、东荣组、绥滨组，现均归入曙光组，上云山组、云山组均停用。

【现在定义】　指分布在云山农场、煤窑西山等地，整合于朝阳组之上的海陆交互相含煤沉积。以灰黄色、黄褐色砂岩为主，夹灰黑色泥岩及凝灰砂岩和煤层，分上、下两个段。产海相双壳类、腕足类、腹足类、介形虫、沟鞭藻及植物化石。上段在正层型剖面未见顶（区域上与城子河组整合接触）。

【层型】　正层型为虎林县云山剖面（P_{111}）（132°29′30″，45°42′00″）（图1-2中35），黑龙江第一区调大队1978—1982年测制。

曙光组　　总厚度＞924.90 m

上段　　厚度540.10 m

118. 黑色泥岩，微层理发育，产动、植物化石，双壳类：“*Ostrea*” *intermedia*，*Mishanella* sp.，*Camptonectes* sp.，*Isognomon* sp.，*Pleuromya*? sp.，*Plagiostoma* sp.，*Modiolus* sp.，*M. imbricatus*，*Astarte*? sp.，*Mytilus* sp.，*Pachymya* (*Arcomya*) *longzhaogouensis*；介形虫：*Scabriculocypris obtusispina*，*S.* aff. *cerastes*，*Mandelstamia triangulata*，*M. longzhaogouensis*，*Cypridea* sp.；植物化石：*Elatocladus* sp.，*Pagiophyllum* sp.；腹足类 *Procerithium* sp.。（未见顶）　＞72.00 m
117. 绿黄色粉砂岩夹粉砂质泥岩　11.60 m
116. 黄褐色中细粒长石岩屑砂岩夹薄煤层，产双壳类：*Pachymya lonzhaogouensis*　5.00 m
115. 绿黄色粉砂岩，微层理较发育，局部夹细砂岩及薄煤层　42.00 m
114. 细砂岩夹薄层煤，产植物化石：*Elatocladus manchurica*，*Coniopteris* sp.，*Brachyphyllum* sp.　11.90 m
113. 上部泥质粉砂岩，夹0.5 m厚可采煤层；下部含细砾中细粒砂岩，产植物化石：*Nilssonia angustissima*　7.10 m
112. 深灰色粉砂质泥岩　2.70 m
111. 绿黄色细砂岩夹两层薄煤层　8.50 m
110. 黄褐色中粗粒杂砂岩　5.60 m
109. 绿黄色、褐黄色细砂岩与粉砂岩互层夹黑色泥岩及泥质粉砂岩，产植物化石：*Raphaelia* cf. *diamensis*，*Cladophlebis* sp.；双壳类：*Isognomon* sp.，*Mishanella ellip-*

tica，*Pachymya*（*Arcomya*）*longzhaogouensis*；腹足类：*Rhynchocerithium* cf. *fusiforme* 28.60 m

108. 黄褐色中粒长石砂岩 5.00 m

107. 黄褐色细砂岩 38.20 m

106. 上部绿褐色、浅黄色细砂岩；下部粉砂岩 38.20 m

105. 浅黄色细砂岩 14.10 m

104. 黄褐色粉砂岩 6.20 m

103. 灰黑色粉砂质泥岩 8.20 m

102. 褐黄色粉砂岩 9.20 m

101. 细砂岩夹粉砂岩 13.10 m

100. 浅黄色粉砂岩 8.20 m

99. 黄褐色粉砂岩为主，夹灰黑色粉砂质泥岩、深灰色泥质粉砂岩和劣质薄煤层，产动物化石，双壳类：*Mishanella elliptica*，*Modiolus* sp.，*Isognomon* sp.，*Pachymya longzhaogouensis*；介形虫：*Scabriculocypris* aff. *cerastes*，*S. obtusispina*；腹足类：*Rhynchocerithium* cf. *fusiforme*，*Promathilda*（*Clathrobaculus*）*doncieuxi*，*Procerithium* cf. *climacinum* 7.40 m

98. 褐黄色细砂岩 1.60 m

97. 粉砂质泥岩，显微层理发育 1.40 m

96. 粉砂岩 4.20 m

95. 泥质粉砂岩为主，细粒长石砂岩、粉砂岩次之 11.70 m

94. 细砂岩 3.20 m

93. 绿灰色、绿黄色粉砂岩，夹深灰色粉砂质泥岩 15.50 m

92. 绿黄色、黄绿色粉砂岩、泥质粉砂岩夹细粒长石砂岩、粉砂质泥岩、细砂岩及三层可采煤层，产植物化石：*Acanthopteris* sp. 24.60 m

91. 浅黄色细砂岩 6.70 m

90. 褐黄色中细粒长石砂岩 15.40 m

89. 细砂岩夹粉砂岩 1.00 m

88. 黄灰色、绿黄色粉砂岩为主，夹泥质粉砂岩和少量细砂岩 20.00 m

87. 黄灰色薄层状细粒长石石英砂岩 9.50 m

86. 黄绿色粉砂岩、细砂岩互层，局部夹灰色泥质粉砂岩，产植物化石碎片 27.60 m

85. 泥质粉砂岩（微层理清楚）夹少量泥岩 5.70 m

84. 绿黄色细砂岩 8.30 m

83. 灰黄色泥质粉砂岩夹细砂岩和煤线 12.50 m

82. 上部以灰黄色条带状粉砂岩、细砂岩为主，夹粉砂质泥岩和多层薄煤层及煤线；下部以浅黄色细砂岩、黑色泥岩为主，夹粉砂岩、粉砂质泥岩、泥质粉砂岩和多层薄煤层及煤线，产植物化石：*Elatocladus manchurica*，*E. submanchurica*，*Nilssonia angustissima*，*N. sinensis*；腹足类：*Procerithium* sp.；双壳类：*Astarte* sp.，*Thracia* sp.，*Palaeonucula* sp.，*Camptonectes* sp.，*Entolium* sp.，*Thracia shokawensis*，*Astarte*（*A.*）cf. *morini*，*Pachymya* sp.，*Aguilerella kobyi* 40.50 m

81. 细砂岩夹粉砂岩、中砂岩和两层泥岩 12.00 m

80. 黄褐色细沉凝灰岩、凝灰岩夹中粒砂岩 7.80 m

下段 厚度 384.80 m

79. 黄褐色细砂岩夹粉砂岩 16.00 m

78. 黄灰色泥质粉砂岩夹粉砂岩及厚层状中粒砂岩 23.00 m

77. 紫褐黄色中粒长石砂岩，分选极差，产丰富的双壳类化石：*Astarte* sp.，"*Ostrea*" *intermedia*，*Isognomon qiaotouensis*，*I.*（*I.*）*bergeroni*，*Aguilerella kobyi*，*A. pseudomytiliorme*，*A.* aff. *pseudoperna*，*Plagiostoma* cf. *highworthensis* 13.40 m

76. 浅黄色中厚层状中粒长石砂岩为主（显微层理发育）夹少量粗砂岩及细砂岩，顶底部有少量的条带状泥质粉砂岩 29.50 m

75. 浅黄色细砂岩夹中粒砂岩及粉砂岩，产双壳类化石：*Mesosacella* sp.，植物化石：*Nilssonia angustissima*，*Brachyphyllum* sp.，*Elatocladus manchurica* 11.50 m

74. 褐黄色中粒砂岩 33.00 m

73. 条带状泥质粉砂岩，微层理发育，产双壳类化石 14.00 m

72. 上部黄褐色细砂岩；下部浅黄色粉砂岩夹泥质粉砂岩及煤线，产植物化石：*Nilssonia angustissima* 12.00 m

71. 褐黄色细砂岩夹粉砂岩、泥质粉砂岩及一薄层泥岩 23.30 m

70. 紫褐色薄层状细砂岩夹泥质粉砂岩和泥岩 18.10 m

69. 上部黄褐色中粒长石岩屑砂岩夹粉砂岩和薄煤层；下部黄色薄层状细粒长石砂岩 6.10 m

68. 黑灰色粉砂质泥岩，微层理发育 3.50 m

67. 黄褐色薄层状细砂岩，局部微层理发育 11.80 m

66. 粉砂岩与细砂岩互层 7.50 m

65. 细粒长石砂岩 20.00 m

64. 粉砂岩夹泥质粉砂岩，产植物化石：*Elatocladus manchurica* 6.70 m

63. 褐黄色细粒长石砂岩与粉砂岩互层 34.20 m

62. 粉砂岩，产双壳类化石 10.00 m

61. 褐色薄层状细粒长石砂岩 16.10 m

60. 黄褐色中粒长石岩屑砂岩，产植物化石：*Elatocladus* sp. 25.10 m

59. 黄褐色细粒长石砂岩 25.40 m

58. 上部暗灰色粉砂质泥岩夹微层状黄色粉砂岩；下部暗黄褐色岩屑长石砂岩 24.40 m

———— 整　合 ————

下伏地层：**朝阳组**　火山角砾岩

【地质特征及区域变化】　曙光组为一套海陆交互相含煤碎屑沉积。以黄褐色、灰黄色砂岩为主，分上下两个岩性段。下段为中—细粒长石砂岩夹粉砂岩、泥岩及煤线，长石砂岩多为厚层状，富产海相双壳类及植物化石，粉砂岩多含泥质，呈薄板状，局部微层理发育；上段以粉砂岩与细砂岩互层为主，夹中粒长石砂岩、灰黑色泥岩或粉砂质泥岩及多层煤，为厚层状，微层理发育，富产双壳类、介形虫、腹足类及植物化石。上部在建组剖面出露不全，区域上与上覆鸡西群城子河组整合接触。时代置于晚侏罗世—早白垩世早期。

本组下段主要分布于云山农场至煤窑西山一带及大主桥、宝密桥等地。岩性变化不大，在云山农场一带，厚 278 m，在过关山至煤窑东山一带，厚 200～400 m，在大桦树、宝密桥一带上下段不分。上段广泛分布于勃利盆地东部，鸡西盆地南部和集贤盆地的绥滨、东荣等地。在云山农场至煤窑西山一带，以灰黄色、黄绿色细砂岩、粉砂岩为主，夹中砂岩、凝灰岩和灰黑色泥岩及煤，产多门类海相动物及植物化石，由东向西厚度变小；在云山农场至龙爪沟一带，岩性无变化，厚 500～800 m，化石以双壳类、介形虫、腕足类为主，植物化石稀少；在奶子山至煤窑东山一带，岩性相同，厚 500～300 m，动、植物化石都比较多；在大桦树、宝密桥一带，岩性以灰白色、灰黄色中—细砂岩为主，夹粉砂岩、泥岩及薄煤层，产双壳类及植物化石，厚度大于900 m。在鸡西盆地平阳镇—石河北一带及勃利盆地茄子河至青龙山一带（具然弘等曾划为石河北组），岩性为灰白色中—细粒砂岩、粉砂岩、灰黑色泥岩夹薄层凝灰岩及薄煤层，富产海相双壳类、介形虫、沟鞭藻及植物化石。厚度在石河北一带为452 m，在茄子河至青龙山一带为200～400 m；在集贤盆地的东荣、绥滨等地（先后被划为石河北组、东荣组、绥滨组），岩性为灰白色细砂岩与灰黑色粉砂岩互层，夹灰绿色凝灰岩，底部具砾岩。富产双壳类、菊石、沟鞭藻、箭石及植物化石，厚度约658 m（图10-5）。

东安镇组　J_3K_1d　（02-23-0411）

【创名及原始定义】　黑龙江第一区调大队马万昌等① 1982年创建于饶河县东安镇，黑龙江省地矿局张海驲等1993年介绍。指一套产海相双壳类化石的陆源细碎屑沉积。岩性以黑绿色、灰黑色粉砂质板岩、细粒长石砂岩为主。下部未见底，上部被皮克山组不整合覆盖，时代定为晚侏罗世—早白垩世。

【沿革】　1987年《1∶20万小佳河公社幅、饶河县幅区调报告》中，将创名的东安镇组称作明山屯组。1993年《黑龙江地质志》中恢复了东安镇组的名称，并作为龙爪沟群最上部的一个地层单位。本次对比研究采用《黑龙江地质志》的方案。明山屯组属同物异名，停用。

【现在定义】　指分布在东安镇至下营一带的一套海相陆源细碎屑沉积。岩性以灰黑色、黑绿色细砂岩、粉砂岩、粉砂质泥岩为主，产丰富的菊石、海相双壳类化石。未见底，上部被皮克山组英安质流纹岩不整合覆盖。

【层型】　正层型为饶河县下营西山剖面（P_{41}）（134°09′20″，47°20′40″）（图1-2中36），黑龙江第一区调大队1987年测制。

上覆地层：**皮克山组**　英安质流纹岩

～～～～～～～～ 不 整 合 ～～～～～～～～

东安镇组	总厚度＞715.30 m
5. 灰绿色、黑绿色含粉砂质板岩，夹粉砂泥质板岩，粉砂泥质板岩中产双壳类化石：*Buchia fischeriana*	126.60 m
4. 灰绿色、灰褐色绢云绿泥板岩	56.50 m
3. 黑绿色角岩化细粒长石岩屑砂岩	202.20 m
2. 灰黑色、黑绿色含粉砂质堇青石板岩	192.80 m
1. 灰白色、灰黄色细粒长石砂岩、粉砂质细砂岩、杂砂岩。（未见底）	＞137.20 m

【地质特征及区域变化】　东安镇组为最大海侵期所形成的浅海相砂泥质沉积，仅见于东安镇至下营一带。下部为细粒长石岩屑砂岩和含粉砂质泥岩，具轻微变质，砂岩多角岩化，化石稀少，仅于南通一带粉砂质板岩中采到双壳类 *Buchia russiensis*；中部以灰黑色、黑绿色粉砂质泥岩为主，夹黄绿色泥质粉砂岩，具轻微变质，在灰黑色粉砂质泥岩中富产海相双壳类、菊石、腹足类化石等；上部以灰黑色细砂粉砂岩为主，夹粉砂质泥岩、含砾杂砂质石英砂岩，具轻微变质，化石稀少，仅采到 *Buchia*，*Palaeoneilo*（图10-5）。时代置于晚侏罗世—早白垩世早期。

【存在问题】　东安镇组产有丰富的海相双壳类、菊石等动物化石，是研究海相侏罗系—

① 马万昌等，1982，1∶20万东安镇幅地质报告（未出版）。

白垩系界线及与陆相侏罗系—白垩系对比的重要地层单位，但受出露所限，其顶底界线及与曙光组的关系目前尚未控制，待今后工作中注意。

鸡西群　J_3K_1J　（02－23－0421）

【创名及原始定义】　鸡西群源于任绩1950年命名的鸡西统，创建于黑龙江省东部鸡西地区，陈广雅1959年介绍。指鸡西、勃利盆地中生代陆相含煤地层。自下而上划分为鸡西夹煤层和穆棱夹煤层，产植物及淡水双壳类化石（图10－6）。

【沿革】　见鸡西群沿革表10－3。

表10－3　鸡西群沿革表

任绩	陈广雅	顾知微	陈广雅	黑龙江省区域地层表编写组		具然弘 郑少林等	黄冠军	本书
1950	1959	1962	1963	1979		1982	1992	
鸡西	鸡西	鸡西	鸡西	鸡西小区	鹤岗小区	鸡西	绥滨	鹤岗-东宁小区
	K_1 桦山统	K_1 猴石沟群（桦山群）	K_1 桦山群 猴石沟组	K_1 桦山群 猴石沟组	K_1 峻德群 猴石沟组	桦山群	桦山群	桦山群 猴石沟组
				东山组	东山组			K_1 鸡西群 东山组
J_3 鸡西统 穆棱夹煤层	J_3 鸡西统 穆棱夹煤层	J_3 鸡西群 穆棱组	穆棱组	穆棱组	鹤岗群 石头庙子组	K_1 鸡西群 穆棱组	K_1 鸡西群 穆棱组	穆棱组
鸡西夹煤层	鸡西夹煤层	鸡西组	J_3 鸡西群 城子河组	J_3 鸡西群 城子河组	J_3 石头河子组	城子河组	城子河组	城子河组
						石河北组	东荣组	
							绥滨组	
	J_2 滴道火山碎屑岩	滴道组	滴道组	滴道组		J_3 滴道组	J_3	J_3 滴道组 / 曙光组

【现在定义】　指黑龙江省东部地区中生代以陆相为主的含煤地层。不整合于前中生代基底之上，被桦山群平行不整合覆盖。包括滴道组、城子河组、穆棱组和东山组。

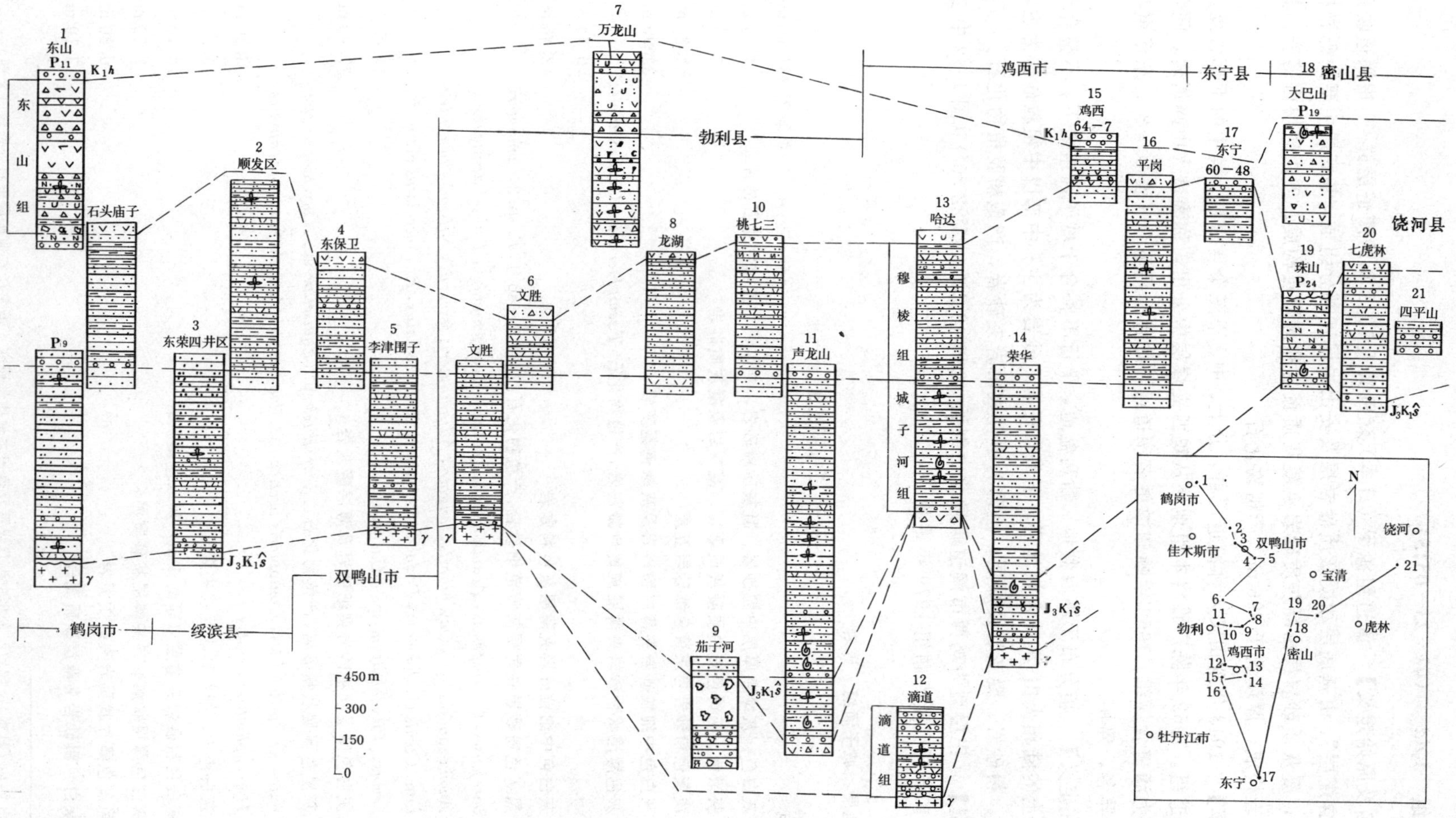

图 10－6　鸡西群柱状对比图

滴道组 J_3dd （02－23－0315）

【创名及原始定义】 滴道组源于（日本）森田义人1943年的滴道层群①。指滴道暖泉剖面“下部含煤层”，由基底层和凝灰质砂岩层及安山岩层三部分组成，基底层主要由砾岩构成并夹砂岩；凝灰质砂岩层由凝灰质砂岩夹凝灰质页岩和薄煤层构成；安山岩层由熔岩、集块岩及凝灰岩构成，厚度大于396 m，产植物化石。

【沿革】 1943年森田义人称滴道层群，分上、中、下三个含煤层，其中的下部含煤层即后来的滴道组。1959年陈广雅将本组地层从鸡西夹煤层中分出，称滴道火山碎屑岩，同年石铁民称其为滴道含煤组。1962年顾知微更名滴道组，此后沿用至今（表10－3）。东堡组与滴道组同物异名，停用。

【现在定义】 指分布于鸡西盆地、勃利盆地，平行不整合于城子河组之下，不整合于盆地基底之上的陆相火山-沉积含煤地层。下部以砾岩、砂岩为主；中部以中粗粒砂岩为主，夹薄层泥岩、粉砂岩、凝灰岩及煤层；上部为中性火山岩夹砂岩，产孢粉及植物化石。

【层型】 正层型为鸡西市滴道暖泉北山剖面（130°46′20″，45°22′30″）（图1－2中28），沈阳地质矿产研究所专题组1979年重测。

上覆地层：城子河组 砾岩

——————— 平行不整合 ———————

滴道组 总厚度234.70 m

19. 灰白色、灰绿色厚层中粒砂岩、凝灰质粉砂岩，夹煤线，产植物化石碎片 4.60 m
18. 灰绿色、灰黄色安山质凝灰质砾岩、凝灰岩及凝灰质砂岩 7.70 m
17. 浅灰色粉砂岩与灰黄色细砂岩互层 2.20 m
16. 灰白色中细粒砂岩夹薄层粉砂岩及灰绿色凝灰岩 33.90 m
15. 灰色薄层状粉砂岩夹薄层灰黄色凝灰岩，产植物化石：*Taeniopteris* sp.（cf. *Jakutiella* sp.） 0.80 m
14. 灰白色中细粒砂岩夹薄层灰色粉砂岩 12.30 m
13. 黑灰色粉砂岩夹薄层灰黄色细砂岩，产植物化石：*Thallites* sp. 1，*T.* sp. 2，*Coniopteris burejensis*，*C. silapensis*，*Acanthoptersis gothani*，*A. onychioides*，*Todites denticulata*，*Anomozamites* sp.，*Onychiopsis elongata*，*Adiantopteris sewardi*，*Nilssonia lobatidentata*，*Ctenis* cf. *formosa*，*Podozamites reinii*，*P. lanceolatus*，*P. lanceolatus* cf. *multinervis*，*Pityophyllum* sp.，*Carpolithus* sp. 14.00 m
12. 灰白色厚层状粗砂岩夹细砂岩及薄层凝灰岩 27.90 m
11. 灰黑色薄层状粉砂岩，产植物化石：*Lycopodites* sp.，*Equisetum* sp.，*Onychiopsis elongata*，*O. psilotoides*，*Coniopteris arctica*，*C. burejensis*，*Acanthopteris onychioides*，*Hymenphyllites amplus* 3.20 m
10. 灰白色中、细粒砂岩互层夹煤线 13.90 m
9. 灰白色粗砂岩夹薄层（厚约1 m）灰绿色凝灰岩 13.10 m
8. 灰白色薄层状细砂岩夹薄层状碳质泥岩 5.30 m
7. 黑灰色薄片状页岩夹碳质泥岩 0.80 m
6. 灰白色粗砂岩夹薄层碳质泥岩 13.10 m

① 森田义人（日本），1943，东北中生代煤系及煤田之地质学研究。黑龙江省地矿局资料处资料（未刊）。

5. 灰白色细砂岩与黑灰色粉砂岩互层 11.10 m

4. 灰白色粗砂岩、细砂岩夹粉砂岩及凝灰岩 24.70 m

3. 黑灰色粉砂岩夹泥岩及劣质煤层 2.00 m

2. 灰白色含砾粗砂岩 33.90 m

1. 灰黄色、灰白色砾岩，砾石成分主要为花岗岩、石英岩及变质岩等，砾经一般为1～3 cm，磨圆度较好 10.20 m

～～～～～～～～～ 不 整 合 ～～～～～～～～～

下伏地层：（晚太古代）**麻山群** 花岗片麻岩

【地质特征及区域变化】 滴道组属盆地沉降初期边缘凹地充填型沉积。下部为砾岩、砂岩，砾岩厚度变化大，延伸不稳定，砾石成分以下伏花岗岩、变质岩为主；中部为砂岩、凝灰砂岩和碳质泥岩夹煤层，产植物化石；上部为中性火山岩夹沉积岩。植物化石为 *Ruffordia*－*Onychiopsis* 植物群早期组合。时代置晚侏罗世。

本组在鸡西盆地分布于北部条带二吕至城子河一带，以砂泥岩及中性火山碎屑岩为主，其下部砾岩不稳定，由滴道向东西两侧变薄至尖灭，厚度80～400 m；在勃利盆地分布于南缘的虎山、东保和北部的青龙山、安乐、桃山等地，为中性火山岩与沉积岩互层，厚度400～900 m（曾被划为东堡组）；北部的滴道组以中性火山岩为主夹沉积岩，厚500 m左右（图10－6）。

城子河组 $K_1\hat{c}$ （02－23－0404）

【创名及原始定义】 陈广雅1963年创建于鸡西市城子河一带，黑龙江区域地层表编写组1979年介绍。指鸡西、勃利盆地滴道组之上，穆棱组之下，主要以灰色、灰白色碎屑岩为主，间夹页岩、砂质页岩及煤层等组成的含煤地层。产丰富的植物化石及双壳类费尔干蚌。平行不整合于滴道组之上，总厚度400～900 m。

【沿革】 1982年具然弘、郑少林等将鸡东县平阳镇一带城子河组下部海相层分出建立石河北组。本次对比研究沿用的城子河组亦不含以海相为主的地层（表10－3）。鸡西组、石头河子组与城子河组同物异名，停用。

【现在定义】 指分布在鸡西、勃利等地，平行不整合于滴道组之上、整合于穆棱组之下的陆相含煤地层。以灰白色中细粒砂岩为主，夹粉砂岩、泥岩、凝灰岩及多层工业煤层。产丰富的植物及淡水双壳类化石。

【层型】 因创名人未指定正层型，故选层型为鸡西市哈达乡杏花村鸡西煤田哈达立井详勘钻孔剖面（74－83、33、9孔）（131°07′，45°21′）（图1－2中29），黑龙江省煤田地质勘探公司108队1975年测制。

上覆地层：**穆棱组** 含泥砾粗砂岩

———————— 整 合 ————————

城子河组 总厚度651.28 m

49. 灰白色中细粒砂岩与灰色粉砂岩、泥岩互层 74.18 m

48. 深灰色粉砂岩、泥岩，产植物化石：*Acanthopteris gothani*，*Coniopteris*? sp.，? *Elatocladus manchurica* 36.40 m

47. 煤（23号），煤层顶底板产植物化石：*Ginkgoites* sp.，*Onychiopsis elongata*，*Gonatosorus*

ketovae，*Elatocladus manchurica*，*Ginkgo digitata* 36.40 m

46. 深灰色粉砂岩和泥岩夹灰白色细砂岩，粉砂岩内含菱铁矿结核 23.20 m
45. 煤(24号)，煤层顶底板产植物化石：*Pagiophyllum* sp.，*Coniopteris* sp.，*Elatocladus manchurica* 25.02 m
44. 浅灰色粉砂岩和深灰色泥岩夹灰白色细砂岩 25.02 m
43. 煤（25号） 3.00 m
42. 灰白色中粗粒砂岩，上部夹1 m厚的粉砂岩 18.66 m
41. 灰白色中细粒砂岩，上部夹3 m厚的含碳泥岩，下部夹1 m厚的黑色泥岩 9.46 m
40. 灰白色中粗粒砂岩，夹3m厚的灰色粉砂岩 11.53 m
39. 上部灰色粉砂岩，下部灰白色粗粒砂岩，夹3层0.2 m厚的碳质泥岩，产植物化石：*Coniopteris saportana* 19.20 m
38. 黑色泥岩、碳质泥岩薄层和灰褐色凝灰质砂岩，夹1 m厚的灰白色细砂岩 4.77 m
37. 灰白色中粗粒砂岩，夹3层3～4 m厚的灰色粉砂岩、泥岩和薄层含炭泥岩 34.26 m
36. 煤（28号），产植物化石：*Ginkgo digitata*，*Nilssonia* sp. 10.00 m
35. 灰白色中细粒砂岩 8.85 m
34. 煤和碳质泥岩（30号） 3.12 m
33. 灰白色、灰黑色细砂岩 4.66 m
32. 煤和碳质泥岩（31号），产植物化石：*Gleichenites nordenskioldi*，*Cladophlebis* sp. 1.05 m
31. 灰白色细砂岩，夹2层1.5 m厚的黑色泥岩和黄褐色凝灰质砂岩 15.56 m
30. 煤和碳质泥岩（35号）产植物化石：*Coniopteris saportana*，*Elatocladus manchurica* 1.04 m
29. 灰白色中细粒砂岩，底部有1 m厚的灰色粉砂岩 12.96 m
28. 煤和碳质泥岩互层（36号），顶板有一层0.14 m厚的浅褐色凝灰岩 2.69 m
27. 灰白色中粗粒砂岩和细砂岩 17.82 m
26. 深灰色粉砂岩、灰色细砂岩，夹一薄层碳质泥岩，产植物化石：*Acanthopteris gothani*，*Gleichenites nordenskioldi* 12.65 m
25. 煤、碳质泥岩与泥岩互层 1.50 m
24. 灰色粉砂岩、泥岩与灰白色粗砂岩互层，夹0.59 m厚的褐色凝灰质粉砂岩，产植物化石：*Nilssonia* sp. 10.13 m
23. 灰白色中细粒砂岩，夹一层0.35 m厚的粉砂岩 9.61 m
22. 煤（41号），产植物化石：*Coniopteris* sp.，*Coniopteris nympharum* 0.49 m
21. 灰白色中粗粒砂岩夹黑色薄层泥岩及褐色凝灰质泥岩，产植物化石：*Gleichenites* sp. 40.69 m
20. 煤(48号)与含碳泥岩互层，产植物化石：*Gleichenites nordenskioldi*，*Coniopteris* sp.，*Arctopteris* sp.，*Cladophlebis* sp.，*Elatocladus manchurica* 1.55 m
19. 灰白色中粗粒砂岩，夹一层灰色粉砂岩 12.07 m
18. 黑灰色泥岩，夹2.4 m厚的浅灰色细砂岩，产双壳类化石：*Ferganoconcha* sp.，Unionidae 6.90 m
17. 上部为灰白色厚层粗砂岩，下部为灰白色细砂岩，夹1层0.5 m厚的泥岩 15.91 m
16. 灰黑色泥岩，夹深灰色细砂岩，下部夹1.08 m厚的含炭泥岩 8.11 m
15. 浅灰色细砂岩 2.71 m
14. 黑色碳质泥岩（52号），底部有0.1 m厚泥岩，产植物化石：*Coniopteris saportana*，*Acanthopteris gothani*，*Carpolithus* sp.，*Coniopteris burejensis*；双壳类 *Ferganoconcha* sp. 0.69 m
13. 灰白色、浅灰色中细粒砂岩夹黑色泥岩和粉砂岩 13.90 m

12. 灰色粉砂岩	9.68 m
11. 浅灰色粉砂岩夹灰白色中砂岩	6.04 m
10. 黑褐色凝灰质砂岩夹灰色粉砂岩及 0.1 m 厚的碳质泥岩（53 号）	0.69 m
9. 黑灰色泥岩，夹 2m 厚的灰色细砂岩和 0.5 m 厚的黑褐色薄层凝灰质泥岩	10.90 m
8. 灰白色中细粒砂岩，夹一层 0.7 m 厚的黑色泥岩	6.54 m
7. 黑色泥岩，夹煤及碳质泥岩（54 号）	7.79 m
6. 浅灰色中细粒砂岩，夹 1.5 m 厚的深灰色泥岩	12.84 m
5. 煤与泥岩互层（56 号）	2.95 m
4. 灰白色中细粒砂岩，夹泥岩及 0.3 m 厚的薄煤层	14.77 m
3. 深灰色、灰黑色泥岩	5.12 m
2. 灰白色、灰绿色凝灰砂岩与深灰色粉砂岩互层	8.77 m
1. 灰白色石英质砾岩，砾径 1～3 cm，夹薄层中粗粒砂岩	29.37 m

——————— 平行不整合 ———————

下伏地层：**滴道组**　火山碎屑岩

【地质特征及区域变化】 城子河组下部以中细粒砂岩与泥岩、粉砂岩互层为主，夹凝灰质砂岩、碳质泥岩及薄煤层，泥岩中产淡水双壳类及植物化石；中部以中粗粒砂岩为主，夹细砂岩、粉砂岩和碳质泥岩及多层工业煤层，凝灰质增多；上部为粗—中细粒砂岩与粉砂岩、泥岩韵律性互层，含有菱铁矿结核，夹工业煤层，富产植物化石。

该组所产淡水双壳类化石仅见于下部的泥岩中，为费尔干蚌类和少量的珠蚌类。植物化石以中上部为多，为 *Ruffordia-Onychiopsis* 植物群中期组合的分子。时代置早白垩世。

鸡西盆地为城子河组典型发育区，在盆地西部以山麓相沉积为主，粒度较粗，厚度 200～300 m；中、东部以平原亚相的砂泥质沉积为主。可分南北两个条带。南带西起光义经穆棱、平岗、张新、荣花至红火，厚度 400～1 400 m，以平岗和平阳镇两地厚度最大，产植物及淡水双壳类化石，具工业煤层；北带北起大通沟经滴道、鸡西、城子河、哈达、东海至黑台，厚度 500～800 m，以城子河一带最厚，产动、植物化石，具多层工业煤层。勃利盆地该组分布广泛，岩石组合基本同鸡西盆地，但上部粒度稍粗，且凝灰物质增多，其厚度在虎山、四海等地为 300～500 m，在七台河至龙湖一带为 1 000～2 000 m，以青龙山一带最厚，可达 2 300 m 产植物及淡水双壳类化石，具工业煤层。勃利盆地东部的金沙、珠山、云山等地，在龙爪沟群曙光组之上，有一套以陆相沉积为主的含煤地层，以中细粒砂岩、粉砂岩为主，夹多层中粗粒砂岩及火山碎屑岩，产丰富的植物化石，并发现三层浅海—滨海相双壳类化石，厚度 300～930 m（过去归在龙爪沟群珠山组），根据其岩相建造及含煤性将其归入鸡西群，从层位看，相当"城子河组—穆棱组"。双鸭山—绥滨盆地南部的双桦煤田，本组为一套灰白色、深灰色的粉砂岩、细砂岩夹含砾砂岩及凝灰砂岩，具多层工业煤层，产植物及淡水双壳类化石，厚度 400～700 m；双鸭山煤田本组为一下粗上细的正旋回，中部凝灰物质较高，由东向西厚度变薄，在新安—东保卫厚 600～700 m，在四方台—岭西缺失下部层位，厚 300～400 m，产植物、双壳类、腹足类化石，具多层工业煤层；绥滨煤田，城子河组由粗至细可分四个旋回，其上限未控制，厚度为 800～1 300 m，产植物化石，具工业煤层。在集贤煤田，本组岩石粒度较粗，凝灰物质增多，底部普遍发育一层砾岩，厚度为 400～1 000 m，由南向北，由西向东厚度增大。鹤岗盆地的城子河组过去称石头河子组，岩性以灰白色、灰色中粗—中细粒砂岩、细砂岩、粉砂岩为主，夹多层碳质页岩及砾岩，产植物化石，具多层工业煤层，厚度为

500～1 000 m，以石头庙子—峻德和梧桐河农场两个条带发育较好（图 10－6）。

穆棱组　K_1m　（02－23－0401）

【创名及原始定义】　穆棱组源于王恒升 1929 年的穆棱煤系。指南始亮子河、北达鸡冠山、西起穆棱河、东抵小黄泥河子的煤系地层。可分上、中、下三部分，下部砂岩夹凝灰岩；中部砂岩夹煤层；上部砂岩夹页岩。产晚侏罗世植物化石，厚度达 200 m。

【沿革】　1943 年森田义人（日本）称桦山含煤层，1950 年任绩称穆棱含煤层，1959 年石铁民改称穆棱含煤组，1962 年顾知微称穆棱组，此后沿用至今（表 10-3）。本次对比研究沿用穆棱组。石头庙子组、东宁组归入穆棱组，停用。

【现在定义】　指整合于城子河组之上、东山组之下的陆相含煤地层。以灰白色细砂岩、深灰色粉砂岩为主夹灰黑色泥岩及多层灰绿色凝灰岩和工业煤层，下部以细砂岩、粉砂岩为主；中部以细砂岩与泥岩互层为主；上部以细砂岩、粉砂细砂岩、粉砂岩为主。产植物化石。

【层型】　创名人未指定正层型，选层型为鸡西煤田平岗精查区十六剖面（130°45′30″，45°09′00″）（图 1－2 中 30），黑龙江煤管局地质勘探公司 108 队朴太元等 1969 年测制。

上覆地层：东山组　火山碎屑岩

——————　整　合　——————

穆棱组	总厚度 890.17 m
51. 灰色、灰绿色具波状层理的粉砂岩与细砂岩，下部具水平层理	98.17 m
50. 绿灰色火山质砂岩	6.40 m
49. 浅灰色、灰白色细砂岩	7.88 m
48. 黑色泥岩夹亮煤	0.42 m
47. 灰白色、深灰色粉砂岩与细砂岩互层，夹黑色泥岩，中部夹 0.1 m 厚褐色凝灰岩	88.62 m
46. 灰色、浅灰色凝灰岩	1.97 m
45. 灰色具波状层理的粉砂细砂岩，夹 0.5 m 厚碳质泥岩	9.05 m
44. 灰色、青灰色具水平层理硅质胶结的细砂岩	19.24 m
43. 灰色、灰黑色硅质胶结的砂质页岩和薄层细砂岩	44.49 m
42. 灰色、灰白色具波状层理的硅质胶结细砂岩，夹泥岩和粉砂岩	31.29 m
41. 灰色、灰黑色砂质页岩，夹细砂岩及 0.36 m 厚黄色凝灰岩	18.12 m
40. 灰色、灰绿色含少量黑云母的凝灰岩，中部夹深灰色细砂岩	8.11 m
39. 灰白色、深灰色具波状层理的细砂岩，下部夹具水平层理的粉砂岩	21.09 m
38. 灰绿色致密坚硬凝灰岩	7.28 m
37. 灰白色、灰黑色具水平层理的细砂岩	9.35 m
36. 黄绿色、灰绿色致密坚硬凝灰岩夹灰白色细砂岩	6.35 m
35. 灰白色、灰黑色粉砂岩与细砂岩互层，夹黑色泥岩	19.29 m
34. 灰色、灰绿色局部含火山碎屑的致密凝灰岩	5.28 m
33. 灰色具水平层理含菱铁矿结核的粉砂岩，下部夹黑色泥岩，产植物化石：*Sphenolepis kurriana*	10.13 m
32. 灰绿色含少量黑色或绿色碎屑的凝灰岩	10.30 m
31. 灰色、灰白色中细粒砂岩，中上部夹深灰色泥岩和粉砂岩	11.53 m
30. 灰白色、深灰色含菱铁矿结核的粉砂岩与细砂岩互层，夹灰黑色含结核泥岩	22.15 m
29. 灰白色、灰黑色细砂岩与泥岩互层，中部夹 1.77 m 厚灰绿色凝灰泥岩	24.54 m

28. 灰白色具水平层理的细砂岩，中部夹灰黑色粉砂岩	19.86 m
27. 灰黑色局部含铁质结核的泥岩，上部夹灰绿色凝灰质泥岩，下部夹凝灰砂岩	9.42 m
26. 灰色、灰黑色厚层状泥岩与细砂岩互层，产植物化石：*Coniopteris* cf. *heeriana*，*C. burejensis*	25.25 m
25. 灰绿色细粒凝灰砂岩，夹可采煤一层，产植物化石：*Sphenolepis sternbergiana*，*Elatocladus manchurica*	3.39 m
24. 灰白色具波状层理的细砂岩，中部夹含菱铁矿结核的粉砂岩，中上部夹薄层凝灰岩和含炭泥岩	16.58 m
23. 灰黑色致密状泥岩夹灰白色、灰黑色细砂岩	3.58 m
22. 灰白色含菱铁矿结核的细砂岩夹泥岩，产植物化石：*Elatocladus* sp.，*E. manchurica*，*Cladophlebis delicatula*	9.29 m
21. 黑色片状泥岩和煤，顶部夹绿色泥岩（3号）	0.51 m
20. 灰白色中细粒砂岩，下部夹含铁质结核的泥岩，底部为薄层灰绿色凝灰质泥岩	15.52 m
19. 灰白色、灰黑色含大量菱铁矿结核的泥岩与细砂岩互层	29.68 m
18. 黑褐色、黑色泥岩、泥煤、碳质泥岩和煤（5号）	2.40 m
17. 灰白色、灰黑色粉砂细砂岩，局部夹中粒砂岩，中部夹煤和薄层凝灰质泥岩	15.00 m
16. 黑灰色、黑色泥岩与碳质泥岩互层，下部夹薄层灰绿色凝灰岩和煤	2.74 m
15. 灰白色、灰黑色细砂岩与泥岩互层，局部为粉砂岩，中部夹薄层灰绿色凝灰岩	9.53 m
14. 黑灰色、黑色泥岩夹灰绿色凝灰岩，底部为薄层泥岩夹煤	5.69 m
13. 灰白色、灰黑色粉砂细砂岩，中上部夹薄层灰绿色凝灰岩和碳质泥岩	13.13 m
12. 灰白色中细粒砂岩，中部夹粉砂岩	18.46 m
11. 灰白色、灰黑色粉砂细砂岩，具波状层理	19.92 m
10. 灰白色、灰黑色细砂岩与含结核泥岩互层，顶部为灰褐色薄层凝灰岩	10.11m
9. 灰黑色具水平层理的粉砂岩和泥岩，下部夹细砂岩	8.51 m
8. 灰白色细砂岩和泥岩，中部夹薄层黄褐色凝灰质泥岩，顶部夹薄煤层（7号）	29.80 m
7. 灰白色、灰黑色粉砂细砂岩，下部以粉砂岩为主，底部为黑色泥岩夹薄层灰绿色凝灰岩多层	30.26 m
6. 灰绿色凝灰质泥岩夹粉砂岩和中细粒砂岩	11.85 m
5. 灰白色、灰黑色含菱铁矿结核的粉砂岩与细砂岩互层，上部夹泥岩	21.07 m
4. 灰色、灰绿色及灰褐色凝灰质泥岩和凝灰砂岩夹粉砂细砂岩，具斜波状层理	11.80 m
3. 灰白色、灰黑色具波状层理的粉砂细砂岩，夹泥岩、薄煤层和凝灰岩	27.87 m
2. 灰白色、灰黑色粉砂细砂岩局部夹泥岩，顶部夹薄煤层和凝灰岩	18.66 m
1. 灰白色中粒砂岩，局部夹粗粒砂岩	6.30 m

———————— 整　合 ————————

下伏地层：**城子河组**　灰黑色粉砂岩

【地质特征及区域变化】　穆棱组具三分特点：下部由灰白色、灰黑色的细砂岩—粉砂岩夹中细粒砂岩、泥岩和多层薄层灰绿色凝灰岩及煤层组成，以正韵律为主，局部见反韵律；中部以灰白色细砂岩和灰黑色泥岩互层为主，夹粉砂岩及多层灰绿色凝灰岩，含铁质结核及煤层，产多层植物化石；上部以灰白色、灰黑色细砂岩、粉砂细砂岩和粉砂岩为主，夹泥岩、凝灰岩及煤层。植物化石属 *Ruffordia*－*Onychiopsis* 植物群中期组合。穆棱组以沉积物粒度比较细，含有多层灰绿色凝灰岩区别于城子河组。时代置早白垩世。

鸡西盆地中本组岩性变化不大，为细砂岩、粉砂岩、泥岩夹多层凝灰岩及不稳定煤层、碳质泥岩等，凝灰岩向上有增多的趋势。从分布特点看，仍可划分为南北两个条带（其范围同城子河组），厚度在 800～1 100 m，以小恒山、荣华等地沉积最厚，靠近盆地边缘地区，以砾岩或粗砂岩为底。北带的厚度比南带小，为 500～800 m 左右，以城子河一带沉积较厚，同南带相比，岩石粒度变粗。勃利盆地中岩性与鸡西盆地基本相同，含工业煤层，产植物化石，在盆地西部粒度变粗，夹多层厚层状中粗粒砂岩及砂砾岩，在桃山断裂以西，厚度 700 m 左右，在桃山断裂以东，厚度 600 m 左右。双鸭山-集贤盆地中双鸭山煤田穆棱组主要见于盆地南部，以东保卫一带发育最好，向东西两侧变薄，其岩性基本同鸡西盆地，但凝灰岩不发育，含煤性亦不好，厚度 480～600 m；集贤煤田的穆棱组主要发育于盆地的中西部，以粉砂岩、泥岩为主夹中细砂岩及凝灰岩，含煤性不好，产植物化石，厚度为 1 000 m 左右，在盆地中心可能达到 2 000 m。鹤岗盆地中穆棱组主要见于西部的峻德、鹤岗、石头庙子等地，其岩石组合明显区别于其它盆地，以中粗至中细粒砂岩、砂砾岩、砾岩为主，夹粉砂岩、泥岩及煤层，其中砾岩厚度变化大，延伸不稳定。老黑山-东宁盆地中的穆棱组（过去称东宁组）主要出露于东宁、裕东、大鸟蛇及南沟里等地，岩性可分上下两部分，下部以砾岩、中粗粒砂岩为主夹砂岩、粉砂岩及煤线，厚数米至数百米；上部由灰白色、浅灰色粗砂岩、中砂岩、细砂岩，深灰色页岩、碳质页岩和煤层等组成，夹油页岩，厚度 80～280 m（图 10－6）。

东山组　K_1d　(02－23－0397)

【创名及原始定义】　东山组源于谭锡畴 1924 年[①] 的东山层，创名地点为鹤岗市安民沟—东山一带。指鹤岗煤田石头河层之上的中性火山岩及沉积岩组合。

【沿革】　1943 年森田义人称峻德火山碎屑岩。1974 年在大庆东北中生代地层工作会议上，黑龙江煤管局地质公司改称东山组，1979 年《黑龙江地层表》采用，此后沿用至今。另外，1：20 万密山县幅区调报告中的大巴山组与东山组同物异名，停止使用。东山组过去一直归在桦山群，考虑其与煤系地层在生物面貌、区域分布上都有十分密切关系，为同一构造环境控制下的产物，因此将其置于鸡西群。

【现在定义】　指分布于鹤岗、鸡西等地，整合于穆棱组之上、平行不整合于猴石沟组之下的中性火山岩夹沉积岩组合。以灰绿色、灰紫色、灰黄色安山质集块岩、火山角砾岩、熔岩为主，夹凝灰岩、凝灰砂岩和正常沉积岩。产鱼、双壳类及植物化石。

【层型】　创名人未指定正层型，选层型为鹤岗市安民沟—东山剖面（130°23′43″，47°21′40″）（图 1－2 中 31），黑龙江第一区调大队 1979 年测制。

上覆地层：**猴石沟组**　黄色砂砾岩，含砾凝灰质砂岩

——————— 平行不整合 ———————

东山组	总厚度　697 m
24. 灰绿色辉石安山质火山角砾岩	92 m
23. 灰紫色辉石安山岩	28 m
22. 灰褐色安山质火山角砾岩和角闪安山质火山角砾岩	75 m
21. 灰白色英安质火山角砾岩	24 m
20. 灰绿色辉石安山质火山角砾岩	28 m
19. 灰褐色安山质火山集块岩	24 m

① 谭锡畴，1924，黑龙江省汤原县鹤岗煤田地质矿产。地质汇报（内刊）。

18. 灰绿色辉石安山岩夹二辉安山岩		180 m
17. 灰绿色角闪安山质火山角砾岩		22 m
16. 灰黄色细粒长石砂岩、粉砂岩、砂质砾岩、杂砂岩互层，产植物化石：*Cladophlebis*?		46 m
15. 黄褐色安山质含角砾凝灰岩、沉凝灰岩		12 m
14. 灰白色辉石安山质角砾凝灰岩		8 m
13. 灰绿色安山质火山角砾岩		10 m
12. 灰绿色角闪安山质凝灰岩		16 m
11. 灰绿色角闪安山质凝灰熔岩		30 m
10. 灰绿色辉石安山质火山角砾岩		53 m
9. 灰黄色安山质角砾凝灰岩夹酸性凝灰岩		27 m
8. 黄绿色泥岩		11 m
7. 灰绿色安山质火山集块岩和集块熔岩		14 m

———————— 整　合 ————————

下伏地层：**穆棱组**　黄色长石砂岩

【地质特征及区域变化】　东山组为一套中性火山碎屑岩夹正常沉积岩组合。以灰绿色安山质火山角砾岩、凝灰岩为主，夹火山集块岩及安山岩和砂岩、泥岩，安山岩高碱低钙，里特曼组合指数为1.65～2.65，属钙碱性岩系正常太平洋型。所产植物化石属 *Neozamites-Manica* 植物群分子，鱼化石为上床氏满洲鱼群。时代置早白垩世。

东山组与穆棱组相伴出露。鹤岗盆地中以灰绿色安山岩及其火山碎屑岩为主夹正常沉积碎屑岩，由南向北熔岩减少，火山碎屑岩增加，厚度变薄，最大厚度700 m左右。双鸭山盆地中本组不发育，仅见于向阳一带，为粗安质火山角砾岩、熔岩夹沉积岩，厚度约300 m。勃利盆地中本组见于七台河、龙湖、北兴五分场、岚峰等地，NE向展布，岩石组合为安山质或英安质的火山碎屑岩夹沉积岩。在岚峰一带以安山岩为主，厚度900～1 200 m，产植物及鱼化石。鸡西盆地中本组见于北部条带的杏花、滴道；南部条带的穆棱、柳毛、平阳镇、太平等地，以灰绿色安山质火山角砾岩、凝灰岩为主，夹砂砾岩及细砂粉砂岩，厚度70～280 m（图10-6）。

二浪河组　J_1er　（02-23-0327）

【创名及原始定义】　张立铸等1990年创建于海林县二浪河林场。指一套灰黑色中、酸性熔岩及火山碎屑岩，不整合于前中生代地层之上，根据同位素年龄，时代置早侏罗世。

【沿革】　该组1990年以前归入太安屯组中，1993年《黑龙江地质志》中称高岭子组，本次对比研究采用张立铸方案。高岭子组与二浪河组同物异名，前者停用。

【现在定义】　主要为一套陆相中酸性火山岩组合。以安山岩为主，夹中酸性凝灰岩及火山熔岩，局部见沉积岩夹层。不整合于晚元古代新兴组之上，正层型未见顶（区域上与太安屯组整合接触）。

【层型】　正层型为海林县大海林林业局二浪河林场北老秃顶剖面（128°27′00″，44°38′12″）（图1-2中19），黑龙江第一区调大队1988年测制。

二浪河组		总厚度＞2 976 m
25. 灰绿色安山岩。（未见顶）		＞130 m

24. 灰绿色中性凝灰岩	50 m
23. 深灰色安山岩	62 m
22. 灰色中性凝灰岩	81 m
21. 深灰色英安岩	145 m
20. 灰色中酸性含砾凝灰岩	138 m
19. 灰黑色安山岩	70 m
18. 灰色中性含砾凝灰岩	207 m
17. 灰绿色层状凝灰岩	70 m
16. 灰色、灰黑色杏仁状安山岩	257 m
15. 灰色中酸性含砾凝灰岩	83 m
14. 灰色英安质安山岩	104 m
13. 灰色、灰黑色安山岩	98 m
12. 灰绿色英安质安山岩	124 m
11. 灰黑色安山岩	64 m
10. 灰绿色英安质安山岩	66 m
9. 灰黑色安山岩	135 m
8. 灰绿色安山岩	61 m
7. 灰绿色英安质安山岩	167 m
6. 灰色英安岩	110 m
5. 灰黑色片理化中酸性火山岩	55 m
4. 灰黑色、灰绿色蚀变安山岩	443 m
3. 深灰色、灰绿色蚀变英安岩，顶部出现深灰色英安岩	256 m

～～～～～～ 不 整 合 ～～～～～～

下伏地层：新兴组　千枚岩、板岩

【地质特征及区域变化】　二浪河组为一套陆相中酸性火山岩组合。以灰绿色、灰黑色中性熔岩为主，夹中酸性熔岩及火山碎屑岩，具蚀变及片理化，岩石属于钙碱性系列。K－Ar 法同位素年龄值为 176.9 Ma、187.91 Ma。时代置早侏罗世。本组呈 NE 向分布于张广才岭主峰高岭子至海浪林场一带，岩性变化不大，厚度变化大，为 217～2 976 m。在高岭子被太安屯组粉砂质泥岩整合覆盖。

太安屯组　J_2t　(02－23－0317)

【创名及原始定义】　黑龙江省地质局王丹群等 1967 年创建于尚志市太安屯。将长安屯组与其上帽儿山组合并，称太安屯组。指滨东地区前中生代地层之上、宁远村组之下的火山-沉积岩组合。分上、下两段，下段以凝灰质砾岩、凝灰砂岩及正常沉积岩为主夹中、酸性火山岩，产植物化石；上段以中性—酸性熔岩及其火山碎屑岩为主夹沉积岩。时代为早侏罗世。

【沿革】　1962 年朱松年称大猪圈组，1964 年仲伟成、杨雨改称长安屯组，1979 年《黑龙江地层表》采用太安屯组，1985 年张志诚在《中国的侏罗系》一书中恢复使用长安屯组，1993 年《黑龙江地质志》将太安屯组重新厘定，其内涵基本相当长安屯组。本次对比研究采用《黑龙江地质志》方案。按照命名优先权法则，本组应称长安屯组，因考虑太安屯组使用时间长，影响较广，且为正层型剖面所在地，因此采用太安屯组，长安屯组作为同物异名，停止使用。神树镇组归入太安屯组，亦停止使用。

【现在定义】 为一套陆相火山-沉积岩组合。下部以砂砾岩为主夹酸性火山岩，上部以酸性熔岩为主夹沉积岩，产植物化石。正层型剖面未见顶底（区域上底与二浪河组整合接触），顶与宁远村组呈断层接触（区域上与帽儿山组不整合接触）。

【层型】 正层型为尚志市太安屯剖面（127°58′43″，45°21′48″）（图1-2中20），黑龙江省地质局区测队1962—1964年补测。

上覆地层：**宁远村组** 流纹质凝灰熔岩

══════ 断 层 ══════

太安屯组	总厚度＞447.40 m
16. 黄褐色酸性熔岩质砾岩夹凝灰砾岩。(未见顶)	＞57.80 m
15. 灰白色流纹岩，偶夹流纹质凝灰砾岩、酸性熔岩质砾岩	50.00 m
14. 灰绿色凝灰砂岩	10.90 m
13. 黄褐色酸性熔岩质砾岩夹流纹质凝灰熔岩	29.80 m
12. 浅灰色流纹岩及含砾流纹岩	40.50 m
11. 黑色泥质、粉砂质板岩	5.30 m
10. 暗灰绿色安山岩	28.70 m
9. 灰褐色中细粒凝灰砂岩、粉砂质板岩、凝灰砾岩及流纹质凝灰熔岩互层	41.50 m
8. 黄褐色酸性熔岩质砾岩，可相变为灰绿色、灰紫色流纹岩	30.00 m
7. 暗绿色流纹质凝灰熔岩	37.90 m
6. 暗灰色含砾流纹质凝灰熔岩、流纹质凝灰熔岩互层	16.20 m
5. 黄褐色酸性熔岩质砾岩	16.00 m
4. 黑色板岩、灰白色粉砂岩互层，产植物化石：*Pityophyllum longifolium*，*Cladophlebis* sp.	4.50 m
3. 黄褐色砾岩	7.60 m
2. 黄褐色粉砂岩及砾岩，产植物化石	6.70 m
1. 黄褐色砾岩、凝灰砾岩。(未见底)	＞23.50 m

【地质特征及区域变化】 太安屯组为山前或山间盆地所沉积的一套类磨拉石建造。下部以砾岩、熔岩质砾岩为主，夹粉砂岩、板岩及酸性熔岩。板岩中产植物化石，主要有*Pityophyllum longifolium*，*Cladophlebis* sp.。熔岩质砾岩为熔岩胶结的砾岩，其岩性特殊，为本组标志性岩石，在横向上往往相变为凝灰熔岩；上部以酸性熔岩、熔岩质砾岩为主，夹中性熔岩及砂岩、板岩。总体看，自下而上：火山岩增多，沉积岩减少；细碎屑岩增多，粗碎屑岩减少。时代置中侏罗世。

在高岭子、冷山一带，本组细碎屑岩明显变厚，岩性以暗色粉砂质泥岩、凝灰质砾岩为主，夹中性熔岩，与下伏二浪河组蚀变安山岩整合接触，厚度为1 000～2 000 m，产植物化石；在太安屯、永胜屯地区，下部砾岩较发育，厚度为700～1 000 m，产植物化石，主要有*Taeniopteris* sp.，? *Neocalamites* sp. 等；在铁力县神树西山，本组以中性、酸性熔岩及其火山碎屑岩为主，夹粉砂质板岩及熔岩质砾岩，厚度大于596 m（曾命名神树镇组）。

帽儿山组 J_3mr （02-23-0330）

【创名及原始定义】 朱松年1962年① 创建于尚志市帽儿山地区，其含义指出露于尚志

① 朱松年，1962，1961年尚志—帽儿山地区普查测量报告（未刊）。

市帽儿山、大猪圈、永安屯等地以酸性火山喷发岩为主的地层，时代为晚二叠世。

【沿革】 1964年仲伟成、杨雨对帽儿山组内涵进行修订，修订后的含义指分布于尚志、宾县、五常等地，长安屯组（现为太安屯组）之上的中性、中酸性熔岩及其火山碎屑岩组合，时代为晚侏罗世。1967年《1∶20万宾县幅、五常县幅区测报告》将帽儿山组并入太安屯组，1985年张志诚在《中国的侏罗系》一书恢复使用帽儿山组，1993年《黑龙江地质志》采用帽儿山组，但内涵限定于帽儿山剖面所代表的一套中酸性熔岩及其火山碎屑岩。本次对比研究采用《黑龙江地质志》修订后的方案。

【现在定义】 为一套陆相中酸性火山岩组合。以中酸性凝灰熔岩及其火山碎屑岩为主，夹流纹岩及安山质凝灰角砾岩等。正层型未见顶底（区域上底与太安屯不整合接触，顶与板子房组整合接触）。

【层型】 正层型为尚志市帽儿山剖面（P_{262}）（127°32′45″，45°18′00″）（图1-2中21），黑龙江省地质局区测队1962—1964年补测。

帽儿山组	总厚度＞1 252 m
11. 灰色、深灰色中酸性凝灰熔岩。（未见顶）	＞107 m
10. 灰色中酸性凝灰熔岩夹晶屑英安质熔凝灰岩和酸性凝灰熔岩	90 m
9. 浅灰色晶屑流纹质凝灰熔岩	72 m
8. 灰色、深灰色晶屑中酸性凝灰熔岩夹流纹质凝灰熔岩	146 m
7. 灰色晶屑流纹质凝灰熔岩	121 m
6. 灰色岩屑晶屑安山质凝灰角砾岩、中酸性凝灰熔岩	130 m
5. 灰色岩屑晶屑流纹质凝灰熔岩，可相变为流纹质熔凝灰岩	106 m
4. 浅灰色晶屑流纹质熔凝灰岩，可相变为岩屑晶屑流纹质凝灰熔岩、含角砾流纹质凝灰熔岩	212 m
3. 灰色流纹质凝灰熔岩夹流纹岩	92 m
2. 灰色、深灰色流纹岩、斜长流纹岩	55 m
1. 灰色流纹质凝灰熔岩。（未见底）	＞121 m

【地质特征及区域变化】 帽儿山组为一套以爆发相为主的中酸性火山岩组合，基本不含沉积岩夹层。主要为中酸性、酸性熔岩和中性凝灰岩及角砾凝灰岩。其中熔岩分布不稳定，多相变为凝灰熔岩或凝灰岩。总体上可划分出两个由中性至酸性的喷发旋回，每个旋回又可分出小的韵律。按岩石化学成分，δ值为2.64～3.80，属钙碱性岩系正常太平洋型。同位素年龄值为140～150 Ma。时代置晚侏罗世。

本组分布于松嫩盆地以东、蚂牛河以北的尚志、阿城、宾县、巴彦、伊春等地，系NNE向断裂控制的中酸性火山岩，以中心式爆发相为主。在拉林河以北，松花江以南，岩性变化不大，其不整合于太安屯组之上，被板子房组整合覆盖，厚度为1 000～2 000 m。在木兰县蒙古山及铁力—伊春一带，以酸性凝灰熔岩和凝灰岩为主，夹酸性熔岩，厚度为1 000～1 396 m。

【问题讨论】 帽儿山组岩性及层位可与西部的白音高老组对比，为省内中燕山旋回第一次大规模的中酸性火山活动产物。

板子房组　K_1b　(02-23-0385)

【创名及原始定义】 黑龙江省地质矿产局张海驲等1993年创建于宾县板子房一带。指宾县板子房剖面上部第9—10层的灰色安山质凝灰熔岩及安山岩。与下伏帽儿山组整合接触，与上覆宁远村组断层接触。时代置于白垩纪。

【沿革】 板子房组以前被划为太安屯组上段，本次对比研究采用《黑龙江地质志》划分方案。

【现在定义】 指分布于宾县、伊春市等地区，整合于帽儿山组之上的中性火山岩组合。以灰黑色、灰紫色、灰绿色安山岩及安山质凝灰熔岩为主，夹安山质火山碎屑岩及英安岩。正层型剖面与上覆宁远村组为断层接触（区域上与宁远村组为整合接触）。

【层型】 正层型为宾县板子房剖面（127°37′42″，45°51′04″）（图1-2中22），黑龙江省地质局区测队1962—1964年测制。

上覆地层：宁远村组　流纹岩

——— 断　层 ———

板子房组	总厚度>657 m
10. 深灰色安山岩	>212 m
9. 灰色安山质凝灰熔岩	445 m

——— 整　合 ———

下伏地层：帽儿山组　灰绿色中酸性凝灰熔岩夹斜长流纹质凝灰熔岩

【地质特征及区域变化】 板子房组不发育，零星见于宾县板子房、大顶子山，伊春市翠峦等地。其岩性基本无变化，以安山岩、安山质凝灰熔岩为主。在大顶子山一带，厚度大于233.2 m，其下部未见底，顶部灰黑色安山岩与宁远村组底部酸性含砾熔结凝灰岩整合接触；在伊春市翠峦一带（曾被划为友好组下段），其厚度大于1 400 m。本组安山岩具有富硅富碱低钙的特点，里特曼组合指数低于4，属钙碱性岩系。同位素年龄值为121.7 Ma，时代置早白垩世。

【问题讨论】 本组岩性、层位及同位素年龄均可与龙江组对比，二者属同期火山活动产物。

宁远村组　K_1n　(02-23-0383)

【创名及原始定义】 仲伟成、杨雨1964年① 创建于宾县中心屯。指滨东地区的陆相酸性火山岩组合。以酸性火山碎屑岩、熔岩为主，以紫红色具清楚流纹构造的流纹岩和普遍含烟色双锥状石英、玫瑰色钾长石为本组的划分标志。

【沿革】 自创建以来，沿用至今。本次对比研究仍沿用。

【现在定义】 指分布于宾县、尚志、阿城等地的一套陆相酸性火山岩组合 。以灰紫色酸性熔岩、凝灰熔岩、凝灰岩为主，夹珍珠岩及沉积岩。正层型上顶底不清（区域上底与板子房组整合接触，顶与建兴组平行不整合接触）。

【层型】 正层型为宾县中心屯剖面（127°45′，45°42′）（图1-2中23），黑龙江省地质局区测队1962—1964年测制。

宁远村组　　总厚度>1 210 m

① 仲伟成、杨雨，1964，滨东地区中生界地层概况。(内刊)

6. 紫色晶屑流纹质凝灰熔岩，具流纹构造，晶屑多为钾长石。(未见顶) >145 m

5. 紫色、灰紫色流纹质凝灰熔岩 149 m

4. 灰紫色流纹质凝灰熔岩，上部可相变为灰紫色晶屑流纹质凝灰熔岩和流纹质凝灰岩 371 m

3. 紫色、灰紫色流纹质熔凝灰岩 138 m

2. 紫色流纹质—安山质熔凝灰岩，可相变为灰色、紫色斜长流纹质熔凝灰岩 126 m

1. 紫色、暗紫色晶屑流纹质凝灰熔岩，以含大量双锥状石英为特征。(未见底) >281 m

【地质特征及区域变化】 宁远村组系一套喷发、爆发相为主的陆相酸性火山岩组合。岩性以凝灰熔岩、熔凝灰岩为主，夹酸性熔岩和珍珠岩，其颜色以灰紫色为基调，在区域上具有对比意义。熔岩流动构造比较发育，以含烟色双锥状石英和玫瑰色钾长石为特点。所含火山碎屑物以晶屑为主，且多为钾长石晶屑。其火山活动方式为较强烈的爆发活动，且频率高，周期短，很少有较长的喷发间歇期。该组流纹岩具有富硅、富钾、贫铁的特点，其里特曼组合指数为 2.14，属钙碱性岩系。时代置早白垩世。

本组主要分布于宾县中心屯和嘉荫县大滚子沟，另外在尚志、阿城、巴彦等地也有零星出露。各地岩石组合基本相同，其厚度在宾县、阿城等地为 365～1 210 m，在大滚子沟一带为 1 463～2 175 m。由于下伏板子房组不发育，宁远村组多直接覆于前中生代地层之上，顶部在大顶子山、吉祥屯、翁泉河等地，被淘淇河组不整合覆盖。

【问题讨论】 宁远村组从岩性、层位、含矿性及同位素年龄值均可与光华组对比，二者属同期火山活动产物。

建兴组 $K_1 jn$ (02-23-0382)

【创名及原始定义】 黑龙江省区域地层表编写组 1979 年创建于绥棱县建兴镇一带，将原伊春煤系改称建兴组。指不整合于华力西期花岗岩之上的含煤地层。岩性由灰黑色、灰绿色、灰白色花岗质砂砾岩、凝灰砂岩、细砂岩、粉砂岩、泥岩组成，夹煤层，产植物化石。为敖头组所覆盖，厚度为 113.10 m。

【沿革】 1960 年黑龙江省第三地质队，将绥棱县建兴镇一带的含煤地层称为伊春煤系，1976 年黑龙江省煤管局地质公司将其归入淘淇河组，1993 年《黑龙江地质志》亦将其归入淘淇河组。本次对比研究因建兴组应用广泛，故恢复建兴组。红绣沟组与建兴组同物异名，停用。

【现在定义】 指分布于绥棱、木兰、逊克等地区的含煤碎屑沉积。由砂砾岩、砂岩夹粉砂岩、泥岩及煤层组成。底部不整合于花岗岩之上（区域上与宁远村组平行不整合），顶界不清。

【层型】 正层型为绥棱县建兴宝山区第三勘探线 CK17 号钻孔剖面（127°49′40″，47°50′00″）（图 1-2 中 24），黑龙江省第三地质队 1960 年测制。

建兴组 总厚度>113.70 m

32. 灰黑色、灰白色含砾砂岩。(未见顶) >0.70 m

31. 灰黑色、灰绿色中粒花岗质砂岩 4.90 m

30. 灰绿色夹灰黑色粉砂岩 2.05 m

29. 灰黑色夹灰绿色粉砂岩 1.55 m

28. 青灰色、灰绿色凝灰质中砂岩 3.50 m

27. 灰黑色含砾砂岩	1.20 m
26. 灰黑色、青灰色细砂岩	2.88 m
25. 灰绿色、灰黑色粉砂岩	7.16 m
24. 灰褐色、灰绿色凝灰质泥岩	2.20 m
23. 灰黑色、灰绿色粉砂岩	0.50 m
22. 灰黑色、青灰色含砾砂岩	14.14 m
21. 黑色粉砂岩	0.50 m
20. 灰黑色、灰绿色细砂岩	0.63 m
19. 灰白色、灰绿色花岗质中砂岩	1.90 m
18. 灰黑色粉砂岩	2.03 m
17. 灰绿色、灰黑色细砂岩	4.12 m
16. 灰白色、灰绿色花岗质砾岩	7.54 m
15. 灰绿色、灰黑色粉砂岩	6.51 m
14. 灰白色、灰黑色花岗质细砂岩	1.07 m
13. 灰白色、灰绿色凝灰质泥岩	1.20 m
12. 灰白色、灰色花岗质含砾砂岩	1.33 m
11. 灰白色、灰黑色粉砂岩	2.19 m
10. 灰白色、灰色花岗质含砾砂岩	1.60 m
9. 煤	0.50 m
8. 灰绿色、青灰色粉砂岩	6.75 m
7. 灰白色、灰绿色凝灰质砂岩	2.83 m
6. 煤与碳质泥岩互层	11.55 m
5. 灰绿色、灰黑色粉砂岩	7.88 m
4. 灰绿色、灰黑色凝灰质中砂岩	2.87 m
3. 灰黑色、黑色碳质粉砂岩	1.60 m
2. 青灰色、绿黑褐色花岗质含砾砂岩	2.12 m
1. 深灰色、灰白色角砾岩，角砾成分有板岩、石英片岩等	6.20 m

~~~~~~~~~~ 不 整 合 ~~~~~~~~~~

下伏：**花岗岩**

【地质特征及区域变化】 建兴组为一套含凝灰质的陆源含煤碎屑沉积，具韵律沉积特点，多由砂砾岩或含砾砂岩与细砂岩、粉砂岩及泥岩组成的正韵律，自下而上可划分十几个韵律层。泥岩及砂岩中多含凝灰质，砂砾岩及砂岩以低成熟度为主。上部粉砂岩中产植物化石：*Cladophlebis denticulata*，*Asplenium* sp.，*Pterophyllum* sp.，*Nilssonia* sp.，*Podozamites* sp.，*Ginkgo* sp.。

在逊克县红锈沟一带（原称红锈沟组），岩石组合中火山物质增多，并含中性熔岩，被淘淇河组不整合覆盖，厚度为300～600 m，产淡水双壳类及植物化石。在木兰县青山煤矿，岩性无变化，其平行不整合于宁远村组之上，厚度大于596 m，产孢粉及兽脚类化石。

甘河组　Kg　(01－23－0355)

甘河组在本区仅发育于北部的伊春市美丰林场—逊克县阿廷河一带，在1∶20万区调中曾将这套地层命名为美丰组，为一套溢流至喷发相的中基性火山岩。其岩性下部以橄榄玄武岩、安山玄武岩及其凝灰岩为主夹安山岩及火山碎屑岩和粗面岩；上部以安山岩及其火山角
~~~~~~~~~~

砾岩、集块岩为主夹中酸性火山岩。岩石中气孔状、杏仁状构造发育，杏仁体以玛瑙及燧石为主。具有基→中基→中酸性的岩浆演化规律。本区甘河组底界不清，上部被永青组平行不整合覆盖，厚度大于 1 634 m。蕴藏着丰富的玛瑙矿（详见本章第一节岩石地层单位）。

美丰组与甘河组同物异名，前者停用。

永青组　K_1y　（02－23－0354）

【创名及原始定义】　隋连成等 1981 年创建于伊春市永青五七干校一带。指分布于永青五七干校、英雄岭农场一带的中性火山碎屑岩及正常沉积岩组合。平行不整合于美丰组之上，被福民河组不整合覆盖。厚度大于 434 m，时代置晚侏罗世。

【沿革】　该组创建后，1993 年《黑龙江地质志》将永青组归入西岗子组，本次对比研究恢复永青组。

【现在定义】　指分布于伊春市永青和英雄岭农场一带，平行不整合于甘河组之上，不整合于福民河组之下的中性火山碎屑岩和正常沉积岩组合。主要为灰褐色安山质凝灰岩、沉凝灰岩及凝灰质砂岩、泥岩，夹火山角砾岩，产孢粉及植物化石。

【层型】　正层型为伊春市乌伊岭区永青五七干校北山剖面（129°31′05″，48°56′04″）（图 1－2 中 25），黑龙江第一区调大队隋连成等 1979 年测制。

上覆地层：**福民河组**　安山质火山角砾岩

～～～～～～～～ 不 整 合 ～～～～～～～～

永青组　总厚度＞265.70 m

14. 黑色凝灰质泥岩　＞16.10 m
13. 灰褐色安山质凝灰岩，层理发育　21.10 m
12. 红褐色含砾细粒凝灰质长石砂岩　30.30 m
11. 灰色、灰黄色安山质沉凝灰岩夹砾质凝灰岩　22.40 m
10. 黑灰色凝灰质泥岩，局部含碳质，中上部夹沉凝灰岩，下部夹薄层安山质火山角砾岩。泥岩中产较丰富的孢粉，以裸子植物花粉占优势，占孢粉总数 80%～90%，主要有：*Pinuspollenites*，*P. elongatus*，*Abietineaepollenites*，*Piceaepollenites*，蕨类孢子数量不多，主要有：*Deltoidospora hallii*，*Hsuisporites rugatus*，*Gleicheniidites senonicus*，*Densoisporites perinatus*，*Lycopodiumsporites austroclavatidites*，除此而外，尚见极少量被子植物花粉 *Tricolpites*　130.20 m
9. 灰色粗粒长石石英砂岩　18.50 m
8. 黄褐色、灰褐色细粒凝灰质长石砂岩　＞27.10 m

－－－－－－ 平行不整合 －－－－－－

下伏地层：**甘河组**　角闪辉石安山岩

【地质特征及区域变化】　永青组由火山碎屑岩、火山沉积岩和正常沉积岩三部分组成。火山碎屑岩主要为灰褐色安山质凝灰岩、沉凝灰岩及凝灰质砂岩、泥岩夹火山角砾岩，延伸不稳定；火山沉积岩为永青组的主体，主要有安山质（沉）凝灰岩、凝灰质泥岩、凝灰质砂岩等，局部含碳质，富产孢粉化石；正常沉积岩主要为长石石英砂岩和岩屑砂岩，与火山沉积岩呈互层状产出。时代置早白垩世。

本组为一小型山间盆地沉积，仅见于永青和英雄岭农场一带，总面积不足 5 km^2。在英雄岭农场，永青组以粗碎屑的安山质凝灰角砾岩、凝灰砾岩和低成熟度的岩屑砂岩为主，厚度大于 434 m。永青五七干校北山，厚度大于 265 m。

【问题讨论】 永青组层位与西岗子组相当，但岩石组合与下伏甘河组具有更密切的成生联系，虽然二者为平行不整合关系，但间断时间短。因此，从大的火山构造旋回讲，永青组与甘河组应属同一构造旋回产物，这也说明甘河期火山活动具有从西向东逐步迁移，时代逐渐偏新的趋势。

淘淇河组 K_1t (02-23-0381)

【创名及原始定义】 仲伟成、杨雨 1964 年创建于公正屯—淘淇河一带。岩性为砾岩、砂砾岩、砂岩等冲积、洪积相地层。不整合于宁远村组之上，被鸟河组整合覆盖。以巨厚的类磨拉石粗碎屑堆积为淘淇河组的划分标志。

【沿革】 自创建以来，沿用至今。本次对比研究仍沿用。

【现在定义】 指张广才岭地区，宁远村组之上、福民河组之下的陆相类磨拉石建造。分二个岩性段，下段以巨砾岩、砾岩、砂砾岩为主夹砂岩，上段以砂岩为主夹砾岩及砂砾岩。产植物化石，局部夹泥岩及煤线。正层型未见顶底（区域上底与宁远村组、顶与福民河组均为不整合接触）。

【层型】 正层型为宾县公正屯剖面（128°00′，45°51′）（图 1-2 中 26），黑龙江省地质局区测队 1962—1964 年测制。

淘淇河组	总厚度 ＞2 120 m
上段	厚度 1 688 m
11. 灰白色细粒长石砂岩、中粒长石砂岩及粗粒长石砂岩互层，夹黄褐色砂砾岩和粉砂岩，砂岩中产植物化石：*Pityophyllum* sp.，*Elatocladus* sp.（？*Cephalotaxus*），*Nilssonia* sp.，*Carpolithus* sp.，？*Podozamites* sp.，*Taeniopteris* sp.。（未见顶）	＞152 m
10. 灰白色细粒长石砂岩、中粒长石砂岩夹砂砾岩，有时可相变为细粒砂岩及中粒砂岩	135 m
9. 黄褐色砂砾岩、砾岩、粗砾岩夹中—粗粒长石砂岩，可相变为砂砾岩、砾岩互层，底部砂岩中产植物化石碎片	235 m
8. 黄褐色砂砾岩夹砾岩和灰白色中—粗粒砂岩，砂岩中产植物化石碎片	522 m
7. 黄褐色砾岩、砂砾岩、中—粗粒砂岩，可相变为砂岩、砾岩互层，底部砂岩中产植物化石碎片	146 m
6. 砾岩夹黄褐色粗砂岩	140 m
5. 灰白色中细砂岩和黄褐色粗砂岩互层，夹砾岩，砂岩中产植物化石：*Ctenis* sp.，*Coniopteris* cf. *nympharum*，*Sphenopteris* sp.，*Pterophyllum* sp.	358 m
下段	厚度＞432 m
4. 灰白色砂岩与黄褐色砂砾岩互层，砂岩中产植物化石：*Otozamites* sp.，？*Tyrmia* sp.（cf. ？*Nilssonia* sp.），*Coniopteris* sp.（cf. *C. onychioides*）	185 m
3. 黄褐色砂砾岩夹砂岩，底部为砾岩，砂岩中产植物化石碎片	103 m
2. 灰白色细—粗粒砂岩，底部为细砂岩与粉砂岩互层	60 m
1. 黄褐色砂砾岩、砾岩，夹灰白色中—细粒砂岩。（未见底）	＞84 m

【地质特征及区域变化】 淘淇河组为一套冲积—洪积相的粗碎屑沉积。可划分二个岩性段，下段以黄褐色巨砾岩、粗砾岩及砾岩、砂砾岩为主夹灰白色砂岩，砾岩成分以花岗岩为主，磨圆好但分选不佳。上段以黄褐色不同粒级的砂岩为主夹砂砾岩，局部夹灰绿色、灰紫

色泥岩及煤线。砂岩具交错层理，产有丰富的植物化石，以 *Ruffordia - Onychiopsis* 植物群分子为主。在宾县胜利镇见 *Neozamites* sp.，*N. verchojianensis* 等植物化石。时代置早白垩世。

本组呈NNE向分布于古张广才岭隆起东西两侧。西侧主要见于尚志市黑龙宫以东，宾县胜利镇，巴彦县东胜，伊春市翠峦等地。东侧主要见于延寿县黄玉屯、庆阳，依兰县牡丹江西侧的马大屯、冒烟沟，嘉荫县三间房、大砬子等地。其岩石组合基本相同，以胜利镇和大砬子两地出露最好。胜利镇一带淘淇河组粒度最粗，厚度可达 2 500 m 以上；大砬子一带下段砾岩发育，上段则以砂泥质细碎屑沉积为主，并含有流纹质凝灰岩，厚度在 1 700 m 以上；依兰县牡丹江西侧淘淇河组砾岩不发育，厚度为 150～510 m。煤主要见于延寿县的黄玉屯、伊春市翠峦、嘉荫县三间房等地，煤质不好，煤层不稳定，多呈凸镜状。淘淇河组底部砾岩在翠峦不整合于帽儿山组之上，在嘉荫县建国、三间房等地不整合于宁远村组之上。在三间房被福民河组酸性凝灰熔岩不整合覆盖。

福民河组　K_2f　(02 - 23 - 0373)

【创名及原始定义】　隋连成等 1981 年创建于嘉荫县福民河口南山。指分布于福民河口—阿廷河林场等地的火山岩地层。其下部为流纹岩，局部可相变为英安岩、安山岩、夹流纹质沉凝灰岩和珍珠岩；上部为沉凝灰角砾岩夹酸性火山角砾岩。不整合于永青组之上，被第三纪孙吴组砂砾岩不整合覆盖。厚度大于 768 m。

【沿革】　1979 年《黑龙江地层表》称酸（碱）性火山岩组，1993 年《黑龙江地质志》将其并入光华组。本次对比研究采用福民河组。1975 年马万昌于加格达奇所建欧肯河组为本组同物异名，因其位于省外，省内很少使用，故采用福民河组，欧肯河组在省内停止使用。

【现在定义】　指分布于黑河、嫩江、伊春地区，不整合于永青组之上（区域上）的陆相酸性火山岩组合。岩性主要为灰色、灰绿色、灰褐色流纹岩及其凝灰岩夹珍珠岩，以产珍珠岩为特征。正层型未见顶底。

【层型】　正层型为嘉荫县福民河口南山剖面 (P_{96})（129°27′04″，49°00′54″）（图 1 - 2 中 38），黑龙江第一区调大队张书范等 1980 年测制。

福民河组	总厚度＞768.20 m
8. 灰白色、浅黄色、浅灰绿色偏碱性流纹岩，流纹构造发育。(未见顶)	62.70 m
7. 灰色、浅灰色流纹岩	54.50 m
6. 浅黄色、橙黄色流纹质火山角砾凝灰岩	33.80 m
5. 灰绿色、黑色珍珠岩	62.20 m
4. 灰色、浅灰略显紫色透长石流纹岩	295.60 m
3. 灰绿色、灰褐色流纹质含砾玻屑凝灰岩	38.00 m
2. 灰褐色流纹质含砾沉凝灰岩	12.30 m
1. 黄褐色、灰褐色带紫色条带的透长石流纹岩，流纹构造发育。(未见底)	＞209.10 m

【地质特征及区域变化】　福民河组为一套以熔岩为主的酸性火山岩组合，夹火山碎屑岩及珍珠岩。流纹岩流纹构造发育，含透长石及高温石英，岩石基本未经蚀变，以贫钙富碱为特点，里特曼组合指数为 3～3.5，属钙碱性岩系弱太平洋型。产珍珠岩矿，时代置晚白垩世。

本组岩性在区域上变化不大，以流纹岩为主夹火山碎屑岩及珍珠岩，局部地区见英安岩或安山岩夹层。其厚度在泥鳅河一带可达 1 800 m，在乌伊岭为 1 000 m，在罕达气为 500～

300 m。区域上多呈帽状不整合于甘河组之上。

桦山群　KH　(02-23-0425)

【创名及原始定义】　桦山群源于森田义人（日本）1943年[①]的桦山统。指黑龙江省东部重叠于阜新统之上的地层，产有与阜新统不同的植物化石，以滴道至麻山一带为标准地点，由下部含膨润土的桦山含煤层和上部桦山火山碎屑岩群组成，时代为白垩纪。

【沿革】　1959年陈广雅将桦山统下部含煤层归鸡西统，仅保留上部桦山火山碎屑岩群。1962年顾知微改称猴石沟群，与吉林省延吉群对比。1963年陈广雅将原归入鸡西群的穆棱组重归桦山群，恢复森田义人1943年的含义。1979年黑龙江省区域地层表编写组将桦山群自下而上划分为东山组、猴石沟组、海浪组。本次对比研究桦山群包括猴石沟组、海浪组，将东山组归入鸡西群。

【现在定义】　指黑龙江省东部平行不整合于鸡西群之上的杂色碎屑岩组合，包括下部的猴石沟组和上部的海浪组。

猴石沟组　K_1h　(02-23-0393)

【创名及原始定义】　猴石沟组源于王恒升1929年的猴石沟系。系指北起大尖长沟、南至亮子河北岸、西始穆棱河之西岸、东达青沟岭之西的一套砾岩，厚度约200 m。其上为分布于亮子河两岸的长石砂岩系，厚约300 m。

【沿革】　1943年森田义人称桦山火山碎屑岩群，包括1929年王恒升建立的猴石沟系和长石砂岩系，1960年石铁民称桦山组，1963年陈广雅称猴石沟组。1974年大庆中生代地层会议将陈广雅的猴石沟组剔除下部火山碎屑岩另建东山组，剩余部分称猴石沟组，1979年《黑龙江地层表》采用。此后沿用至今，本次对比研究仍沿用。安民沟组、金砂组及下城子组均归入猴石沟组砂岩段，停止使用。

【现在定义】　指黑龙江省东部地区，平行不整合于穆棱组之上，以粗碎屑岩为主，夹砂泥质和凝灰质岩石组成的地层。分下部砾岩段和上部砂岩段。产淡水双壳类、介形虫及孢粉、植物化石。未见顶（区域上与海浪组不整合、平行不整合接触，局部与松木河组不整合接触）。

【层型】　王恒升当年只指出典型地区而未指定正层型，因此确定选层型为穆棱县奇景村剖面（130°25′50″，44°56′00″）（图1-2中49），黑龙江第一区调大队1975年测制。

猴石沟组　　总厚度＞464 m

砂岩段　　厚度＞10 m

6. 砂质泥岩。（未见顶）　　＞10 m

砾岩段　　厚度 454 m

5. 黄褐色砾岩，砾石多为酸性火山岩，偶见花岗岩，砾径0.5～3.5 cm，砂泥质胶结　　129 m

4. 黄褐色砂砾岩和中粒长石砂岩互层　　70 m

3. 黄褐色、土黄色中粒长石砂岩夹含砾砂岩和泥质粉砂岩，前者分选较好，次棱角状，泥质胶结　　90 m

2. 黄褐色砂砾岩，砾石多为酸性火山岩，少数为绿色泥质粉砂岩和粘土岩，砾径0.53

---

① 森田义人，1943，东北中生代煤系及煤田之地质学研究（未刊）。

cm，砂质、泥质、铁质胶结 26 m

1. 黄褐色、暗黄褐色砾岩、砂砾岩互层，夹薄层长石砂岩，砾石主要为酸性火山岩，次为粉砂岩、中性熔岩，砾径 2～10 cm，泥质、砂质、铁质胶结 131 m

——————— 平行不整合 ———————

下伏地层：**穆棱组** 粉砂岩

森田义人 1941 年测制的鸡西市滴道西南 15 km 穆棱河右岸剖面（130°48′，45°18′）（图 1-2 中 50），上部砂岩段发育较好，可作为选层型上段的补充。

猴石沟组	总厚度>1 191 m
砂岩段	厚度 925 m
34. 灰白色板状粗砂岩或含砾砂岩。(未见顶)	>30 m
33. 赤褐色凝灰质砂质页岩	7 m
32. 灰白色板状粗粒或含砾砂岩	88 m
31. 乳白色或灰绿色砂岩夹页岩	114 m
30. 灰白色页岩	100 m
29. 黄绿色、灰色页岩	36 m
28. 黄绿色粗粒砂岩	46 m
27. 黄绿色页岩	50 m
26. 黄色砂岩、灰白色砾岩互层	20 m
25. 黄色板状粗砂岩	25 m
24. 褐色或灰色页岩	30 m
23. 黄色粗砂岩	12 m
22. 灰色页岩	10 m
21. 灰色含砾砂岩夹两层页岩	50 m
20. 绿色、灰绿色页岩	130 m
19. 白色粗砂岩	6 m
18. 绿色页岩	25 m
17. 白色板状砂岩	20 m
16. 赤褐色或灰色砂岩	40 m
15. 黄色粗砂岩	8 m
14. 灰色页岩	15 m
13. 褐色或黄色砂岩	18 m
12. 黄灰色页岩	45 m
砾岩段	厚度 266 m
11. 青白色或黄色粗粒或含砾砂岩	33 m
10. 绿色砂岩	13 m
9. 青白色板状砂岩	4 m
8. 黄色粗砂岩	10 m
7. 绿色页岩	17 m
6. 白色粗粒或含砾砂岩	18 m
5. 绿色页岩	15 m
4. 黄色砾质砂岩	30 m
3. 灰色中粒砂岩	62 m

2. 黄绿色页岩 24 m

1. 砾岩层：下部为砾岩，上部为含砾砂岩 40 m

——————— 平行不整合 ———————

下伏地层：**穆棱组** 砂岩、页岩

【地质特征及区域变化】 猴石沟组为一套河湖相碎屑沉积。下部砾岩段以黄褐色砾岩、砂砾岩为主，夹长石砂岩及泥质粉砂岩；上部砂岩段为灰白色、黄绿色、灰黄色砂岩、含砾砂岩与页岩互层，夹砾岩及凝灰质砂质页岩，局部见薄煤层。产双壳类、介形虫及孢粉、植物化石，双壳类主要为 *Trigonioides - Plicatounio - Nippononaia* 组合分子，介形虫见蒙古介及玻璃介等，植物出现被子植物小叶菱、悬玲木等。时代置早白垩世晚期。

本组分布于牡丹江至鹤岗等地一系列山前或山间盆地中，砾岩段主要为河流相砂砾岩，以牡丹江、鸡西盆地发育较好；砂岩段以河流相、湖沼相沉积为主，各盆地都比较发育。南部穆棱县共和、穆棱盆地发育砂岩段（《1：20 万穆棱镇公社幅区调报告》中称下城子组），产 *T-P-N* 动物组合及海相双壳类，厚度 550～1 390 m；鸡西盆地砾岩段厚 300～450 m，砂岩段厚北部约 1 000 m，南部约 300 m，在八面通一带被海浪组不整合覆盖；牡丹江盆地粒度普遍较粗，砾岩段厚约 700 m，砂岩段厚 110～1 500 m，被海浪组不整合覆盖；勃利盆地本组分布面积最广，在东部的爱林北山至龙湖一带，下部砾岩段不发育，厚约 30～40 m，平行不整合于东山组之上，上部砂岩段厚约 2 500 m（原称金砂组）；在西部的勃利种马场至桦南八虎力一带，砾岩段厚约 400 m，夹薄煤层；佳木斯一带厚约 500 m，被松木河组安山岩不整合覆盖；鹤岗盆地南部的鹤岗一带平行不整合于东山组之上，厚度大于 1 200 m；北部的兴东一鸭蛋河一带，厚约 2 000 m，夹二十多层薄煤层。

海浪组 K_2hl (02 - 23 - 0390)

【创名及原始定义】 黑龙江第一区调大队杨耀宇等 1975 年创建于宁安县海浪镇一带。指分布于海浪、海林和新安镇等地的杂色、紫色砂砾岩、泥质岩组合，平行不整合于猴石沟组之上，产叶肢介化石，时代为早白垩世。

【沿革】 创建后沿用至今，本次对比研究仍沿用。七星河组、雁窝组、四平山组均归入海浪组，停止使用。

【现在定义】 指黑龙江省东部的一套杂色砂泥质岩石组合。下部为紫色岩段，以砾岩、含砾砂岩和长石砂岩为主夹粉砂岩、泥岩；上部为杂色岩段，以长石砂岩、粉砂岩、泥岩为主夹含砾砂岩。产孢粉及叶肢介化石。顶被松木河组不整合覆盖（区域上与宝泉岭组平行不整合接触），底部不整合于花岗岩之上（区域上与猴石沟组平行不整合、不整合接触）。

【层型】 正层型为宁安县三道亮子—哈达湾南山剖面（129°10′，44°19′）（图 1 - 2 中 51），黑龙江省第一区调大队 1974 年测制。

上覆地层：**松木河组** 火山碎屑岩

~~~~~~~~~~ 不 整 合 ~~~~~~~~~~

海浪组 总厚度 1 011.78 m

杂色岩段 厚度 282.96 m

38. 黄褐色粘土岩 54.36 m

37. 杂色细砂粉砂岩、粉砂质粘土岩及粘土质粉砂岩 48.66 m
~~~~~~~~~~

36. 灰白色细—中粒长石砂岩 1.74 m

35. 杂色粉砂岩夹粉砂质泥岩 20.80 m

34. 灰白色、灰黄色细—中细粒长石砂岩，局部夹粉砂岩 9.34 m

33. 杂色粉砂岩 11.44 m

32. 红褐色含砂粉砂质泥岩 6.00 m

31. 灰白色、灰绿色中粒长石砂岩及含砾不等粒长石砂岩 19.00 m

30. 杂色粉砂岩、粉砂泥质岩夹薄层灰绿色细粒长石砂岩 84.03 m

29. 灰白色灰绿色含粗砂中细粒长石砂岩 27.59 m

紫色岩段 厚度 728.82 m

28. 红褐色细砂粉砂岩（含砾）、紫红色粉砂岩夹薄层灰白色、黄褐色中细粒长石砂岩 60.74 m

27. 黄褐色含砾细砂粉砂岩，夹薄层粉砂质泥岩 30.49 m

26. 上部紫红色粉砂质泥岩和泥质粉砂岩；下部灰绿色、灰白色中粗粒长石砂岩和浅粉红色中细粒长石砂岩，夹紫红色粉砂岩 43.24 m

25. 紫红色中细—细粒长石砂岩 14.85 m

24. 红褐色粉砂泥质岩、紫红色粉砂岩 30.42 m

23. 紫红色中细粒长石砂岩，有时过渡到细粒长石砂岩 22.00 m

22. 紫红色粉砂岩 6.87 m

21. 灰白色中细粒长石砂岩 6.81 m

20. 底部为浅粉红色中细粒长石砂岩；中部过渡为紫色、杂色粉砂岩；上部过渡为紫红色含砾粉砂质泥岩 42.19 m

19. 上部紫红色、浅紫红色粉砂岩；下部泥岩夹薄层中细粒长石砂岩 38.63 m

18. 紫红色粉砂岩和含细砾砂质粉砂岩 63.74 m

17. 浅粉红色中—中粗粒长石砂岩 52.00 m

16. 黄褐色中细粒长石砂岩 13.62 m

15. 紫红色粉砂岩夹中细粒长石砂岩 15.16 m

14. 紫红色粉砂岩、黄褐色粉砂质泥岩，顶部为薄层紫红色细粒长石砂岩 6.11 m

13. 紫红色粉砂岩 3.58 m

12. 灰绿色、黄褐色细粒—中粒长石砂岩，夹薄层中粗粒长石砂岩、含粗砂长石细砂岩，局部含细砾 28.40 m

11. 灰褐色、黄褐色细粒长石砂岩（底部为粗砂岩），夹薄层紫红色、灰绿色粘土质粉砂岩和粉砂质粘土岩 35.47 m

10. 紫红色粉砂岩夹薄层灰白色细砂岩 20.82 m

9. 浅紫红色、黄褐色中粒长石砂岩 1.69 m

8. 浅紫红色、黄褐色含砾中粗粒长石砂岩，夹薄层中粒长石砂岩和黄褐色砾岩 13.72 m

7. 浅紫红色含细砾长石细砂岩 8.21 m

6. 黄褐色粉砂质泥岩（含砾及粗砂） 4.42 m

5. 浅粉红色含砾不等粒长石砂岩 19.74 m

4. 紫红色粉砂质泥岩 23.08 m

3. 以浅粉红色含砾中粗粒长石砂岩—中细粒长石砂岩为主，夹薄层粉砂质泥岩、紫红色长石砂岩和黄褐色含细砾中粗粒长石砂岩凸镜体 9.88 m

2. 浅粉红色中—中粗粒含砾长石砂岩，夹薄层紫红色砂砾岩 47.27 m

1. 紫褐色砾岩夹薄层砂岩 70.67 m

~~~~~~~~~~ 不 整 合 ~~~~~~~~~~

下伏：花岗岩
~~~~~~~~~~

【地质特征及区域变化】 海浪组为一套红层沉积，岩石胶结疏松，产状平缓。其下部紫色岩段，岩石粒度较粗，色调以紫色为主；上部杂色岩段，岩石粒度较细。产叶肢介化石，以瘤膜叶肢介和链叶肢介为主，时代置晚白垩世。

本组呈 NE 向分布于牡丹江、穆棱、三江等断（坳）陷盆地中，以牡丹江盆地分布面积最大，以三江盆地控制较全。在牡丹江盆地，岩性变化不大，本组平行不整合于猴石沟组之上，厚度大于 1 476 m；穆棱盆地中的岩石组合特征与牡丹江盆地完全可比，但厚度较小，其紫色岩段为 28～104 m，杂色岩段为 66～104 m；三江盆地中厚度大于 1 554 m，为紫红色、杂色泥岩、粉砂质泥岩、粉砂岩与杂色砂砾岩不等厚互层，顶部杂色泥岩被宝泉岭组杂色砾岩平行不整合覆盖。

松木河组 K_2sn （02-23-0409）

【创名及原始定义】 徐衍强等 1960 年[①] 创建于桦南县后金沙河北山。指分布在桦南县松木河以北地区的火山岩，分两段，下部称安山岩段，上部称流纹岩段，两者间有侵蚀间断。不整合于桦山组砂岩之上，上部被第三系不整合覆盖。总厚度大于 1 935 m，时代为晚白垩世。

【沿革】 该组创建后，1979 年《黑龙江地层表》中对比为伊林组，1993 年《黑龙江地质志》中对比为东山组或东大岭组。本次对比研究采用松木河组，并划分为西格木段和敖其段。伊林组与松木河组同物异名，康吉组归入松木河组；东大岭组分归东山组和松木河组，故伊林组、康吉组、东大岭组停止使用。

【现在定义】 为一套中酸性火山岩组合。下部以中基性熔岩为主夹凝灰砂岩，称西格木段；上部以酸性熔岩为主，夹中酸性熔岩及火山碎屑岩，称敖其段。二者间为喷发不整合接触。松木河组与下伏地层猴石沟组不整合接触，与上覆地层关系不详。

【层型】 正层型为桦南县后金沙河至白家屯剖面（130°14′55″，46°26′30″）（图 1-2 中 52），黑龙江省合江专署地质局第五地质队 1959 年测制。

松木河组	总厚度＞1 935 m
敖其段	厚度＞700 m
6. 米黄色、黄白色、粉白色、茶褐色流纹霏细岩、流纹岩、石英钠长斑岩，偶夹流纹质凝灰熔岩，流纹构造发育。（未见顶）	＞700 m
WWWWWW 喷发不整合 WWWWWW	
西格木段	厚度 1 235 m
5. 灰绿色、紫色斑状结构的安山岩夹薄层凝灰砂岩	230 m
4. 紫红色、灰绿色安山质凝灰熔岩	115 m
3. 灰绿色、紫红色斑状结构的安山岩	380 m
2. 灰绿色、灰黄色安山质岩屑晶屑凝灰岩	210 m
1. 灰绿色斑状结构的安山玢岩夹紫红色安山岩。（未见底）	＞300 m

松木河组分布于牡丹江—鹤岗的南北向火山活动带中，主要见于穆棱、双桦、佳木斯、鹤岗等地，以佳木斯一带研究程度较高，现分段介绍如下：

① 徐衍强等，1960，1：20 万桦川县幅区域地质测量报告（未刊出）。

西格木段 K_2sn^x (02-23-0413)

【创名及原始定义】 西格木段源于蔡文华等1991年创建的西格木组。其含义指一套中性火山岩组合。

【沿革】 本次对比研究将西格木组归入松木河组下部，降为段。

【现在定义】 指松木河组下部的中性火山岩组合，主要岩石类型为安山岩、玄武安山岩、石英安山岩夹中性火山碎屑岩等。其下与猴石沟组不整合接触，上与敖其段喷发不整合接触。

【层型】 正层型为佳木斯市西格木乡草帽顶子剖面(P_{10})(130°15′，46°42′)(图1-2中53)，黑龙江第一区调大队1990年测制。

敖其段	厚度 356.90 m
18. 青灰色含砾酸性玻屑凝灰岩。(未见顶)	47.10 m
17. 褐黄色、灰紫色英安岩	100.90 m
16. 浅灰色、灰紫色流纹岩，局部夹玻屑凝灰岩薄层	208.90 m
═══ 断 层 ═══	
西格木段	厚度 407.40 m
15. 灰黄绿色石英安山岩	39.90 m
14. 灰黑色安山岩	261.60 m
13. 土黄色玄武安山岩	66.60 m
12. 灰绿色安山岩	39.30 m
～～～ 不 整 合 ～～～	
下伏地层：猴石沟组 中粗粒岩屑砂岩	

【地质特征及区域变化】 西格木段以安山岩为主，下部夹玄武安山岩，上部出现石英安山岩，具有由基性至酸性的演化趋向，安山岩具低钙高碱特点。时代置晚白垩世。

本段主要见于伊林、双桦、佳木斯、鹤岗等地，岩性以中性熔岩为主。在伊林一带(《1∶20万穆棱镇公社幅区调报告》中称康吉组)，下部为安山质集块岩；在松木河东岸卡伦山一带，夹火山碎屑岩及正常沉积岩；在勃利盆地金山水库一带，夹多层砂岩，其厚度一般为1 000 m左右。伊林一带最厚，大于1 689 m；佳木斯一带最薄，约400 m左右。

敖其段 K_2sn^a (02-23-0414)

【创名及原始定义】 敖其段源于蔡文华等1991年创建的敖其组。其含义指一套酸性火山岩组合。

【沿革】 本次对比研究将敖其组归入松木河组上部，降为段。

【现在定义】 指松木河组上部的酸性火山岩组合，主要岩石类型为流纹岩，其次有酸性凝灰岩、英安岩、珍珠岩等。其下与西格木段喷发不整合接触，顶部出露不详。

【层型】 正层型为佳木斯市西格木乡草帽顶子剖面(P_{10})(130°15′，46°42′)(图1-2中53)，黑龙江第一区调大队1990年测制。

【地质特征及区域变化】 敖其段以灰白色、灰紫色流纹岩、球粒流纹岩为主，夹英安岩及玻屑凝灰岩，区域上夹珍珠岩。

本段与西格木段相伴出露，其岩性变化不大，在穆棱、双桦、鹤岗等地具珍珠岩夹层。其厚度以穆棱一带最厚，为 1 560 m；松木河上游及鹤岗一带较薄，为 300～700 m；勃利盆地中西部、双桦盆地为 900～1 000 m。

皮克山组　K_1p　(02-23-0408)

【创名及原始定义】 黑龙江第一区调大队康宝祥等 1987 年创建于饶河县皮克山地区。指出露于宝清县奇源林场及饶河县皮克山、花砬子等地的中酸性火山岩组合。总厚度大于 2 343.3 m。根据不整合于明山屯组之上及同位素年龄值，时代置早白垩世。

【沿革】 1993 年《黑龙江地质志》中将皮克山组并入东山组。本次对比研究采用皮克山组。

【现在定义】 指饶河地区，穆棱组之上、大塔山林场组之下的中性、中酸性火山岩组合。其下部以英安岩、安山质英安岩为主，夹安山质、英安质火山角砾岩，上部为英安岩与英安质火山角砾岩互层夹流纹岩。正层型顶底界不清（区域上皮克山组可不整合覆盖在龙爪沟群之上）。

【层型】 正层型为饶河县皮克山剖面（133°28′35″，46°49′7″）（图 1-2 中 37），黑龙江第一区调大队 1987 年测制。

皮克山组	总厚度＞3 685 m
21. 灰绿色、黄褐色英安岩。(未见顶)	＞73 m
20. 灰绿色中酸性火山角砾凝灰岩	70 m
19. 灰绿色流纹岩	81 m
18. 灰色、灰绿色杏仁状英安岩	214 m
17. 灰绿色中酸性火山角砾岩	104 m
16. 浅灰色、黄灰色英安质流纹岩	74 m
15. 浅灰绿色中酸性火山角砾岩	28 m
14. 黄绿色英安岩	104 m
13. 浅灰色中酸性火山角砾凝灰岩	47 m
12. 浅灰色、黄褐色英安岩	258 m
11. 黄褐色中酸性火山角砾岩	59 m
10. 褐色、浅灰色英安岩	90 m
9. 浅灰色、灰绿色中酸性火山角砾岩	66 m
8. 浅灰绿色英安岩	82 m
7. 黄褐色安山质火山角砾岩	74 m
6. 浅黄绿色英安岩	84 m
5. 黄褐色安山质、英安质火山角砾岩	56 m
4. 灰黄色英安质流纹岩	109 m
3. 浅绿色、灰绿色安山质英安岩	441 m
2. 灰绿色、紫褐色英安岩	1483 m
1. 紫褐色中酸性含砾凝灰岩。(未见底)	＞88 m

【地质特征及区域变化】 皮克山组系以熔岩为主的中酸性火山岩组合，总的看由下向上有由中性向酸性演变的趋势。该组英安岩具有低硅、低钙、高碱的特点，里特曼组合指数为 1.19～2.60，属钙碱性岩系正常太平洋型。时代置早白垩世。

本组主要出露于宝清、饶河两县交界的奇源林场至皮克山一带，另在东方红镇北有零星出露。在皮克山至奇源林场一带，其岩石组合以近火山口相的英安岩、英安质火山角砾岩、集块岩和大量次火山岩构成。

【问题讨论】 皮克山组与东山组可比，为同一期火山活动的产物。考虑到饶河地区在地层、构造上具有一定的特殊性，因此恢复了皮克山组，并对其内涵做了厘定。

大塔山林场组 K_2dt (02-23-0422)

【创名及原始定义】 黑龙江第一区调大队李忠文等1993年①创建于虎林县南大塔山。指大架山至南大塔山一带，呈环状分布于早侏罗世断陷盆地边部的酸性火山岩组合，主要由流纹岩及其角砾熔岩、角砾岩、集块岩、凝灰岩组成。不整合于珍宝岛组之上，厚度大于451 m。根据同位素年龄，时代定为晚白垩世。

【沿革】 本组原划归南大塔山组和皮克山组之中，1993年李忠文将其划出建组，本次对比研究采用。

【现在定义】 指分布于独木河地区，不整合于大架山组之上，以熔岩为主的酸性火山岩组合，岩性主要为流纹岩及其凝灰熔岩和角砾岩。顶界不清。

【层型】 正层型为虎林县代王砬子南剖面(133°40′00″，46°23′52″)(图1-2中54)，黑龙江第一区调大队1991—1992年测制。

大塔山林场组	总厚度>226 m
9. 灰白色流纹岩。(未见顶)	>23 m
8. 灰白色流纹质凝灰熔岩	11 m
7. 灰白色流纹岩	34 m
6. 浅灰色流纹质角砾凝灰熔岩	13 m
5. 浅灰色、灰白色流纹岩、角砾熔岩	95 m
4. 灰色流纹质火山角砾岩	50 m

~~~~~~~~~~ 不 整 合 ~~~~~~~~~~

下伏地层：**大架山组** 粗粒杂砂岩

【地质特征及区域变化】 大塔山林场组下部为爆发相的流纹质火山集块岩、角砾岩、角砾凝灰熔岩；上部为溢流相的流纹岩夹流纹质凝灰熔岩，并伴有次火山岩。该组流纹岩具有高钾低钙、钠的特点，里特曼组合指数为2.2，属钙碱性岩系正常太平洋型。同位素年龄值为72～80 Ma，时代置晚白垩世。

本组仅见于虎林县独木河地区大架山至南大塔山一带，呈环状分布于早侏罗世断陷盆地边部，次火山相岩石则呈脉状充填于火山口周围环状裂隙中，也有侵入大架山组中的。

【问题讨论】 大塔山林场组与皮克山组同源、同构造、同空间，属同一火山旋回晚期产物。

① 黑龙江第一区调大队李忠文等，1993，1∶5万独木河幅(L-53-52-C)区域地质调查报告，黑龙江省地质矿产局(内部印刷)。
~~~~~~~~~~

第二节　生物地层特征、多重划分对比、地层横剖面及层序地层讨论

一、大兴安岭-燕山地层分区、松辽地层分区

（一）生物地层

1. 热河生物群

热河生物群在黑龙江省主要见于西部地区的白音高老组和龙江组。包括叶肢介、介形虫、昆虫、双壳类几个门类，就叶肢介类可分为两个组合带。

①*Jibeilimnadia-Keratestheria* 组合带

该带 *Pseudograpta*（*Nestoria*）-*Keratestheria* 叶肢介动物群，为王思恩 1981（或陈丕基等，1982）所建，1990 年王思恩改称现名，主要包括 *Jibeilimnadia*，*Keratestheria*，*Pseudograpta*（*Nestoria*），*P.*（*Magumfonia*），*Sentestheria*（*Prosentestheria*），*Abrestheria*，*Yanjiestheria*（*Yansyania*），*Asioestheria* 等属。

该带在黑龙江省见于西北部的漠河、呼玛等地的白音高老组的沉积夹层中（原称木瑞组和王福店组），主要有：*Pseudograpta*（*Nestoria*）sp.，*P.*（*N.*）*rotalaria*，*P.*（*N.*）cf. *rotalaria*，*P.*（*N.*）cf. *pissovi*，*P.*（*N.*）*assistica*，*P.*（*N.*）*pissovi*，*P.*（*N.*）*niriformis*，*Sentestheria* sp.，*S.* cf. *banjictaensis*，*S. nimrta*，*S. elongata* 等分子。其时代，据王思恩等划分意见，为晚侏罗世牛津至基末利期。

②*Eosestheria* 组合带

该带为张文堂、陈丕基 1976 年创建，当时称东方叶肢介群，只包括 *Eosestheria*，*Diestheria*，*Liaoningestheria* 三个属。目前已发展至 8 属 60 余种。在黑龙江省主要见于大、小兴安岭的龙江组，在大兴安岭地区产有东方叶肢介群的典型分子 *Eosestheria* sp. 及与其共生的昆虫 *Ephemeropsis trisetalis*，双壳类 *Ferganoconcha* sp. 等；在小兴安岭地区产有叶肢介：*Pseudograpta murchisoniae*，*Plocestheria damiaoensis*，*P. chifengensis*，*P. zhangjiagouensis*，*Asioestheria hamakengensis*，*Dongbeiestheria guanghuaensis*，*D. shanquanensis*，*Longjiangestheria* 等，与其共生的有昆虫 *Ephemeropsis trisetalis*，双壳类 *Sphaerium* cf. *pusill*，*Ferganoconcha* spp.，介形虫 *Cypridea* sp.，*Darwinula contracta* 等。

Plocestheria 为王五力 1980 年所建新属，其特征与辽宁省义县组中下部 *Diestheria* 相近。*Dongbeiestheria* 属，过去归入 *Bairdestheria* 属，亦为东方叶肢介群的常见分子。小兴安岭地区龙江组所产叶肢介组合应属东方叶肢介组合，但其位置偏下，与 *Jibeilimnadia-Keratestheria* 组合带更接近。东方叶肢介群所指示的时代为晚侏罗世至早白垩世，根据黑龙江省情况，东方叶肢介化石组合的时代置早白垩世为宜。

2. 松花江叶肢介动物群

该动物群主要见于松辽盆地的松花江群，零星见于嘉荫盆地的嘉荫群和牡丹江盆地的海浪组。主要由吉林叶肢介科、链叶肢介科、瘤膜叶肢介科、两形壳叶肢介科的分子组成，约 32 属 170 余种，绝大部分为土著种。张文堂、陈丕基等 1976 年将松辽盆地叶肢介化石划分了 7 个组合带，1987 年崔同翠在此基础上划分了 10 个组合带，本次对比研究采用崔同翠的划分方案，自下而上为：

①*Orthestheria zhangchulingensis* 带

本带只有一属一种，分布于扶 201 井登楼库组四段。根据目前资料看，该带资料贫乏，尚不具备建带条件，可视为非正式生物地层单位。

②*Nemestheria qingshankouensis*-*Cratostracus merus* 组合带

共 8 属 35 种，主要有：*Nemestheria qingshankouensis*，*N*. cf. *qingshankouensis*，*N*. *lineata*，*N*. *furcata*，*Cratostracus merus*，*C*. *yingtaiensis*，*C*. *jilinensis*，*C*. *reductus*，*Orthestheria* aff. *pecten*，*Orthestheriopsis orbita*，*O*. *sananensis*，*Jilinestheria opima*，*J*. *intermedia*，*Eodictyestheria baiquanensis*，*E*. *globulina*，*Ellipsograpta exilis*，*E*. *subelliptica*，*Migransia corpuleptus* 等。本带分布于青山口组中上部层位，多保存于灰色泥岩中，分布广泛，其中的 *Cratostracus* 属在泰康、喇嘛甸等地常富集成层。本带的 *Nemestheria furcata* 可延续到姚家组，出现了非洲叶肢介科的分子 *Migransia*，该属见于非洲刚果和我国浙江。

③*Dictyestheria elongata*-*Curvestheriopsis*（?）*sanchaheensis* 组合带

共 8 属 25 种，主要有：*Curvestheriopsis*（?）*sanchaheensis*，*C*. *symmetrica*，*Nemestheria furcata*，*Plectestheria xiaolinkensis*，*Dictyestheria elongata*，*D*. *dicora*，*D*. *inflata*，*D*. *ovata*，*D*. *proba*，*Clathrostracus arcus*，*C*. *heilongjiangensis*，*C*. *songhuajiangensis*，*Halysestheria globosa*，*H*. *gracilis*，*Prostracus orbitus*，*P*. *fuyuensis*，*Tramostracus conspicuus*，*T*. *delicatus*。本带分布于青山口组上部层位，主要赋存于黑色泥岩中。本带以 *Jilinestheria* 大部分灭绝，*Dictyestheria* 开始繁盛，非洲叶肢介科的 *Prostracus*，*Tramostracus* 出现并开始繁盛为特点。

④*Liolimnadia honggangziensis* 组合带

共 4 属 8 种，主要有 *Liolimnadia honggangziensis*，*L*. *distensa*，*L*. *lata*，*Mesolimnadiopsis andaensis*，*Nemestheria furcata*，*Dictyestheria grandis*。本带分布于姚家组中上部层位，化石多保存于深灰色、灰绿色泥岩中，分布局限，主要见于泰康、安达、肇州、大庆、绥化、庆安等地。

⑤*Plectestheria arguta* 组合带

共 8 属 18 种，主要有：*Plectestheria arguta*，*P*. *crispata*，*P*. *daqingensis*，*Dictyestheria* aff. *ovata*，*Neodiestheria relicta*，*Halysestheria yuei*，*Ellipsograpta suborbiculata*，*E*. *tongnanensis*，*Prostracus baichengensis*，*Deltostracus gracilis*，*Tylestheria exmia*，*T*. *shanhoensis*。本带分布于嫩江组下部层位，化石多保存于灰黑色、深灰色泥岩中，分布广、数量丰富，以 *Plectestheria*，*Ellipsograpta*，*Tylestheria* 3 属繁盛为特点。

⑥*Halysestheria qinggangensis* 组合带

共 2 属 18 种，主要有：*Halysestheria qinggangensis*，*H*. *exornata*，*H*. *producta*，*H*. *quadrata*，*H*. *subtermina*，*H*. *yuei*，*Brachygrapta elegans*，*B*. *keshanensis*，*B*. *jilinensis*，*B*. *pokenliensis*。本带分布于嫩江组一段上部层位，嘉荫盆地王家店至茅兰沟一带太平林场组也产有本带分子。化石保存于深灰色泥岩中，以 *Halysestheria* 属繁盛为特点，并出现了 *Brachygrapta* 属。除 *Halysestheria yuei* 自第五化石带延续上来，其他分子为本带独有。

⑦*Estherites mitsuishii* 组合带

共 13 属 54 种，主要有：*Estherites mitsuishii*，*E*. *corrugatus*，*E*. *heterosis*，*E*.（*E*.）*elegans*，*E*.（*E*.）*carinatus*，*E*.（*E*.）*reticulatus*，*E*（*E*.）*stellaris*，*E*.（*E*.）*deduensis*，*Cratostracus* sp.，*Daxingestheria enodata*，*Fuyuestheria ornqta*，*Glyptostracus beianensis*，*G*. *habrosus*，*G*. *rarus*，*G*.（?）cf. *mingshuiensis*，*G*. *simplex*，*Dimorphostracus cardiacus*，*D*. *tenellus*，*Nenjiangestheria qixingpaoensis*，*Kedongestheria peltiformis*，*Ganheestheria aquilonaria*，

G. subrotunda, *Diestherites subrotundus*, *Brachygrapta elegans*, *B.* (?) *asiatica*, *Lacustrestheria larga*。本带分布于嫩江组二段下部层位，在王家店至茅兰沟一带太平林场组也产有本带分子，如 *Estherites* (*E.*) sp., *Dimorphostracus tenellus*, *Glyptostracus mingshuiensis*, *Aploglyptus simplex* 等。本带为松辽叶肢介动物群发展的繁盛期，化石数量多、分布广，以 *Estherites*, *Glyptostracus*, *Dimorphostracus*, *Ganheestheria* 等属开始出现并繁盛，化石壳瓣多呈金黄色为特点。

⑧*Calestherites sertus* 组合带

共 1 属 8 种，主要有：*Calestherites sertus*, *C. cardiformis*, *C. rotundatus*, *C. inconspicus*, *C. sheliensis*, *C. shuangliaoensis*, *C.* aff. *ovatus* 等。本带分布于嫩江组二段上部层位，化石保存于灰色泥岩中，属种单调，很少和其它门类化石共存。

⑨*Mesolimnadiopsis anguangensis*-*M. altilis* 组合带

共 3 属 5 种，主要有：*Mesolimnadiopsis anguangensis*, *M. altilis*, *M.* cf. *qiananensis*, *Dictyestheria* sp., *Estherites* sp. 等。本带分布于嫩江组三至五段，化石分布局限，省内仅见于绥化、大庆市杏树岗等地，在嫩江组二段占统治地位的 *Estherites* 基本灭绝。

⑩*Daxingestheria distincta* 组合带

共 1 属 4 种，主要有：*Daxingestheria distincta*, *D. obliqua*, *D. datongensis*, *D.* cf. *distincta* 等。本带分布于明水组一段，化石产于顶部黑色泥岩中，省内仅见于大庆市杏树岗等地。

3. 松辽介形动物群

该动物群以松辽盆地发育好，研究程度高，其它如嘉荫盆地、穆棱盆地仅见零星属种。主要由女星介及狼星介、三角星介、土神介、玻璃介等属组成，除开通介、松辽介、哈尔滨介为地方属，其它重要属均为国内外陆相白垩系常见属。系统的生物地层资料有郝诒纯、苏德英等 1974 年的《松辽平原白垩—第三纪介形虫化石》介绍了泉头组至明水组 15 属 124 种，划分了 9 个化石组合；高瑞琪 1978 年的《松辽盆地白垩纪生物地层及其时代问题》划分了 13 个组合带；高瑞琪、赵传本 1985 年的《松花江生物群的特征及其地质意义》划分了 37 个化石带。本次对比研究基本采用高瑞琪 1978 年的划分方案，现介绍如下：

①*Cypridea vetusta*-*C. elliptica* 组合带

主要有：*Cypridea vetusta*, *C. elliptica*, *C. tera*, *C. zhaoyangouensis*, *Lycopterocypris* aff. *infantitis*, *Ziziphocypris* aff. *simakovi*。本带以女星介属为主，分布于泉头组三、四段，见于大庆、安达、哈尔滨一带。

②*Triangulicypris torsuosus* 组合带

主要有：*Triangulicypris torsuosus*, *T. torsuosus* var. *nota*, *Cypridea subtuberculisperga*。本带分布于青山口组一段下部层位。化石主要赋存于灰黑色泥岩、粉砂质泥岩中。分布层位稳定，全盆地均可对比。

③*Cypridea adumbrata*-*Limnocypridea copiosa* 组合带

主要有：*Cypridea dekhoinensis*, *C. adumbrata*, *C. bistyloformis*, *C. gibbosa*, *C. nota*, *C. perissospinosa*, *C. pumilisa*, *C. unicostata*, *Limnocypridea bucerusa*, *L. copiosa*, *Triangulicypris fertilis*, *T. virgata*, *T. torsuosus*, *Ziziphocypris rugosa* 等。本带分布于青山口组一段上部及二段下部层位，化石赋存于灰至灰黑色泥岩、粉砂质泥岩中，伴生有叶肢介及双壳类等。分布层位稳定，全盆地均可对比。

④*Limnocypridea inflata*-*Cypridea vicina*-*Sunliavia tumida* 组合带

主要有：*Cypridea fuyunensis*, *C. shuihuaensis*, *C. tuberculata*, *C. vicina*, *Limnocypridea inflata*, *Lycopterocypris angularis*, *L. typicalis*, *Triangulicypris trinoderis*, *T. symmetrica*, *Sunliavia tumida*, *Kaitunia andaensis*, *Ziziphocypris datongensis*。本带分布于青山口组二段上部层位，以女星介为主，并出现少量狼星介和三角星介。化石赋存于灰色泥岩、粉砂质泥岩及粉砂岩中。除绥化以东盆地边缘外，盆地内都很发育。

⑤*Cypridea panda*-*Triangulicypris symmetrica*-*Lycopterocypris subovatus* 组合带

主要有：*Cypridea camarata*, *C. complanata*, *C. austa*, *C. obscura*, *C. panda*, *C. tera*, *Triangulicypris fertilis*, *T. symmetrica*, *T. fusiformis*, *T. similis*, *T. vestilus*, *Lycopterocypris subovatus*, *L. grandis*, *L. pumilis*, *L. pyriformis*, *L. imparilis*, *Ziziphocypris rugosa*。本带分布于青山口组二段，女星介减少，狼星介、三角星介增多。化石赋存于灰至灰黑色泥岩、粉砂质泥岩中，出现范围局限，见于盆地中部和肇东、泰康等地。

⑥*Cypridea dorsoangula*-*Ziziphocypris concta* 组合带

主要有：*Cypridea infidelis*, *C. obscura*, *C. arguta*, *C.* aff. *enodata*, *C. dongfangensis*, *C. exornata*, *C. favosa*, *C. pusilla*, *C. songhuajiangensis*, *C. tabulata*, *C. formosa*, *Lycopterocypris obinflatus*, *L. retractilis*, *Advenocypris deltoideus*, *Ziziphocypris concta*。本带分布于姚家组，化石赋存于灰色、黑色、灰绿色泥岩、砂质泥岩中，伴生有双壳类及轮藻化石，以中等个体的女星介大量出现和狼星介减少，三角星介灭绝为特征。

⑦*Advenocypris definita*-*Candona prona* 组合带

主要有：*Advenocypris definita*, *A. deltoideus*, *Cypridea anonyma*, *C. squalida*, *C. spiniferusa*, *C. turita*, *Lycopterocypris triangularis*, *L. valida*, *L. mediocris*, *Origoilyocypris primaeva*, *Kaitunia implata*。本带分布于嫩江组一段下部层位，化石赋存于灰—灰黑色泥岩、粉砂质泥岩中，底部有一层富产叶肢介和个体大壳壁薄的介形虫化石层，以此与前一组合带分界，出现于全盆地。

⑧*Cypridea gunsulinensis*-*C. ardua* 组合带

主要有：*Cypridea gunsulinensis*, *C. gracila*, *C. ardua*, *C. acclinia*, *C. gunsulinensis* var. *carinata* 等。本带分布于嫩江组一段上部层位，化石丰富，多密集成层或形成介形虫灰岩。出现于全盆地。

⑨*Ilyocyprimorpha netchaevae*-*Cypridea ordinata* 组合带

主要有：*Cypridea arca*, *C. bicornigera*, *C. bella*, *C. grata*, *C. liaokheensis*, *C. heiluntszianensis*, *C. ordinata*, *Ilyocyprimorpha netchaevae*, *I*, *magnifica*, *I. portentosa*, *Limnocypridea nova*, *L. datongzhenensis*, *L. dongbeiensis*, *L. sunliaonensis*, *L. subscalariformis* 等。本带分布于嫩江组二段，以女星介、土神介为主，并有较多湖女星介出现，前带的类型至本带几乎绝迹。底部黑色泥岩产白色介形虫和叶肢介。

⑩*Ilyocyprimorpha inandita* 组合带

主要有：*Cypridea spongvosa*, *Ilyocyprimorpha inandita*, *I. salebrosa*, *Candona longa*, *Harbinia hapla*, *Origoilyocypris pluscula*, *O. prodigiosa* 等。本带分布于嫩江组三段，化石以女星介和土神介为主，属种多为前带的延续，但新出现了哈尔滨介属。其中的超凡土神介分布广泛，层位稳定，是本带的标准化石。

⑪*Cypridea augusta* 组合带

主要有：*Cypridea augusta*, *C. elevata*, *C. spongvosa*, *Harbinia hapla*, *Origoilyocypris obestipa*。本带分布于嫩江组四、五段。化石赋存于杂色泥岩、粉砂质泥岩中，伴生有双壳类

化石。以女星介为主，属种、数量较少，前带分子绝大部分灭绝，为新的类型所替代。

⑫*Lycopterocypris cuneata-Candona diclivis* 组合带

主要有：*Cypridea amoena*，*C. apiculata*，*C.* aff. *cavernosa*，*C. gibbera*，*C. gigantea*，*C. parvita*，*Lycopterocypris crossata*，*L. cuneata*，*Mongolianella? ampla*，*M. elongata*，*Paracandona qiananensis*，*Candona diclivis*，*Cyclocypris calculaformis*，*Metacypris kaitunensis*。本带分布于四方台组，化石层位稳定，盆地内均可对比。

⑬*Cyclocypris diformata-Cypridea turgida* 组合带

主要有：*Cypridea myriotuberculata*，*C. triangula*，*C. turgida*，*Mongolianella perlucida*，*M. palmosa*，*Cyclocypris deformata*，*Limnocythere* sp.，*Ziziphocypris simakovi*。本带分布于明水组。属种多为前带的延续，但出现一些特有的化石，如 *Cyclocypris diformata*，*Cypridea turgida*，*C. myriotuberculata* 等，伴生有腹足类、双壳类等

4. 轮藻

松辽盆地轮藻化石比较发育，1985 年高瑞琪、赵传本划分了 3 个带、7 个亚带，本次对比研究采用其划分方案，内容稍作修订。

①*Atopochara trivolvis trivolvis* 带

本带化石稀少，主要有：*Atopochara trivolvis trivolvis*，*Aclistochara yanjiensis* 等，分布于登楼库组。

②*Atopochara anestricta* 带

本带共 11 属 27 种，可划分 4 个亚带：

(i) *Amblyochara quantoensis* 亚带　分布于泉头组，主要有：*Atopochara trivolvis*，*A.* sp.，*Euaclistochara mundula*，*Sphaerochara gecunensis*，*Amblyochara quantoensis*，*A. dongbeiensis*，*Mesochara* sp.，*M. symmetrica*，*Maedlerisphaera minuscula*，*M.* sp.，*Grambastichara* sp. 等。

(ii) *Maedlerisphaerabinxianensis* 亚带　分布于青山口组，主要有：*Maedlerisphaera binxianensis*，*M.* sp.，*Obtusochara maedleri*，*Aclistochara* sp.，*Mesochara stipitata* 等。

(iii) *Aclistochara songliaoensis* 亚带　分布于姚家组，主要有：*Aclistochara songliaoensis*，*Obtusochara* sp.，*Maedlerisphaera* sp.，*Mesochara stipitata*，*Pseudolatochara crateroides* 等。

(iv) *Songliaochara heilongjiangensis* 亚带　分布于嫩江组，主要有：*Songliaochara heilongjiangensis*，*Obtusochara* sp.，*Maedlerisphaera* sp.，*Sphaerochara* sp.，*Gobichara* sp.，*Nemegtichara* sp.，*Charites teretiuscula*，*Raskyaechara gobica*，*Neochara trachypta*，*N. variabilis* 等。

③*Atopochara ulanensis* 带

本带分布于四方台组至明水组，可划分 3 个亚带（略），主要有：*Latochara guandongensis*，*L. yuanensis*，*L. dongbeiensis*，*Croftiella norma Grambastichara yuntaishanensis*，*Charites tenuis*，*Turbochara speciads*，*Callichara* cf. *taizhouensis*，*Obtusochara* sp.，*Mesochara* sp.，*Gobichara* sp.，*Nemegtichara bicostata* 等。

5. 沟鞭藻类

根据高瑞琪等 1992 年资料，黑龙江省地层清理小组（1994）将松辽盆地白垩纪沟鞭藻类划分了 3 个组合。

①*Vesperopsis zhaodongensis* 组合（淡水型）

本组合以 *Vesperopsis* sp.，*V. zhaodongensis* 为主，见于泰康、肇东等地登楼库组四段泥

岩中，与辽宁省阜新盆地、内蒙古海拉尔盆地中相应地层单位中的沟鞭藻组合相似。

②*Kiokansium-Dinogymniopsis* 组合（微咸水—半咸水型）

本组合以 *Kiokansium* 和 *Dinogymniopsis* 为主,共7属12种,主要有:*Kiokansium declinatum*, *Dinogymniopsis tuberculata*, *D. spinulosa*, *Operculodinium ancoriferum* 等。见于松辽盆地中部和东部的绥化、安达、肇州等地青山口组一段灰黑色泥岩中。

③*Cleistosphaeridium-Dinogymniopsis*（微咸水—半咸水型）

本组合以 *Cleistosphaeridium* 和 *Dinogymniopsis* 为主，共 11 属 15 种，主要有：*Cleistosphaeridium nenjiangense*, *Dinogymniopsis torosa*, *D. granulata*, *D. minor*, *Balmula spinosa*, *Zhongyuandinium intermedium* 等，见于松辽盆地中部和东部绥化、安达、大庆、肇州等地嫩江组一、二段灰黑色泥岩中。

6. 淡水双壳类动物群

淡水双壳类动物化石主要见于松辽盆地的泉头组至明水组地层中，另在鸡西、穆棱盆地的猴石沟组有少量产出，均属类三角蚌动物群。按郝诒纯等（1986）划分组合的方案，自下而上可划分成 3 个组合。

①*Trigonioides*（*Wakinoa*）*yunnanensis-Plicatounio*（*P.*）cf. *multiplicatus-Nippononaia*? *jilinensis* 组合（简称 *T-P-N* 组合）

本组合为类三角蚌动物群中期组合，以 *Plicatounio*, *Trigonioides*, *Nippononaia*? 三属为主,其他分子主要有:*Nippononaia*? *jilinensis*, *Nakamuranaia* sp. ,. *N. elongata*, *Trigonioides*（*Wakinoa*）*yunnanensis*, *T.* sp. , *T. quadrata*, *Plicatounio*（*P.*）cf. *multiplicatus*, *P.*（*P.*）cf. *zhejiangensis*, *P. equiplicata*, *P. latiplicatus*, *Sphaerium* cf. *amgense*, *Martinsonella paucisulcata*, *M.* cf. *paucisulcata* 等。本组合见于鸡西、穆棱盆地的猴石沟组和松辽盆地的泉头组至青山口组。前者伴生有半咸水双壳类，后者伴生有叶肢介、介形虫及鱼类等。

②*Plicatounio*（*Kwanmonica*?）*heilongjiangensis-Pseudohyria* cf. *gobiensis* 组合

本组合为类三角蚌动物群中晚期组合，以 *Plicatounio* 属为主，但出现了晚期组合的典型属 *Pseudohyria*。主要有:*P.*（*K.* ?）*heilongjiangensis*, *P.* sp. , *Protelliptio*（*Plesielliptio*）*sungarianus*, *Musculus manchuricus*, *Fulpioides orientalis*, *Brachydontes sinensis*, *Sphaerium fulungchuanensis*, *Pseudohyria* sp. , *P.* cf. *gobiensis* 等。本组合主要见于松辽盆地中、西、东部区的姚家组至嫩江组，伴生有介形虫、叶肢介、鱼、轮藻等，尚见咸水双壳类满洲二区肋蛤。

本组合以 *T. P. N* 动物群组合分子为主，但出现了晚期组合的典型分子 *Pseudohyria* cf. *gobiensis*。与其伴生的有介形虫、叶肢介、腹足类、轮藻等。

③*Pseudohyria obliqua-Margaritibera antiqua* 组合

本组合为典型的类三角蚌动物群晚期组合,以 *Pseudohyria* 属为主,主要有:*P. sunghuaensis*, *P. obliqua*, *P.* aff. *gobiensis*, *P. cardiibormis*, *Margaritifera antiqua*, *Cuneopsis sakaii* 等。本组合主要见于松辽盆地中部区的四方台组至明水组灰黑色、杂色泥岩及粉砂岩中，伴生有介形虫及轮藻等，基本不出现 *T P N* 动物群组合分子。

7. 脊椎动物

①*Sungarichthys longicephalus* 动物群

主要有:*Sungarichthys longicephalus*, *Jilinichthys rapax*, *J.* sp. , *Hama macrostoma*, *Plesiolycoptera daqingensis*, *Manchurichthys* sp. , Holostei indet. , Teleostei indet. 等。伴生有恐龙、龟、蜥、鳄等。其中除 *Manchurichthys* 见于青山口组，*Plesiolycoptera daqingensis* 见于

姚家组，其他均见于嫩江组。

②Hadrosaurinae 动物群

主要有：Hadrosaurinae，Saurolophinae，*Mandschurosaurus amurensis*，*M. jiayinensis*，*Saurolophus krischtobovia*，*Albertesaurus perictosus*，*Ornithomimus* sp.，*Tyrannosaurus* sp.，*Aspideretes planicostatus*，等。该动物群主要见于嘉荫县渔亮子至白山头一带渔亮子组中，可分九个化石层，以素食的鸭嘴龙类为主，并伴生有霸王龙类及鱼、鳖、鸟类等。此外在太平林场组、青山口组也曾发现零星的鸭嘴龙类骨胳化石。

8. 植物

Metasequoia-Trochodendroides 植物群（嘉荫型植物群）

嘉荫型植物群源于李蔚荣 1981 年嘉荫植物群①，其含义包括永安村组至乌云组所产植物化石。1986 年张志诚称 *Metasequoia-Trochodendroides* 型植物群或嘉荫型植物群，含义为永安村组至太平林场组所产植物化石。本次对比研究考虑到富饶组和乌云组在植物组合上既有密切联系又有一定区别，同时在孢粉组合和动物组合上具有明显差异，因此采用张志诚的划分方案。嘉荫型植物群以被子植物为主，包括松柏、银杏、苏铁、真蕨等门类的 70 多个属种，其中 *Platanus*，*Trochodendroides* 2 属约占 60%～70%，其主要分子有：*Thallites jiayinensis*，*Equisetum*? sp.，*Asplenium dicksonianum*，*Taxodium* sp.，*Cercidiphyllum* sp.，*Quereuxia angulata*（=*Trapa*? *microphylla*），*Ginkgo adiantoides*，*Sequoia* sp.，*Metasequoia* sp.，*M. disticha*，*Onoclea hebridica*，*Trochodendroides* sp.，*T. arctica*，*Phoebe* sp.，*Zizyphoides makayi*，*Phamnites marginatus*，*Platanus* sp.，*P. raynoldsii*，*P. affinis*，*P. sinensis*，*P. densinervis*，*Podocorpus* cf. *tsagajanicus*，*Macclintockia* cf. *trinervis*，*Viburnum lokesri* 等。本植物群主要见于嘉荫县黑龙江沿岸的永安村组和太平林场组，在松辽盆地的泉头组至嫩江组亦零星见有本植物群分子。本植物群与俄罗斯的布列亚盆地查加杨植物群有密切的亲缘关系，总的面貌与北美西部的阿拉斯加、格陵兰、科雷马河流域等地的晚白垩世植物群可比较。

9. 孢粉

白垩纪系统的孢粉研究资料主要为大庆油田开发研究院 1976 年的《松辽盆地晚白垩世孢粉组合》和 1985 年的《三江盆地白垩系及孢粉组合》，由于篇幅所限，这里以组为单位，介绍一下本区总体组合特征。

①登楼库组孢粉组合

登楼库组以蕨类孢子为主，约占 80%，被子植物花粉含量较低。主要分子有：*Leiotriletes*，*Gleicheniidites*，*Cicatricosisporites*，*Psilosporites*，*Aequitriradites*，*Trilobosporites*，*Plicatella*，*Foveosporites*，*Clavatipollenites*，*Tricolporopollenites* 等。其特点与 Хлонва А В 划分的前苏联远东地区第一组合上部可比。

②泉头组孢粉组合

泉头组下部孢粉组合(a)中裸子植物花粉含量增加，主要为 Pinaceae 和 *Inaperturopollenites*，蕨类孢子的特点是 *Leiotriletes* 减少，*Cyathidites* 增加，并出现一定数量的 *Foveotriletes*，*Trilobosporites*，*Rouseisporites* 等。被子植物花粉占 2%—5%，主要为 *Clavatipollenites* 和 *Tricolporopollenites*。泉头组上部孢粉组合(b)以 *Pinuspollenites*，*Classopollis* 含量高，并出现多种类型孢子，如 *Cicatricosisporites*，*Klukisporites*，*Trilobosporites* 等。被子植物花粉

① 引自《黑龙江地质》，1981，(1)（内刊）。

含量占 5%～7%，主要为 *Cupuliferoidaepollenites*，*Retitricolpites*，*Tricolpites*。

③青山口组孢粉组合

青山口组孢粉组合中具气囊的松科花粉含量很高，约占 50%～60%，*Classopollis* 和 *Ephedripites* 少见。蕨类孢子中 *Cicatricosisporites* 和 *Cyathidites* 含量最高，其次是 *Lygodiumsporites*，*Osmundacidites*，*Balmeisporites* 等，被子植物花粉平均含量 7%～10%，主要为 *Tricolpites* 和少量 *Triporopollenites*。

④姚家组孢粉组合

姚家组孢粉组合以 *Cyathidites* 含量高为特征，下部地层中几乎全是 *Cyathidites*，中上部地层中蕨类孢子与裸子植物花粉含量近等，主要有：*Verrucosisporites*，*Lygodiumsporites*，*Schizaeoisporites*，*Classopollis*，*Parvisaccites*，*Balmeisporites* 等。被子植物花粉以 *Tricolpites*，*Daqingopollis* 为主，*Tricolporopollenites*，*Proteacidites*，*Aquilapollenites* 等零星可见。

⑤嫩江组孢粉组合

嫩江组孢粉组合中被子植物花粉含量明显增高，占 20%～30%，主要有：*Proteacidites*，*Gothanipollis*，*Aquilapollenites*，*Tricolpites*，*Tricolporopollenites*。裸子植物花粉占 40%～50%，主要有：*Bennettites*，*Classopollis*，*Psophosphaera*，*Podocarpidites*，*Abiespollenites*，*Abietineaepollenites*，*Pinuspollenites*，*Cedripites* 等。蕨类孢子占 23%～37%，以海金沙科为主，主要有：*Cyathidites*，*Leptolepidites*，*Schizaeoisporites*，*Cicatricosisporites*，*Plicatella*，*Lygodium* 等。其中有些为世界性常见分子。

⑥四方台组孢粉组合

四方台组孢粉组合中被子植物花粉约占 16%～34%，主要为 *Tricolporopollenites*，具有特色的是 *Betpakdalina*，此外 *Aquilapollenites*，*Gothanipollis*，*Proteacidites*，*Elytranthe* 等较重要。裸子植物花粉以 *Classopollis* 最多，其次为 *Ginkgo*，*Psophosphaera*，*Cedripites*，*Caytonipollenites*，*Dacrydiumites* 等。蕨类孢子以希指蕨属含量高，主要有：*Schizaeoisporites*，*Leiotriletes*，*Lygodium*，*Cicatricosisporites*，*Verrucosisporites*，*Loptolepidites* 等。

⑦明水组孢粉组合

明水组下部孢粉组合（a）中被子植物花粉占 15.8%～43.7%，地层意义较大的有：*Aquilapollenites*，*Wodehouseia oculata*，*Loranthacites macrosolenoides*，*Gothanipollis santalodes*，*Proteacidites formosus*，*Beaupreaidites elegansiformis* 等。裸子植物花粉约占 50%，以松科各属含量高为特点。蕨类孢子占 9%～30%，以 *Polypodiaceaesporites*，*Schizaeoisporites* 两属为主。总的面貌与马斯特里赫特期孢粉组合可比。明水组上部孢粉组合（b）中被子植物花粉高达 70%以上，以三孔、四孔型花粉最多，此外是高腾粉属和各种三孔沟、三沟类型花粉。蕨类孢子约占 16%～20%，以 *Leiotriletes* 含量较高，此外未见重要属种。裸子植物花粉含量低，占 7%～9%，以 *Ginkgo*，*Taxodiaceaepollenites* 含量稍高。

（二）地层多重划分对比讨论

1. 额木尔河群与生物地层关系（表 10-4）

额木尔河群含有植物组合 2 个，双壳类组合 1 个。植物组合为 *Coniopteris-Phoenicopsis* 植物群晚期组合和 *Ruffordia-Onychiopsis* 植物群早期组合。前者对应的地层单位是绣峰组、二十二站组和漠河组以及小兴安岭地层小区的七林河组和张广才岭-南楼山地层分区的太安屯组；后者属开库康组。两个植物组合的时空分布如前所述，对其岩石地层单位的区域对比具有指导意义。双壳类 *Margaritifera-Ferganoconcha* 组合，层位属绣峰组至漠河组，主要分布

表 10-4　中侏罗世—早白垩世地层多重划分对比表

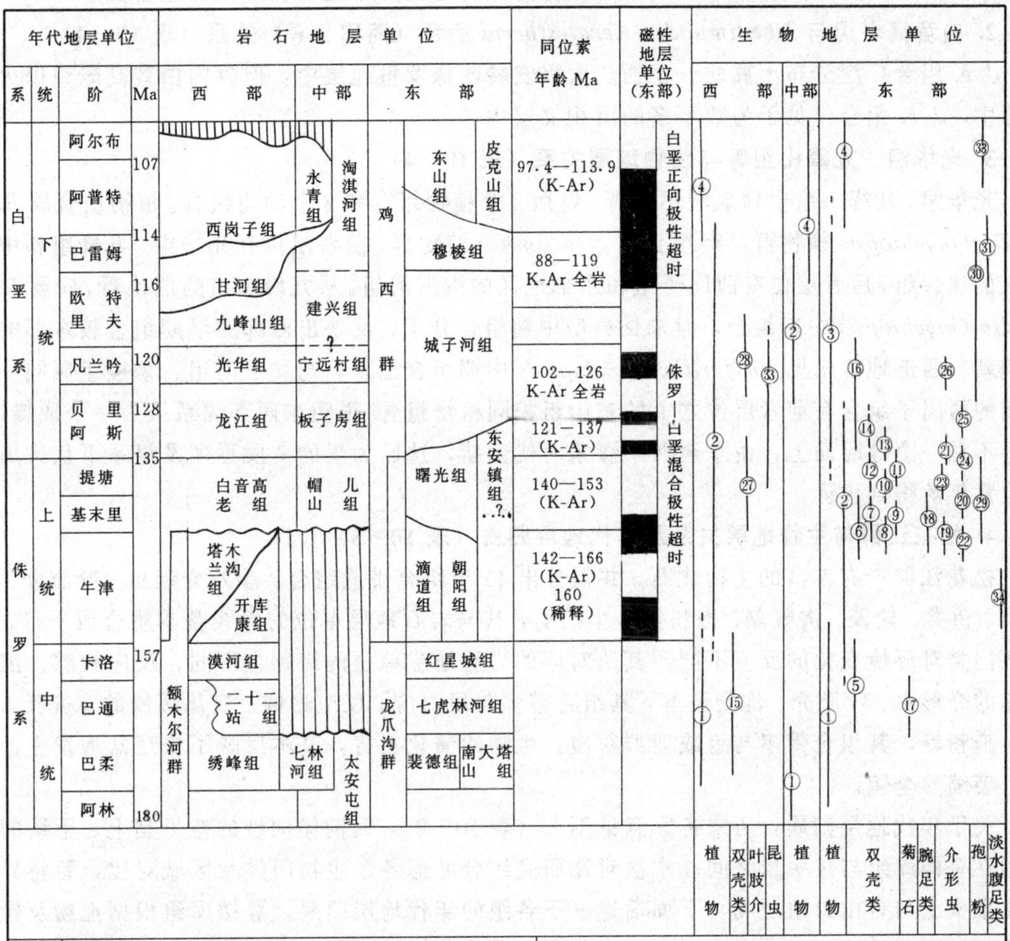

表注

植物：

①*Coniopteris-Phoenicopsis* 植物群晚期组合

②*Ruffordia-Onychiopsis* 植物群早期组合

③*Ruffordia-Onychiopsis* 植物群中期组合

④*Neozamites* 植物群组合

双壳类：⑤—⑭海相，⑮、⑯淡水

⑤*Mesosaccella morrisi-Entolium demissum* 组合

⑥*Isognomon* (*I.*) *isognomonoides-Camptonectes* (*C.*) *shuguangensis* 组合（带）

⑦*Sinopsammobia-Arcomya* 组合带

⑧*Buchia concentrica* 带（组合带）

⑨*Buchia tenuistriata* 带（顶峰带）

⑩*Buchia mosquensis-Buchia rugosa* 带（组合带）

⑪*Buchia russiensis-Buchia fischeriana* 组合带（B_1 带）

⑫*Buchia fischeriana-Buchia unschensis* 组合带（B_2 带）

⑬*Buchia volgensis-Buchia* cf. *okensis-Buchia* cf. *subokensis-Buchia unschensis* 组合带（B_3 带）

⑭*Buchia pacifica* 带

⑮*Margaritifera-Ferganoconcha* 组合

⑯*Ferganoconcha-Unio* 组合

菊石：⑰*Arctocephalites* 组合

腕足类：⑱*Parvirhynchia bella-Kallirhynchia namtuensis* 组合

介形虫（海相—半咸水）：

⑲*Protocythere ruidireticulata-Galliaecytheridea elegans-Mandelstamia truncata* 组合

⑳*Scabriculocypris obtusispina-Mandelstamia triangulata* 组合

㉑*Cypridea-Scabriculocypris-Vlakomia-Galliaecytheridea* 组合

海相沟鞭藻：

㉒*Gonyaulacysta jurassica* 项峰带

㉓*Amphorula delicata* 组合带

㉔*Pareodinia-Gonyaulacysta-Hystrichogonyaulax* 组合

㉕*Oligosphaeridium-Chlamydophorella-Subtilisphaera* 组合

㉖*Muderongia-Palaeoperidium -Oligosphaeridium* 组合

叶肢介：

㉗*Jibeilimnadia-Keratestheria* 组合带

㉘*Eosestheria* 组合带

孢粉：㉙A 组合　㉚B 组合　㉛C 组合

㉜*Cicatricosisporites-Piceaepollenites-Tricolpopollenites* 组合

昆虫：

㉝*Ephemeropsis trisetalis* 组合

淡水腹足类：

㉞*Viviparus* cf. *matsmotor-Viviparus* cf. *omogoensis* 组合

于二十二站组。其空间分布限于额木尔河群内，为地史分布比较长的生物组合。

2. 白音高老组与 *Jibeilimnadia-Keratestheria* 组合（简称 *J-K*）关系（表 10－4）

J-K 组合广泛分布于冀北—辽西、大兴安岭晚侏罗世地层中，但省内白音高老组以火山岩为主，*J-K* 组合仅见于为数不多的沉积夹层中。

3. 光华组、九峰山组等与生物地层关系（表 10－4）

光华组、九峰山组生物地层不发育，包括 2 个植物组合和 2 个动物组合。植物组合属 *Ruffordia-Onychiopsis* 植物群早期组合和 *Neozamites* 植物群。前者层位有光华组、九峰组和中部地区的建兴组，后者层位有西岗子组和东部地区的淘淇河组。从九峰山组的层位看，应属 *Ruffordia-Onychiopsis* 中期组合，但未见典型中期组合分子，反映出西部的早期组合较东部的时代偏新。西部地区未见 *Ruffordia-Onychiopsis* 中期组合出现，与城子河组、穆棱组属同一成煤期的西岗子组含有前者层位之上的东山组相同植物组合，说明东西部煤系虽为一个成煤期，但并不在一个等时面上，由东至西，煤系时代偏新，这已为煤的变质程度及煤系下伏火山岩同位素年龄得到佐证。

4. 松花江群与生物地层关系及年代地层归属（表 10－5）

松花江群产有丰富的生物化石，共划分出 41 个组合带或组合，涉及介形虫、叶肢介、双壳类、鱼类、轮藻、沟鞭藻、孢粉等 7 个门类。其与岩石地层单位的界线基本重合或平行，由于各门类对环境变化的反应不同，其所对应的岩石地层单位的级别也不同，反应敏感、演化迅速的介形虫、叶肢介、沟鞭藻等，其组合带多与段对应；反应迟钝、演化缓慢的双壳类、轮藻、孢粉等，其组合带多与组或亚群对应。生物的演化更替，基本反映了松辽盆地发生、发展、萎缩的全貌。

关于年代地层归属，历来各家意见不一（表 10－2），目前倾向性的意见是上、下统的界线划在登楼库组与泉头组之间。本次对比研究综合考虑各个生物门类及区域对比，暂将界线划在泉头组与青山口组之间。下面简述一下各组的年代地层归属。登楼库组根据孢粉及轮藻化石，以阿普特阶为主，考虑到上覆泉头组已具明显上统色彩，故以阿普特阶至阿尔布阶下部为宜。泉头组三段所产 *Trapa*？*microphylla*，*Platanus septentrionalis* 为北方大陆晚白垩世标准分子之一，轮藻 *Atopochara nestricata*，*Euaclistochara mundura*，*Merochara symmetrica* 等化石在北美和西欧多产于阿普特至阿尔布阶，据此泉头组以阿尔布阶上部为宜。青山口组沟鞭藻组合属赛诺曼期，青山口吉林蜥属晚白垩世，轮藻与嫩江组面貌一致，为早白垩世晚期至晚白垩世早中期，综合考虑以上统赛诺曼阶为宜。姚家组生物已具典型晚白垩世特点，如介形虫的 *Candona*，双壳类的 *Pseudohyria* 等，考虑到上下地层的关系，以赛诺曼阶至土仑阶为宜。嫩江组沟鞭藻组合为坎潘期，吉林贪食鱼、巨口哈螟鱼等属产于英国东南部、黎巴嫩等地赛诺曼至土仑阶，腹足类以 *Viviparus grangeri*，*Mesolanistes*，*Lioplaeodes sungariana* 为主，与四方台组、明水组的组合很相似，孢粉组合出现大量典型晚白垩世色彩的 *Aquilapollenites* 和 *Wodehouseia*。综合考虑嫩江组归土仑阶至三冬阶。四方台组、明水组根据介形虫、腹足类、双壳类、轮藻、孢粉等门类的综合意见，以三冬阶至马斯特里赫特阶为宜。

5. 嘉荫群与生物地层关系及年代地层归属（表 10－5）

嘉荫群所含生物地层单位主要为嘉荫型植物群及鸭嘴龙化石组合。前者相当于俄罗斯的布列亚盆地查加杨植物群，其典型分子小叶菱、悬玲木在松辽盆地的泉头组中已有出现，而与其上的乌云植物群也是一种渐变关系，因此其时空范围要大于嘉荫群。后者主要见于渔亮子组，其上限与渔亮子组同，但下限较渔亮子组低，范围较渔亮子组大，在太平林场组及松

表 10-5 白垩纪地层多重划分对比表

系	统	阶	时限 Ma	松嫩地层小区	嘉荫地层小区	小兴安岭地层小区	鸡西-延吉地层分区	饶河地层小区	同位素年龄 Ma
白垩系	上统	马斯特里赫特		松花江群 明水组	嘉荫群 富饶组				
			74.0						66.0
		坎潘		四方台组	渔亮子组；福民河组		桦山群 松木河组		67.77 72.44
			83.0						
		三冬		嫩江组	太平林场组			大塔山林场组	74.44 79.94
			86.6						85.0 80.1
		康尼亚克					海浪组		92.8
			88.5						
		土仑							
			90.4	姚家组	永安村组				
		赛诺曼		青山口组			猴石沟组		
			97.0						
	下统	阿尔布		泉头组					
			107.0						
		阿普特		登楼库组					

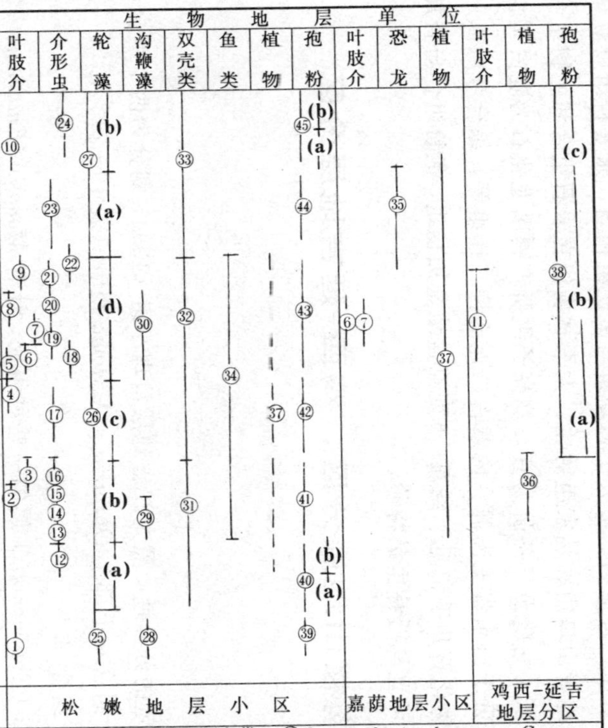

表注 叶肢介：①*Orthestheria zhangchulingensis* 组合带 ②*Nemestheria qingshankouensis* - *Cratostracus merus* 组合带 ③*Dictyestheria elongata* - *Curvestheriopsis* (?) *sanchaheensis* 组合带 ④*Liolimnadia honggangziensis* 组合带 ⑤*Plectestheria arguta* 组合带 ⑥*Halysestheria qinggangensis* 组合带 ⑦*Estherites mitsuishii* 组合带 ⑧*Calestherites sertus* 组合带 ⑨*Mesolimnadiopsis anguangensis* - *M. altilis* 组合带 ⑩*Daxingestheria distincta* 组合带⑪*Tylestheria* cf. *shanhoensis* - *Estherites mitsuishii* 组合。介形虫：⑫*Cypridea vetusta* - *C. elliptica* 组合带⑬*Triangulicypris torsuosus* 组合带⑭*Cypridea adumbrata* - *Limnocypridea copiosa* 组合带⑮*Limnocypridea inflata* - *Cypridea vicina* - *Sunliavia tumida* 组合带⑯*Cypridea panda* - *Triangulicypris symmetrica* - *Lycopterocypris subovatus* 组合带⑰*Cypridea dorsoangula* - *Ziziphocypris concta* 组合带⑱*Advenocypris definita* - *Candona prona* 组合带⑲*Cypridea gunsulingensis* - *C. ardua* 组合带⑳*Ilyocyprimorpha netchaevae* - *Cypridea ordinata* 组合带㉑*Ilyocyprimorpha inandita* 组合带㉒*Cypridea augusta* 组合带㉓*lycopterocypris cuneata* - *Candona diclivis* 组合带㉔*Cyclocypris deformata* - *Cypridea turgida* 组合带。轮藻：㉕*Atopochara trivolvis trivolvis* 带㉖*Atopochara anestrica* 带 (a)*Amblyochara quantouensis* 亚带(b)*Maedlerisphaera binxianensis* 亚带(c)*Aclistochara songliaoensis* 亚带(d)*Songliaochara heilongjiangensis* 亚带㉗*Atopochara ulanensis* 带。沟鞭藻：㉘*Vesperopsis zhaodongensis* 组合㉙*Kiokansium* - *Dinogymniopsis* 组合㉚*Cleistosphaeridum* - *Dinogymniopsis* 组合。双壳类：㉛类三角蚌动物群中期组合㉜类三角蚌动物群中晚期组合㉝类三角蚌动物群晚期组合。鱼：㉞长头松花鱼动物群。恐龙：㉟鸭嘴龙动物群。植物：㊱牡丹江型植物群㊲嘉荫型植物群。孢粉：㊳海浪组孢粉组合(a)下部组合 (b)中部组合 (c)上部组合㊴登楼库组孢粉组合㊵泉头组孢粉组合下部组合(a)上部组合 (b)。㊶青山口组孢粉组合㊷姚家组孢粉组合㊸嫩江组孢粉组合㊹四方台组孢粉组合。㊺明水组孢粉组合(a)下部组合 (b)上部组合。

辽盆地青山口组都有零星鸭嘴龙骨胳化石发现。

关于年代地层归属，永安村组所产介形虫、叶肢介为松辽盆地姚家组至嫩江组的主要分子，孢粉组合与上述两组亦可对比，考虑到上覆太平林场组与嫩江组相当，永安村组以赛诺曼阶至土仑阶为宜，与松辽盆地青山口组、姚家组对比。太平林场组在岩石组合和生物组合上均与松辽盆地嫩江组可比，以土仑阶至三冬阶为宜。渔亮子组所产鸭嘴龙化石为晚白垩世陆相地层的标准化石，在我国见于山东省王氏群、内蒙古二连浩特二连组等，综合考虑以三冬阶至坎潘阶为宜。富饶组植物化石几乎都见于结雅-布列亚盆地查加杨组，孢粉组合与查加杨组及松辽盆地明水组可比，可置马斯特里赫特阶。

二、张广才岭-南楼山地层分区、鸡西-延吉地层分区

（一）生物地层

中三叠世—早侏罗世

浅水相双壳类

产于南双鸭山组中，具一定的分异性，黑龙江省地层清理小组（1994）划分为两个组合，下部为 *Monotis*（*Entomonotis*）组合和上部为 *Otapiria* - *Oxytoma* 组合（表 10-2）。

①*Monotis*（*Entomonotis*）组合

本组合几乎全部由 *Monotis*（*Entomonotis*）属的一些种组成，计有 *Monotis*（*Entomonotis*）*ochotica eurachis*，*M.*（*E.*）*yakutica*，*M.*（*E.*）*scutiformis* cf. *typica*，*M.*（*E.*）cf. *tenuicostata*，*M.*（*E.*）*ochotica baoqingensis*，*Plagiostoma nuitoense*。其中尤以 *M.*（*E.*）*ochotica* 最为常见，与本组合共生的尚有极少量的腕足类和腹足类。

②*Otapiria* - *Oxytoma* 组合

本组合不出现 *Monotis*（*Entomonotis*），由 *Otapiria* sp.，*Oxytoma* sp.，*Parainoceramus* sp.，*Pleuromya* cf. *submuseuloides*，*Hokomuia* sp.，等组成。

前述两个组合的时代为晚三叠世诺利期中晚时，属北极-太平洋生物区系。

深水相放射虫及牙形刺

放射虫：放射虫化石广泛分布于完达山地区深水沉积的大佳河组硅质岩中，按其生成顺序、自然组合、生态特征可划分为 3 个组合带（表 10-6）。现自下而上分述如下：

①*Pseudostylosphaera* - *Triassocampe* 组合带（简称 *P* - *T* 组合带）

本组合系黑龙江省地层清理小组（1994）根据 1∶5 万独木河幅区调报告中，虎林县和平桥剖面（P_7）和柏花山西剖面（P_{11}）上所采放射虫化石创建，产于大佳河组中。主要分子有（中科院南京地质古生物研究所杨群鉴定，下同）：*Pseudostylosphaera longispinosa*，*P. helicata*，*P. japonica*，*P. lenue*，*Astrocentrus* sp.，*Stauracontium*? *landinicum*，*Triassocampe deweveri*，*Tiborella* sp. 等。

该组合带是迄今所知完达山地区三叠纪放射虫组合中层位最低的一个带，其中 *Pseudostylosphaera* 的一些种和 *Triassocampe deweveri* 分别为中三叠世安尼期和拉丁期的常见分子，时代为中三叠世安尼期—拉丁期。

②*Livarella* - *Canoptum* 组合带（简称 *L* - *C* 组合带）

中科院南京地质古生物研究所杨群等 1992 年创建于饶河县红旗岭农场北（即饶河县大坝北山）。主要分子有：*Livarella longus*，*L. gifuensis*，*Canoptum rhaeticum*，*Pseudoheliodiscus* sp. 等。

该组合带是迄今所知三叠纪放射虫组合中层位最高的一个带，其中 *Livarella* 属、Deflandrecyrtiidae 科及 *Canoptum rhaeticum* 种从未在侏罗纪出现，本带缺乏 Capnodocinae 亚科和 Pantanelliinae 亚科中具旋刺的类群，时代为晚三叠世。

表 10-6 黑龙江省东部中三叠世—早侏罗世生物带对比表

<table>
<tr><th colspan="3" rowspan="2">相区 / 门类 / 地层单位 / 时代</th><th colspan="2">陆相</th><th colspan="2">浅水相</th><th colspan="3">深水相</th><th>深水相</th></tr>
<tr><th colspan="2">植物</th><th colspan="2">双壳类</th><th colspan="3">放射虫</th><th>牙形刺</th></tr>
<tr><td>侏罗纪</td><td>早世</td><td></td><td colspan="2"></td><td colspan="2"></td><td colspan="2">大岭桥组</td><td rowspan="2">Bipedis-Palaeosaturnalis 组合带</td><td></td></tr>
<tr><td rowspan="4">三叠纪</td><td rowspan="3">晚世</td><td>瑞替期</td><td>罗圈站组</td><td>Cycadocarpidium-Taeniopteris 组合</td><td colspan="2"></td><td colspan="2"></td><td></td></tr>
<tr><td>诺利期</td><td colspan="2"></td><td>南双鸭山组</td><td>Otapiria-Oxytoma 组合
Monotis (Entomonotis) 组合</td><td rowspan="3">大佳河组</td><td>上</td><td rowspan="2">Livarella-Canoptum 组合带</td><td>posthersteini 带
bidentata 带
spatulata 带</td></tr>
<tr><td>卡尼期</td><td colspan="2"></td><td colspan="2"></td><td>中</td><td>nodosus 带
polygnathiformis 带</td></tr>
<tr><td>中世</td><td>拉丁—安尼期</td><td colspan="2"></td><td colspan="2"></td><td>下</td><td>Pseudostylosphaera-Triassocampe 组合带</td><td></td></tr>
</table>

③*Bipedis*-*Palaeosaturnalis* 组合带（简称 *B*-*P* 组合带）

杨群等1992年创建。主要分子有：*Palaeosaturnalis*，*Bipedis*，*Parahsuum*，*Syringocapsa*，*Gorgansium*，*Pseudoheliodiscus*，*Praemesosaturnalis* 等。其中 *Palaeosaturnalis* 的一些种，*Bipedis* 和 *Parahsuum* 只在早侏罗世开始出现，晚三叠世特征分子 Deflandrecyrtiidae 科和 *Livarella* 属已不复存在。该组合是迄今所知的侏罗纪放射虫组合中层位最低。

牙形刺：完达山地区的牙形刺化石赋存于大佳河组的硅质岩、灰岩及大岭桥组的硅质岩中。中科院南京地质古生物研究所王成源曾配合该地区的区调工作，对牙形刺做过系统的鉴定工作，并对饶河县胜利农场一带的牙形刺组合做了详细的划分（表10-6）。需要说明的是，他的研究成果尚未发表，经本人同意引用于本报告。

陆相古植物

Cycadocarpidium - *Taeniopteris* 组合

周志炎、孙革1981年创建于东宁县老黑山地区。产于罗圈站组，计有16属23种，其中有节类有 *Neocalamites*? sp.，蕨类有 *Cladophlebis* sp.，*Sphenopteris*? sp.，*Todites* sp.，T. cf. *denticulata*；苏铁类有 *Pterophyllum*?sp.，*Ctenis*?sp.，*Nilssonia* sp.；银杏类有 *Ginkgo* sp.，G. cf. *marginatum*，*Baiera*sp.，*Sphenobaiera* sp.，*S. spectabilis*，*S. pulchella*，*S.* cf. *longifolia*，*Czekanowskia rigida*，*C. setacea*；松柏类有 *Podozamites*，sp.，*P. distans*，*Pityophyllum* sp.，*Cycadocarpidium* sp.，*C. swiabii*，*C.* cf. *erdmanni*，*C. giganteum*，*C. laoheishanensis*，*C. luoquanensis*；分类不明的化石有 *Taeniopteris laoheishanensis*，*T.* sp. 等。可见 *Cycadocarpidium-Taeniopteris* 组合以松柏类和银杏类为主，次为带羊齿类。*Cycadocarpidium* 的大量出现是本组合的主要特征。区域上可与吉林省天桥岭地区同期地层中的植物群和蒙古植物群对比，只不过尚未发现双扇蕨科而已，时代为晚三叠世。

早侏罗世

双壳类

①*Otapiria* 顶峰带

沈阳地质矿产研究所于希汉1987年建立。产于大架山组下部。*Otapiria* 顶峰带以 *Otapiria* 属种的极大繁盛为特点，包括 *O. tailleuri*，*O. pseudooriginalis*，*O.* cf. *pseudooriginalis*，*O.* cf. *longiformis*，*O. ovata*，*O. limaeformis*，*O.* aff. *marshalli*，*O.* cf. *altiformis*，*O. chaoyangensis.*，*O.* cf. *chaoyangensis.*，*O.* cf. *ovata.*，*O.* sp，等十几个种，与其伴生的有 *Mytiloceramus* cf. *subdepressus*，*M.* cf. *polyplocus*，*Nuculana* sp.，*Propeamussium* sp.。

②*Propeamussium olenekense* - *Lima* cf. *parva* - *Nuculana*（*Jupiteria*）*acuminata*（简称 *P-L-N*）组合带

沈阳地质矿产研究所于希汉1987年创建。产于大架山组上部和白鹤山组下部。主要分子有：*Lima* sp.，*L.* cf. *parva*，*Nuculana* sp.，*N.*（*Jupiteria*）*acuminata*，*N.*（*J.*）sp.，*Propeamussium* sp.，*P.* aff. *olenekense*，*Palaeoneilo* sp.，*P.* cf. *qihulinensis*，*Palaeonucula* sp.，*Mesosaccella* sp.，*Astarte* sp.，*Malletia*? sp.，*Camptonectes* sp.，*Tancredia* sp.，*Otapiria* cf. *pseudooriginalis*，*Nuculana* cf. *pseudomenkii* 等，与其共生的尚有腕足类、腹足类、珊瑚、菊石、海百合茎等。

中侏罗世—早白垩世

植物

①*Coniopteris* - *Phoenicopsis* 植物群晚期组合

Coniopteris-Phoenicopsis 植物群（简称 *C-P* 植物群），为斯行健1956年创建，分布于黑龙江省的 *C* - *P* 植物群属晚期组合，以真蕨、银杏、苏铁、松柏、木贼类为主，主要有 *Coniopteris simplex*，*C. hymenophylloides*，*C. burejensis*，*Cladophlebis nebbensis*，*C.* sp.，*Todites denticulata*，*T. williamsoni*，*Neocalamites* sp.，*N.* cf. *hoerensis*，*Equisetites* sp.，*Sphenobaiera longifolia*，*Nilssonia* sp.，*Ginkgoites* sp.，*G. sibiricus*，*Pityophyllum lindstroemi*，*P. longifolium* 等。

本组合与吉林的红旗组、万宝组所产植物具有可比性，省内主要见于东部地区的裴德组、七虎林河组、红星城组；中部地区的太安屯组；西部地区的绣峰组、二十二站组、漠河组和七林河组。在东部地区与海相双壳类相伴，在西部地区与淡水双壳类、介形虫等相伴。

本组合以常见于早—中侏罗世的分子为主，有些可延续到晚侏罗世或早白垩世，常见于晚三叠世的属种基本消失，而繁盛于晚侏罗世至早白垩世的 *Ruffordia-Onychiopsis* 植物群的典型分子尚未出现，其时代以中侏罗世为宜，但不排除跨早、晚侏罗世的可能性。

②*Ruffordia-Onychiopsis* 植物群早期组合

R-O 植物群亦为斯行健1956年创建，1980年周志炎等将其分为早中晚三期，1982年具然弘、郑少林等对上述三期进行修订，本次对比研究采用修订后的方案。

本组合包括8个大类33属50余种，以真蕨类最发育，其次为松柏和苏铁类，主要有：*Equisetum ushimarensis*，*E.* sp.，*Todites denticulata*，*Coniopteris hymenophylloides*，*C. saportana*，*C. burejensis*，*C. arctica*，*Gleichenites nordenskioldi*，*Acanthopteris onychioides*，*A. gothani*，*Onychiopsis elongata*，*Cladophlebis distans*，*C.*（*Gleichenites*?）*waltoni*，*Raphaelia*（*Osmunda*?）*diamensis*，*Coniopteris* ex gr. *simplex*，*Anomozamites* sp.，*A. angulatus*，*Nilssonia angustissima*，*N. sinensis*，*Taeniopteris* sp.，*Sphenobaiera longifolia*，*Elatides manchurensis*，*Podozamites lanceolatus*，*Pityophyllum longifolium* 等。

省内主要见于东部地区的滴道组、朝阳组、曙光组，中部地区的建兴组，西部地区的龙江组、九峰山组和开库康组。以滴道组和曙光组化石最为丰富，类型全，且与海相动物化石相伴。

早期组合的特点是出现了 *R-O* 植物群的典型分子 *Onychiopsis elongata*，*Acanthopteris onychioides*，*A. gothani*，*Gleichenites nordenskioldi* 等，但尚未出现 *Ruffordia* 属的分子。*C-P* 植物群的典型分子 *Neocalamites* 已消失，*Todites denticulata* 虽然存在，但数量明显减少。组合中的多数分子为晚侏罗世开始出现并可延至早白垩世的类型，同时残存一些早中侏罗世的常见分子，这是与中期组合的区别之一。时代为晚侏罗世，与相伴的海相动物化石时代基本吻合。

③*Ruffordia-Onychiopsis* 植物群中期组合

本组合约40属80多种，以 *Ruffordia goepperti*，*Nilssonia sinensis* 为代表分子，主要有：*Ruffordia goepperti*，*Gleichenites cycadina*，*G. gieseckianus*，*G. nordenskioldi*，*Coniopteris arctica*，*C. nerifolia*，*C. nympharum*，*C. saportana*，*Asplenium popovii*，*Acanthopteris alata*，*A. onychioides*，*Cladophlebis frigida*，*Sphenopteris johnstrupi*，*S. pinnatifida*，*Onychiopsis elongata*，*O. psilotoides*，*Pterophyllum jixiense*，*Nilssonia sinensis*，*N. angustissima*，*Taeniopteris didaoensis*，*Ginkgo adiantoides*，*G. digitata*，*Pseudocycas*? *pecten*，*Baiera lingxiensis*，*Sphenobaiera chenzihensis*，*S. longifolia*，*Pityophyllum longifolium*，*Sphenolepis kurriana*，*Elatides asiatica*，*Pityostrobus szeianus*，*P.* cf. *dunkeri*，*Marchantites taoshanensis* 等。以真蕨类最繁盛，其次为银杏、松柏和苏铁类，此外尚有苔藓、有节类、开通蕨目及裸子植物的种子等。真蕨类中紫萁科基本消失，海金沙科、里白科、水龙骨科和三叉蕨科等得到广泛发育，苏铁类中的 *Nilssonia sinensis* 数量丰富，分布广泛。银杏类在组合中占有较大比重，以 *Ginkgo*，*Baiera*，*Sphenobaiera* 三属为代表。松柏类以松科的果穗、果鳞、枝叶、种子等为代表。

R-O 植物群中期组合为东北侏罗—白垩纪含煤地层的主要植物群落。省内主要见于东部各盆地的城子河组、穆棱组。

中期组合以常见于俄罗斯西伯利亚及远东、西欧、北美、格陵兰等地早白垩世植物群中的属种为重要组成分子，除银杏类以外，繁盛于侏罗纪的一些种类基本上消失，考虑到在鸡西盆地城子河组已发现最早被子植物化石和早白垩世海相沟鞭藻化石，因此本组合时代置早白垩世早—中期为宜。

④*Neozamites* 植物组合（*Ruffordia-Onychiopsis* 植物群晚期组合）

Neozamites 植物组合属张志诚1986年划分的 *Neozamites-Manica* 植物群早期组合。是适应于干旱环境的植物群，主要见于辽西、内蒙古及我省。

Neozamites 组合在黑龙江省见于东部的东山组，中部的淘淇河组和西部的西岗子组。以真蕨、苏铁、松柏、银杏几大类为主，主要有：*Neozamites* sp.，*N. verchojanensis*，*N. lebedervii*，*N. denticulatus*，*Onychiopsis elongata*，*Acanthopteris gothani*，*Ginkgoites sibirica*，*Gleichenites gieseckianus*，*Otozamites* sp.，*Ruffordia goepperti*，*Czekanowskia setacea*，*Baiera* sp.，*Pterophyllum* sp.，*Nilssonia* sp. 等。

Neozamites 组合在我省其层位多位于 *R*－*O* 植物群中期组合之上，故也属于 *Ruffordia-Onychiopsis* 植物群的晚期组合，其时代置早白垩世晚期为宜。

⑤牡丹江型植物群（*Platanus* 型植物群）

主要分子有：*Platanus* sp.，*P.* cf. *nobilis*，*P.* cf. *cuneibolia* 等，以阔叶悬铃木科为主，均为被子植物，目前仅见于牡丹江盆地沟口猴石沟组。而其它地区猴石沟组则多见 *Ruffordia*－*Onychiopsis* 植物群常见分子。其时代置早白垩世晚期。

菊石

黑龙江省菊石见于凯北群大架山组，龙爪沟群七虎林河组、曙光组、东安镇组，以七虎林河组化石丰富。

Arctocephalites 北极头菊石组合

Arctocephalites 组合仅见于七虎林河组上段，其化石丰富，延伸稳定，在云山、龙爪沟、兴凯、裴德等地均有发现，与海相双壳类相伴，主要有：*Arctocephalites* sp.，*A.*（*Cranocephalites*）*lens*，*A.*（*C.*）*hulinensis*，*A. peideense*，*Paracadoceras* sp.，*Calliphylloceras* sp.，*C. yunshanensis*，*Macrocephalites* sp.，*Lytoceras* sp.，*Morphoceras longzhaogouense*，*Oxycerites yanshanense*。代表分子 *Arctocephalites* 属为侏罗纪北极海区的重要代表，见于格陵兰、加拿大北极区，西伯利亚北部、美国蒙大拿州、阿拉斯加等地区巴通期地层中，其它几属也多见于北极海区巴通期至卡洛期地层中。

海相双壳类

（1）绥滨地区的 *Buchia* 动物群

绥滨地区曙光组上段产有丰富的 *Buchia* 动物群化石，1990年陈金华、黄冠军等以绥滨86-11、79-1钻孔所采 *Buchia*，划分了4个化石带（表10-7，图10-7）。

①*Buchia concentrica* 带（组合带）

该带位于86-11孔690—762 m 深处，仅由 *B. concentrica* 组成，共发现4层，均产于深灰色粉砂岩中。共生的双壳类有：*Meleogrinella* sp.，*Palaeonucula makitonensis*；沟鞭藻 *Gonyaulacysta jurassica* 等。*B. concentrica* 带分布于北方大区的西伯利亚、格陵兰、阿拉斯加、加利福尼亚等地，常共生有 *B. lindstvreni*。一般限于早基末里期，只有在东格陵兰可上延到晚基末里期。

②*Buchia tenuistriata* 带（顶峰带）

该带位于86-11孔642—600 m。与第一带以灰白色细砂岩分界，化石产于深灰色粉砂岩中，共发现9层化石。全由 *B. tenuistriata* 组成，未见其它双壳类。化石数量非常丰富。该带顶部见一菊石层，由王义刚鉴定为 Perisphinctidae gen. et sp. indet.。

B. tenuistriata 是世界上分布很广的带化石，其地质历程较短，一般仅繁盛于基末里期，

从绥滨地区的发育情况看，应属 *B. tenuistriata* 的繁盛期，时代以晚基末里期为主。

表10-7 黑龙江省东部晚侏罗世—早白垩世 *Buchia* 带区域分布及国际对比表

地质时代			西伯利亚北部 Zakharov 1986		东格陵兰 Zakharov 1982	黑龙江省东部		岩石地层单位		说明
						绥滨	东安镇			
早白垩世	凡兰吟期	下		*Buchia keyserlingi*	*B. keyserlingi*		⑦		东安镇组	双壳类 ⑦*B. pacifica* 带 ⑥*B. volgensis-B.* cf. *okensis-B.* cf. *subokensis -B. unschensis* 带 ⑤*B. fischeriana-B. unschensis* 带 ④*B. russiensis-B. fischeriana* 带 ③*B. mosquensis-B. rugosa* 带 ②*B. tenuistriata* 带 ①*Buchia concentrica* 带
				B. inflata	*B. inflata*		⑦			
	贝里阿斯期	上	*B. volgensis*	*B. tolmatschowi*	*B. volgensis*		⑥			
				B. jasikovi	?		⑥			
		下		*B. okensis*	*B. okensis*		⑥	曙光组上部		
				B. unschensis	*B. terebratuloides*		⑤			
晚侏罗世	提塘期	上			*B. unschensis*	④	⑤ ④			
				B. obliqua	*B. fischeriana*	④	④			
		中	*B. mosquensis*	*B. taimyrensis*	*B. russiensis*	④				
				B. russiensis	*B. mosquensis*	③				
		下		*B. rugosa*	?	③				
				B. mosquensis		③			?	
	基末里期	上		*B. tenuistriata*	*B. tenuistriata*	②				
		下		*B. concentrica*	*B. concentrica*	①				
	牛津期	上				①				

③*B. mosquensis-B. rugosa* 带（组合带）

该带位于86-11孔600—512 m。与第二带以灰绿色凝灰岩分界，共发现8层化石，保存于灰黑色粉砂岩及细砂岩中，包括 *Buchia mosquensis*，*B. rugosa*，*B.* ex gr. *russiensis*，*B.* ex gr. *taimyrensis*。其它双壳类有 *Thracia shokawensis*，*Palaeoneilo cuneiformis* 等。在本带中部和上部产菊石 cf. *Styellites* sp.，另在541.80 m 处产沟鞭藻组合 *Amphorula dalicata*。

本带在绥滨地区以 *B. mosquensis* 和 *B. rugosa* 数量为多，前者从本带底部延续到顶部，后者只限于下部。*B. mosquensis* 见于西伯利亚北部、东北亚、东格陵兰、阿拉斯加、加拿大北极区等；*B. rugosa* 主要见于西伯利亚北部、阿拉斯加、东北亚、西欧等地；*B. russiensis*.，*B. taimyrensis* 主要见于前苏联、欧洲西部和北部，时代为早—中提塘期。

④*B. fischeriana* 带（*B. russiensis* - *B. fischeriana* 组合带）

该带位于79-1孔441 m，相当86-11孔的435 m，距 *B. mosquensis-B. rugosa* 带顶部约77 m。由 *Buchia fischeriana* 构成，共生的双壳类有 *Palaeoneilo* cf. *longzhaogouensis* 等。*B. fischeriana* 是北方大区的常见种，繁盛于晚提塘期，在绥滨地区，此种在一块标本可见11个个体，表明当时已较繁盛，因此时代为晚提塘期。

（2）东安镇地区的 *Buchia* 动物群

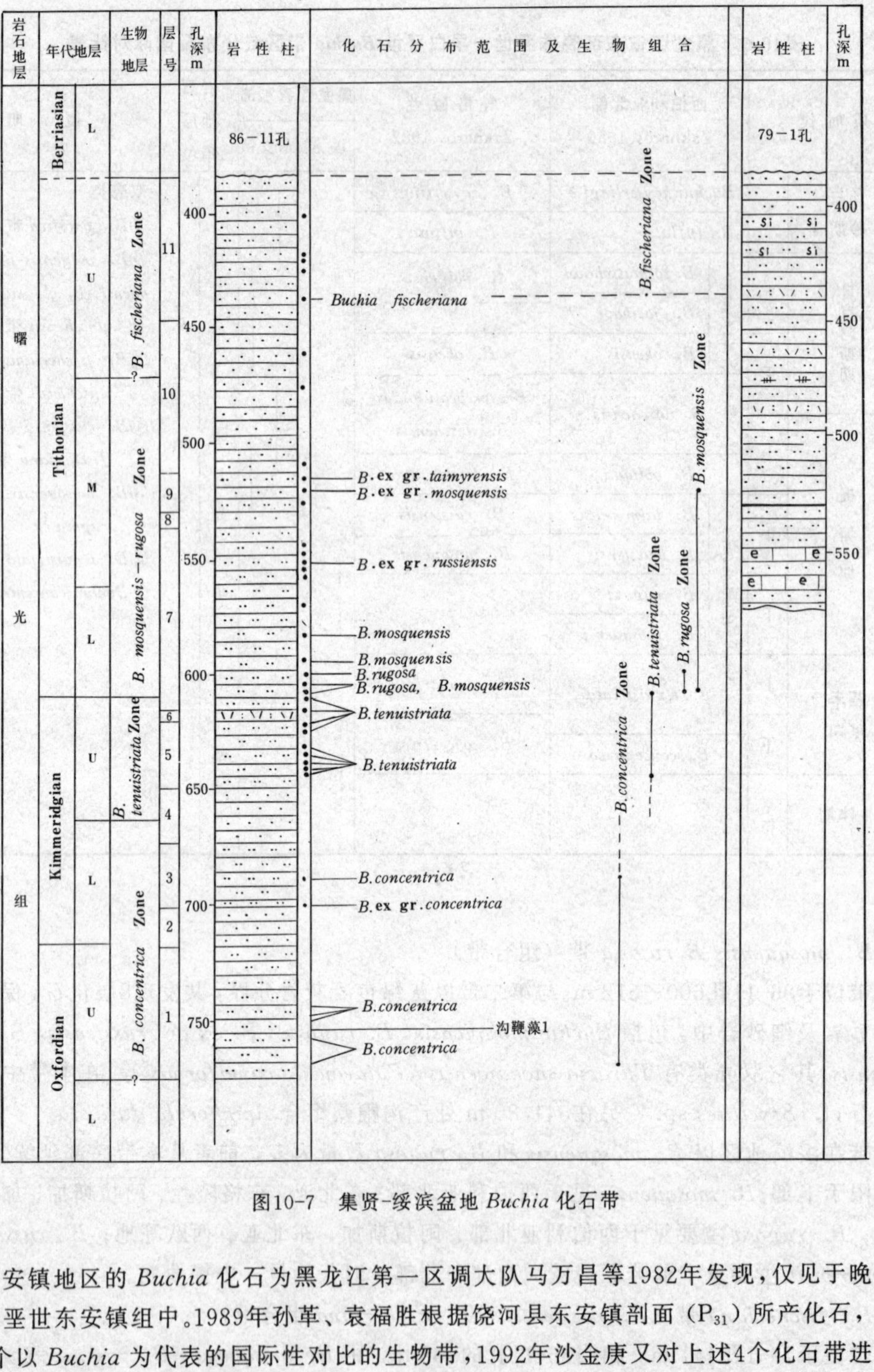

图10-7　集贤-绥滨盆地 *Buchia* 化石带

东安镇地区的 *Buchia* 化石为黑龙江第一区调大队马万昌等1982年发现，仅见于晚侏罗世至早白垩世东安镇组中。1989年孙革、袁福胜根据饶河县东安镇剖面（P_{31}）所产化石，初步建立了4个以 *Buchia* 为代表的国际性对比的生物带，1992年沙金庚又对上述4个化石带进行了修订，化石内容基本一致，但层位对比有分歧。本次对比研究采用沙金庚的对比方案（表10-7）。现由老至新介绍如下：

①*B. russiensis-B. fischeriana* 组合带（B_4带）

位于 P_{31}剖面最底部，厚约20 m。除两个指引种，还包括 *B.* ex gr. *unschensis*，顶部偶产

B. unschensis, *B. donganensis*, *Palaeoneilo* sp., *Thracia*? sp. 等。化石主要有3层，产于灰黑色轻微变质泥质细砂粉砂岩和含细砂粉砂质泥岩中。*B. russiensis* 和 *B. fischeriana* 在北方域和特提斯域都有分布，但在北方域中更常见。本带中未见 *B. mosquensis*，时代应为中—晚提塘期。

②*B. fischeriana*-*B. unschensis* 组合带（B_5带）

位于 P_{31}剖面 B_4带之上，厚约10 m。由 *B. fischeriana*, *B. unschensis*, *B.* ex gr. *unschensis*, *B. terebratuloides*, *B. donganensis* 组成。化石共一层，保存于黑灰色含细砂粉砂质泥岩中，其下界为 *B. russiensis* 的消失，上界紧挨 B_4带底界。在北方域，*B. fischeriana*-*B. unschensis* 带中常有 *B. terebratuloides*，其时代被认为接近侏罗-白垩纪界线。

③*B. volgensis*-*B.* cf. *okensis*-*B.* cf. *subokensis*-*B. unschensis* 组合带（B_6带）

该带位于 B_5带之上，厚约75 m，由 *B. volgensis*, *B.* cf. *subokensis*, *B.* cf. *okensis*, *B. unschensis*, *B.* aff. *fischeriana*, *B. donganensis* 等组成，化石共2层，保存于灰黑色变质细砂粉砂质泥岩中，其它双壳类有 *Palaeonucula* sp., *Palaeoneilo* sp. 等 *B. okensis* 一般被视为白垩纪开始的标志，*B. volgensis* 广布于北方域和特提斯域，最低层位常与 *B. okensis* 带接近。

④*B. pacifica* 带 （B_7 带）

该带仅据一块产于 B_6带之上约300 m 处的 *B. pacifica* 标本而定。未见其它化石与之共生。*B. pacifica* 分布于北太平洋区不列颠、哥伦比亚、加利福尼亚北部等地，位于 *B. tolmatschowi* 带之上，与西伯利亚北部的 *B. inflata* 带层位相同。时代为早—中凡兰吟期。

(3) 勃利盆地的双壳类组合

勃利盆地中—晚侏罗世海相双壳类十分发育，已描述约16超科、24科、37属、160余种，做过系统生物地层工作的主要有顾知微、李子舜、于希汉和曲关生等。前者划分了3个组合和3个亚组合，后者划分了7个组合。考虑到前者资料比较系统，影响较大，暂采用前者的划分方案。①

①*Mesosaccella morrisi*-*Entolium demissum* 组合（组合带）

以栗蛤超科、似栗蛤超科、壳菜蛤超科、翼蛤超科和花蛤超科为主，共约50多个种。包括曲关生所划分的 *Astarte* (*A.*) cf. *nummus*-*Entolium* cf. *demissum*-*Palaeoneilo* cf. *amygdala*-*Palaeonucula makitoensis* 组合，主要有：*Nuculana* cf. *maga*, *N. nina*, *Palaeonucula cuneiformis*, *P. peideensis*, *Palaeoneilo indicus*, *P.* cf. *amygdala*, *P. yunshanensis*, *Nuculana* (*Jupiteria*) *acuminata*, *N.* (*Praesaccella*) *longzhaogouensis*, *N.* (*P.*) *yatsushiroensis*, *Mesosaccella longa*, *M. morrisi*, *Musculus*? *czekanowskii*, *Meleagrinella* cf. *ovalis*, *Entolium* cf. *demissum*, *E. disciforme*, *E. extensum*, *E. peideense*, *Camptonectes* (*Boreionectes*)? *minutus*, *C.* (*B.*) *wandaensis*, *Astarte* (*Astarte*) *costata*, *A.* (*A.*) *extensa*, *A.* (*A.*) aff. *girardoti*, *A.* (*A.*) cf. *morini*, *Astartoides*? *quadratus*, *Thracia scythica*, *Goniomya* cf. *literata*, *G. peideensis*, *Corbula* cf. *involuta*, *Liostrea* cf. *plastica* 等。与其伴生的其它门类生物有菊石、腹足类。产于七虎林河组和红星城组，化石赋存于泥岩及粉砂岩中，为远岸浅海群体。

本组合化石分布广泛，主要见于云山、龙爪沟、兴凯、裴德及小北沟等地，与俄罗斯布列亚盆地巴通期至卡洛期双壳类组合特征相近，其分子多为广布于欧亚的种类，同时也含有

---

① 据苏德英面告，顾知微、李子舜、于希汉将龙爪沟群及鸡西群过去发表的双壳类化石名单的200多种，全部重新鉴定，其时代由过去的中—晚侏罗世变为早白垩世中晚期，我们考虑到原名单与其它门类生物反映的时代基本吻合，仍用原名单。

日本外带和英国东南部大鲕状灰岩、森林大理岩中的一些分子，时限以巴通期至卡洛期为宜，与菊石的时代吻合。

②*Isognomon*（*I.*）*isognomonoides-Camptonectes*（*C.*）*shuguangensis* 组合（组合带）

以壳菜蛤超科的 *Mytilus*, *Modiolus*；海扇超科的 *Camptonectes*；锉蛤超科的 *Plagiostoma*；翼蛤超科的 *Isognomon*，*Aguilerella*；牡蛎超科的 *Deltoideum*，*Liostrea*；花蛤超科的 *Astarte* 等最为繁盛，此外尚有少量栉齿亚纲的 *Palaeonucula* 及 *Trigonucula*；翼蛤形亚纲的 *Lima*，*Limatula*，*Oxytoma* 及异齿亚纲的 *Arctica*，*Tancredia* 等，总计约近百个种。主要有：*Camptonectes* (*Camptonectes*)? *convexus*, *C.*（*C.*）*longtouensis*, *C.*（*C.*）*laminatus*, *C.*（*C.*）*lens*, *Mytilus* cf. *sublaevis*, *Modiolus ungulatus*, *Aguilerella kobyi*, *A. longtouensis*, *A. trigoni*, *Isognomon* (*Isognomon*) *bergeroni*, *I.* (*I.*) cf. *isognomonoides*, *I.* (*I.*) aff. *promytiloides*, *I.* (*I.*) *subrugosa*, *I.*（*Mytiloperna*）*dahuashuensis*, *I.*（*M.*）*flabelliforme*, *Nanogyra* cf. *nana*, *Palaeonucula makitonensis*, *Trigonucula yunshanensis*, *Plagiostoma baoqingensis*, *P. tenuissina*, *Arctica yunshanensis*, *Hartwellia*（*Hartwellia*）*minor*, *H.*（*H.*）*yunshanensis*, *Sinopsammobia ovalis*, *S. longzhaogouensis*, *Tancredia* sp., *Astarte*（*Astarte*）*dahuashuensis*, *A.*（*A.*）*diphorme*, *A.*（*A.*）*magna*, *Corbula* cf. *attenuata*, *C. longata*, *C. nana*, *C. dahuashuensis*, *Thracia* aff. *fukushimensis*, *T. orbiculata*, *T. shokawensis*, *Oxytoma inaequivalvis*, *Pachymya*（*Arcomya*）*longzhaogouensis*, *Deltoideum delta*, *Liostrea* aff. *caprina*, *L.* aff. *eduliformis*, *L. shuguangensis*。属滨海到浅海相群体，伴生有腕足类、介形虫、腹足类等海相动物及植物化石。产于曙光组下段及上段下部，化石主要保存于灰黄色、灰黑色粉砂岩、粉砂质泥岩及细砂岩中。其分布比较广泛，自煤窑西山、青年水库、珠山至云山水库以北，曙光组都有本组合分子。根据化石特征和沉积相的不同，可进一步划分为3个亚组合：(a) *Liostrea eduliformis-Isognomon*（*I.*）*longtouensis* 亚组合，为滨海相群体；(b) *Thracia shokawensis-Hartwellia*（*H.*）*yunshanensis* 亚组合，为浅海相群体；(c) *Corbula attenuata-Camptonectes*（*C.*）*laminatus* 亚组合，为滨海相群体。

本组合主要分子多见于西欧、北欧、俄罗斯等地卡洛期至牛津期地层中，同时也遗留相当数量的中侏罗世早—中期的老种和欧亚牛津期至提塘期的种类。

③*Sinopsammobia-Arcomya* 组合

主要由翼蛤形亚纲的 *Mytilus*, *Modiolus*, *Isognomon*, *Camptonectes*, *Pachymya* 和异齿亚纲的 *Astarte*, *Sinopsammobia* 等组成，约二十多个种，主要有：*Mytilus longzhaogouensis*, *M.* cf. *binficldi*, *M.* cf. *varians*, *Modiolus dahuashuensis*, *M. imbricatus*, *Isognomon* (*Mytiloperna*) *longtouensis*, *Camptonectes* (*Camptonectes*) *lens*, *C.*（*C.*）*yonghongensis*, *Deltoideum delta*, *Astarte* (*Astarte*) cf. *supraextensa*, *A.*（*A.*）*mishanensis*, *A.*（*A.*）*yunshanensis*, *Pachymya* (*Arcomya*) *chinensis*, *P.*（*A.*）*longzhaogouensis*, *Thracia* cf. *incerta*, *Sinopsammobia ovalis*, *S. longzhaogouensis* 等。与其共生的有腹足类、介形虫及植物化石等，属滨海相生物群体。产于曙光组上段中上部，化石保存于灰黑色粉砂质泥岩中，见于勃利盆地青龙山至云山、鸡西盆地石河北等地。

本组合以地方种为主，区域分布较广泛的有 *Deltoideum delta*, *Modiolus imbricatus* 等，前者广泛见于欧亚牛津期至基末里期，后者主要见于法国基末里期，其时代以基末里期为主。

非海相双壳类

共划分2个组合，均由黑龙江省地层清理小组（1994）创建。

①*Margaritifera-Ferganoconcha* 组合

本组合为我国中侏罗世淡水双壳类 *Lamprotula*（*Eolamprotula*）*cremeri-Pseudocardinia kweichouensis* 化石群的主要组合，主要有：*Margaritifera* sp.，*M. isfarensis*，*M.*（*Margaritanopsis*?）*walaganensis*，*Ferganoconcha subcentralis*，*F. sibiriconcha*，*F.* cf. *sibiriconcha*，*F. curta*，*F. liaoxiensis*，*F. kaikukangensis*，*Unio* sp.，*Unio*（?）sp.，*Pseudocardinia*? *jenisaica*，*P.* spp.，*Tutuella* sp.，等。以 *Margaritifera*，*Ferganoconcha* 两属最发育，伴生有腹足类、叶肢介及植物化石等。主要见于上黑龙江坳陷的二十二站、瓦拉干三连、马林西沟林场、小根河、大鱼翁河口等地的二十二站组、漠河组中，时代为中侏罗世。

②*Ferganoconcha-Unio* 组合

本组合化石属种不多，主要为 *Ferganoconcha* 及 *Unio* 两属的分子，主要有：*Fergonoconoha* sp.，*F. elongata*，*F.* cf. *sibirica*，*F. curta*，*F. subcentralis*，*F. sibirica*，*Unio* sp.，*U. grabaui*，*U.* cf. *obrutschewi*，*U.* cf. *menkei*，*U.* cf. *ogamigoensis*，*Protocyprina naumanni.*，*Tetoria* cf. *yokoyamai* 等，与其伴生的有腹足类及植物化石。主要见于鸡西、勃利、双鸭山、集贤盆地的城子河组下部，化石多赋存于煤层附近的暗色泥岩、粉砂岩中。时代为早白垩世，但可能下延至晚侏罗世。

沟鞭藻类

①*Gonyaulacysta jurassica* 顶峰带

该带为孙学坤、何承全1992年创建，仅见于绥滨地区龙爪沟群曙光组上段。位于绥滨86-11孔754—755 m 深处。化石仅见一层，保存于深灰色粉砂岩中，与其共生的有双壳类同心雏蛤带。

该带以膝沟囊藻科的囊孢占绝对优势为特征，其中 *G. jurassica* 的囊孢极为丰富，约占组合的95％。除 *G. jurassica* 外，膝沟囊藻科的分子还有 *G. helicoidea*，*G. dualis*，*G.* sp.，*Occisucysta elongata*，*Rigaudella aemula* 等。此外还有阿普第藻科的 *Chytroeisphaeridia suibinensis*，*Trichodinium castanea*，*Apteodinium frontierense*，*A.* sp. 1，*A.* sp. 2，Endoscriniaceae 科的 *Tubotuberella* sp.，*Scriniodinium*sp.。

G. jurassica 是西欧、北美牛津阶和加拿大东南部牛津阶至基末利阶下部的带化石；*G. dualis* 被认为是划分牛津阶早、晚期的重要分子，根据 *G. jurassica* 的地史分布及丰度变化，结合 *G. dualis* 出现的最低层位，本带以晚牛津期至早基末利期为宜，与共生的 *Buchia concentrica* 带时代吻合。

②*Amphorula delicata* 组合带

该带为孙学坤、何承全1992年创建。仅见于绥滨地区曙光组上段，位于绥滨86-11孔543.8 m深处。化石保存于深灰色粉砂岩中，仅见一层，与其共生的有俄罗斯皱蛤类群。

该带属种单调，囊孢数量较少，由 *Amphorula delicata*，*A.* sp. 和 *Gonyaulacysta jurassica*，*Endoscrinium galeritum* 等组成，以 *Amphorula* 属囊孢数量占优势，*Gonyaulacysta jurassica* 丰度极度减少，*Endoscrinium galeritum* 也为数甚少。

Amphorula 属分布于欧洲基末利阶至贝里阿斯阶下部，*A. delicata* 见于加拿大纽芬兰地区提塘阶至贝里阿斯阶下部；*Gonyaulacysta jurassica* 灭绝于提塘阶。

综上所述，该带属种虽然不多，但始于提塘阶的有1种，灭绝于提塘阶的有1种，其时代以提塘期为宜。这与其层位相同的双壳类 *Buchia* 带所指示的时代相吻合。

③*Pareodinia-Gonyaulacysta-Hystrichogonyaulax* 组合带

该带为余静贤1982年创建。仅见于绥滨地区曙光组上段，位于绥滨79-1孔530—570 m深处，化石保存于灰色细砂岩和灰黑色粉砂岩中，并见有海相双壳类化石。该带最显著的特点是以近似孢囊的沟鞭藻占绝对优势，有 *Gonyaulacysta longicornis*，*G. granuligera*，cf. *G. microceras*，*G. strigosa*，*G. forulata*，*G. membranea*，*G.* sp. 等。芋头藻属种占第二位，除 *Pareodinia ceratophora* 外，还有 *P. rostrata*，*P. elongata*，*P. minima* 等新种。莱托藻和阿普第藻数量不多，但出现频率高，有 *Leptodinium* cf. *eumorphum*，*L. hyalodermopsis*，*L.* cf. *crassinervum*，*Apteodinium* cf. *nuciformis*，*A. reticulatum* 等。近似刺状孢囊的 *Hystrichogonyaulax cladophora* 分布较广。

该带以常见于欧洲、北美的晚侏罗世分子为主，但兼有早白垩世分子。前者如 *G. longicornis*，*G. granuligera*，*Hystrichogonyaulax cladophora*，*Scriniodinium campanulum*，*Apteodinium* cf. *nuciformis*，*Tubotuberella* cf. *rhombiformis*，*Leptodinium* cf. *eumorphum* 等，后者如 *Dingodinium albertii*，*Meiourogonyaulax* cf. *amlasis*，*Psaligonyaulax* cf. *apatela*，*Canningia* cf. *palliata*，*C. turrita* 等。基于上述原因余静贤将其时代定为晚侏罗世至早白垩世早期。本次对比研究考虑到其上的双壳类 *Buchia fischeriana* 带最晚可至提塘晚期，所以将时代定为晚侏罗世晚期。

④*Oligosphaeridium*-*Chlamydophorella*-*Subtilisphaera* 组合带

该带为余静贤1982年创建，位于绥滨79-1孔410—530 m深处。化石保存于灰黑色硅质粉砂岩及灰色细砂岩中，夹层中见海相双壳类化石。其特征是在前一组合带中零星出现的刺孢囊此时繁盛，尤以稀管藻为最，计有：*Oligosphaeridium albertense*，*O. pulcherrimum*，*O. complex*，*O. anthophorum*，*O.* cf. *prolixispinosum*，*O. dispare*，*O. perforatum* 等；在前一组合带中繁盛的近似孢囊类绝大多数属种在此消失，为新的类型取代，如 *Gonyaulacysta helicoidea*，*G.* cf. *cretacea*，*Phoberocysta* cf. *neocomica*，*Occisucysta*，*Palaeoperidinium* cf. *cretaceum*，*Spongodinium* cf. *delitiense*，*Aprobolocysta arguta*，*Protoellipsodinium verrucosum* 等；由前一组合带延续到本带下部的属种有 *Meiourogonyaulax amlasis*，*Hystrichogonyaulax cladophora*。

该带以繁盛于欧洲、北美白垩纪分子为主，且多为早中期的重要属种，晚侏罗世的属种只个别地残存于下部。因该带中上部产双壳类化石 *Buchia fischeriana*，为加拿大、东格陵兰贝里阿斯期早期带化石，故时代以早白垩世早期为宜。

⑤*Muderongia*-*Palaeoperidium*-*Oligosphaeridium* 组合（暂名）

该组合根据孙学坤、何承全所发表的鉴定名单由黑龙江省地层清理小组（1994）划分，主要见于鸡西盆地城子河组下部和龙爪沟群曙光组上段。主要有：*Muderongia tetracantha*，*M. testudinaria*，*M. australis*，*M. mcwhaei*，*M.* sp.，*Palaeoperidium cretaceum*，*Oligosphaeridium complex*，*Canningia pistica*，*Cleistosphaeridium* sp 等15属10种。

Oligosphaeridium complex 在欧洲、北美白垩纪地层中分布十分广泛，是英国东部凡兰吟—欧特里夫早期的典型代表。*Palaeoperidium cretaceum* 广泛分布于欧洲、非洲、印度、北美的欧特里夫—赛诺曼期地层中，但以早白垩世地层中更为普遍。据鉴定者意见，均属早白垩世特别是凡兰吟期—欧特里夫期的常见属种，故其时代置早白垩世凡兰吟期—欧特里夫期为宜，其下限可能与 *Oligosphaeridium*-*Chlamydophorella*-*Subtilisphaera* 组合带上限有部分重叠。

介形虫（海相至半咸水类型）

晚侏罗世至早白垩世海相至半咸水相介形虫化石主要分布于黑龙江省东部的龙爪沟群，

1982年，张立君研究了永红煤矿南山剖面（组合1)、云山剖面（组合2)、二龙山剖面（组合3）的介形虫化石9属10种和6个未定种，建立了3个组合。

①*Protocythere ruidireticulata-Galliaecytheridea elegans-Mandelstamia truncata* 组合

产于永红煤矿及云山等地龙爪沟群曙光组上段下部的黑色泥岩中，见两个介形虫化石层，下层产正常海相介形虫 *Protocythere ruidireticulata*，*P. yunshanensis*，*Galliaecytheridea elegans*，*G. postspinosa*，*G. obtusovata*，*Mandelstamia longzhaogouensis*，*M. truncata*，*M. unispinosa*，*M. acuta*，*Paracypris* sp. 等，上层在煤层附近，产微淡化近海相介形虫化石 *Galliaecytheridea ovatiformis*，*G.* sp.，*Monoceratina*?sp.，*Scabriculocypris retina*。主要依据正常海相介形虫化石建立组合。

该组合以 *Protocythere*，*Galliaecytheridea* 和 *Mandelstamia* 三属的分子为主。*Protocythere* 属地理分布较广，在亚洲、欧洲和北美洲均可见及，其地史分布为晚侏罗世至早白垩世，以早白垩世为其繁盛期。*Galliaecytheridea* 属在中侏罗世至早白垩世均有分布，以晚侏罗世最繁盛。*Mandelstamia* 属自侏罗纪至早白垩世均有分布，以基末利期较繁盛。根据三属的地史分布，其时代置晚侏罗世中晚期为宜。

②*Scabriculocypris obtusispina-Mandelstamia triangulata* 组合

属海陆过渡半咸水相，主要产于云山、永红煤矿、龙爪沟等地曙光组上段中部。由 *Scabriculocypris obtusispina*，*S.* aff. *cerastes*，*S. postideclivis*，*S.* ex gr. *trapezoides*，*Mandelstamia triangulata*，*M. longzhaogouensis*，*M.* sp.，*Cypridea* sp. 等组成。

Scabriculocypris 属从晚侏罗世至早白垩世均有分布，以晚侏罗世晚期最为繁盛。时代置晚侏罗世晚期为宜。

③*Cypridea-Scabriculocypris-Vlakomia-Galliaecytheridea* 组合

属海陆过渡半咸水相。主要产于密山市二龙山林场及勃利县青龙山等地曙光组上段上部，计有 *Cypridea* sp.，*Scabriculocypris* aff. *cerastes*，*Mantelliana mishanensis*，*M.* sp.，*Vlakomia pristina*，*Galliaecytheridea* sp. 等。

Cypridea 属的时限为晚侏罗世至早第三纪初；*Mantelliana* 属的时限为晚侏罗世提塘期至早白垩世巴雷姆期；*Vlakomia* 属在前苏联南滨海省和我国吉林省均产于白垩纪非海相地层中。该组合具有欧洲波倍克层介形虫动物群色彩，时代为早白垩世早期为宜。

腕足类

腕足类化石目前仅发现于虎林县永红煤矿南山龙爪沟群曙光组，产于上段下部黑色泥岩中，与其伴生的有双壳类、掘足类、介形虫等。经李莉、古峰等研究约9属15目，均属小嘴贝超科。曲关生等1984年将其划为 *Parvirhynchia bella-Kallirhynchia namtuensis* 组合，以 *Septaliphoria*，*Thurmannella*，*Daghanirhynchia*，*Kallirhynchia*，*Yunshanella* 等属为主，主要有 *Septaliphoria hulinensis*，*S. yunshanensis*，*Monticlarella rectoumbonata*，*Rhynchonelloidella yunshanensis*，*Kallirhynchia yunshanensis*，*K. namtuensis*，*K. parva*，*Daghanirhynchia daghaniensis*，*D. expitiata*，*Thurmannella yunshanensis*，*T. acris*，*T. apta*。

该组合虽然以地方种为主，但主要属均为晚侏罗世，系世界范围的常见重要类群，其时代为晚侏罗世。

早白垩世中晚期—晚白垩世

孢粉

产于海浪组，大庆油田开发研究院（1982）依据三江盆地东基一、二、三井资料，划分了下、中、上3个组合：

下部组合（A）以蕨类孢子为主，占42%～68%，裸子植物花粉次之，占32%～53%，被子植物花粉占0～5%。主要分子有：*Lycopodiumsporites*，*Cyathidites*，*Schizaeoisporites*，*Cicatricosisporites*，*Lygodiumsporites*，*Plicatella*，*Gleicheniidites*，*Leiotriletes*，Pinaceae，Taxodiaceae，Cupressaceae，*Tricolporopollenites* 等，以早白垩世中晚期类型为主，大致相当松辽盆地登楼库组—泉头组孢粉组合。

中部组合（B）以裸子植物花粉为主，约占73%～79%，蕨类孢子占3%～19%，被子植物花粉占0～20%。主要分子有：*Cyathidites*，*Cicatricosisporites*，*Gleicheniidites*，*Bennettites*，Pinaceae，*Pinuspollenites*，*Taxodiaceaepollenites*，*Inaperturopollenites*，*Aquilapollenites*，*Tricolpites*，*Tricolporopollenites* 等。总的面貌为晚白垩世早期特点，可与松辽盆地嫩江组大致对比。

上部组合（C）裸子植物花粉占19%～60%，蕨类孢子占22%～50%，被子植物花粉占7%～22%。主要分子有：*Leiotriletes*，*Cyathidites*，*Schizaeoisporites*，*Plicatella*，*Cicatricosisporites*，*Polypodiaceaesporites*，*Ginkgo*，*Cedripites*，*Piceapollenites*，*Pinuspollenites*，*Taxodiaceaepollenites*，*Inaperturopollenites*，*Aquilapollenites*，*Triporopollenites*，*Tricolpites*，*Tricolporopollenites*，*Proteacidites*，*Gothanipollis* 等。总的面貌为晚白垩世晚期特点，可与松辽盆地四方台组、明水组孢粉组合大致对比。

叶肢介

Tylestheria cf. *shanhoensis*-*Estherites mitsuishii* 组合

本组合系黑龙江省地层清理小组(1994)创建，共5属4种5未定种，主要有：*Estherites mitsuishii*，*E. liushiensis*，*E.* sp.，*Halysestheria yui*，*H.* sp.，*Tylestheria* cf. *shanhoensis*，*T.* sp.，*Calestheria* sp.，等。

本组合见于牡丹江盆地海浪组杂色岩段下部泥岩中，多为松辽盆地叶肢介组合带5—7中的主要分子。

（二）年代地层归属

根据目前的研究程度本区尚不具备建立年代地层单位的条件，仅根据同位素年龄及古生物资料对所属地层作以年代归属，以便于大区域对比及地层格架讨论。

二浪河组全岩 K－Ar 法同位素年龄值分别为176.9、180、187.91 Ma，大架山组 Rb－Sr 等时线同位素年龄值为182、188 Ma，从年龄值的范围看，相当于早侏罗世晚期托尔期。

大架山组中部产丰富的 *Otapiria* 属化石，该属系 Manwick（1935）根据产于新西兰下侏罗统下部的 *Psudomonotis marshalli* 而建立的，至今已发现十多种，除已知晚三叠世的 *O. ussuriensis*（俄罗斯远东及北部）和 *O. dissimilis*（新西兰），早—中侏罗世的 *O. tailleuri*（美国阿拉斯加）及晚侏罗世的 *O. mosoni*（新西兰）外，其它各种均产于早侏罗世早期，而这些种多见于大架山地区 *Otapiria* 顶峰带中；大架山组上部及白鹤山组所产 *P*－*L*－*N* 双壳类组合，其中 *Nuculana* (*Jupiteria*) *acuminata* 常见于俄罗斯远东及北部地区早侏罗世至中侏罗世早期地层，亦见于龙爪沟群七虎林河组，*Lima parva* 见于俄罗斯北部地区早侏罗世早期地层，*Propeamussium olenekense* 见于俄罗斯远东中侏罗世早期地层。根据同位素年龄资料及已知古生物属种的地史分布，共时限大体相当普林斯巴期至托尔期，其中白鹤山组有可能跨阿林期。

裴德组根据同位素年龄值（162.3～173.8 Ma）、所产植物化石组合及其上菊石层的时代，应属中侏罗统巴柔阶，与其位置相当的有南大塔山组（167 Ma）、太安屯组及西部的七林河组和绣峰组，其中太安屯组下限可能延至阿林阶。

七虎林河组产有北极海区巴通期菊石，双壳类组合为巴通至卡洛期，Rb－Sr等时线同位素年龄值为157.57 Ma，应属巴通阶，但上限可能进入卡洛阶下部，与其位置相当的有西部的二十二站组。

红星城组与七虎林河组为连续沉积，双壳类组合相同，可置卡洛阶，与其位置相当的有西部的漠河组。

滴道组、朝阳组同位素年龄值为142～160.5 Ma，滴道组古地磁极性地层位置相当基末里阶，综合考虑置牛津阶。西部的塔木兰沟组省内同位素年龄值为151～162 Ma，沈阳地质矿产研究所在根河一带所得同位素年龄值为135.9～153 Ma，而在大兴安岭火山岩主要剖面采集的47个全岩样品和2个单矿物样品经最小二乘法处理，得出两组数据，一组为t＝144.5±8.1Ma；另一组为t＝110.04±7.41Ma；前者即相当塔木兰沟组年龄，所以塔木兰沟组相当牛津阶，与滴道组位置相同。

西部的白音高老组同位素年龄值省内为140～153 Ma，所产叶肢介*J－K*组合时代属晚侏罗世，综合考虑以相当基末里至提塘阶为宜。帽儿山组同位素年龄值为145 Ma±，与其位置基本相同。

曙光组根据双壳类、沟鞭藻、介形虫等门类的时代意见，在勃利盆地相当基末利至提塘阶，在鸡西、绥滨盆地可至贝里阿斯阶。

东安镇组根据双壳类时代意见，可置上侏罗统提塘阶至下白垩统凡兰吟阶。

西部的龙江组根据同位素年龄值121～137 Ma，为贝里阿斯阶，光华组根据同位素年龄值及所产叶肢介组合，相当凡兰吟阶，本区板子房组（同位素年龄值129 Ma）和宁远村组（同位素年龄值102～126 Ma），分别与龙江组和光华组位置相当。

城子河组根据所产沟鞭藻、孢粉、植物化石及同位素年龄值（144 Ma，局部砾岩），相当于贝里阿斯阶至欧特里夫阶，建兴组及西部的九峰山组与其上部位置相当。

穆棱组根据植物、孢粉组合及磁性地层特征，相当巴雷姆阶。甘河组根据同位素年龄值（88～119 Ma）及层位，亦相当巴雷姆阶。

东山组根据同位素年龄值（97.4～113.9 Ma）、磁性地层特点及孢粉、植物化石组合及鱼化石相当阿普特阶，但其上限有可能延入阿尔布阶下部。与其层位相当的有皮克山组（同位素年龄值102～104.5 Ma）、永青组、淘淇河组和西部的西岗子组。

猴石沟组根据双壳类组合及牡丹江型植物群暂放阿尔布阶至赛诺曼阶，与松辽盆地登楼库组至青山口组对比。海浪组根据孢粉组合及叶肢介化石暂放土仑阶至坎潘阶，与松辽盆地姚家组至四方台组对比。由于桦山群为一系列山间盆地型沉积，组的穿时特点表现较明显，如海浪组在牡丹江盆地层位相当姚家组至嫩江组，而在三江盆地其上部层位可达四方台组至明水组。

福民河组、松木河组、大塔山林场组同位素年龄值均在66～92 Ma之间，以72～80 Ma为主，据此暂将这三个组置于晚白垩世三冬期至坎潘期。

（三）地层多重划分对比讨论

1.凯北群与生物地层关系

在大架山地区包括2个带（组合带）赋存于大架山组和白鹤山组之中，其中*Otapiria*顶峰带主要限于大架山组中部，而*P-L-N*组合带则见于大架山组上部及白鹤山组。从延展情况看，由大架山向西至云山一带，下部大架山组未见出露，上部白鹤山组基本保持了其岩石组合特征，但其中的生物组合已发生了变化，同大架山地区比较，云山剖面的白鹤山组既含有大量

Otapiria 属的成分，又有大量 *P-L-N* 组合带的分子，即两个生物带的分子有混生现象，同时也反映了 *Otapiria* 属可以从瑞替期延续到托尔期。

2. 龙爪沟群与生物地层关系（表10-4）

龙爪沟群根据其所含生物特征的不同，共划分出24个组合带或组合，涉及植物、沟鞭藻、双壳类、菊石、腕足类、腹足类、介形虫等八个门类。

植物包括2个组合带：*Coniopteris-Phoenicopsis* 植物群晚期组合和 *Ruffordia-Onychiopsis* 植物群早期组合，其时空范围比岩石地层单位的组大，在龙爪沟 群前者层位属裴德组至红星城组，后者属朝阳组至曙光组，相当龙爪沟群的上下亚群，这反映岩石地层单位和生物地层单位在大的时限阶段上是统一的。

双壳类为龙爪沟群比较发育的生物门类，共划分出组合带11个，其中 *Mesosaccella morrisi-Entolium demissum* 组合带层位属七虎林河组至红星城组；*Isognomon*（*I.*）*isognomonoides-Camptonectes*（*C.*）*shuguangensis* 组合带层位主要属曙光组下段；*Sinopsammobia-Arcomya* 组合带层位属曙光组上段，这3个组合带的空间分布，限于龙爪沟群，岩相变化对其有明显影响，因此其界线与岩石地层单位的组、段界线基本一致，对组、段的划分及时代的确定都具有重要意义。还有8个双壳类生物带是根据雏蛤的一些典型种划分的，其中4个带属绥滨地区曙光组上段，由下至上为：*Buchia concentrica* 组合带，*B. tenuistriata* 顶峰带，*B. mosquensis-B. rugosa* 组合带，*B. fischeriana* 带。另4个带属东安镇组，自下而上为：*B. russiensis-B. fischeriana* 组合带，*B. fischeriana-B. unschensis* 组合带，*B. volgensis-B.* cf. *okensis-B.* cf. *subokensis-B. unschensis* 组合带，*B. pacifica* 带。这些生物带基本限于一个组或段内，在区内未见其延展，时空关系尚不清楚，但其多属洲际生物地层单位的典型属种，对年代地层归属是十分重要的。

菊石称 *Arctocephalites* 组合，层位属七虎林河组上部，二者在时空分布上基本一致。由于 *Arctocephalites* 为北极海区巴通期的重要化石，因此对七虎林河组及龙爪沟群的年代地层研究及洲际地层对比都是十分重要的。

介形虫包括3个组合带，沟鞭藻包括4个组合带，均属曙光组上段，其延展虽然不如岩石地层单位广，但对于岩石地层单位的时代确定和岩相古地理恢复都是很重要的。

通过生物地层单位与岩石地层单位关系研究有助于发现组的穿时现象。如曙光组上段在勃利盆地生物所反映的时代（双壳类：基末利期，介形虫：贝里阿斯期）普遍较鸡西和绥滨盆地偏老（双壳类：晚提塘期，沟鞭藻：凡兰吟期）反映了由东向西，曙光组时代逐渐偏新的穿时现象。

3. 鸡西群与生物地层和磁性地层关系（表10-4）

包括7个生物地层单位，涉及植物、孢粉、淡水双壳类和沟鞭藻几个门类，2个磁性地层单位。

植物包括3个组合，*Ruffordia-Onychiopsis* 植物群早期组合、中期组合和晚期组合（相当于张志诚1986年命名的 *Neozamites-Manica* 植物群早期组合）。其层位分别属滴道组、城子河组至穆棱组和东山组。植物组合的时空范围大于鸡西群，但在时限的阶段上基本一致。如早、晚火山活动期和中期的成煤期分别与不同的植物组合相对应。孢粉3个组合带分属城子河组、穆棱组和东山组。沟鞭藻 I 个组合见于城子河组下部，因受样品采集程度所限，其与岩石地层单位的时空关系尚难论述。

磁性地层单位根据沈阳地质矿产研究所刘海山等在勃利盆地的测试结果，参照哈兰德中生代事件—磁性地层表所划分，包括2个超时：自滴道组至城子河组中部以正、反极性交替为特点，属侏罗纪—白垩纪混合极性超时（JK—M）（118～165 Ma）；城子河组上部至猴石沟组（中间有段极性不清）基本为正极性，属白垩纪正向极性超时（K—N）（83～118 Ma）。由于地磁场倒向受地核内部构造控制，因此磁性地层单位与岩石地层单位之间往往看不出因果关系，但由于地磁场倒向的全球同时性，因此磁性地层单位有助于岩石地层单位的年代地层归属和国际对比。同时从磁性年表对应的地质事件看，地磁场的改变对生物的演化还是有影响的，JK—M 与 K—N 交界处为被子植物开始出现的时期，这与城子河组上部发现全球早期被子植物大化石的结果是非常吻合的，也说明了磁性地层与生物地层之间有着一定的因果关系。

（四）地层横剖面及层序地层讨论

1. 中三叠世—早侏罗世

黑龙江省东部东宁—饶河地区中三叠世—早侏罗世地层十分发育，自 NE 向 SW 依次分布有深水沉积的硅质岩和浊积岩、浅水沉积的正常碎屑岩及陆相火山岩。这些各异的沉积相及岩相反映出它们各自的古地理及构造环境的不同，它们的发生与发展严格地受构造的控制，根据受控于板块构造的部位、岩相及沉积建造特征，自 NE 向 SW 依次划分为3个带。现分别简述于下（图10-8）。

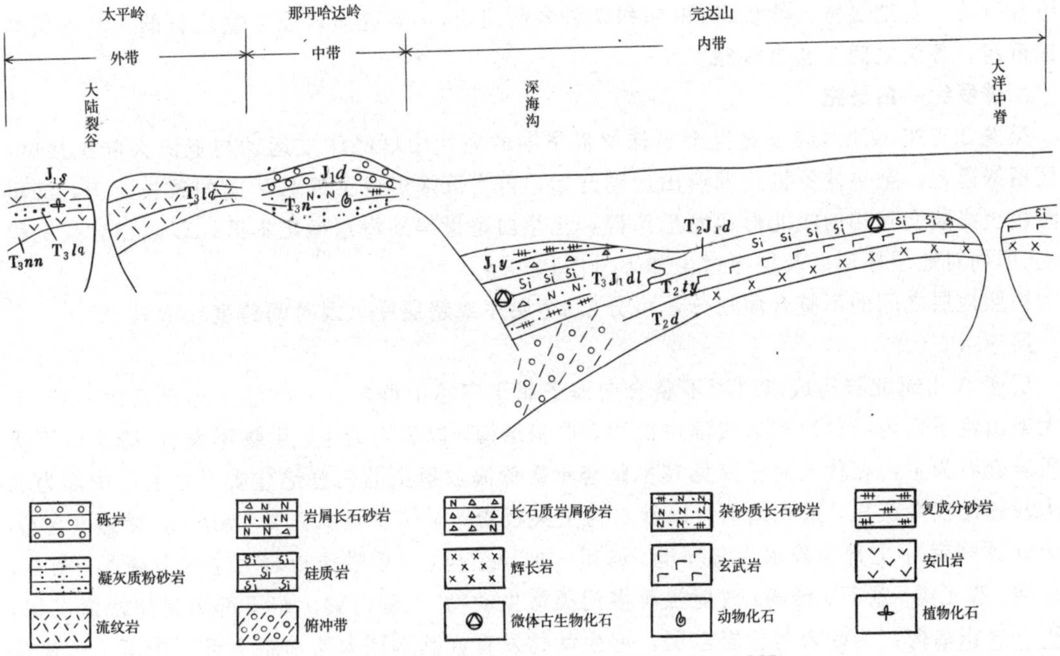

图10-8　黑龙江省东部中三叠世—早侏罗世地层横剖面示意图

内带：系指完达山及以北的抚远县乃至越黑龙江进入俄罗斯境内的一套生成于洋壳上的蛇绿岩、硅质岩及处于海沟部位的浊流沉积的复理石建造。硅质岩中产丰富的放射虫及牙形刺化石。

中带：系指位于完达山南部、那丹哈达岭东南部，即密山—宝清地区形成于陆壳上的一套浅水或滨岸沉积的陆源碎屑岩，产丰富的双壳类化石。本带与内带应属同一海域中于不同的构造位置而形成的不同沉积建造。

外带：系指广泛分布于密-敦断裂以南太平岭地区中一酸性钙碱性系列的陆相火山岩夹碎屑岩，其沉积岩夹层中产丰富的植物化石。

通过研究并与已知标准地区对比，对黑龙江省东部中三叠世—早侏罗世区域地层格架探讨如下：在中三叠世时期或更早些，由于古板块的活动，来自上地幔的基性、超基性岩浆沿着大洋中脊向两侧喷溢。稍后，在远洋的位置沉积了一套较厚的硅质岩建造。晚三叠世期间，为密山—宝清地区的浅水或滨岸相陆源碎屑沉积。其沉积与完达山地区的深水相浊流沉积是交替进行的，这种交替现象一直延续到早侏罗世结束。与此同时，在远洋的位置仍有硅质沉积，因此说处于深海沟部位的浊流沉积与远洋的硅质沉积并非是简单垂向叠覆，尚存在着同时异相或者说侧向加积。太平岭地区的陆相火山岩则是由于板块活动在大陆内部产生裂谷，沿裂谷喷发而形成的一套陆相火山岩，并在火山活动间歇期沉积一套富含凝灰物质的沉积碎屑岩，其中产植物化石。太平岭地区以中基性火山岩为主的一套地层称南村组；以流纹质和英安质火山岩为主夹正常沉积岩、产植物 *Cycadocarpidium-Taeniopteris* 组合的一套地层称罗圈站组；以中性火山岩为主的一套地层称绥芬河组。完达山地区侵位于大岭桥组中的超基性岩称大顶子山堆积岩；基性熔岩称坨窑山枕状熔岩；以硅质岩为主的一套岩石组合称大佳河组，其中产放射虫 *P*－*T* 组合带、*L*－*C* 组合带、*B*－*P* 组合带及牙形刺 *polygnathiformis* 带、*nodosus* 带、*spatulata* 带、*bidentata* 带、*posthersteini* 带；以浊积杂砂岩为主夹有硅质岩等，产放射虫 *B*—*P* 组合带的一套地层称大岭桥组；由浊积杂砂岩所组成，不含硅质岩及生物化石的一套地层称永福桥组，各组之间为整合接触。

2. 侏罗纪—白垩纪

黑龙江省东部地区晚三叠世至早侏罗世早期的完达山群经印支运动与亚洲大陆拼接后，本区褶皱隆起，至早侏罗世晚期燕山运动开始，再次沉降形成了近EW向的狭长海湾，沉积了海相至海陆交互相的凯北群和龙爪沟群，至早白垩世早期海水撤出本区，以陆相含煤沉积为主。下面对地层横剖面及层序讨论如下（图10-9）：

按照地层之间的不整合面划分，可分出3个层序或超层序（因时间跨度较大）。

层序 A

层序 A 由凯北群构成。以1型不整合向海下超于完达山群之上，向陆上超至云山一带。下部大架山组下部为河口冲积扇或滨岸沉积，退积结构，以砾岩为主，生物不发育。砾岩以下伏硅质岩砾石为主，在代王砬子南见其不整合于含深海放射虫的三叠纪硅质岩之上；中部为水动力较强的浅海沉积，退积结构，以砂岩为主夹板岩，早侏罗世双壳类 *Otapiria* 繁盛（含 *O-tapiria* 顶峰带）；上部为静水浅海环境，退积—加积结构，以粉砂质板岩为主含双壳类、菊石、腕足类、腹足类、箭石、珊瑚、放射虫等多门类海生动物。上部白鹤山组下部为近岸浅海沉积，加积—进积结构，为砂岩与板岩互层，海生动物发育，基本同大架山组上部；中部为远岸浅海沉积，加积—退积结构，以粉砂质板岩、粉砂岩为主，夹凸镜状砾岩，海生动物发育；上部为近岸或滨岸环境，加积—进积结构，为含砾砂岩与粉砂岩或板岩的韵律沉积，海生动物稀少，仅见植物化石碎片。顶部在大架山一带为中侏罗世南大塔山组酸性火山岩不整合覆盖，在云山地区为龙爪沟群裴德组底部砾岩平行不整合覆盖，以2型不整合与层序 B 分界。

综合上述可以看出，层序 A 大架山组由下至上海水不断加深，上部稳定的砂泥质沉积具有饥饿段特点；白鹤山组虽然中部也有海水加深的迹象，但总体上是海水逐渐变浅的趋势，因此，以大架山组上部为界，其下为海侵体系域（TST），其上为高水位体系域（HST），最大海泛面（mfs）位于大架山组上部内。

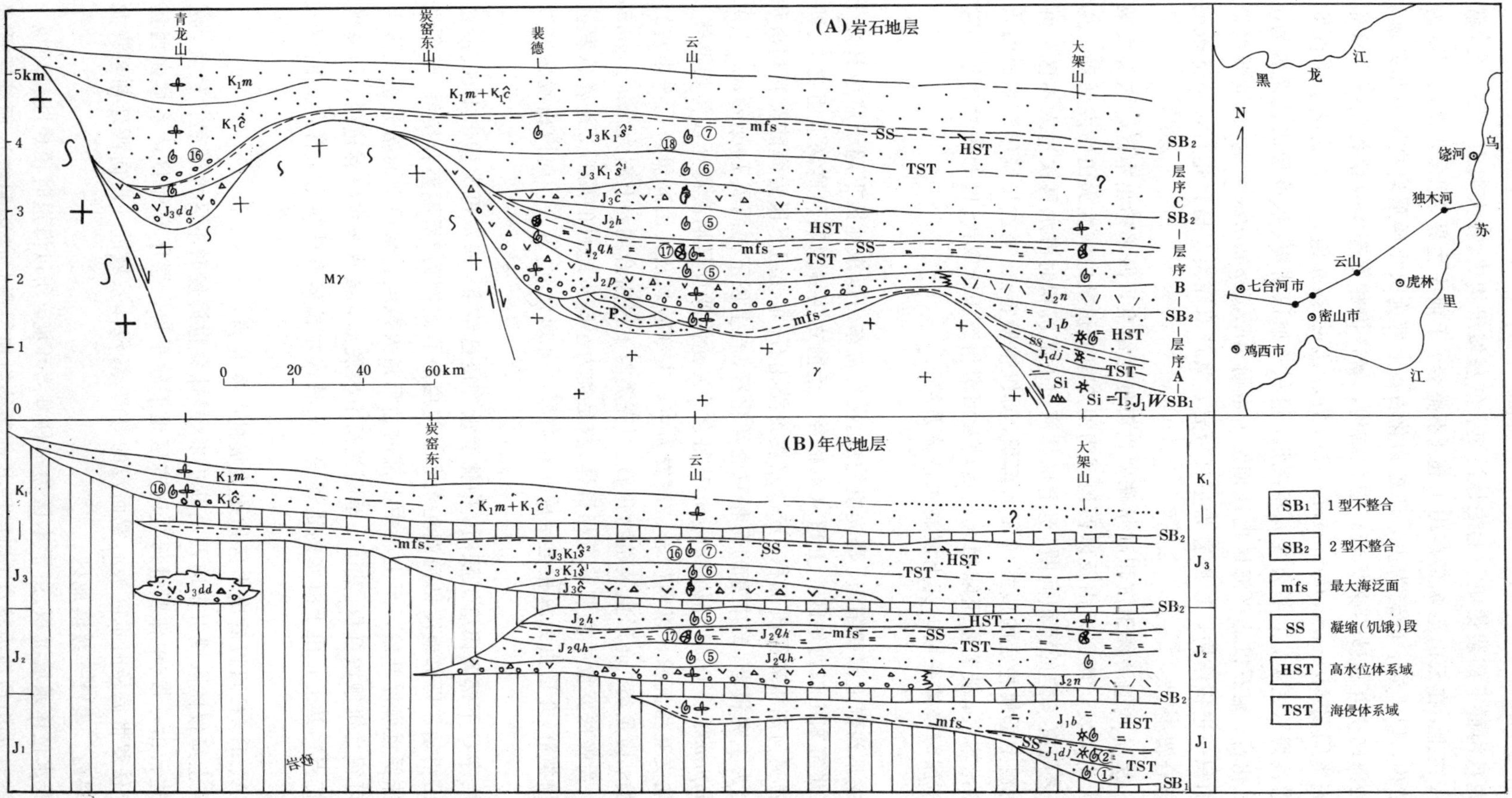

图 10-9 黑龙江省东部侏罗纪—白垩纪地层横剖面图

①*Otapiria* 顶峰带；②*Propeamussium olenekense* - *Lima* cf. *parva* - *Nuculana* (*Jupiteria*) *acuminata*（简称 *P* - *L* - *N*）组合带；⑤*Mesosaccella morrisi* - *Entolium demissum* 组合(组合带)；⑥*Isognomon* (*I.*) *isognomonoides* - *Camptonectes* (*C.*) *shuguangensis* 组合（组合带）；⑦*Sinopsammobia* - *Arcomya* 组合；⑯*Ferganoconcha* - *Unio* 组合；⑰*Arctocephalites* 组合；⑱*Parvirhynchia bella* - *Kallirhynchia namtuensis* 组合

层序 B

层序B由龙爪沟群下部裴德组、七虎林河组、红星城组构成。在大架山一带，经2型不整合下超于层序A之上，在云山至炭窑东山上超（不整合）于前中生界之上。裴德组下部为河流相沉积，退积结构，以砾岩、砂岩为主，产植物化石；上部为火山碎屑岩夹河湖相砂砾岩。七虎林河组下部为海陆交互相砂岩夹板岩，退积结构，富产海相双壳类及植物化石，双壳类与红星城组的双壳类同属 *Mesosaccella morrisi-Entolium demissum* 组合，为繁盛于中侏罗世巴通到卡洛期正常浅海双壳类；上部为浅海相沉积，退积—加积结构，以厚层暗色泥岩为主，富产双壳类、菊石化石，菊石以北极海区巴通期至卡洛期 *Arctocephalites* 为主。红星城组为海陆交互相沉积，加积—进积结构，以砂岩为主夹板岩，富产双壳类及植物化石，顶部被朝阳组火山岩平行不整合覆盖。

综合上述，层序B的裴德组沉积时早侏罗世海侵已结束，海水撤出本区，东部大架山一带为陆相酸性火山喷发，西部云山及以西地区为河流相沉积及中酸性火山喷发活动，说明层序B与层序A之间有一定的沉积间断。至七虎林河组下部沉积时海水再次进入本区，并逐步加深、七虎林河组上部属稳定的浅海较深水沉积，具饥饿段特点。至红星城组沉积时海水开始变浅，并最终撤出本区，被朝阳组陆相火山活动及河湖相沉积所取代。以七虎林河组上部为最大海泛面，其下属海侵体系域，其上属高水位体系域。

层序 C

层序C由龙爪沟群上部朝阳组、曙光组构成。在炭窑东山以东地区下超于层序B之上，为2型不整合；在炭窑东山以西地区，上超（不整合）于前古生界及鸡西群滴道组之上。朝阳组为中酸性火山岩夹河湖相砂泥质沉积，产淡水腹足类化石。曙光组下段为海陆交互相沉积，以细砂岩、粉砂岩为主夹板岩，产丰富的海相双壳类化石，与上段下部同属 *Isognomon* (*I.*) *isognomonoides-Camptonectes* (*C.*) *shuguangensis* 组合，为晚侏罗世早期滨海至浅海相群体。曙光组上段亦属海陆交互相沉积，以粉砂岩、泥岩为主，夹细砂岩及火山碎屑岩，产丰富的海相双壳类及腕足类、腹足类、介形虫及植物化石。双壳类与下段组合同，上部为 *Sinopsammobia-Arcomya* 组合，为晚侏罗世中晚期滨海相群体。腕足类为小嘴贝超科的属种，是晚侏罗世世界范围常见的生物类群。介形虫为海相至半咸水相类型，可划分3个组合，时限由晚侏罗世至早白垩世。

综上所述层序C下部朝阳组沉积时，中侏罗世海侵已结束，海水再次撤出本区。沿盆缘断裂有中酸性火山活动，局部地段见河湖相沉积，与层序B之间为2型不整合接触。至曙光组下段沉积时，晚侏罗世海侵开始，至上段中上部时达到最大范围，云山剖面曙光组上段上部的厚层黑色泥岩可视为饥饿段沉积。其下，至曙光组下段底部，虽然海水时有进退，但总的看是海侵体系域的特点；其上，由于海水的迅速退出，使高水位体系域很不发育，为陆相沉积的鸡西群所替代。

比较层序A、B、C可以看出本区地史发展的某些特点：

(1) 由下至上海侵体系域由东向西不断扩展。早侏罗世海侵时本区地形起伏较大，层序A海侵体系域仅达云山一带。中侏罗世海侵时本区地形较平坦，层序B海侵体系域向西延至炭窑东山一带。晚侏罗世海侵时本区为一宽而浅的海湾，海侵体系域进一步向西延伸至青龙山一带，同时进入鸡西、集贤—绥滨地区。

(2) 缺少低水位体系域沉积。由于本区为一种海湾环境，所以海退时便成陆相环境，以河湖相沉积和中酸性火山活动为特点（如层序B的裴德组和层序C的朝阳组），而缺乏低水位体系域的沉积。从古地理位置看，低水位体系域沉积应出现在饶河以东地区。

(3) 海相或海陆交互相沉积达到最大范围时，便迅速为陆相沉积所取代。侏罗纪三次海侵以晚侏罗世规模最大，当时黑龙江省东部除密山、跃进山几个岛状隆起外，基本为海水所淹没，然而海退却十分迅速，致使层序C最大海泛面之上便很快为鸡西群陆相含煤沉积所取代，从而结束了本区中生代海侵历史。

第十一章 第三纪

第一节 岩石地层单位

一、大兴安岭-燕山地层分区、松辽地层分区

乌云组 E_1w (01-23-0432)

【创名及原始定义】 原小兴安岭区域地质测量队一分队王大为等① 1959年创名于嘉荫县乌云煤矿，称乌云岩系。1963年，中国科学院黑龙江流域综合考察队姜春潮等介绍。指下部为半胶结的浅灰白色砂岩和含砾砂岩；上部为含有褐煤层的半胶结砂岩夹粘土层。褐煤层呈大的凸镜状存在，产植物化石，时代为古—始新世。

【沿革】 1961年王大为等编制爱辉幅1∶100万一套综合地质图件说明书时改称乌云组。该组自创建后，沿用至今。本次对比研究沿用。

【现在定义】 分布于嘉荫县（乌云）煤矿及德都县幸福林场等地一套含煤地层。主要由灰色、灰白色砂质砾岩、含砾砂岩、粗砂岩、细砂岩、粉砂岩及灰黑色碳质页岩、浅褐色砂质页岩（泥岩）组成，上部夹多层褐煤。产丰富的孢粉及植物化石。未见顶底。区域上，下与富饶组整合接触（?），上与孙吴组不整合接触。

【层型】 该组创建时未指定正层型，只有综合性岩石组合层序的描述，因此确定选层型为嘉荫县乌云煤矿5050观测点剖面（129°28′00″，49°14′30″）（图1-2中55），黑龙江第一区调大队1979年测制。

乌云组	总厚度＞15.40 m
13. 浅灰色、灰绿色泥岩。（未见顶）	＞0.35 m
12. 黑色褐煤	0.35 m

① 小兴安岭区域地质测量队一分队王大为等，1959，逊克县奇克—乌云一带1∶20万区域地质测量报告（未刊）。

11. 深棕褐色泥岩　0.40 m

10. 浅棕褐色、棕白色粉砂岩，夹薄层泥质粉砂岩。粉砂岩中产植物化石：*Metasequoia disticha*，*Taxodium olyikii*，*T.* sp.，*Trochodendroides arctica*，*Platanus* sp.，*P. raynoldsi*，*Alnus uyunensis*，*Betula* sp.，*Cleichenites* sp.，*Cladophlebis* cf. *septentrionaris*，*Sequoia* sp.，*Ginkgo* sp.，*Thuites* sp.，*Cercidiphyllum arcticum*，*Pterospermites* sp.，*Menispermites* sp.，*Celastrus herendeenensis*，*Protophyllum sternbergii*，*Fraxinus leii*，*Corylus maquarrii*，*Cyclocarya* sp.，*Bauhinia bipartita*，*Ampelopsis acerifolia* 等　2.70 m

9. 浅灰绿色、黄绿色泥岩　0.40 m

8. 浅灰色粉砂质泥岩，产植物化石碎片　1.30 m

7. 灰绿色粉砂岩　1.10 m

6. 褐煤　0.80 m

5. 黑色碳质泥岩　1.30 m

4. 褐煤　5.90 m

3. 浅棕褐色、灰白色粉砂质泥岩　0.10 m

2. 褐煤　0.40 m

1. 灰黑色碳质泥岩。(未见底)　>0.30 m

【地质特征及区域变化】 乌云组以陆相碎屑岩为主夹褐煤。构成一套河湖相—湖沼相粗—细碎屑含煤沉积建造（类灰色复陆屑式建造）。岩石多呈浅灰色，带棕褐及绿色调，颜色较浅，胶结疏松，易风化。其下部以河湖相中粗碎屑沉积为主，往上部过渡为湖沼相细碎屑含煤沉积，自下而上由粗变细，构成一个完整的正沉积旋回，其间尚存在小的旋回，韵律性明显。时代置古新世。

乌云组出露零星，仅在乌云盆地嘉荫县（乌云）煤矿一带出露面积较大，厚度约 122 m；向西延伸至孙吴盆地德都县幸福林场一带，主要为粉砂质泥岩，出露厚度仅 2 m 左右，被孙吴组不整合覆盖。该组在各沉积盆地的厚度极不均一，就乌云盆地而言，盆地边缘平阳河口一带，主要由含砾粗—细砂岩组成，粒度较粗，出露厚度约 55 m，显示出自盆地边缘向盆地中心岩石的粒度变细，厚度增大（图 11－1）。

根据 1959 年黑龙江省燃料工业厅 207 勘探队在乌云煤矿的 59－1 号钻孔剖面资料认为，该组与下伏晚白垩世富饶组为平行不整合关系，但另一种意见认为，两组间沉积间断不明显，可视为整合过渡关系，有待今后进一步证实，总之，乌云组乃第三纪最下部的层位无疑。

孙吴组　E_3N_2s　(01－23－0443)

【创名及原始定义】 赵贵三等 1966 年创建于孙吴地区，1979 年黑龙江省区域地层表编写组介绍。分布于孙吴地区，主要岩石为灰色、灰黄色砂砾岩夹薄层泥岩，含铁质结核，含铁高时构成孙吴式铁矿，时代为中—上新世。

【沿革】 该组自创建后，沿用至今。本次对比研究将北部的金山组也归入其中，金山组停用。

【现在定义】 分布于孙吴县、逊克县、呼玛县等地的一套河湖相粗碎屑沉积。主要由灰色、黄褐色、灰黄色弱胶结砂砾岩、砂岩夹灰绿色、灰色泥岩（粘土岩）组成，局部砂砾岩为铁质胶结或含铁质结核，含铁高时构成孙吴式铁矿。未见顶底。区域上，下与乌云组为不整合关系，上与西山玄武岩有的地段为平行不整合接触。

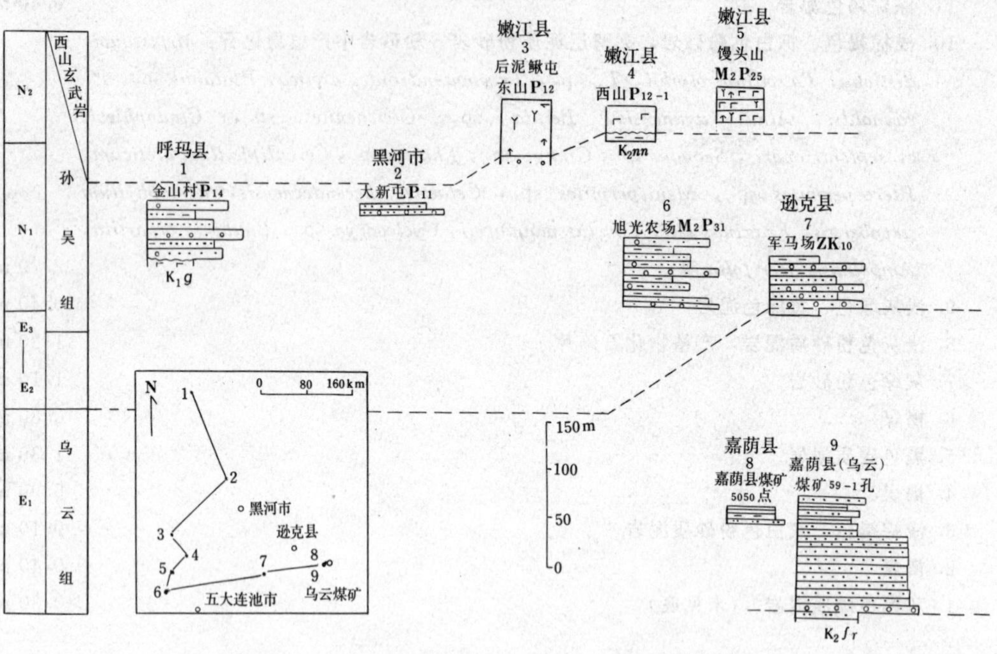

图 11-1　乌云组、孙吴组、西山玄武岩柱状对比图

【层型】　该组创建时未指定正层型，只有岩石组合的综合性描述，因此确定选层型为嫩江县旭光农场五队东岗剖面（M_2P_{31}）（125°07′20″，48°48′10″）（图 1-2 中 56），黑龙江第二区调大队 1989 年测制。

孙吴组　　　　总厚度>78.20 m

9. 灰黄色、棕黄色含砾粗砂岩。（未见顶）　>4.00 m
8. 黄色、灰黄色、紫灰黄色含粘土砾石中粗砂岩，局部夹紫色粘土岩团块　6.00 m
7. 黄灰色、黄色、灰白色细砂岩，局部夹灰黄色粘土岩团块和含砾砂岩薄层，含高岭土 5～10%　12.00 m
6. 黄色、灰黄色、浅灰色含砾石粘土砂岩、砂岩、砂砾岩，局部夹紫色粘土岩团块或条带　12.00 m
5. 褐黄色、棕黄色、灰黄色含粘土砾石砂岩、砂砾岩、含粘土砂砾岩、含砾粗砂岩，夹铁质胶结砂岩条带。含粘土砂砾岩中产孢粉：*Betula*，*Artenisia*，*Compositae*，Chenopodiaceae 等　15.00 m
4. 灰黑色、灰色、灰黄色粘土岩夹泥质粉细砂岩凸镜体，产孢粉：*Picea*，*Abies*，*Pinus*，*Tsuga*，Cupressaceae，*Alnus*，*Betula*，*Corylus*，*Salix*，*Uimus*，*Quercus*，*Juglans*，*Carya*，*Comus*，Ericaceae，Gramiaceae，*Pteridium*，Polypodiaceae，*Hicriopteris* 等　5.00 m
3. 浅灰黄色、灰白色含砾粗砂岩，夹黄色、灰白色泥质粉细砂岩薄层和铁质胶结砂岩凸镜体　16.00 m
2. 灰色、浅灰色粉细砂岩　2.20 m
1. 灰色、锈黄色砂砾岩夹铁质胶结砂砾岩、灰白色细砂岩薄层或凸镜体。（未见底）　>6.00 m

【地质特征及区域变化】　孙吴组以陆相粗碎屑岩为主，局部地段夹泥岩（粘土岩）及铁质胶结砾岩，构成一套河湖相粗碎屑 沉积建造（杂色复陆屑式建造）。岩石呈黄褐色，颜色复杂较浅，局部带绿及棕色调，局部具水平层理、斜层理和交错层理，胶结疏松，易风化，仅铁质胶结砂砾岩成岩较好。局部铁质胶结的砂砾岩（有时含铁质结核）含铁高时，可构成孙吴式铁矿。产大量的孢粉及硅化木等化石。时代置于渐—上新世。

孙吴组主要分布于黑龙江、孙吴—乌云、嘉荫断陷盆地及嫩江边缘坳陷盆地中。在嫩江边缘坳陷盆地旭光农场东岗一带，主要由砂砾岩、含砾粗砂岩夹粉细砂岩及粘土岩等组成，下部见铁质胶结砂砾岩，其韵律性较明显，自下而上构成2～3个正或反沉积旋回，出露厚度约78 m；向东北延伸到黑龙江断陷盆地，在呼玛县金山村一带，岩性变化不大，未见铁质胶结砂砾岩。韵律性明显，自下而上构成多个正或反沉积旋回，出露厚度约63 m。在黑河市大新屯一带，岩性无变化，自下而上基本显示出由粗→细的韵律变化，且斜层理发育，出露厚度约9 m；向东延伸到孙吴-乌云断陷盆地，岩性变化不大，局部夹铁质胶结砂砾岩或含铁质结核（在孙吴镇南山，铁质胶结砂砾岩含铁高，构成孙吴式铁矿），岩石具水平层理及斜层理和交错层理，韵律性明显，钻孔控制厚度约50 m，不整合于乌云组之上。向东南延伸到嘉荫断陷盆地乌拉嘎乡一带，岩性基本相同，局部夹铁质条带或含铁质结核，韵律较明显，自下而上构成多个正或反沉积旋回，总体看显示出由粗→细→粗的韵律性变化，出露厚度较大（图11-1）。从上述可以看出，受基底构造控制，各盆地沉积厚度及岩相变化不一，系与其所处的地质构造部位及沉积物源变化密切相关，局部地段砂砾岩中含金。

【问题讨论】 孙吴组形成于山间断（坳）陷盆地中。其时代一直定为晚第三纪或中—上新世，本次对比研究根据其孢粉组合特征与东北地区南部的晚渐新世—中新世孢粉组合相一致；另外在孙吴县辰清等地的本组中，常见保存完整的硅化木，石化程度较高，能显示出木质结构，初步鉴定同位素年龄为12 Ma；在嫩江县山河农场馒头山一带，见其被同位素年龄为2.98 Ma的西山玄武岩平行不整合覆盖。故孙吴组时代应下延，置为渐新世—上新世。

西山玄武岩 N*x* (01-23-0449)

【创名及原始定义】 黑龙江省地质矿产局张海驲等1993年创建于嫩江县塔溪西山，分布于小兴安岭火山岩区，嫩江县塔溪西山、马鞍山等地。主要岩性为灰黑色橄榄白榴岩、白榴石玄武岩，时代为中新世。

【沿革】 西山玄武岩最早称之高位玄武岩。1977年黑龙江第一区测队佟志芳等将其对比为五叉沟玄武岩，时代为上新世。本次对比研究沿用西山玄武岩。并将馒头山玄武岩归入其中，馒头山玄武岩停用。

【现在定义】 分布于嫩江县塔溪乡西山、山河农场馒头山等地，不整合于嫩江组之上的一套碱性玄武岩，主要由灰色、钢灰色、黑灰色气孔状及致密块状白榴石玄武岩等组成。以低硅富钾为特征。未见顶。区域上底部有的地段与孙吴组平行不整合接触。

【层型】 正层型为嫩江县塔溪（乡）西山剖面（P_{12-1}）（126°10′00″，49°27′30″）（图1-2中57），黑龙江第一区测大队1975年测制。

【地质特征及区域变化】 西山玄武岩为富钾镁铁质—超镁铁质的碱性玄武岩类，主要由白榴石玄武岩、辉橄白榴岩、白榴碧玄岩等组成，构成一套喷溢相基性火山岩建造（大陆玄武岩建造）。岩石多为灰黑色、颜色偏暗。其岩石化学成分以SiO_2（43.55%～45.67%）、Al_2O_3（12.05%～12.37%）相对较低，而MgO（11.6%～11.92%）、Fe_2O_3＋FeO（10.20%～10.30%）、CaO（8.8%～9.8%）、K_2O（平均含量4.19%）相对较高，即低硅富钾为特征，属深源的钾质超碱性玄武岩。该玄武岩多为中心式喷发，呈现平顶火山锥或桌状山地貌景观。获全岩 K-Ar 法同位素年龄值 2.98 Ma，故时代置中—上新世。

西山玄武岩分布于小兴安岭西部。在嫩江县塔溪乡西山一带，主要为白榴石玄武岩，出露厚度约 30 m；向西北延伸到嫩江县座虎滩乡后泥鳅屯东山一带，主要为辉橄白榴岩，出露厚度约 63 m，平行不整合于孙吴组之上；向西南延伸到嫩江县山河农场馒头山一带，主要由白榴橄榄玄武岩、白榴碧玄岩、橄榄玄武岩等组成，出露厚度大于 37 m（图 11-1）。

依安组　$E_{2-3}y$　（01-23-0434）

【创名及原始定义】　松辽石油普查大队三区队 1959 年创建于依安县，称依安层，翌年该队李恒让、演怀玉等将依安层改称依安组，1963 年中国科学院黑龙江流域综合考察队姜春潮等介绍。指黑色碳质泥岩夹绿色复矿砂岩，厚 200 m。产植物化石及淡水螺：*Linnaea papillia*，*Planorbis* sp.，时代为上新世。

【沿革】　该组自创建后，沿用至今，本次对比研究仍沿用。

【现在定义】　分布于依安县、林甸县等地，顶界不清，不整合于晚白垩世明水组之上。主要由泥岩、砂岩及黑色碳质页岩夹褐煤层等组成，部分泥岩中含钙质结核。产孢粉及大量淡水动物化石。

【层型】　该组创建时未指定正层型，选层型为依安县 59-4 号钻孔剖面（125°17′00″，47°54′00″）（图 1-2 中 58），煤田地质勘探公司三〇六队 1959 年测制。

依安组	总厚度＞260.95 m
16. 灰绿色块状细砂岩，夹一层灰色泥岩（厚 2 m）及灰黑色碳质页岩。（未见顶）	＞31.25 m
15. 灰绿色砂质页岩，顶部见褐煤并夹灰黑色碳质页岩	19.70 m
14. 灰白色、浅绿色细砂粉砂岩，中部夹灰色、浅绿色泥岩	21.60 m
13. 浅绿色块状泥岩，含砂质	30.05 m
12. 黄绿色砾状砂岩	2.00 m
11. 黄绿色泥质胶结细砂岩夹泥岩	20.85 m
10. 灰绿色泥岩，上部含砂质，中部夹一层粉砂岩	10.55 m
9. 杂色、灰白色粉砂岩	9.95 m
8. 上部砖红色下部灰绿色块状泥岩	28.40 m
7. 灰绿色砂质泥岩，底部为灰白色细砂岩	8.15 m
6. 灰绿色泥岩夹砂质泥岩	17.80 m
5. 灰色块状泥岩夹灰黑色碳质页岩	16.20 m
4. 灰白色细砂岩	19.30 m
3. 乳灰色、紫灰色鲕状灰岩	3.70 m
2. 含钙质结核杂色泥岩，底部为泥砾岩	6.90 m
1. 灰白色粉砂细砂岩，中部夹一层灰绿色块状泥岩并含有钙质结核	14.55 m

~~~~~~~~~~ 不　整　合 ~~~~~~~~~~

【地质特征及区域变化】　依安组以陆相细碎屑岩为主夹褐煤及钙质结核，局部地段夹高岭土。构成一套湖—湖沼相细碎屑含煤沉积建造（杂色—灰色复陆屑式建造）。岩石多呈灰绿色，沉积韵律清楚。时代置始—渐新世。

本组主要分布于松嫩平原西部，地表未出露，均埋藏于地下。在依安县一带，主要由泥岩、粉砂岩、细砂岩组成，上部夹褐煤层及菱铁矿，具可采煤 1～2 层，可采煤总厚 22 m；下
~~~~~~~~~~

部夹鲕状灰岩，自下而上由细、粉砂岩→泥岩构成6～7个不完整的正沉积旋回，韵律性很强，为深水湖相—湖沼相细碎屑沉积，钻孔控制厚度约260 m；向西南延伸到杜尔伯特蒙古族自治县一带，主要由泥岩、粉砂岩组成，底部为砂砾岩，总体看自下而上粒度由粗变细，形成多个不完整的小沉积旋回，为湖泊边缘碎屑沉积，钻孔控制厚度为34 m；向东南延伸到大庆市龙凤区一带，主要由泥岩、粉砂岩、细砂岩组成，自下而上由细、粉砂岩→泥岩构成3个正沉积旋回，水平微细层理发育，为深水湖相细碎屑沉积，钻孔控制厚度约55 m。该组沉积中心位于依安县—安达市，呈SN向，向四周沉积厚度均有变薄的趋势。

大安组　N*d*　(01－23－0444)

【创名及原始定义】　松辽石油勘探局1960年创建于吉林省白城地区大安。系代表松辽盆地第三系中部的一组沉积物，岩性顶部为灰白色、灰绿色、黄灰色泥岩，泥质粉砂岩，上、中部为黑色、深灰色泥质页岩，下部为砂岩、砾岩。与下伏白垩系为不整合接触。时代为中新世。

【沿革】　该组自创建后，沿用至今。本次对比研究仍沿用。

【现在定义】　分布于松嫩平原，指位于晚白垩世明水组之上，泰康组之下的砂岩、泥岩层。由砾岩、含砾砂岩、砂岩、泥岩组成的岩石序列，下粗上细，韵律明显。与下伏地层呈平行不整合接触，与上覆地层呈平行（或角度）不整合接触。

【层型】　其选层型在吉林省大安市。省内次层型为大庆市大同镇同11井钻孔剖面（23－0444－4－1）。

【地质特征及区域变化】　黑龙江省大安组以陆相细碎屑岩为主，主要由泥岩、泥质粉砂岩、细砂岩组成，底部见砂砾岩。构成一套以湖相为主并有河流相的细碎屑沉积建造（灰色复陆屑式建造）。岩石多呈灰色及黄绿色，颜色偏暗带绿色调，为弱胶结低成岩之松软岩石。其岩石粒度较细，具韵律性变化，下与明水组不整合接触，与上关系不明。时代置晚第三纪。

本组在黑龙江省主要分布于松嫩地层小区西南部齐齐哈尔市—泰来县—大同镇一带，往南延入吉林省境内。在大庆市大同镇一带，主要由泥岩夹粉砂岩等组成，局部泥岩中含碳质，微细层理发育，钻孔控制厚度为48 m，不整合于明水组之上；向西北延伸到泰来县一带，主要由泥岩、粘土质页岩及少量粉砂岩、细砂岩等组成，局部泥岩中含碳质，粉砂质泥岩中有铁染现象，岩层具波状交错层理，钻孔控制厚度约61 m；在齐齐哈尔市一带，主要由泥岩、粉砂岩及细砂岩组成，钻孔控制厚度约34 m。

二、张广才岭-南楼山地层分区、鸡西-延吉地层分区

宝泉岭组　E*b*　(02－23－0441)

【创名及原始定义】　黑龙江省煤炭工业管理局地质局1965年创建于萝北县宝泉岭农场一带，1979年黑龙江省区域地层表编写组介绍。分布于汤原县鹤立镇、萝北县宝泉岭等地，主要由含砾砂岩、砂岩、粉砂岩、泥岩和煤层组成，胶结松散，产植物化石，时代置始—渐新世。

【沿革】　该组自创建后，沿用至今，本次对比研究仍沿用。原丁山村组、达连河组均归入宝泉岭组，前者省内停用。

【现在定义】　分布于萝北县宝泉岭农场、富锦县大兴农场、依兰县达连河等地。主要由灰色、灰绿色或灰白色砂砾岩、砂岩、粉砂岩、灰绿色或深灰色泥岩，夹多层黑褐色褐煤及

油页岩组成。产孢粉及植物化石。底不整合于松木河组之上（区域上与海浪组平行不整合接触），未见顶（区域上与富锦组平行不整合接触）。

【层型】 该组创建时未指定正层型，只有综合性岩石组合层序的描述，因此确定选层型为萝北县宝泉岭农场二分场 59-2 号钻孔剖面（130°43′，47°22′）（图 1-2 中 59），黑龙江省燃料工业厅地质局一〇九队 1959 年测制。

宝泉岭组	总厚度＞288.61 m
40. 暗灰色含砾粉砂岩。(未见顶)	＞20.45 m
39. 灰白色泥岩、砂质泥岩	21.60 m
38. 灰色细一粗砂岩	8.40 m
37. 灰色泥质粉砂岩、粉砂岩	6.70 m
36. 浅灰色细砂岩	4.75 m
35. 灰色、米黄色细砂岩	2.75 m
34. 黄灰色细砂岩	12.20 m
33. 深灰色粉砂岩、泥岩	0.85 m
32. 褐黑色褐煤层	0.40 m
31. 褐灰色泥岩夹一薄煤层	1.65 m
30. 绿灰色细砂岩	2.95 m
29. 褐黑色褐煤层	0.40 m
28. 绿灰色细一粗砂岩	8.15 m
27. 暗褐色油页岩	0.75 m
26. 灰色泥质粉砂岩	1.80 m
25. 灰色细砂岩夹绿灰色粗砂岩	16.85 m
24. 灰色粉砂岩、细砂岩	9.85 m
23. 褐黑色褐煤层	1.20 m
22. 绿灰色泥岩夹灰色粗砂岩	10.55 m
21. 黑褐色褐煤层	0.40 m
20. 灰色砂岩	6.96 m
19. 深灰色泥岩夹粗砂岩	9.35 m
18. 深灰色粉砂岩夹粗砂岩、泥岩	5.45 m
17. 灰色细砂岩	5.95 m
16. 灰色粉砂岩夹粗砂岩	35.20 m
15. 暗灰色中粗砂岩	3.25 m
14. 淡灰色粉砂岩	1.90 m
13. 深灰色细一粗砂岩	13.50 m
12. 黑色褐煤层含树脂	0.50 m
11. 深灰色砂质泥岩，泥岩夹中细粒砂岩	10.30 m
10. 黑色褐煤层含树脂	1.00 m
9. 灰色粉砂岩、黄绿色细砂岩	5.60 m
8. 深灰色泥岩	3.90 m
7. 灰色粉砂岩夹褐色粗砂岩	7.70 m
6. 黑色褐煤层含树脂	2.40 m
5. 灰绿色细砂岩夹褐色粉砂岩	15.40 m

4. 黑色褐煤层含树脂 2.60 m

3. 灰色泥质粉砂岩夹砾质砂岩 7.70 m

2. 浅灰绿色粗砂岩 12.30 m

1. 灰绿色细砂岩 5.00 m

～～～～～～～～ 不 整 合 ～～～～～～～～

下伏地层：**松木河组** 凝灰质砂砾岩

【地质特征及区域变化】 宝泉岭组以陆相碎屑岩为主夹煤及油页岩。主要由砂砾岩、粗—粉砂岩、泥岩夹多层煤及油页岩组成，构成一套河湖—湖沼相粗—细碎屑含煤沉积建造(灰色复陆屑式建造)。岩石多为灰色、灰绿色，颜色深浅不一，多呈暗色调，弱胶结或半胶结，中等成岩，水平层理发育。具厚度较大、煤质较好的可采煤层及油页岩、粘土岩等非金属矿产。产丰富的孢粉及植物化石。时代置早第三纪（图 11－2）。

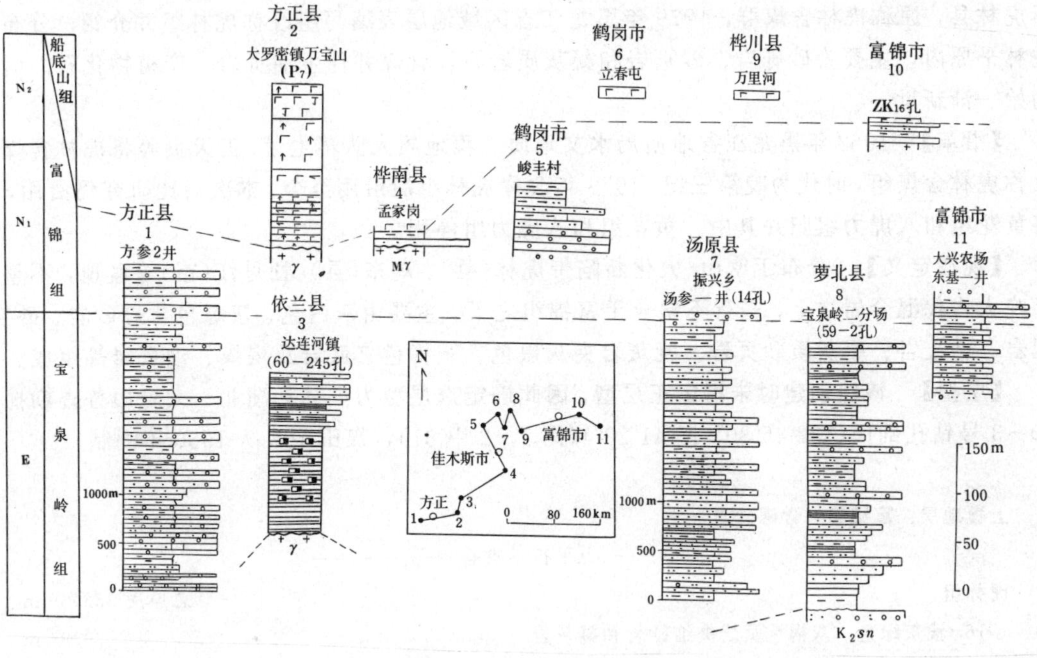

图 11－2 宝泉岭组、富锦组、船底山组柱状对比图

本组地表出露较少，多埋藏于地下。在萝北县宝泉岭农场一带，岩性变化不大，沉积韵律变化频繁，形成多个不完整的正或反的小沉积旋回，根据宝泉岭地区钻孔综合资料，其沉积厚度可达 800～1 400 m。向西南延伸到汤原断陷盆地振兴乡一带，以粗碎屑岩为主，夹多层褐煤层，韵律清楚，自下而上形成多个不完整的正或反的小沉积旋回，总体看，下部粒度较细，往上变粗，构成一个不完整的反沉积旋回，最大厚度为 2 778 m，为汤原断陷盆地的沉积中心；至达连河断陷盆地达连河镇一带，以细碎屑岩为主，夹厚层油页岩及多层可采煤，煤质好。自下而上显示出由粗→细→粗的韵律性变化，水平(波状)层理发育，厚度为 200～800 m；至方正断陷盆地会发镇一带，以细碎屑岩为主，夹较少褐煤层。自下而上总体显示出由粗→细的韵律性变化，其间尚有数个正或反的小沉积旋回，韵律很明显，变化频繁，构成巨厚的韵律性沉积，厚度较大，约为 2 908 m；至尚志断陷盆地丁山村一带，以粗碎屑岩为主夹煤线。

韵律明显，变化频繁，厚度为212 m。向东南延伸到三江坳陷盆地富锦县大兴农场一带，以细碎屑岩为主，夹多层褐煤，韵律性变化明显，总体看自下而上粒度由细逐渐变粗，构成一个较完整的反沉积旋回，其间由多个正或反的小沉积旋回组成，旋回段长短不一，最大厚度为714 m，为坳陷盆地的沉积中心，与上覆富锦组和下伏海浪组均为平行不整合接触。在各断(坳)陷盆地中，该组厚度由沉积中心往周边逐渐变薄且粒度变粗，砂砾岩组分增加。

在萝北县宝泉岭农场及汤原县振兴乡一带，所含煤层较多，其中可采及局部可采煤为5～22层，且煤层普遍含松脂，并有较高的气测异常值；在富锦县大兴农场东基一井一带夹3层煤，其中最厚煤层为11 m，属褐煤；在依兰县达连河镇一带，成煤地质条件良好，煤层厚度较大，其中可采煤层最大厚度为13.5 m。

虎林组　E*h*　(03-23-0437)

【创名及原始定义】　黑龙江省煤田地质勘探公司108队(简称煤田108队)1960年创建于虎林县，原称虎林含煤群，1979年黑龙江省区域地层表编写组改称虎林组并介绍。分布于虎林平原内，主要为砂砾岩、砂页岩和凝灰质岩石，含煤并伴生油页岩，产植物化石。时代为始—渐新世。

【沿革】　1962年黑龙江省地质局水文地质工程地质大队蒋生荣、王天贞等将虎林含煤群改称虎林含煤组，时代为晚第三纪。1979年改称虎林组后沿用至今。本次对比研究仍沿用，并将黄花组和八虎力组归并其中。黄花组和八虎力组停用。

【现在定义】　分布于密山-敦化断陷带虎林(县)、鸡东(县)、牡丹江(市)等盆地，不整合于晚太古代混合岩之上，平行不整合于富锦组之下。主要由灰白色、灰绿色含砾砂岩、砂岩、泥岩、粘土岩、凝灰质砂页岩、凝灰岩夹灰黑色、灰褐色玄武岩及褐煤、油页岩等组成。

【层型】　该组创建时未指定正层型，因此确定选层型为虎林县湖北—大青山普查勘探区60-3号钻孔剖面(132°45′30″,45°41′20″)(图1-2中61)，煤田108队1960年测制。

上覆地层：富锦组　含砾砂岩

——————　平行不整合　——————

虎林组	总厚度 332.39 m
16. 浅灰绿色、灰褐色页岩夹细砂岩和凝灰岩	29.84 m
15. 灰黄色、灰白色砂岩夹薄层凝灰质页岩	27.06 m
14. 深灰色玄武岩夹砂岩、凝灰岩、砂页岩	12.39 m
13. 浅灰绿色砂岩和灰色、灰绿色砂页岩	8.09 m
12. 灰黑色、黑褐色煤层夹砂页岩	6.39 m
11. 灰黄色、灰白色砂岩夹薄层褐煤及玄武岩	43.40 m
10. 浅灰绿色凝灰质砂岩、页岩和灰白色砂岩	18.53 m
9. 灰褐色页岩、浅灰绿色凝灰质砂页岩夹厚层煤	14.52 m
8. 灰白色含砾砂岩夹砂页岩	22.11 m
7. 浅灰绿色凝灰质砂页岩夹浅绿色砂岩，底部为灰白色含砾砂岩	18.18 m
6. 浅灰色页岩与灰白色砂岩互层，中部夹一层浅绿色凝灰岩	22.50 m
5. 灰褐色油页岩和灰绿色凝灰质砂页岩	1.90 m
4. 灰白色含砾砂岩夹凝灰质砂页岩	23.60 m
3. 浅灰绿色、灰白色砂岩、含砾砂岩	27.67 m

2. 灰白色含砾砂岩及浅灰色砂页岩　　15.13 m

1. 灰白色含砾砂岩及浅灰白色砂岩　　41.08 m

~~~~~~~~~~ 不 整 合 ~~~~~~~~~~

下伏地层：晚太古代　混合岩

【地质特征及区域变化】　虎林组以陆相细碎屑岩为主夹多层褐煤、油页岩及玄武岩。岩石多为灰绿色、灰白色、灰褐色，颜色较杂，呈暗色调，属弱胶结、低成岩之松软岩石。系形成于断(坳)陷盆地中的河湖相细碎屑含煤沉积，并伴有基性火山喷溢，构成一套火山复陆屑式建造。时代置早第三纪。

本组多埋藏于地下。在虎林坳陷盆地中，其下部是以河流相为主的粗碎屑沉积；中上部是以湖沼相为主间夹河流相的细碎屑沉积，并叠加基性火山喷溢相玄武岩，夹多层褐煤，煤层总厚可达 20.5 m，具可采及局部可采煤 6 层以上，单煤层最厚达 4.5 m。自下而上构成一个由粗→细的正沉积旋回，其间尚有多个不完整的小沉积旋回，韵律变化清楚，钻孔控制厚度大于 332 m。向西延伸到鸡东断坳陷盆地平阳镇一带，岩性变化不大，韵律明显，变化频繁，自下而上大体呈粗→细→粗的韵律性变化，为河湖相—湖沼相—河湖相碎屑沉积，钻孔控制厚度大于 465 m。向西南延伸到牡丹江断陷盆地黄花粘土矿及五星乡一带，以湖相细碎屑沉积为主，除夹油页岩及煤层外，尚夹有大量粘土岩层，可形成具有工业价值的粘土矿床。自下而上构成由粗→细→粗的正、反二个沉积旋回，旋回段长短不一，韵律明显，为河湖相—湖沼相—河湖相碎屑沉积，中上部叠加 4 期基性火山喷溢相玄武岩，钻孔控制最大厚度约 206 m (图 11 - 3)。

综观其沉积厚度和岩石粒度受沉积盆地基底构造的控制，沉积规模不等，厚度不一。岩石组合韵律变化频繁明显，呈河流相—湖沼相及火山喷发韵律旋回结构。

虎林组所产植物化石多为早第三纪常见分子，孢粉组合特征与宝泉岭组相同，相当东北区南部早第三纪孢粉组合。另外，在牡丹江市黄花粘土矿，该组所夹玄武岩中，获得二个全岩 K - Ar 法同位素年龄值为 44 Ma 和 42 Ma，故其时代置早第三纪为宜。

富锦组　N*f*　(02 - 23 - 0447)

【创名及原始定义】　黑龙江省区域地层表编写组 1979 年创建于富锦市二龙山镇一带。分布于富锦市的二龙山镇、长春岭和七星农场之间，为钻孔所揭露。由细砂岩、粉砂岩、泥岩夹木质煤组成。时代为中—上新世。

【沿革】　该组自创建后，沿用至今，本次对比研究仍沿用。在桦南县一带曾称桦南组，鸡东县一带曾称砂泥岩组、下亮子组，均归入富绵组；道台桥组分归富锦组及第四系，原名均应停用。

【现在定义】　分布于尚志—依兰、宁安—密山及三江断(坳)陷盆地中，指平行不整合于宝泉岭组或虎林组之上(区域上)，被船底山组平行不整合覆盖的一套以细碎屑岩为主的岩石组合。主要由黄褐色、灰色、灰绿色细砂岩、粉砂岩、泥岩及砂砾岩等组成，夹炭化木，产较丰富的孢粉及动、植物化石。

【层型】　正层型为富锦市二龙山镇 ZK16 孔钻孔剖面 (132°43′20″, 47°15′23″) (图 1 - 1 中 60)，黑龙江省地质局第三地质大队 1974 年测制。
~~~~~~~~~~

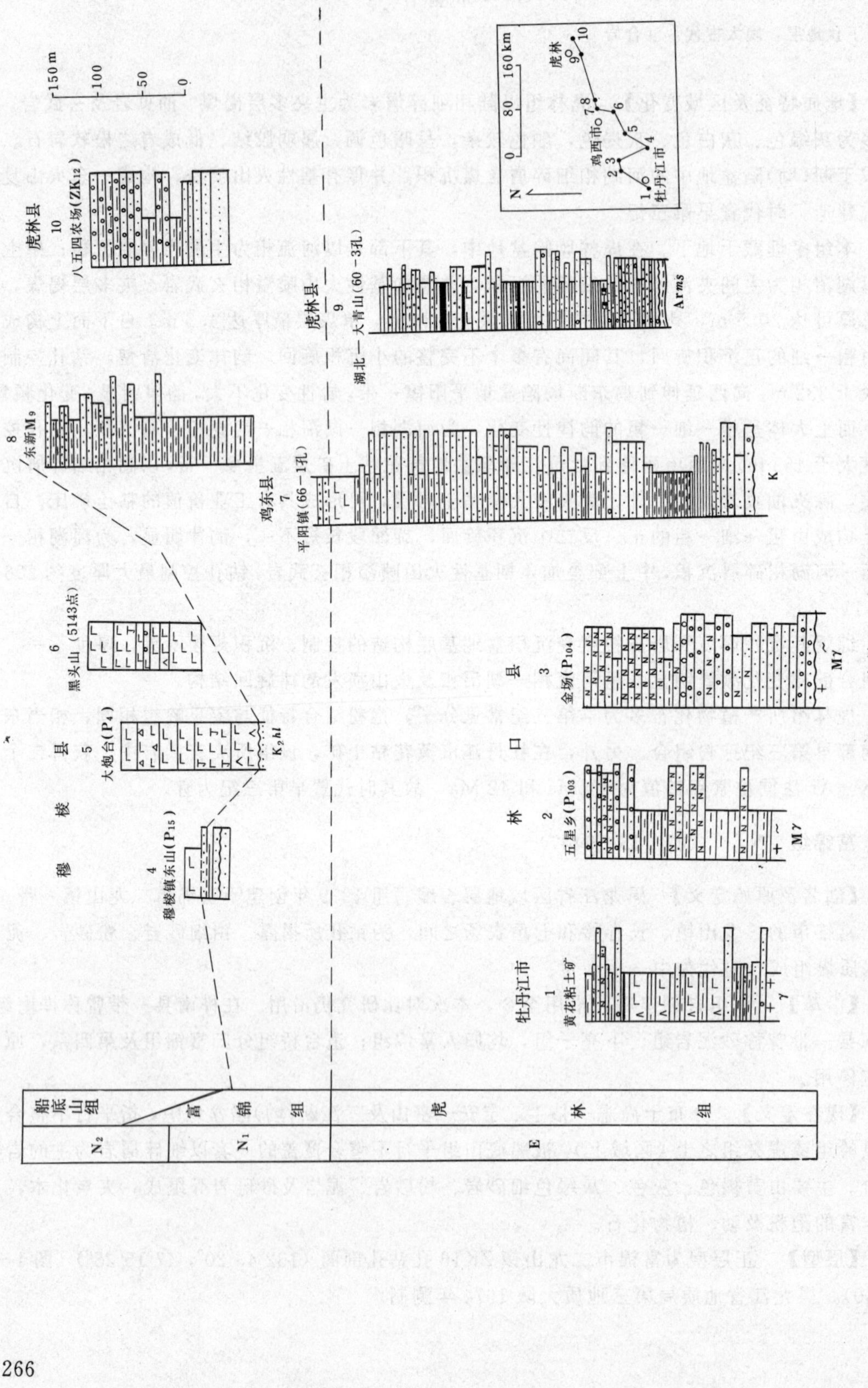

图 11－3　虎林组、富锦组、船底山组柱状对比图

上覆地层：**船底山组**

——————— 平行不整合 ———————

富锦组　　总厚度 20.97 m

5. 灰白色细砂岩　　3.47 m

4. 灰绿色粉砂岩　　0.95 m

3. 浅灰色泥岩，产植物化石　　3.26 m

2. 褐煤层，煤质差，由煤泥和炭化木组成　　8.48 m

1. 灰绿色含角砾凝灰质砂岩，产植物化石　　4.81 m

~~~~~~~~~~ 不 整 合 ~~~~~~~~~~

下伏：**花岗岩**

【地质特征及区域变化】 富锦组以陆相细碎屑岩为主夹劣质褐煤或炭化木，主要由砂砾岩、粗—粉砂岩，泥岩等组成，构成一套河湖相正常碎屑沉积建造(杂色复陆屑式建造)。岩石多为黄褐色、灰色、灰绿色，颜色复杂偏浅色调，属泥砂质弱胶结，低成岩之松软岩石，易风化。产丰富的孢粉及动、植物化石。局部夹粘土矿及劣质褐煤（炭化木），时代置晚第三纪。

本组广泛分布于黑龙江省东部的各断(坳)陷盆地中，仅盆地边缘有零星出露，绝大部分埋藏于地下。在三江坳陷盆地富锦市大兴农场一带，主要由细碎屑岩组成，中下部为河流相粗碎屑与湖相细碎屑交替沉积，上部以湖相细碎屑沉积为主，总体看自下而上构成一个正沉积旋回，其间又由多个正或反的小沉积旋回组成，韵律明显，变化频繁，平行不整合于宝泉岭组之上，厚度为 336 m，系盆地的沉积中心，由该中心往北至二龙山镇一带，粒度变细，厚度变薄，为盆地边缘湖沼相细碎屑沉积，厚度约 21 m，直接不整合于花岗岩之上。向北延伸到鹤岗市七山 191.5 高地一带，地表出露较多，以粗碎屑沉积为主，夹多层含砾粘土岩，自下而上构成正、反二个沉积旋回，韵律性不甚明显，为河流相—湖相—河流相碎屑沉积，出露厚度约 47 m；往北到峻丰村一带，岩相变化不大，直接不整合于东山组火山角砾岩之上，为盆地边缘河流相沉积，厚度约为 71 m，向西延伸到桦南县孟家岗镇长龙沟一带，主要由含砾砂岩与粘土岩组成，以湖相细碎屑沉积为主，产丰富的动、植物化石，不整合于混合花岗岩之上，上部被船底山组覆盖，浅井控制厚度仅 13.7 m，沿依兰-舒兰断陷带向西南延伸到方正县会发镇一带，为河流相粗碎屑与湖相细碎屑交替沉积，总体看显示出由粗→细→粗的韵律性变化，厚度约 478 m，系方正断陷盆地的沉积中心，往盆地边缘迅速变薄及尖灭(图 11 - 1)。

在兴凯湖坳陷盆地虎林县八五四农场一带，主要由砂砾岩、中细粒砂岩及泥岩组成，颜色多为灰白色，呈浅色调，下部为湖相细碎屑沉积，上部以河流相粗碎屑沉积为主，自下而上构成两个由细→粗的反沉积旋回，控制厚度约 157 m，未见底。沿密山-敦化断陷带向西南延伸到鸡东县平阳镇下亮子—东新一带，主要由砂砾岩、粗—粉砂岩、泥岩夹劣质褐煤(炭化木)等组成，其颜色多为灰绿色，自下而上呈细→粗的韵律性变化，由多个小沉积旋回构成，韵律明显，变化频繁，平行不整合于虎林组之上，厚度约 240 m，未见底（图 11 - 3)。

富锦组的沉积虽然分布广泛，但沉积受基底构造控制，各断(坳)陷盆地中厚度不一，并有缺失。

土门子组　N_1t　(03 - 23 - 0448)

【创名及原始定义】 冈田重光、西田彰一（日本）1940 年创建于吉林省珲春市春化乡土门子附近，称土门子统。指吉林省珲春市土门子附近上部层（土门子统)，层序为：(1) 基底
~~~~~~~~~~

砾岩层；(2) 砾质砂岩层；(3) 白色凝灰岩层（硅藻土）；(4) 粗粒砂岩、砂质页岩层；(5) 灰白色凝灰岩层。下伏渐新世含炭层（会宁统），上覆第四纪堆积层，均为不整合接触，全层厚 150 m。时代为上新世。

【沿革】 1965 年吉林省区域地质调查队，在珲春幅、春化幅进行 1∶20 万区域地质调查时，改称土门子组。沿用至今。省内该组系与吉林省对比所致。

【现在定义】 分布于吉林省珲春和黑龙江省东宁等地，指珲春组与船底山组之间的陆源碎屑岩夹硅藻土及玄武岩，具体由砾岩、砂岩、粘土岩、硅藻土为基本层组成的岩石序列。下以砂砾岩底面为界与下伏珲春组平行不整合接触，上以玄武岩始现为界与上覆地层不整合接触。

【层型】 正层型剖面在吉林省。黑龙江省次层型为东宁县东宁镇西山 5116—1043 点路线剖面(23-0448-4-1)。

【地质特征及区域变化】 土门子组在黑龙江省仅出露于东宁县东宁镇西山一带，主要由粘土岩、细砂岩、粉砂岩夹褐煤(炭化木)组成，以湖沼相细碎屑沉积为主，构成杂色复陆屑式建造。岩石多为灰白色、灰黄色，呈浅色调，自下而上构成一个由细→粗的反沉积旋回，韵律较明显。出露厚度约 29 m，上部被船底山玄武岩覆盖，未见底。该组赋存劣质褐煤(炭化木)及粘土岩等有用矿产。

船底山组 Nĉ (03-23-0459)

【创名及原始定义】 原称船底山玄武岩。刘毓初等 1953 年在吉林省桦甸市进行硅藻土锑矿普查时创建，1975 年吉林省区域地层表编表编写组采用并介绍。指吉林省桦甸县青杨木沟附近产于高山地区的玄武岩，称之船底山玄武岩，划属第三纪(?)。玄武岩以含橄榄石微粒为其特征，呈致密状，含少量气泡，岩质坚实处构成猪背式山地。

【沿革】 1972 年吉林省区域地质调查队进行桦树林子幅区域地质调查时，曾称为张广才岭玄武岩；1975 年《东北地区区域地层表·吉林省分册》采用后，称船底山玄武岩，时代为上新世；1988 年《吉林省区域地质志》中称船底山组；黑龙江省曾称为宁安玄武岩、大罗密玄武岩、鸡东玄武岩、立春屯玄武岩、黑头山玄武岩、高位玄武岩。本次对比研究将上述不同名称的玄武岩均归船底山组，其他名称不再使用。

【现在定义】 指土门子组之上以玄武岩为主的岩层。由橄榄玄武岩、玄武岩、安山玄武岩、凝灰质砂岩组成的旋回层。底界与土门子组为不整合接触，顶界被第四系覆盖。

【层型】 正层型在吉林省桦甸市西北船底山。黑龙江省的主要次层型为东宁县老黑山镇观音岭剖面(P_{XL})(23-0459-4-1)。

【地质特征及区域变化】 黑龙江省船底山组以大陆拉斑玄武岩类为主，主要由橄榄玄武岩、辉石玄武岩、气孔状或杏仁状玄武岩及少量玄武质火山碎屑岩等组成，为多期喷发作用形成，构成一套喷溢相基性火山岩建造（大陆玄武岩建造）。岩石多为灰黑色、灰色、带紫褐色调，具气孔状或杏仁状构造，斑状结构，柱状节理发育。其主要岩石化学成分平均含量为：SiO_2 44.10%～53.70%，TiO_2 1.35%～2.06%，Al_2O_3 14.38%～17.93%，Fe_2O_3 1.94%～5.95%，FeO 6.44%～8.34%，MnO 0.13%～0.17%，MgO 4.08%～9.20%，CaO 4.76%～0.67%，Na_2O 3.41%～6.24%，K_2O 0.91%～2.86%，以含钠较高为特征，属较深源的钠质大陆碱性玄武岩。该组玄武岩因喷发环境及喷发阶段不同，致使岩石化学成分呈现较大的差异性。受断裂带控制，呈明显的 NE 向展布，主要为裂隙式喷发，其次为中心式喷发，以喷溢和溢流作用为主。大面积岩席形成玄武岩高台地或残留成方山、平顶山、桌状山、帽状山等地貌景观。时代置于中—上新世。

船底山组广泛分布于黑龙江省东部山地及各断陷带中。在依兰-舒兰断陷带内的方正县大罗密镇万宝山一带，主要由橄榄玄武岩、辉石玄武岩、橄榄岩等组成，不整合于花岗岩之上，出露厚度为 179 m；向东北延伸到鹤岗市立春屯及桦川县万里河一带，主要为气孔状或致密状玄武岩，岩石类型简单，出露厚度约为 12 m 和 8 m(图 11 - 2)。

在密山-敦化断陷带内的穆棱县大炮台一带，主要由橄榄玄武岩、伊丁石玄武岩、玄武质火山角砾岩、浮岩等组成，具球状风化，部分具杏仁状构造，出露厚度约 160 m；向东北延伸到鸡东县黑头山一带，主要由橄榄玄武岩、伊丁石玄武岩组成，其间夹有少量的紫红色玄武质凝灰砂岩、凝灰砾岩、凝灰角砾岩，出露厚度约 127 m；向西南延伸到穆棱镇东山一带，主要由橄榄玄武岩、辉石玄武岩组成，出露厚度大于 20 m(图 11 - 3)。

分布于东宁县老黑山一带的船底山组(向南延入吉林省境内)，主要由橄榄玄武岩、辉石玄武岩、气孔状或致密状玄武岩等组成。火山韵律较发育，构成多个不完整的火山韵律层，其韵律结构为管状气孔状玄武岩—致密状玄武岩—小气孔或杏仁状玄武岩，横向上岩相变化不大，仅局部见近火山口相玄武质火山角砾岩、集块岩和熔角砾岩。厚度变化较大，观音岭一带出露约 280 m，向北变薄，至东宁镇西山厚仅十余米。

第二节　生物地层特征及地质年代

一、大兴安岭-燕山地层分区、松辽地层分区

黑龙江省第三纪均为陆相沉积地层，以产孢粉及植物化石为主，尚产有双壳类、腹足类、介形虫及古脊椎等动物化石，但系统的研究资料很少。本次对比研究仅将产有化石的各组生物地层特征介绍如下：

1. 乌云组生物地层特征

乌云组产丰富的孢粉及植物化石。在嘉荫县煤矿（原乌云煤矿）5050 观测点剖面（10 层）粉砂岩中，采到了大量植物化石。其中以被子植物中的桦科、榆科等双子叶植物较为丰富，出现较多的有：*Platanus*，*Alnus*，*Betula*，*Cercidiphyllum*，*Trochodendroides*，*Pterospermites*，*Menispermites*，*Celastrus*，*Fraxinus* ，*Corylus* ，*Cyclocarya*，*Ampelopsis* 等。裸子植物中的松柏科植物亦有一定数量的出现。上述的被子植物多数为晚白垩世—早第三纪的常见分子，尤以第三纪最为繁盛。在碳质泥岩及褐煤中产丰富的孢粉组合，其中被子植物花粉自下而上由 31.8%增加到 53.7%，以桦科、榆科、胡桃科、杨梅科有关的三孔粉最丰富，如 *Paraalnipollenites triangulus*，*P. confusus*，*P. medius*，*Triporopollenites palanulatus*，*Betulaepollenites plicoides*，*Betulaceoipollenites*，*Plicapollis*，*Myricipites*，*Comptomia*，*Ulmoideipites tricostatus*，*Engelhar dtipollenites*，*Caryapollenites*，*Ostryoipollenites*，*Momipites* 等。裸子植物花粉亦很丰富，平均占 41.2%，以 *Sequoiapollenites*，*Inaperturopollenites* 为代表的柏科、杉科花粉常见。蕨类孢子占 14.9%，以 *Polypodiaceaesporites* 为主，还见有 *Deltaidospora*，*Osmundacidites*，*Cibotiumspora*，*Gleichencidites*，*Cyathidites*，*Pterisisporites*，*Leptolepdites* 等。

乌云组的孢粉组合特征与东北地区南部抚顺群同期孢粉组合相近，与俄罗斯境内结雅—布列亚盆地基甫金含煤系丹麦期孢粉组合相似，又考虑到该组中所产植物化石多为早第三纪

常见分子，故其时代应为早第三纪古新世。

2. 孙吴组生物地层特征

黑龙江第二区调大队在嫩江县幅进行1:20万区域地质调查时，根据在嫩江县旭光农场、尖山河农场及讷河县青山嘴一带孙吴组中所采孢粉资料，划分了3个孢粉组合：

①*Pinuspollenites-Tsuga-Juglans* 组合

被子植物花粉占优势，以 *Juglans*，*Quercus* 为主，其次有 *Betulaceoipollenites*，*Betula*，*Tricolpopollenites* 等。裸子植物花粉次之，以 *Pinuspollenites*，*Tsugaepollenites* 为主。蕨类孢子很少，主要有 *Pterisisporites*，*Cyathidites*，*Cibotiumspora* 等。

②*Betula-Tsuga-Alnus-Picea-Pinus* 组合

被子植物花粉占优势，以 *Alnus*，*Betula* 为主，其次有 *Juglans*，*Ulmus*，*Caryapollenites*，*Betulaceoipollenites*，*Corylus*，*Retitricolporites* 等。裸子植物花粉次之，以 *Pinus*，*Picea* 为主，其次有 *Abies*，*Tsuga*，Taxodiaceae，*Cedripites* 等。蕨类孢子较少，主要有 *Schizaeoisporites*，Polypodiaceae，*Pterisisporites* 等。

③*Betula-Artemisia* 组合

以木本植物花粉减少，草本植物花粉显著增加为主要特征。草本植物花粉占优势，以 *Artemisia*，Chenopodiaceae，*Compositae* 为主。木本植物花粉以 *Betula* 为主，其次有 *Quercus*，*Ulmus*，*Salix* 等。蕨类孢子以 Polypodiaceae，*Pteridium*，*Osmundacidites* 为主。

在呼玛县三卡北山孙吴组灰色砂砾岩中所产孢粉组合特征是：被子植物花粉占 40.5%，主要有 *Alnipollenites verus*，*A. metaplasmus*，*Betulaceoipollenites*，*Ulmipollenites*；裸子植物花粉占 42.3%，主要有 *Pinuspollenites*，*Tsugaepollenites igniculus*，Pinaceae，*Piceaepollenites*；蕨类孢子占 9.2%，主要为 *Polypodiaceaesporites*。孙吴县腰小河一带孙吴组中的孢粉组合特征与呼玛县三卡北山相一致，被子植物花粉占 65.3%，裸子植物花粉占 26.3%，蕨类孢子占 0.4%。

以上所述孢粉组合特征，与东北地区南部晚渐新世—中新世孢粉组合及东北地区北部中—上新世孢粉组合特征相一致。其时代以渐新世—上新世为宜。

3. 依安组生物地层特征

据大庆石油勘探开发研究院李永康对依安组孢粉资料分析，其孢粉组合以裸子植物花粉占绝对优势，为 64.1%～65.8%，以 Taxodiaceae 为主，其次有 Cupressaceae，Pinaceae，*Ephedra* 等；被子植物花粉为 6.8%～12.3%，主要有 Juglandaceae，Fagaceae，Betulaceae，Ulmaceae 等；蕨类孢子为 10%～22%，以 Polypodiaceae 为主。另外本组产有大量淡水动物化石：双壳类主要有 *Pseudohyria cardizformis*，*P.* aff. *gobensis*，*P. sungarana*，*Sphaerium* sp.；腹足类主要有 *Valvata sinensis*，*Hyarobia* sp.，*H.* cf. *gyokusoensis*；介形虫类主要有 *Candona declivis*，*Candoniella suzini* 等。上述孢粉组合特征与辽宁省抚顺群晚始新世—早渐新世的孢粉组合相似，又产有大量淡水动物化石，故其时代应为始—渐新世。

4. 大安组生物地层特征

大安组产较丰富的孢粉及少量的植物、介形虫等化石。

该组孢粉组合特征：被子植物花粉占优势，为 40.9%～48.4%，主要有 Juglandaceae，Ulmaceae，Fagaceae，Betulaceae 等；裸子植物花粉次之，为 18.1%～44.7%，主要有 Pinaceae，Taxodiaceae，Cupressaceae 等；蕨类孢子较少，为 2.3%～18.2%，主要有 Polypodiaceae，Osmundaceae 等及所产植物化石：*Castanea miomollissima* 等；介形虫：*Lyocypris hrrabandis*，*Can-*

dona combibo, *Candoniella albicans* 等，均反映出中国北方晚第三纪生物组合特征。虽然该组与下伏依安组未接触，直接不整合于明水组之上，其时代仍以晚第三纪为宜。

二、张广才岭-南楼山地层分区、鸡西-延吉地层分区

1. 宝泉岭组生物地层特征

宝泉岭组产丰富的孢粉及植物化石。在汤原县振兴乡西汤参一井，于该组的下部泥岩中采到植物化石：*Zelkova ungeri*，*Knus fushunensis*，*Lophyllum* sp.，*Protophyllum coritolsolium*，*P. renifolium*，均为晚白垩世—早第三纪常见分子。在泥岩及褐煤层中所采孢粉组合特征：自下而上被子植物花粉由 9.0%增加到 77.9%，以 *Triporopollenites*，*Alnipollenites*，*Quercoidites* 等为主；裸子植物花粉由 19.4%增加到 69.0%，以 *Podocarpidites*，Pinaceae，*Pinuspollenites*，*Abietineaepollenites* 等为主；蕨类孢子由 71.6%减少到 1.9%，以 *Laevigatosporites*，*Polypodiaceaesporites* 等为主。

在萝北县宝泉岭农场一带，于该组采到植物化石：*Acer taikuensis*，*Alnus kefensterrni*，*Liquidambar miosinica*，*Sequoia* sp. 等。

根据大庆石油勘探开发研究院赵传本等（1982）对三江盆地中的东基一、二、三井孢粉资料的综合整理分析，该组的孢粉组合特征是：裸子植物花粉占优势，为 22.45%～72.68%，以 *Cedripites*，*Pinuspollenites*，*Abietineaepollenites*，Taxodiaceae，Pinaceae 等为主；被子植物花粉次之，为 14.19%～47.14%，以 *Calyapollenites*，*Betulaceoipollenites*，*Rhoipites* 等为主，还有少量的草本植物花粉 *Persicerioipollis*，*Chenopolipollis*，*Nelumbo*，Ranunculaceae，*Liliacidites*，*Malvacearnmpollis*，*Consinipollenites* 等；蕨类孢子较少，为 1.49%～26.62%，以 *Polypodiisporites*，*Pterisisporites*，*Lycopodiumsporites* 为主。据上述可以看出，宝泉岭组的孢粉组合与本区白垩纪的孢粉组合有着明显的区别，首先是蕨类孢子的含量减少，特别是白垩纪占优势的 *Lygodiumsporites*（海金砂孢）仅在下部层位零星见到，中上部层位中已经消失；其次是被子植物花粉的数量明显增高，而且其成分亦发生了明显的变化，阔叶落叶树种大量出现，草本植物花粉也有一些出现，同时仅保留着少量的白垩纪孑遗分子 *Aquilapollenites*、*Gathanipollis*、*Proteacidites*；再有裸子植物花粉中出现数量丰富的 *Taxodiaceaepollenites*。

在尚志市丁山村一带，于该组采到植物化石：*Salix*?sp.，*Ulmus* sp.，*Sequoia* sp.，*Quercus* sp.，*Acer* sp.，*Tilia* sp.，*Zizyphus* sp. 等。所采孢粉组合特征：被子植物花粉占绝对优势，为 51.3%～77.6%，以 *Quercus*，*Fagus*，*Castanea*，*Carya*，*Tilia*，*Acer* 等为主；裸子植物花粉为 4.3%～19.5%，以 *Pinus*，*Abies* 等为主；蕨类孢子为 2.4%～5.7%，以 Polypodiaceae，*Sphagnum*，*Pteris*，*Schizaea*，*Adiantum*，*Selaginella* 等为主。

在方正县会发镇一带，方参 2 井中所采该组的孢粉组合特征：被子植物花粉较多，以 *Alnipollenites*，*Tiliaepollenites* 为主；裸子植物花粉次之，以 Pinaceae，*Inaperturopollenites* 为主；蕨类孢子较少，以 *Polypodiaceaesporites* 为主。

在依兰县达连河镇（煤矿）一带，该组的厚层油页岩中产植物化石：*Sequoia*sp.，*S. langsdorbii*，*Glyptostrobus* sp.，*G. europaeus*，*Woodwardia* sp.，*Comptoniphyllum* sp.，*Nelumbo* sp.，*Dilospyros* sp.，*Quercus* sp.，*Juercus* sp.。

从上述植物化石及孢粉组合特征来看，与东北地区南部早第三纪的植物化石及孢粉组合特征相近，其时代应为早第三纪。

2. 虎林组生物地层特征

虎林组产丰富的孢粉及植物化石。在虎林（县）盆地，该组煤层和油页岩中产植物化石：*Alnus kefensterrni*，*A. prencpilensis*，*Alnus* sp.，*Tilia*，sp.，*Carpinus miocordate* 等。其孢粉组合以 *Carya*，*Juglans*，*Castanea*，*Quercus*，*Liquidambar* 等占优势，还有少量的 *Pitilipollenites*，*Aguilapollenites*，*Gothanipollis*，*Paualnipollenites*，*Bochlensipollis* cf. *uingiianglnis* 等。

在牡丹江市黄花粘土矿第十八勘探线，钻孔揭示的该组黑褐色油页岩中产植物化石：*Sequoia* sp.，*Nitophyllites* sp.，*Alnus* sp.，*Dryophyllum* sp.，*Betula* sp.，*Carpinus* sp. 等。其孢粉组合特征：被子植物花粉占优势，类型较多，以 *Caryapollenites*，*Liquidambarpollenites* 为主，其次有 *Pterocaryapollenites*，*Juglanspollenites*，*Carpinus*，*Ulmoidiites*，*U. tricostatus*，*Ostryoipollenites*，*Eugethardtioidites*，*Quercoidites*，*Q. minutus*，*Q. microhenrici*，*Betulaepollenites*，*B. plicoides*，*Alnipollenites verus*，*A. metaplasmus*，*Fagus*，*Tiliaepollenites*，*Salixpollenites*，*Nyssapollenites*，*Ilexpollenites*，*Myricipites*，*Rhoipites*，*Symplocacites*，*Lonicerapollis*，Supindaceae，*Araliaceoipollenites*，Ericaceae，*Magnolipollenites*，*Cupuliferoipollenites pusillus*，*C. cingulum*，*C. liblaiensis*，*Pisitillipollenites*，*Oculopollenites*，*Gothanipollis*（?），*Multiporopollenites*，*Tricolpites* 等；裸子植物花粉次之，以 Pinaceae，*Ephedripites* 为主，其次有 *Abietineaepollenites*，*Pinuspollenites*，*Piceapollenites*，*Laricoidites*，*Abiespollenites*，*Cedripites*，*Podocarpidites*，*Taxodiaceaepollenites hiatus*，*T.* sp.，Cupressaceae，*Inaperturopollenites* 等；蕨类孢子较少，有 *Polypodiaceaesporites*，*Osmundacidites*，*Gleicheniidites*，*Schizaeoisporites*，*Leiotriletes* 等。

在林口县西桥、五河屯一带，该组的褐煤层中孢粉组合特征：被子植物花粉占优势，为63.5%，以 *Quercoidites*（占17%），*Ulmipollenites*（占10%），*Caryapollenites*（占7%），*Ericipites*（占7.5%），*Liquidambarpollenites*（占2.5%）为主，其次有 *Juglanspollenites*，*Faguspollenites*，*Salixpollenites*，*Tiliaepollenites*，*Ostryoipollenites*，*Cupuliferoipollenites*，*Cyrillaceaepollenites*，*Ilexpollenites*，Caprifoliaceae，*Lonicerapollis*，*Triporopollenites*，*Tricolpites*，等；裸子植物花粉次之，为36%，以 Pinaceae，*Pinuspollenites*，*Abietineaepollenites*，*Piceapollenites* 为主，其次有 *Abiespollenites*，*Tsugaepollenites*，*Cedripites*，*Podocarpidites*，*Dacrycarpites*，*Inaperturopollenites*，*Ephedripites* 等；蕨类孢子很少，仅为0.5%，主要为 *Polypodiaceaesporites*。

上述植物化石多为早第三纪常见分子，其孢粉组合特征与东北地区南部的早第三纪孢粉组合相当，与宝泉岭组孢粉组合相同，其时代应为早第三纪。

3. 富锦组生物地层特征

富锦组产丰富的孢粉及动、植物化石。在桦南县孟家岗镇长龙沟一带，该组粘土岩中产植物化石 *Quercus miocrispula*，*Q. prolodentata*，*Populus* sp.，*Schisaudra* sp.，*Liriodendron* sp.，*Magnolia* sp.，*Betula* spp.，*Carpinus* sp.，*Carylus* sp.，*Ulmus* sp. 及鱼化石，其植物化石组合与俄罗斯远东苏昌盆地中新世晚期植物化石组合相当。

在桦南县八虎力乡四方台村北排子砂金矿Ⅳ号探采井，于该组底部的灰白色砂砾岩(层)中产动物化石及硅化木，经中科院古脊椎动物与古人类研究所齐陶鉴定为 *Zygolophodon* sp.（乳齿象未定种），时代为中新世。

在穆棱县穆棱镇东山，该组孢粉组合特征：被子植物花粉占优势，为47.3%～58%，主要有 *Juglans*，*Fagus*，*Carya*，*Quercus*，*Tilia* 等；裸子植物花粉次之，为28%～48.1%，主要有 Pinaceae，*Pinus*，*Abies*，*Agathis*，*Tsuga*，*Picea* 等；蕨类孢子较少，为 4.6%～14%，主要有 Polypodiaceae，*Sphagnum*，*Osmunda* 等。

在鸡东县东新 M9 钻孔所采该组孢粉组合特征：被子植物花粉占优势，以 *Juglans* sp.，*Salix* sp.，*Betula* sp.，*Alnus* sp.，*Corylus* sp.，*Quercus* sp.，*Fagus* sp.，*Ulmus* sp. 等为主；裸子植物花粉次之，以 *Pinus* sp.，*Picea* sp.，*Abies* sp. 为主，二者占 79.2%～95.2%；草本植物花粉占 1.6%～16.9%，以 Chenopoliaceae，Violaceae，Sparganiaceae 为主；蕨类孢子很少，占 0～1.3%，以 Polypodiaceae，Salrinillaceae 为主。

在虎林县八五四农场一带，九一四部队所采该组孢粉组合特征：木本及灌木植物花粉约占 97%，蕨类孢子占 3.1%，其中 *Fagus* sp. 占 24%，*Carya* sp. 占 7%，*Juglans* sp. 占 3.1%，*Liquidambar* sp. 占 6.6%，*Picea* sp. 占 9.2%，*Pinus* sp. 占 5.7%，*Abies* sp. 占 6.1%，*Tsuga* sp. 占 5.7%，另外有少量的 *Taxodiaceaepollenites*，*Cedripites*，*Betula* sp. 等。

根据大庆石油勘探开发研究院赵传本等，对三江盆地中的东基一、二、三井孢粉资料的综合分析，该组的孢粉组合特征：被子植物花粉占优势，为 40.07%～88.21%，类型较多，以 *Betulaceoipollenites*，*Ulmipollenites*，*Caryapollenites*，*Alnipollenites*，*Quercoidites* 为主，还出现了二个新属 *Fujinpollis*，*Sanjiangpollis*；裸子植物花粉次之，为 25.75%～57.98%，以 *Cedripites*，*Pinuspollenites*，*Abietineaepollenites* 为主；蕨类孢子含量较少，为 1.85%～75.85%，以 *Polypodiaceaesporites* 为主。与下伏宝泉岭组的孢粉组合有明显的区别，被子植物花粉中 *Ulmoipollenites*，*Quercoidites* 有所增加，并出现了 Typhaceae 等花粉，裸子植物花粉中 *Taxodiaceaepollenites* 的含量显著降低，蕨类孢子中 *Polypodiaceaesporites* 含量明显增加。

另外，富锦组中还产有较丰富的硅藻化石，上下陆续均有分布，藻体有羽纹状的也有放射状的，可与山东省中新世地层中所产硅藻化石对比。

综合上述，其时代应为晚第三纪。

4. 船底山组地质年代

船底山组平行不整合于土门子组或富锦组之上，被第四纪沉积覆盖。其中获得较多的全岩 *K-Ar* 法同位素年龄值（表 11-1）：

表 11-1　船底山组玄武岩同位素年龄值表

采样地址	岩性	测试方法	年龄值及标准偏差（Ma）
尚志市高丽山	玄武岩	K-Ar 体积法	13.1±0.36
方正县莫利	橄榄玄武岩	K-Ar 体积法	13.2±0.4
鹤岗市立春屯	玄武岩	K-Ar 体积法	15.6
桦川县万里河	玄武岩	K-Ar 体积法	21.5
穆棱县代马沟	玄武岩	Ar 稀释法	8.65±0.64
穆棱县穆棱镇西山	粗玄岩	Ar 稀释法	3.26±1.44
宁安县鹿道杨旗沟	碱性橄榄玄武岩	Ar 稀释法	15.8±0.64
宁安县郝纸房帽儿山	碱性橄榄玄武岩	Ar 稀释法	10.6±0.5
宁安县郝纸房帽儿山	碱性橄榄玄武岩	Ar 稀释法	9.25±0.28
宁安县镜泊湖北湖头	碱性橄榄玄武岩	Ar 稀释法	15.87±0.34
鸡东县平阳镇永安河谷	碱性橄榄玄武岩	Ar 稀释法	3.66±0.058
东宁县老黑山镇观音岭	玄武岩	K-Ar 体积法	12.24±0.34

从表11-1中可以看出船底山组玄武岩喷发的多期性，大体划分成4个时限段，即3.26～3.66 Ma，8.65～10.60 Ma，12.24～15.87 Ma，21.5 Ma。其喷发时限相当中新世中期至上新世晚期。

第十二章
结　语

一、取得的主要进展和成果

1. 系统地划分了各时代的地层

黑龙江省地层发育齐全，各门类化石丰富，各种海相、陆相、海陆交互相等沉积类型复杂。自晚元古代到第三纪收集到的单位379个，对比研究之后，建议使用的群级单位17个，组级单位143个、段级2个。对各单位的创名、原始定义、沿革，进行了细致的溯本追源，加以理顺和澄清，并给予了新的定义，对各单位的地质特征及区域变化做了较详细的叙述，对富产生物的地层，亦竭力做了以组合带为主的生物地层单位系列划分，一般情况下做了组合划分或生物地层特征介绍。共划分组合带100个，植物组合24个。根据生物资料、同位素年龄等讨论了各地层单位的时代，并大体上与年代地层单位进行了对比。根据现有资料试图对黑龙江省西北部兴安岭地区奥陶纪—泥盆纪、东部那丹哈达岭侏罗纪—白垩纪的地层层序进行了恢复和简述。以板块构造的观点确定了地层区划的原则，并以此为标准按二个断代，即晚元古代—早三叠世、中生代—第三纪，分别划分了地层分区，同时对其边界和主要地质特征做了简单介绍。

2. 按活动论的观点把黑龙江省的地质作用分为三个大的构造时期

第一时期为晚太古代—早元古代古陆的形成；第二时期为中元古代—三叠纪早期西伯利亚板块与华北板块分离裂解、中亚蒙古洋的形成、发展、闭合阶段；第三时期为中三叠世—第三纪滨太平洋活动大陆边缘的形成发展阶段。其中又分为三个亚阶段，即中三叠世—早侏罗世、早侏罗世托尔期—早白垩世阿普特期、早白垩世阿尔布期—第三纪，其中前二者任纪舜等称古太平洋构造活动，后者称新太平洋构造活动。

3. 晚元古代—早寒武世地层的划分对比

本次对比研究基本沿用早已建立的单位名称。新启用了倭勒根群，零点群停用。充分考虑了一面坡群中的微古植物的时代，将它与张广才岭群视为同时异相的产物，因此并入该群的新兴组中。原龙镇地区的石炭纪库伊河群下部以含十字石、红柱石为特征的中浅变质岩黑被子组和其上轻变质的火山沉积岩额头山组，根据原岩建造、变质程度以及它们所处的构造位置分别划归落马湖群的嘎拉山组和北宽河组。

4. 对古生代地层的新认识

4.1 寒武纪地层划分对比中西林群的新含义

伊春地区原晨明组上部带红色调的石英砂岩等碎屑岩层与西林群下部老道庙沟组上部的红色石英砂岩等碎屑岩层对比，称老道庙沟组；原晨明组下部以沥青质灰岩为主的部分与五星镇地区老道庙沟组下部的碳质灰岩层对比，称晨明组。因此将晨明组归入西林群。

4.2 奥陶纪地层单位的变化

①兴隆地区安娘娘桥组的新资料及奥陶纪地层的新认识。通过野外核查，在一直作为兴隆地区奥陶纪地层最低层位的安娘娘桥组中采到属于卡拉道克中期的三叶虫化石，从而厘定了该区奥陶纪地层的结构、安娘娘桥组的时代和层位。②根据岩性和岩相建造的统一性，把罕达气地区原来以生物组合为依据而划的中、下奥陶统的大治组、西鳅河组、铜山组合并统称铜山组。③根据岩性、地层序列关系和古生物组合特征以及对比，把三卡地区的晚奥陶世五隆屯组合并到裸河组中。

4.3 泥盆纪地层单位的变化

①从岩石地层单位的划分标准，将小兴安岭西北部及其以西地区的根里河组以下的泥盆纪全部地层统称泥鳅河组，重新明确了泥鳅河组的含义。同时停用古兰河组、西古兰河组、罕达气组、金水组、霍龙门组、德安组、如舟河组、三包山组、宝泉沟组、嘎嘎拉组。该区的原晚泥盆世大河里河组所属地层分别归入根里河组和小河里河组，停用大河里河组。②张广才岭地区小北湖一带的小北湖组改为黑台组，其上的火山岩仍称老秃顶子组。

4.4 二叠纪地层单位的变化

本次对比研究，将乌兰浩特-哈尔滨地层分区的二叠纪地层下部的火山岩归大石寨组，产珊瑚、腕足类化石等的碳酸盐岩、碎屑岩归哲斯组；上部产 *Palaeomutela*-*Palaeanodonta* 的黑色及杂色砂岩，统称林西组。东宁-汪清地层分区老黑山地层小区早二叠世地层以中性火山岩夹大理岩为标志进行三分：火山岩部分称红叶桥火山岩；之上凝灰质板岩、粉砂岩仍称亮子川组；而王友勤划入亮子川组的九佛沟剖面含 *Comia* 的地层单独划出称红山组，与开山屯砾岩并列。东宁县双桥子剖面原划阎王殿组归平阳镇组，双桥子组保留。鸡东地层小区鸡东县大营山南坡剖面平阳镇组与洞子沟组之间的中酸性火山岩夹砂板岩部分划出归双桥子组。

4.5 在阿城市胡家围子土门岭组剖面重新补采到 *Callipteris*-*Camia* 植物组合的分子，相当于红山组的层位，同时在该层位的上部沉积层中采到 *Palaeomutela*（古米台蚌），相当于黑龙江省西部华安地区晚二叠世林西组的双壳类。这是黑龙江省包括东北区在内少有的 *Callipteris*-*Comia* 植物群与 *Palaeomutela*-*Palaeanodonta*（*P*-*P*）动物群在同一剖面上出现的现象。

5. 中新生代地层形成的构造环境的认识

5.1 将完达山地区堆积杂岩、枕状熔岩、硅质岩、浊积岩统称完达山群，并认为硅质岩与枕状熔岩、浊积岩即有上、下层位关系又有横向过渡关系。从完达山深水相—那丹哈达岭（宝清—密山地区）浅水相—太平岭陆相火山岩分别称为内、中、外带，内带为洋壳之上由完达山群构成，中带为陆壳上的浅滨海相陆源碎屑岩，外带为太平岭上的陆内钙碱性系列火山岩。

5.2 早侏罗世—早白垩世早中期地层分区明显。以佳木斯隆起为界，以东为陆缘区，以西为陆内区。陆缘区为海相到海陆交互相陆源碎屑再沉积，由早侏罗世凯北群、中侏罗世—早白垩世龙爪沟群、晚侏罗世—早白垩世鸡西群构成。完达山地区的早侏罗世海相沉积的大架山组、白鹤山组合称凯北群，经野外核查与上覆龙爪沟群裴德组应为平行不整合关系，并认为凯北群、龙爪沟群的上部和下部是在三次大规模的海侵作用下形成的，而且一次比一次规模大，甚至穆棱县下城子一带的早白垩世半咸水双壳类和松辽盆地青山口组中海相沟鞭藻都是这次海侵作用的产物。陆内区早中侏罗世为以额木尔河群为代表的河湖相含煤碎屑沉积，晚侏罗世到早白垩世为沉积火山岩相，下部由中性→酸性两个火山喷发旋回构成，上部为两套煤系夹基性火山岩。此期受古太平洋板块构造作用的控制，构造线方向为NNE向，以碰撞挤压造山为特征。其上叠加新太平洋板块作用而形成NE向早白垩世晚期（阿尔布期）至第三纪的沉积。

5.3 早白垩世晚期（阿尔布期）—第三纪断代沉积。分为两个层次，第一是早白垩世晚期—晚白垩世以松花江群、嘉荫群、桦山群为代表的氧化环境杂色含油沉积，第二是晚白垩世末期到第三纪的温湿环境下暗色成煤沉积。此期受控于新太平洋板块构造作用下，以裂陷拉张为特征。

黑龙江省地域辽阔，地质构造复杂，包括几种构造单元和构造作用，互相交织，形成多种沉积作用和丰富多彩的地质现象及有待于解决的地质问题，需要继续做好工作。

二、存在的主要地层问题

黑龙江省地处祖国的北部边陲，地理条件对地质工作的开展十分不利。由于地层发育、类型较多，岩浆活动又十分强烈，构造复杂，加之开展地质工作时间较晚，研究程度颇低。因而遗留下来的问题也非常多，归纳起来有：

（1）相当于晚元古代的一套中浅变质岩层的划分对比（特别是太平岭地区的黄松群、张广才岭地区的张广才岭群），有待吉林省与黑龙江省共同解决时代以及与吉林省相关地层的对比、吉黑两省中东部地区所处的大地构造位置等。

（2）黑龙江省东部太平岭地区早古生代地层的存在与否有待研究，如在中俄边界的俄方存在早古生代的奥陶纪、志留纪地层，特别是志留纪地层在俄方已经划到国界上，那么我方是否存在需实地工作和研究。

（3）关于寒武系，我省存在两种类型，一种是以西林群为代表的由钙质、镁质碳酸盐岩夹泥质岩和陆源碎屑岩组成的一套地层；另一种是以兴隆群为代表的由陆源碎屑岩夹镁质碳酸盐岩组成的一套地层，没有确凿的生物依据，在本次的野外核查中获得了少量的微体古生物资料，其属种、多数在晚元古代地层中的微体古生物组合里出现。从地层的结构上：下部为沉积岩，上部为沉积-火山岩，这一特征与倭勒根群基本相当，二者是否为相当层位需待研究。

（4）卧都河组与上覆泥鳅河组在局部地区可能为不整合接触，尚待研究。

（5）关于黑龙江省东部早、中侏罗世海陆交互相的地层，其中50年代末期所确定的龙爪沟群中的 *Arctocepharites* 北极头菊石，在80年代的重新观察认为不是这种菊石，其时代亦不是中侏罗世，有早白垩世一说，这与实际地层层序和其中所产植物化石 *Neocalamites* 所指定的时代相悖；另外一个问题是虎林县大架山地区即现在的凯北群中原定的大量 *Buchia* 和 *O-tapiria*，时代为早侏罗世，经重新研究有关专家认为是 *Aucellina*，时代属晚白垩世，这与其中所产的菊石，Rb－Sr 等时线同位素年龄值 182、183 Ma 有矛盾，究竟实际为何尚需进一步研究。

（6）关于大兴安岭火山岩期次划分及其与内蒙古、河北、辽西的层位对比，以及与东部早侏罗世—早白垩世海陆交互相地层的层位对比，特别是煤系地层的对比问题仍需进一步研究。

(7) 侏罗纪—白垩纪的界线问题尚待解决。黑龙江省侏罗纪—白垩纪地层非常发育，既有陆相又有海相，并多是侏罗纪—白垩纪的过渡层，最优选的地点当属饶河县东安镇剖面，按研究双壳类专家认为，侏罗纪和白垩纪的界线在 *Buchia* 层内，近年来国内外专家都非常关注，多次前往现场观察，并采集到菊石化石，这更有利于推动该界线的解决。另外的层位即是曙光组内，其中海相化石丰富，并且很多分子都具有白垩纪的色彩，建议在我省东部开展侏罗纪—白垩纪界线的研究。

(8) 关于三叠纪和侏罗纪界线的研究。完达山地区有相当广泛的放射虫硅质岩分布，近来通过放射虫的研究发现在同一硅质岩层中同时具有三叠纪顶部和早侏罗世底部的放射虫组合。并且硅质岩中还赋存有牙形刺化石，对于研究三叠纪的各个阶的界线也是非常有利的场所。

(9) 鉴于黑龙江省这样的自然地理条件，对于地层多重划分对比研究存在先天不足，就岩石地层的研究来说，由于岩层不能连续出露，所以基本层和基本层序就无法观察和研究，相应地一个单位基本岩石组合及其沉积的组构特征也就难以确定。与此同时生物地层单位的建立也由于地层的不连续，生物化石也就无法得到充分连续采集，这无疑给生物地层的研究及其单位的建立造成极大的难度，因此在黑龙江省截止现在尚无人建立一个标准的生物地层单位。

(10) 黑龙江省地层格架的建立和研究难度大。其原因无论古生代抑或中生代的海相沉积，均属活动带内（地槽型）沉积的产物，其沉积类型复杂，岩相及厚度变化大，加之褶皱构造作用使原来的沉积盆地发生收缩、扭曲并互相错动，形成大小不同的块体，甚至于互相滑动而失去它的完整性和连续性。由于以上原因黑龙江省的地层格架的恢复和建立难度极大，甚至于成为不可能。

(11) 地层分区有待于研究，特别是古生代地层分区的划分更需研究。

黑龙江省森林密布，沼泽发育，天然露头极差，地质工作多有不便，使得纵有满怀雄心报负的地质工作者束手无策，致使长期以来我省基础地质工作虽然取得了很多突破性的进展和一些非常好的成果，但和其它省相比研究程度仍然很低，存疑的地质问题很多，有待于在上级部门的关照下，通过我们的努力促进地质工作快速前进，获得好的成果。

参考文献

陈广雅，1959，鸡西煤田地层概况。地质论评，19（5）。北京：地质出版社。

崔同翠，1987，松辽盆地白垩纪叶肢介化石。北京：石油工业出版社。

地质矿产部地质辞典办公室，1983，地质辞典。北京：地质出版社。

房立民等，1991，变质岩区1∶5万区域地质填图方法指南。武汉：中国地质大学出版社。

高瑞祺、何承全、乔秀云，1992，松辽盆地白垩纪两次海侵的沟鞭藻类新属种。古生物学报，31（1）。

顾知微等，1962，中国的侏罗系和白垩系，全国地层会议学术报告汇编。北京：科学出版社。

哈兰德，W B等，1982，地质年代表。袁相国等译，1987，北京：地质出版社。

郝诒纯等，1986，中国地层（12）中国的白垩系。北京：地质出版社。

赫德伯格，H D，1976，国际地层指南。张守信译，1979，北京：科学出版社。

黑龙江省东部中生代含煤地层研究队，1986，黑龙江省东部龙爪沟群的研究及其与鸡西群的对比。哈尔滨：黑龙江科学技术出版社。

黑龙江省区域地层表编写组，1979，东北地区区域地层表·黑龙江省分册。北京：地质出版社。

黑龙江省地质矿产局张海驲等，1993，黑龙江省区域地质志。北京：地质出版社。

黑龙江省第一区测队、苏养正，1975，小兴安岭西北部奥陶系和志留系的划分和对比。东北地质科技情报，（4）。

侯鸿飞等，1986，中国地层（7）中国的泥盆系。北京：地质出版社。

黄本宏，1963，东北北东部中生代含煤地层的时代。科学通报，14（9）。北京：科学出版社。

黄本宏，1981，关于吉林密山等地区产的安格拉型脉羊齿和杨木岗组的地质时代。沈阳地质矿产研究所所刊，第4号。沈阳：辽宁科学技术出版社。

黄冠军（东北—内蒙古煤炭公司110勘探队），1992，黑龙江东部双鸭山、集贤煤田中生代含煤地层研究。古生物学报，31（2）。

吉林省地质矿产局，1988，吉林省区域地质志。北京：地质出版社。

吉林省编制地层表办公室，1978，东北地区区域地层表·吉林省分册。北京：地质出版社。

吉林省地质矿产局，1992，吉林省古生物图册。长春：吉林科学技术出版社。

金性春，1984，板块构造学基础。上海：上海科学技术出版社。

具然弘、郑少林等，1982，黑龙江省东部龙爪沟群及鸡西群。沈阳地质矿产研究所所刊，第5号。沈阳：辽宁科学技术出版社。

李子舜、于希汉，1982，黑龙江省东部地区中—晚侏罗世的双壳类化石。沈阳地质矿产研究所所刊，第5号。沈阳：辽宁科学技术出版社。

李蔚荣、刘茂强等，1986，黑龙江省东部侏罗系龙爪沟群。地质专报（二）地层古生物，第5号。北京：地质出版社。

梁仲发，1982，黑龙江省东部中侏罗世一些菊石。沈阳地质矿产研究所所刊，第5号。沈阳：辽宁科学技术出版社。

罗玉兴、张志诚，1983，黑龙江嘉荫—逊克地区晚中生代和第三纪地层。地层学杂志，7（3）。

孟祥化，1979，沉积建造及其共生矿床分析。北京：地质出版社。

南润善、郭胜哲等，1992，内蒙古—东北地槽区古生代生物地层及古地理。北京：地质出版社。

内蒙古自治区地质矿产局，1991，内蒙古自治区区域地质志。北京：地质出版社。

内蒙古自治区区域地层表编写组，1978，华北地区区域地层表·内蒙古自治区分册。北京：地质出版社。

乔秀云、何承全、高瑞祺，1992，松辽盆地早白垩世淡水沟鞭藻类。古生物学报，3（1）。

全国地层委员会，1981，中国地层指南及中国地层指南说明书。北京：科学出版社。

沙金庚，1992，黑龙江东部的 *Buchia* 和 *Aucellina* 层。地层学杂志，16（1）。

沙金庚、袁福胜，1985，黑龙江饶河东安镇组的 *Buchia* 化石群。古生物学报，24（6）。

沈阳地质矿产研究所，1980，东北地区古生物图册。北京：地质出版社。

石铁民，1960，黑龙江省东部中生代地层的划分与对比。地质学报，40（1）。

苏养正、张海驲、曲关生，1983，黑龙江省东部泥盆纪“黑台组”命名剖面的再研究。沈阳地质矿产研究所所刊，第6号。沈阳：辽宁科学技术出版社。

孙学坤、何承全，1992，黑龙江绥滨地区晚侏罗世东荣组沟鞭藻类。古生物学报，31（2）。

孙革、袁福胜，1989，黑龙江饶河东安镇侏罗—白垩系界线及 *Buchia* 新知。古生物学报，28（5）。

孙革、郑少林，1992，黑龙江东部侏罗—白垩系界线附近地层研究新进展。地层学杂志，16（1）。

谭锡畴、王恒升，1929，黑龙江省嫩江两岸之地质。地质汇报，第13卷，69页。
唐克东、苏养正，1966，小兴安岭西北部古生代地层的新资料及其意义。地质学报，4（1）。
王恒升，1929，黑龙江省穆棱密山两县地质矿产纪要。地质汇报。
王思恩等，1985，中国地层（11）中国的侏罗系。北京：地质出版社。
魏家庸等，1991，沉积岩区1：5万区域地质填图方法指南。武汉：中国地质大学出版社。
吴水波，1980，吉林省东部托盘沟地区的上三叠统。地层学杂志，4（4）。
余静贤，1982，黑龙江省绥滨地区晚侏罗世晚期—早白垩世沟鞭藻组合。沈阳地质矿产研究所所刊，第5号。沈阳：辽宁科学技术出版社。
俞建章、张文堂，1951，北满海相地层。科学通报，2（6）。
张立君，1982，黑龙江省东部晚侏罗至早白垩世海相—半咸水相介形虫化石。沈阳地质矿产研究所所刊，第5号。沈阳：辽宁科学技术出版社。
张守信，1989，理论地层学——现代地层学概念。北京：科学出版社。
张海驲、浦全生，1987，黑龙江省东部首次发现中奥陶世地层。地层学杂志，11（4）。
张海驲等，1982，密山地区早石炭世地层的发现。沈阳地质矿产研究所所刊，第4号。沈阳：辽宁科学技术出版社。
中国地质学编辑委员会、中国科学院地质研究所，1956，中国区域地层表（草案）。北京：科学出版社。
中国科学院黑龙江流域综合考察队姜春潮、孙枢等，1963，黑龙江流域及其毗邻地区地质，第一卷，小兴安岭张广才岭和完达山地区地质。北京：科学出版社。
周维屏等，1993，1：50 000区调地质填图新方法。武汉：中国地质大学出版社。
朱慈英，1992，内蒙古一兴安区奥陶纪地层分区及其地质意义。沈阳地质矿产研究所集刊，第1号。北京：地质出版社。
朱慈英等，1982，大兴安岭伊勒呼里山北坡早奥陶世特马豆克期地层。沈阳地质矿产研究所所刊，第4号。沈阳：辽宁科学技术出版社。
朱慈英、赵武锋，1989，黑龙江省尚志县小金沟中奥陶世腕足动物。沈阳地质矿产研究所所刊，第18号。沈阳：辽宁科学技术出版社。

地质图说明书及区测（调）报告

蔡文华等，1991，L-52-(11)佳木斯市幅1：20万区域地质调查报告，黑龙江省地质矿产局。
陈德森等，1984，M-52-(26)辰清公社幅1：20万区域地质调查报告，黑龙江省地质矿产局。
黑龙江省地质局综合研究队赵贵山等，1966；黑龙江省1：100万地质图说明书。
康宝祥等，1987，L-53-(8)小佳河公社幅、L-53-(9)饶河县幅1：20万区域地质调查报告，黑龙江省地质矿产局。
李瑞山等，1985，M-51-(5)塔源幅1：20万区域地质调查报告，黑龙江省地质矿产局。
李忠文等，1987，L-53-（14）珍宝岛幅1：20万区域地质调查报告，黑龙江省地质矿产局。
刘步昌等，1976，L-51-Ⅲ华安公社幅1：20万区域地质调查报告，黑龙江省地质局。
刘步昌等，1981，M-51-Ⅷ根河幅、M-51-XⅢ三河镇幅、M-51-XIV库都尔幅1：20万区域地质调查报告，黑龙江省地质局。
刘步昌等，1989，N-51-(30)依西肯幅、N-51-(36)十八站幅、N-52-(25)鸥浦幅、N-52-(31)兴华幅1：20万区域地质调查报告，黑龙江省地质矿产局。
马万昌等，1970，L-52-XXVI一面坡幅1：20万区域地质调查报告，黑龙江省地质局。
马万昌等，1974，L-52-XXⅢ勃利县幅1：20万区域地质调查报告，黑龙江省地质局。
马万昌等，1975，L-52-XVII桦南县幅1：20万区域地质调查报告，黑龙江省地质局。
马万昌等，1979a，L-52-V萝北县幅1：20万区域地质调查报告，黑龙江省地质局。
马万昌等，1979b，M-52-XXIX嘉荫县幅、M-52-XXXV太平沟公社幅1：20万区域地质调查报告，黑龙江省地质局。
马万昌、康宝祥等，L-53-XⅢ宝清县幅1：20万区域地质调查报告，黑龙江省地质局。
潘林举等，1984，M-51-(24)霍龙门公社幅1：20万区域地质调查报告，黑龙江省地质矿产局。
其和日格等，1985，N-51-(29)开库康幅1：20万区域地质调查报告，黑龙江省地质矿产局。
其和日格等，1988，N-51-(21)漠河县幅、N-51-(22)连崟幅、N-51-（27）老沟幅、N-51-（28）二十五站幅

1：20万区域地质调查报告，黑龙江省地质矿产局。
曲关生等，1984，L－52－（24）密山县幅、L－52－（30）鸡东县幅、L－53－（19）虎林县幅、L－53－（20）虎头幅、L－53－（25）兴凯湖农场幅、L－53－（26）六分场幅1：20万区域地质调查报告，黑龙江省地质矿产局。
苏兴城等，1989，M－52－（14）黑河市幅、M－52－（20）孙吴县幅1：20万区域地质调查报告，黑龙江省地质矿产局。
隋连成等，1981，M－52－XXI逊克县幅、M－52－XXII常家屯幅、M－52－XXVII新兴村公社幅、M－52－XXVIII富饶公社幅、M－52－XXXIII白桦林场幅1：20万区域地质调查报告，黑龙江省地质矿产局。
隋连成等，1986，M－52－（7）三道卡幅、M－52－（8）白石砬子幅1：20万区域地质调查报告，黑龙江省地质矿产局。
孙景玉等，1971，L－52－III伊春市幅1：20万区域地质调查报告，黑龙江省地质局。
孙景玉等，1973，M－52－XXXIV北沟幅1：20万区域地质调查报告，黑龙江省地质局。
孙立敏等，1988，L－52－（18）双鸭山市幅1：20万区域地质调查报告，黑龙江省地质矿产局。
孙正奕等，1986，M－52－（32）腰小河林场幅1：20万区域地质调查报告，黑龙江省地质矿产局。
孙正奕等，1991，L－52－（14）巴彦县幅1：20万区域地质调查报告，黑龙江省地质矿产局。
佟志芳、谢贵生等，1976，M－52－XIX沐河屯幅1：20万区域地质调查报告，黑龙江省地质局。
佟志芳、谢贵生等，1977，M－52－XXV龙镇公社幅1：20万区域地质调查报告，黑龙江省地质局。
王丹群等，1967，L－52－XX宾县幅、L－52－XXVI五常县幅1：20万区域地质测量报告，黑龙江省地质局。
王荣富、侯宝来等，1981，M－51－XXV喜桂图旗幅、M－51－XXXI塔尔其幅、M－51－XXXII绰尔幅1：20万区域地质调查报告，黑龙江省地质矿产局。
王友勤等，1981，K－52－V老黑山公社幅、K－52－VI伏洛希洛夫幅1：20万区域地质调查报告，吉林省地质局。
谢贵生等，1983，M－51－（6）兴隆沟幅、M－52－（1）呼玛镇幅1：20万区域地质调查报告，黑龙江省地质矿产局。
杨耀宇等，1975，L－52－XXXIV牡丹江市幅1：20万区域地质调查报告，黑龙江省地质局。
杨耀宇、曲关生等，1978，L－52－XXXV穆棱镇公社幅、L－52－XXXVI东宁县幅1：20万区域地质调查报告，黑龙江省地质局。
杨文福等，1971，L－52－IX铁力县幅1：20万区域地质调查报告，黑龙江省地质局。
张海驲等，1971，L－52－IV金山屯幅1：20万区域地质调查报告，黑龙江省地质局。
张海驲等，1972，L－51－IX扎赉特旗幅1：20万区域地质调查报告，黑龙江省地质局。
张海驲等，1975，M－51－XVIII卧都河幅1：20万区域地质调查报告，黑龙江省地质局。
张海驲等，1977，M－52－XII罕达气幅1：20万区域地质调查报告，黑龙江省地质局。
张胜元等，1970，L－52－XXI木兰县幅1：20万区域地质测量报告，黑龙江省地质局。
张胜元等，1972，L－52－XVI依兰幅1：20万区域地质调查报告，黑龙江省地质局。
张立铸等，1990，L－52－（33）沙兰站公社幅1：20万区域地质调查报告，黑龙江省地质矿产局。
张天柱等，1989，N－51－（34）东方红林场幅、M－51－（4）呼中区幅1：20万区域地质调查报告，黑龙江省地质矿产局
张天柱等，1989，N－51－（33）满归幅1：20万区域地质调查报告，黑龙江省地质矿产局。
张文才等，1985，N－51－（35）塔河幅1：20万区域地质调查报告，黑龙江省地质矿产局。
赵文绪等，1975，L－51－XXIX鸡西市幅1：20万区域地质调查报告，黑龙江省地质局。
赵文绪等，1976，L－52－XXVIII桦林镇幅1：20万区域地质调查报告，黑龙江省地质局。
赵文绪等，1977，L－52－XXII大罗密镇公社幅1：20万区域地质调查报告，黑龙江省地质局。
郑庆道、刘世伟等，1991，M－51－（30）嫩江县幅1：20万区域地质调查报告，黑龙江省地质矿产局。
周庆仁等，1971，L－52－XV三站村幅1：20万区域地质调查报告，黑龙江省地质局。
仲伟成等，1972，L－52－X汤源县幅1：20万区域地质调查报告，黑龙江省地质局。

附录Ⅰ 黑龙江省地层数据库的建立及其功能简介

一、省级地层数据库建立概况

黑龙江省地层数据库的建立，采用“全国地层数据库研建组”提供的全部软件和程序，并在其统一组织培训和指导下开展工作。建立地层数据库的目的就是要为全省区域地质调查和基础地质研究工作服务，巩固地层清理的成果，避免今后使用地层单位的混乱，使我省地层学研究和管理走向科学化、信息化，并与国内国际地层学研究工作接轨。

地层数据库首先是以岩石地层单位为基本单元建立的，以全国地层多重划分对比研究项目统一制定的五张数据卡片为数据采集源。它主要由三部分组成：①数据采集系统，包括对原始数据的录入、修改追加、删除、浏览、打印、排序、插入等项功能及地层信息管理、索引管理、字典管理、文献管理、数据备份等；②数据加工系统，包括打印数据卡片，汇总制表，地层信息查询检索，岩石地层单位命名监控等；③扩充部分接口，为地层数据库的其它内容及以后的进一步开发留有接口。地层数据库软件有2种版本，分别在DOS和Windows环境下使用。本省仅在DOS操作系统环境下，软件支撑环境为DOS3.30以上、Microsoft C 6.0、PTDOS2.0、FoxPRO 2.0，硬件运行环境为486DX/66主机、24针打印机。

二、地层数据库主要功能

1. 输出打印数据卡片功能

按照全国地层多重划分对比研究统一要求填写的数据卡片格式和内容，地层数据库能将输入的原始数据还原制表。输出打印以下几张卡片：岩石地层单位卡片封面，岩石地层单位的综合信息卡片（卡Ⅰ），岩石地层单位的地层划分沿革卡片（卡Ⅱ），岩石地层单位的剖面分布图和柱状对比图（卡Ⅲ），岩石地层单位的地层剖面卡片（卡Ⅳ），岩石地层单位的参考文献卡片（卡Ⅴ）。

2. 地层信息的查询检索功能

按照用户选择的地区、经纬度、断代（纪）等不同控制参数，可在已建立的地层数据库中查询检索出满足要求条件的岩石地层单位信息，并能按用户选择的不同内容自动绘制表格，对数字型数据自动统计汇总。可按以下几方面的内容进行检索：

(1) 检索地层单位：检索出满足选定时间和区域条件的地层单位。

(2) 检索地层剖面：检索出满足选定时间和区域条件的地层剖面。

(3) 检索地层单位名称：检索出与指定地层单位名称相同的地层单位。

(4) 检索地层单位名称（拼音）：检索出与指定地层单位名称的拼音相同的地层单位。

(5) 检索地层单位编号：检索出与指定地层单位编号相同的地层单位。

(6) 检索地层单位代号：检索出与指定地层单位代号相同的地层单位。

(7) 检索剖面名称：检索出与指定剖面名称相同的地层剖面。

(8) 检索剖面编号：检索出与指定剖面编号相同的地层剖面。

(9) 检索参考文献目录：A. 按作者　B. 按发表时间　C. 按地层单位检索文献目录。

3. 岩石地层单位的命名监控功能

根据用户选择的不同控制参数，可用以下几种方法对新建岩石地层单位进行命名监控。

(1) 地层单位同名、编号、代号的监控

检索出与指定地层单位名称相同、名称拼音相同、编号相同、代号相同的地层单位。

(2) 新建单位有效性的监控

给定新建单位的经纬度及需检索的经纬度范围，检索出与新建单位相邻的层型及（或）参考剖面，然后与新建地层单位的各项地质内容进行对比研究，看是否能建立新的岩石地层单位。

附录Ⅱ　黑龙江省采用的岩石地层单位

附录Ⅱ-1

序号	岩石地层单位名称		编号	代号	地质时代	创名人①	创建时间	所在省	在本书页数
	英文	汉文							
1	Aihui Fm	*爱辉组②	23-0102	O_3ah	O_3	陈德森等	1981	黑龙江	37
2	Anniangniangqiao Fm	*安娘娘桥组	23-0090	O_3a	O_3	黑龙江省区域地层表编写组	1979	黑龙江	27
3	Aoqi Mem	*敖其段	23-0414	K_2sn^a	K_2	蔡文华等	1991	黑龙江	222
4	Bashilixiaohe Fm	八十里小河组	23-0132	S_2b	S_2	黑龙江第一区测队、苏养正	1975	黑龙江	38
5	Baiheshan Fm	*白鹤山组	23-0307	J_1b	J_1	李忠文等	1987	黑龙江	185
6	Baiyingaolao Fm	白音高老组	23-0702	J_3by	J_3	辽宁省区测二队	1974	内蒙古	143
7	Banzifang Fm	*板子房组	23-0385	K_1b	K_1	黑龙江省地质矿产局张海驲等	1993	黑龙江	210
8	Baoligaomiao Fm	宝力高庙组	23-0662	C_3P_1bl	$C_3—P_1$	呼和浩特幅地质队	1960	内蒙古	65
9	Baoquanling Fm	宝泉岭组	23-0441	Eb	E	黑龙江省煤炭工业管理局地质局（黑龙江省区域地层表编写组）	1965（1979）	黑龙江	261
10	Baoquan Fm	宝泉组	23-0103	$O_{1-2}b$	O_{1-2}	姜春潮、孙枢等	1963	黑龙江	88
11	Beikuanhe Fm	*北宽河组	23-0050	$Pt_3\in_1b$	$Pt_3—\in_1$	隋连成等	1986	黑龙江	17
12	Beixing Fm	*北兴组	23-0220	C_1b	C_1	张海驲等	1982	黑龙江	102
13	Chaergelahe Fm	*查尔格拉河组	23-0204	$C_1\hat{c}$	C_1	张海驲等	1977	黑龙江	49
14	Chaoyang Fm	*朝阳组	23-0311	$J_3\hat{c}$	J_3	李蔚荣、刘茂强等	1986	黑龙江	193
15	Chenming Fm	晨明组	23-0080	$\in_1\hat{c}$	$\in_1$	姜春潮、孙枢等	1963	黑龙江	83
16	Chengzihe Fm	城子河组	23-0404	$K_1\hat{c}$	K_1	陈广雅（黑龙江省区域地层表编写组）	1963（1979）	黑龙江	201
17	Chuandishan Fm	船底山组	23-0459	$N\hat{c}$	N	刘毓初等（吉林省区域地层表编写组）	1953（1975）	吉林	268
18	Da'an Fm	大安组	23-0444	Nd	N	松辽石油勘探局	1960	吉林	261
19	Dadingzishan accumulative rock	*大顶子山堆积岩	23-0296	T_2d	T_2	康宝祥等	1987	黑龙江	176
20	Dajiahe Fm	*大佳河组	23-0291	T_2J_1d	$T_2—J_1$	康宝祥等	1987	黑龙江	177
21	Dajiashan Fm	*大架山组	23-0306	J_1dj	J_1	李忠文等	1987	黑龙江	184
22	Dalingqiao Fm	*大岭桥组	23-0292	T_3J_1dl	$T_3—J_1$	康宝祥等	1987	黑龙江	178
23	Daminshan Fm	大民山组	23-0164	$D_{2-3}d$	D_{2-3}	宁奇生等	1959	内蒙古	28
24	Daqing Fm	*大青组	23-0105	O_2dq	O_2	黑龙江地质矿产局张海驲等	1993	黑龙江	90
25	Dashizhai Fm	大石寨组	23-0673	P_1d	P_1	内蒙古区测二队	1965	内蒙古	66

①创名栏()内为介绍人；创建时间栏内()内为介绍时间。
②*为查到原始文献的岩石地层单位。

序号	岩石地层单位名称		编号	代号	地质时代	创名人①	创建时间	所在省	在本书页数
	英文	汉文							
26	Datashanlinchang Fm	*大塔山林场组	23-0422	K_2dt	K_2	李忠文等	1993	黑龙江	224
27	Datushan Fm	*大秃山组	23-0288	J_1d	J_1	曲关生等	1984	黑龙江	174
28	Dawangzi Fm	*大网子组	23-0046	$Pt_3\in_1d$	$Pt_3—\in_1$	仲伟成等	1962	黑龙江	14
29	Dayixikanghe Fm	*大伊希康河组	23-0094	$O_{1-2}dy$	O_{1-2}	谢贵生等	1983	黑龙江	26
30	Denglouku Fm	登楼库组	23-0349	K_1dn	K_1	松辽石油普查大队	1959	吉林	152
31	Didao Fm	滴道组	23-0315	J_3dd	J_3	森田义人(日本)	1943	黑龙江	200
32	Donganzhen Fm	*东安镇组	23-0411	J_3K_1d	$J_3—K_1$	马万昌等 (黑龙江省地矿局张海驲等)	1982 (1993)	黑龙江	197
33	Dongshan Fm	东山组	23-0397	K_1d	K_1	谭锡畴	1924	黑龙江	206
34	Dongzigou Fm	*洞子沟组	23-0269	P_1dn	P_1	曲关生等	1984	黑龙江	127
35	Duobaoshan Fm	多宝山组	23-0100	O_2d	O_2	王莹、彭云彪等 (唐克东、苏养正)	1958 (1966)	黑龙江	34
36	Emuerhe Gr	*额木尔河群	23-0703	JE	J	黑龙江省区域地层表编写组	1979	黑龙江	133
37	Erlanghe Fm	*二浪河组	23-0327	J_1er	J_1	张立铸等	1990	黑龙江	207
38	Erlongshan Fm	二龙山组	23-0272	P_1e	P_1	梁庆初	1964	黑龙江	115
39	Ershierzhan Fm	*二十二站组	23-0336	J_2e	J_2	其和日格等	1985	黑龙江	136
40	Fuminhe Fm	*福民河组	23-0373	K_2f	K_2	隋连成等	1981	黑龙江	216
41	Fuxingtun Fm	*福兴屯组	23-0167	D_2f	D_2	黑龙江省区域地层表编写组	1979	黑龙江	96
42	Fujin Fm	*富锦组	23-0447	Nf	N	黑龙江省区域地层表编写组	1979	黑龙江	265
43	Furao Fm	*富饶组	23-0375	K_2fr	K_2	隋连成等	1981	黑龙江	168
44	Galashan Fm	*嘎拉山组	23-0049	$Pt_3\in_1g$	$Pt_3—\in_1$	隋连成等	1986	黑龙江	16
45	Ganhe Fm	甘河组	23-0355	K_1g	K_1	李朝琛等 (黑龙江省区域地层表编写组)	1973 (1979)	内蒙古	149
46	Gaoligou Fm	*高力沟组	23-0071	$\in_1g$	$\in_1$	谢贵生等	1983	黑龙江	19
47	Genlihe Fm	根里河组	23-0156	$D_{2-3}g$	D_{2-3}	赵贵三等 (张海驲等)	1959 (1977)	黑龙江	45
48	Guanghua Fm	*光华组	23-0364	K_1gn	K_1	张海驲等	1993	黑龙江	146
49	Guangqing Fm	*光庆组	23-0221	C_3g	C_3	曲关生等	1984	黑龙江	111
50	Hailang Fm	*海浪组	23-0390	K_2hl	K_2	杨耀宇等	1975	黑龙江	219
51	Heilonggong Fm	黑龙宫组	23-0165	D_1hl	D_1	朱松年等	1962	黑龙江	94

序号	岩石地层单位名称		编号	代号	地质时代	创名人①	创建时间	所在省	在本书页数
	英文	汉文							
52	Heitai Fm	黑台组	23-0172	$D_{1-2}ht$	D_{1-2}	矢部长克(日本)(中国地质学编辑委员会)	1940 (1956)	黑龙江	97
53	Honghutuhe Fm	*洪湖吐河组	23-0208	C_1hn	C_1	佟志芳、谢贵生等	1977	黑龙江	49
54	Hongshenggou Fm	*洪胜沟组	23-0072	$\in_1h$	$\in_1$	谢贵生等	1983	黑龙江	20
55	Hongchuan Fm	*宏川组	23-0166	D_2hg	D_2	隋连成等	1981	黑龙江	95
56	Hongguang Fm	*红光组	23-0063	Pt_3h	Pt_3	赵文绪等	1976	黑龙江	77
57	Hongshan Fm	*红山组	23-0251	P_2hn	P_2	张海驲	1971	黑龙江	110
58	Hongshuiquan Fm	红水泉组	23-0661	C_1hg	C_1	俞建章	1956	内蒙古	29
59	Hongxingcheng Fm	*红星城组	23-0310	J_2h	J_2	李蔚荣、刘茂强等	1986	黑龙江	191
60	Hongyeqiao Vol.	*红叶桥火山岩	23-0262	P_1h	P_1	黑龙江省地质矿产局张海驲等	1993	黑龙江	129
61	Houshigou Fm	猴石沟组	23-0393	K_1h	K_1	王恒升	1929	黑龙江	217
62	Hulin Fm	虎林组	23-0437	Eh	E	煤田108队(黑龙江省区域地层表编写组)	1960 (1979)	黑龙江	264
63	Huadaqi Fm	*花达气组	23-0203	C_1h	C_1	张海驲等	1977	黑龙江	48
63	Huashan Gr	桦山群	23-0425	KH	K_{1-2}	森田义人(日本)	1943	黑龙江	217
64	Huangbanjishan Fm	*黄斑脊山组	23-0092	O_1h	O_1	朱慈英等	1982	黑龙江	24
65	Huanghuagou Fm	*黄花沟组	23-0131	S_1h	S_1	唐克东、苏养正	1966	黑龙江	37
66	Huangsong Gr	*黄松群	23-0258	Pt_3H	Pt_3	杨耀宇、曲关生等	1978	黑龙江	121
67	Jixi Gr	鸡西群	23-0421	J_3K_1J	$J_3—K_1$	任绩(陈广雅)	1950 (1959)	黑龙江	198
68	Jixianggou Fm	*吉祥沟组	23-0045	$Pt_3\in_1j$	$Pt_3—\in_1$	仲伟成等	1962	黑龙江	13
69	Jiayin Gr	*嘉荫群	23-0427	K_2J	K_2	罗玉兴、张志诚	1983	黑龙江	164
70	Jianxing Fm	*建兴组	23-0382	K_1jn	K_1	黑龙江省区域地层表编写组	1979	黑龙江	212
71	Jiaobuleshihe Fm	*焦布勒石河组	23-0074	$\in_1j$	$\in_1$	谢贵生等	1983	黑龙江	21
72	Jinyinku Fm	金银库组	23-0078	$\in_1jn$	$\in_1$	张国华等	1975	黑龙江	123
73	Jiufengshan Fm	九峰山组	23-0360	K_1j	K_1	李朝琛等(黑龙江省区域地层表编写组)	1973 (1979)	内蒙古	147
74	Kaikukang Fm	开库康组	23-0338	J_3k	J_3	中国科学院黑龙江流域综合考察队	1963	黑龙江	140
75	Kaishantun Fm	开山屯组	23-0270	P_2k	P_2	吉林区测队二分队	1960	吉林	131
76	Kaibei Gr	*凯北群	23-0320	J_1K	J_1	李蔚荣等	1983	黑龙江	183

序号	岩石地层单位名称 英文	汉文	编号	代号	地质时代	创名人①	创建时间	所在省	在本书页数
77	Kunasenhe Fm	*库纳森河组	23-0091	O_1k	O_1	朱慈英等	1982	黑龙江	23
78	Laodaomiaogou Fm	*老道庙沟组	23-0075	$\in_1l$	$\in_1$	赵同吉等	1965	黑龙江	84
79	Laolongtou Fm	*老龙头组	23-0239	T_1l	T_1	刘步昌等	1976	黑龙江	72
80	Laotudingzi Fm	老秃顶子组	23-0173	D_3l	D_3	张家元等	1960	黑龙江	99
81	Liangzichuan Fm	*亮子川组	23-0263	P_1l	P_1	王友勤等	1981	黑龙江	130
82	Linxi Fm	林西组	23-0671	P_2ln	P_2	Teilhard Chardin	1924	内蒙古	69
83	Longjiang Fm	*龙江组	23-0366	K_1l	K_1	黑龙江省区域地层表编写组	1979	黑龙江	145
84	Longzhuagou Gr	*龙爪沟群	23-0321	J_2K_1L	$J_2—K_1$	陈广雅等	1963	黑龙江	187
85	Luoquanzhan Fm	*罗圈站组	23-0285	T_3lq	T_3	王友勤等	1981	黑龙江	170
86	Luohe Fm	裸河组	23-0101	O_3l	O_3	唐克东、彭云彪等（唐克东、苏养正）	1960（1966）	黑龙江	35
87	Luomahu Gr	*落马湖群	23-0047	$Pt_3\in_1L$	$Pt_3—\in_1$	中科院黑龙江流域综考队姜春潮等	1959（1963）	黑龙江	15
88	Majiajie Gr	*马家街群	23-0070	Pt_3M	Pt_3	徐衍强等（黑龙江地层表编写组）	1960（1979）	黑龙江	80
89	Maoershan Fm	*帽儿山组	23-0330	J_3mr	J_3	朱松年	1962	黑龙江	209
90	Miaoling Fm	庙岭组	23-0264	P_1m	P_1	克里沃鲁茨基	1959	吉林	128
91	Mingshui Fm	明水组	23-0341	K_2mn	K_2	松辽石油勘探局综合队	1960	黑龙江	162
92	Mohe Fm	漠河组	23-0322	J_2m	J_2	地质科学院1：100万地质图编图组（黑龙江省区域地层表编写组）	1963（1979）	黑龙江	139
93	Muling Fm	穆棱组	23-0401	K_1m	K_1	王恒升	1929	黑龙江	204
94	Nandatashan Fm	*南大塔山组	23-0305	J_2n	J_2	李忠文等	1987	黑龙江	186
95	Nanshuangyashan Fm	*南双鸭山组	23-0287	T_3n	T_3	周庆仁等	1962	黑龙江	172
96	Nanyanghe Fm	*南阳河组	23-0096	O_2n	O_2	谢贵生等	1983	黑龙江	26
97	Nancun Fm	*南村组	23-0284	T_3nn	T_3	王友勤等	1981	黑龙江	169
98	Nenjiang Fm	*嫩江组	23-0343	K_2nn	K_2	谭锡畴、王恒升	1929	黑龙江	159
99	Niqiuhe Fm	泥鳅河组	23-0151	S_3D_2n	$S_3—D_2$	矢部长克（日本）（中国地质学编辑委员会等）	1942（1956）	黑龙江	42
100	Ningyuancun Fm	宁远村组	23-0383	K_1n	K_1	仲伟成、杨　雨	1964	黑龙江	211
101	Peide Fm	裴德组	23-0308	J_2p	J_2	黑龙江省煤田地质勘探公司108队（中生代含煤地层研究队陈道阔等）	1973（1979）	黑龙江	187

序号	岩石地层单位名称		编号	代号	地质时代	创名人①	创建时间	所在省	在本书页数
	英文	汉文							
102	Pikeshan Fm	*皮克山组	23-0408	K_1p	K_1	康宝祥等	1987	黑龙江	223
103	Pingyangzhen Fm	平阳镇组	23-0268	P_1p	P_1	乌苏里江地质队	1958	黑龙江	125
104	Qihulinhe Fm	*七虎林河组	23-0309	J_2qh	J_2	中生代含煤地层研究队	1979	黑龙江	189
105	Qilikashan Fm	*七里卡山组	23-0174	D_3q	D_3	方仁甲等	1960	黑龙江	101
106	Qilinhe Fm	*七林河组	23-0301	J_2q	J_2	张海驲等	1977	黑龙江	141
107	Qianshan Fm	*铅山组	23-0076	$\in_1q$	$\in_1$	赵同吉等	1965	黑龙江	86
108	Qinglongtun Fm	*青龙屯组	23-0253	P_1q	P_1	黑龙江地质矿产局张海驲等	1993	黑龙江	105
109	Qingshankou Fm	青山口组	23-0347	K_2qn	K_2	松辽石油普查大队(全国地层委员会)	1958 (1962)	吉林	157
110	Quantou Fm	泉头组	23-0348	K_1q	K_1	羽田重吉(日本)	1927	辽宁	155
111	Sanyigou Fm	*三义沟组	23-0073	$\in_1s$	$\in_1$	谢贵生等	1983	黑龙江	21
112	Shangzhi Gr	*尚志群	23-0086	$O_{1-2}\hat{S}$	O_{1-2}	黑龙江省地层清理小组	1994	黑龙江	88
113	Shuguang Fm	*曙光组	23-0313	$J_3K_1\hat{s}$	$J_3—K_1$	李蔚荣、刘茂强等	1986	黑龙江	194
114	Shuangqiaozi Fm	*双桥子组	23-0261	$P_1\hat{s}$	P_1	杨耀宇、曲关生等	1978	黑龙江	126
115	Sifangtai Fm	四方台组	23-0342	K_2s	K_2	郝铃琦(日本)	1937	黑龙江	161
116	Songhuajiang Gr	松花江群	23-0426	KS	K	内野敏夫等(日本)	1937	吉林	152
117	Songmuhe Fm	松木河组	23-0409	K_2sn	K_2	徐衍强等	1960	黑龙江	221
118	Suifenhe Fm	*绥芬河组	23-0331	J_1s	J_1	黑龙江省地质矿产局张海驲等	1993	黑龙江	171
119	Sunwu Fm	*孙吴组	23-0443	E_3N_2s	$E_3—N_2$	赵贵三等(黑龙江省地层表编写组)	1966 (1979)	黑龙江	257
120	Tamulangou Fm	塔木兰沟组	23-0339	$J_{2-3}tm$	J_{2-3}	王荣富等	1981	内蒙古	142
121	Taiantun Fm	*太安屯组	23-0317	J_2t	J_2	王丹群等	1967	黑龙江	208
122	Taipinglinchang Fm	*太平林场组	23-0378	K_2tp	K_2	马万昌等	1979	黑龙江	166
123	Tangjiatun Fm	*唐家屯组	23-0213	C_3t	C_3	郑广渊	1963	黑龙江	103
124	Taoqihe Fm	淘淇河组	23-0381	K_1t	K_1	仲伟成、杨雨	1964	黑龙江	215
125	Tiemaoshan Fm	*铁帽山组	23-0048	$Pt_3\in_1t$	$Pt_3—\in_1$	隋连成等	1986	黑龙江	15
126	Tongshan Fm	*铜山组	23-0099	$O_{1-2}t$	O_{1-2}	陈德森等	1981	黑龙江	30
127	Tumenling Fm	*土门岭组	23-0248	P_1t	P_1	郑广渊	1964	黑龙江	106
128	Tumenzi Fm	土门子组	23-0448	N_1t	N_1	冈田重光、西田彰一(日本)	1940	吉林	267

序号	岩石地层单位名称 英文	岩石地层单位名称 汉文	编号	代号	地质时代	创名人①	创建时间	所在省	在本书页数
129	Tuoyaoshan Pillow Lava	*坨窑山枕状熔岩	23-0297	T_2ty	T_2	康宝祥等	1987	黑龙江	176
130	Wandashan Gr	*完达山群	23-0298	T_2J_1W	T_2—J_1	黑龙江省地层清理小组	1994	黑龙江	176
131	Wolegen Gr	*倭勒根群	23-0044	$Pt_3\in_1W$	Pt_3—$\in_1$	仲伟成等	1962	黑龙江	13
132	Woduhe Fm	卧都河组	23-0133	S_3w	S_3	马家骏等（黑龙江第一区测队和苏养正）	1963 (1975)	黑龙江	39
133	Wuyun Fm	*乌云组	23-0432	E_1w	E_1	王大为等（姜春潮等）	1959 (1963)	黑龙江	256
134	Wudaoling Fm	*五道岭组	23-0250	P_2w	P_2	郑广渊（王丹群等）	1963 (1967)	黑龙江	109
135	Wuxingzhen Fm	*五星镇组	23-0077	$\in_1w$	$\in_1$	冶金707队和郭鸿俊、段吉业	1978	黑龙江	87
136	Xiganzi Fm	*西岗子组	23-0351	K_1x	K_1	罗 骏	1960	黑龙江	150
137	Xigemu Mem	*西格木段	23-0413	K_2sn^x	K_2	蔡文华等	1991	黑龙江	222
138	Xilin Gr	*西林群	23-0084	$\in_1X$	$\in_1$	吴万新等	1960	黑龙江	83
139	Xishan basalt	*西山玄武岩	23-0449	$N_{1-2}x$	N_{1-2}	黑龙江地质矿产局张海驲等	1993	黑龙江	259
140	Xiaohelihe Fm	小河里河组	23-0158	D_3x	D_3	唐克东等（张海驲等）	1960 (1977)	黑龙江	47
141	Xiaojingou Fm	*小金沟组	23-0104	O_2x	O_2	黑龙江地质矿产局张海驲等	1993	黑龙江	89
142	Xinyigenhe Fm	新伊根河组	23-0663	C_3x	C_3	黑龙江第二区调大队	1981	内蒙古	64
143	Xinxing Fm	*新兴组	23-0064	Pt_3x	Pt_3	赵文绪等	1976	黑龙江	79
144	Xinglong Gr	*兴隆群	23-0083	$\in_1XL$	$\in_1$	黑龙江地质矿产局张海驲等	1993	黑龙江	19
145	Xiufeng Fm	*绣峰组	23-0335	$J_{1-2}x$	J_{1-2}	张文才等	1985	黑龙江	133
146	Yanwangdian Fm	*阎王殿组	23-0260	Pt_3yn	Pt_3	杨耀宇、曲关生等	1978	黑龙江	122
147	Yanggang Fm	*杨岗组	23-0273	P_2yn	P_2	曲关生等	1984	黑龙江	116
148	Yangmugang Fm	*杨木岗组	23-0246	C_3P_1y	C_3—P_1	王丹群等	1967	黑龙江	104
149	Yangmu Fm	*杨木组	23-0259	Pt_3y	Pt_3	杨耀宇、曲关生等	1978	黑龙江	121
150	Yaosangnan Fm	*腰桑南组	23-0149	D_2y	D_2	张海驲等	1977	黑龙江	44
151	Yaojia Fm	姚家组	23-0346	K_2yj	K_2	松辽石油普查大队（全国地层委员会）	1958 (1962)	吉林	158
152	Yi'an Fm	依安组	23-0434	$E_{2-3}y$	E_{2-3}	松辽石油普查大队三区队（姜春潮等）	1959 (1963)	黑龙江	260
153	Yilehulishan Gr	*伊勒呼里山群	23-0087	OY	O	黑龙江省地层清理小组	1994	黑龙江	23
154	Yongancun Fm	*永安村组	23-0380	K_2yn	K_2	马万昌等	1979	黑龙江	164

序号	岩石地层单位名称		编号	代号	地质时代	创名人①	创建时间	所在省	在本书页数
	英文	汉文							
155	Yongfuqiao Fm	*永福桥组	23-0304	J_1y	J_1	康宝祥等	1987	黑龙江	182
156	Yongqing Fm	*永青组	23-0354	K_1y	K_1	隋连成等	1981	黑龙江	214
157	Yuliangzi Fm	*渔亮子组	23-0377	K_2yl	K_2	马万昌等	1979	黑龙江	167
158	Yuquan limestone	玉泉灰岩	23-0247	P_1y	P_1	俞建章、张文堂	1951	黑龙江	108
159	Zhangguangcailing Gr	*张广才岭群	23-0061	$Pt_3\hat{Z}$	Pt_3	黑龙江地质矿产局张海驲等	1993	黑龙江	76
160	Zhesi Fm	哲斯组	23-0672	$P_1\hat{z}$	P_1	Berkey, Morris	1927	内蒙古	67
161	Zhenzishan Fm	珍子山组	23-0223	$C_3P_1\hat{z}$	C_3—P_1	梁庆初	1964	黑龙江	113
162	Zhenggou Fm	*正沟组	23-0062	$Pt_3\hat{z}$	Pt_3	黑龙江地质矿产局张海驲等	1993	黑龙江	76

附录Ⅲ 黑龙江省不采用的地层名称

序号	地层单位名称		编号	地质时代	创名人	创建时间	所在省	不采用的理由
	英文	汉文						
1	Akangtihe Fm	阿抗提河组	23-0302	$T—J_1$	张文才等	1985	黑龙江	与绣峰组同物异名
2	Alinhe Fm	阿林河组	23-0240	P_1	黑龙江省区域地层表编写组	1979	黑龙江	归入大石寨组
3	Anda Fm	安达组	23-0913	K_1	裘松余	1992	黑龙江	相当于登楼库组下部
4	Anmingou Fm	安民沟组	23-0391	K_1	黑龙江省鹤岗矿务局	1974	黑龙江	归入猴石沟组
5	Aotou Fm	敖头组	23-0398	K_1	杨耀宇	1976	黑龙江	分归东山组及宁远村组
6	Bahuli Fm	八虎力组	23-0438	E_{2-3}	黑龙江省工业厅109队	1959	黑龙江	归入虎林组
7	Bazhan Fm	八站组	23-0245	P_2	马家骏等	1963	黑龙江	归入老龙头组
8	Baishan Fm	白山组	23-0244	P_2	黑龙江省区域地层表编写组	1979	黑龙江	归入五道岭组
9	Baomihe Fm	宝密河组	23-0410	K_1	黑龙江省地质矿产局张海驲等	1993	黑龙江	归入东山组
10	Baoquangou Fm	宝泉沟组	23-0654	D_1	谢贵生等	1983	黑龙江	归入泥鳅河组
11	Beian bed	北安层	23-0918	E_1	地质部第二普查大队	1958	黑龙江	归入明水组
12	Beixuehe Fm	北学合组	23-0736	K_2	黑龙江省区域地层表编写组	1979	黑龙江	归于嫩江组
13	Caomaoshan Fm	草帽山组	23-0653	D_1	谢贵生等	1983	黑龙江	归入泥鳅河组
14	Changantun Fm	长安屯组	23-0735	J_2	仲伟成、杨雨	1964	黑龙江	与太安屯组同物异名
15	Chaoyangtun Fm	朝阳屯组	23-0712	J_2	郑少林等	1982	黑龙江	分归红星城组、朝阳组和曙光组
16	Chengshan Fm	城山组	23-0274	P_2	曲关生等	1983	黑龙江	归入红山组
17	Cuigang Fm	翠岗组	23-0802	D_1	隋连成等	1981	黑龙江	归入铅山组
18	Cuiganglinchang Fm	翠岗林场组	23-0201	C_1	黑龙江省地质矿产局张海驲等	1993	黑龙江	与红水泉组同物异名
19	Dalianhe Fm	达连河组	23-0433	E_{1-3}	张胜元等	1972	黑龙江	归入宝泉岭组
20	Dabashan Fm	大巴山组	23-0396	K_1	曲关生等	1984	黑龙江	与东山组同物异名
21	Daloumi basalt	大罗密玄武岩	23-0452	N_{1-2}	黑龙江省区域地层表编写组	1979	黑龙江	归入船底山组
22	Dababeishan Fm	大坝北山组	23-0290	T_3	康宝祥等	1984	黑龙江	归入大佳河组
23	Dabielakenghe Fm	大别拉坑河组	23-0276	P_1	王秀璋	1959	黑龙江	归入大佳河组
24	Dahelihe Fm	大河里河组	23-0157	D_3	王萤	1964	黑龙江	分归根里河组和小河里河组
25	Dawusuhe Fm	大乌苏河组	23-0043	Pt_3^2	黑龙江省地质矿产局张海驲等	1993	黑龙江	与大网子组同物异名

序号	地层单位名称		编号	地质时代	创名人	创建时间	所在省	不采用的理由
	英文	汉文						
26	Dazhi Fm	大治组	23-0623	O_1	陈德森等	1981	黑龙江	归入铜山组
27	Dazhujuan Fm	大猪圈组	23-0907	P_2	朱松年等	1962	黑龙江	与太安屯组同物异名
28	Daotaiqiao Fm	道台桥组	23-0440	N_{1-2}	黑龙江省合江专署地质局第三地质队	1960	黑龙江	分归富锦组及第四系
29	Dean Fm	德安组	23-0639	D_2	张海驲等	1977	黑龙江	归入泥鳅河组
30	Dingshancun Fm	丁山村组	23-0435	E	王丹群等	1967	黑龙江	归入宝泉岭组
31	Dongbao Fm	东堡组	23-0713	J_3	仇福钧	1972	黑龙江	与滴道组同物异名
32	Dongdaling Fm	东大岭组	23-0407	K_1	杨耀宇、曲关生等	1978	黑龙江	分归松木河组和东山组
33	Dongfeng Fm	东风组	23-0379	K_2	张海驲等	1970	黑龙江	与嫩江组同物异名
34	Dongning Fm	东宁组	23-0400	K_1	杨耀宇、曲关生等	1978	黑龙江	归入穆棱组
35	Dongrong Fm	东荣组	23-0318	J_3	黄冠军	1989	黑龙江	归入曙光组
36	Dongshengcun Fm	东胜村组	23-0711	J_2	具然弘、郑少林等	1982	黑龙江	与裴德组同物异名
37	Dongsheng Fm	东胜组	23-0911	J_2	煤田地质勘探公司108队	1970	黑龙江	与裴德组同物异名
38	Duerbinhe Gr	都尔滨河群	23-0801	C_3—P_1	隋连成等	1981	黑龙江	分归五道岭组和红山组
39	Dumuhe Fm	独木河组	23-0325	J_2	李忠文等	1987	黑龙江	分归七虎林河组和红星城组
40	Melange series	堆积杂岩系	23-0693	T	康宝祥等	1987	黑龙江	改称大顶子山堆积岩
41	Emuerhe Fm	额木尔河组	23-0337	J_2	其和日格等	1985	黑龙江	与漠河组同物异名
42	Etoushan Fm	额头山组	23-0219	C	佟志芳、谢贵生等	1978	黑龙江	归入北宽河组
43	Erzhan Fm	尔站组	23-0060	Pt_2	张立铸等	1990	黑龙江	归入红光组
44	Erheying Gr	二合营群	23-0065	S	黑龙江省区域地层表编写组	1979	黑龙江	分归黑龙宫组及张广才岭群
45	Fangjian Fm	房建组	23-0042	Pt_3^2	黑龙江省地质矿产局张海驲等	1993	黑龙江	与吉祥沟组同物异名
46	Feilongshan Fm	飞龙山组	23-0621	O_1	谢贵生等	1983	黑龙江	归入铜山组
47	Fenghuangshan Mem	凤凰山段	23-0922	O_1	谢贵生等	1983	黑龙江	与黄斑脊山组同物异名
48	Fengshantun Fm	凤山屯组	23-0295	T_3	黑龙江省地质矿产局张海驲等	1993	黑龙江	归入五道岭组
49	Fulin Fm	富林组	23-0412	K_2	谢贵生等	1983	黑龙江	与光华组同物异名
50	Gagala Fm	嘎嘎拉组	23-0655	D_1	谢贵生等	1983	黑龙江	归入泥鳅河组
51	Gaojiawopeng Fm	高家窝棚组	23-0234	P_1	张海驲等	1972	黑龙江	归入大石寨组

序号	地层单位名称		编号	地质时代	创名人	创建时间	所在省	不采用的理由
	英文	汉文						
52	Gaolingzi Fm	高岭子组	23-0328	J_1	黑龙江省地质矿产局张海驲等	1993	黑龙江	与二浪河组同物异名
53	Gaoshenggou Fm	高盛沟组	23-0229	P_2	谢贵生等	1983	黑龙江	归入林西组
54	Gaowei basalt	高位玄武岩	23-0453	N_2	姜春潮	1963	黑龙江	归入船底山组
55	Gulanhe Fm	古兰河组	23-0631	S_3	张海驲等	1977	黑龙江	归入泥鳅河组
56	Guzhan sandstone Fm	古站砂岩组	23-0731	J_{2-3}	中国科学院黑龙江流域综合考察队	1963	黑龙江	归入漠河组
57	Guantun Fm	固安屯组	23-0057	Pt_3^2	黑龙江省地质矿产局张海驲等	1993	黑龙江	归入新兴组
58	Guanniaohe Fm	关鸟河组	23-0089	O_2	张海驲等	1976	黑龙江	归入铜山组
59	Handaqi Fm	罕达气组	23-0152	D_1	赵贵三等	1958	黑龙江	归入泥鳅河组
60	Haojiatun Fm	郝家屯组	23-0294	J_3	孙立敏等	1987	黑龙江	归入罗圈站组
61	Hetaoshan Fm	核桃山组	23-0210	C_3	佟志芳、谢贵生等	1977	黑龙江	归入大石寨组
62	Hegang Gr	鹤岗群	23-0714	J_3	森田义人(日本)	1943	黑龙江	相当鸡西群
63	Heibeizi Fm	黑被子组	23-0218	C	佟志芳、谢贵生等	1978	黑龙江	归入嘎拉山组
64	Heitoushan basalt	黑头山玄武岩	23-0458	N_2	曲关生等	1984	黑龙江	归入船底山组
65	Hongxiugou Fm	红锈沟组	23-0362	J_3	隋连成等	1981	黑龙江	与建兴组同物异名
66	Hongyeling Fm	红叶岭组	23-0278	P_2	王秀璋	1959	黑龙江	归入大佳河组
67	Houshan Fm	后山组	23-0902	$\in_{2+3}$	赵同吉	1965	黑龙江	归入铅山组
68	Huaduoshan Fm	花朵山组	23-0205	P_2	张海驲等	1976	黑龙江	归入宝力高庙组
69	Huanan Fm	桦南组	23-0445	N_1	黑龙江省地质矿产局张海驲等	1993	黑龙江	归入富锦组
70	Huashan Fm	桦山组	23-0914	K_{1-2}	森田义人(日本)	1940	黑龙江	改称桦山群
71	Huangbanji Fm	黄斑脊组	23-0920	O_1	谢贵生等	1983	黑龙江	分归库纳森河组和黄斑脊山组
72	Huanghua Fm	黄花组	23-0436	E_1	杨耀宇等	1976	黑龙江	归入虎林组
73	Huolongmen Fm	霍龙门组	23-0154	D_1	张海驲等	1977	黑龙江	归入泥鳅河组
74	Huo shao qiao Fm	火烧桥组	23-0915	K_2	李蔚荣等	1981	黑龙江	归入永安村组
75	Jidong basalt	鸡东玄武岩	23-0456	N_2	黑龙江省地质矿产局张海驲等	1993	黑龙江	归入船底山组
76	Jilin basalt	鸡林玄武岩	23-0457	E_3	黑龙江省地质矿产局张海驲等	1993	黑龙江	归入虎林组
77	Jixi Fm	鸡西组	23-0912	J_3	任绩	1950	黑龙江	与鸡西群重名,归入城子河组
78	Jialuhe Fm	嘉鲁河组	23-0230	P_2	谢贵生等	1983	黑龙江	归入林西组
79	Jiaojietun Fm	交界屯组	23-0252	P_1	郑广渊	1963	黑龙江	归入土门岭组
80	Jieliehe Fm	结烈河组	23-0384	J_3	隋连成等	1981	黑龙江	归入宁远村组

序号	地层单位名称		编号	地质时代	创名人	创建时间	所在省	不采用的理由
	英文	汉文						
81	Jinsha Fm	金沙组	23-0392	K_1	朴泰元	1974	黑龙江	归入猴石沟组
82	Jinshan Fm	金山组	23-0442	N_{1-2}	罗玉兴等	1961	黑龙江	归入孙吴组
83	Jinshui Fm	金水组	23-0640	D_1	王莹等	1964	黑龙江	归入泥鳅河组
84	Junde Gr	峻德群	23-0737	K_1	森田义人(日本)	1943	黑龙江	分归鸡西群和桦山群
85	Kangji Fm	康吉组	23-0399	K_1	杨耀宇、曲关生等	1978	黑龙江	归入松木河组
86	Keshan Fm(bed)	克山组(层)	23-0919	E_1	松辽石油勘探局综合队	1960	黑龙江	归入明水组
87	Kunaerhe Fm	库纳尔河组	23-0209	C_1	佟志芳等	1977	黑龙江	归入洪湖吐河组
88	Kunasenhe Mem	库纳森河段	23-0921	O_1	谢贵生等	1983	黑龙江	改称库纳森河组
89	Kuyihe Gr	库伊河群	23-0217	C	佟志芳、谢贵生等	1978	黑龙江	归入落马湖群
90	Kunteqi Fm	坤特奇组	23-0367	J_3	陈德森等	1984	黑龙江	归入光华组
91	Langdonggou Fm	浪东沟组	23-0216	C_3	黑龙江省地质矿产局张海驲等	1993	黑龙江	归入庙岭组
92	Laogou conglomerate sandstone Fm	老沟砾岩砂岩组	23-0730	J_2	中国科学院黑龙江流域综合考察队	1963	黑龙江	与绣峰组同物异名
93	Laotudingzi Fm	老秃顶子组	23-0418	K_1	张立铸等	1990	黑龙江	同名异物,归入宁远村组
94	Lengshan Fm	冷山组	23-0692	T_3	黑龙江省地质矿产局张海驲等	1993	黑龙江	归入二浪河组
95	Lichuntun basalt	立春屯玄武岩	23-0454	N_1	蔡文华等	1991	黑龙江	归入船底山组
96	Linjiatun Fm	蔺家屯组	23-0243	P_2	黑龙江省区域地层表编写组	1979	黑龙江	归入林西组
97	Lingdian Gr	零点群	23-0041	Pt_3^2	黑龙江省地质矿产局张海驲等	1993	黑龙江	与倭勒根群同物异名
98	Liutiaogou Fm	柳条沟组	23-0237	P_1	马家骏等	1976	黑龙江	归入哲斯组
99	Loujiaweizi Fm	楼家围子组	23-0249	P	郑广渊	1962	黑龙江	归入老龙头组
100	Maanshan Fm	马鞍山组	23-0657	C_{2-3}	孙景玉等	1969	黑龙江	归入福兴屯组
101	Mantoushan basalt	馒头山玄武岩	23-0450	N_2	郑庆道等	1991	黑龙江	相当西山玄武岩
102	Maolanhe Fm	毛兰河组	23-0256	P_2	陈德森等	1984	黑龙江	归入老龙头组
103	Meifeng Fm	美丰组	23-0358	K_1	隋连成等	1981	黑龙江	与甘河组同物异名
104	Miaoshan Fm	庙山组	23-0222	C_3	曲关生等	1984	黑龙江	归入珍子山组
105	Mingshantun Fm	明山屯组	23-0334	$J_3—K_1$	康宝祥等	1987	黑龙江	与东安镇组同物异名
106	Moshishan Fm	磨石山组	23-0066	S	黑龙江省冶金地质勘探公司703队	1973	黑龙江	分归红光组和正沟组
107	Naolihe Fm	挠力河组	23-0326	J_2	长春地质学院、黑龙江区测队	1960	黑龙江	归入大岭桥组
108	Niaohe Fm	鸟河组	23-0345	K_1	王丹群等	1967	黑龙江	归入嫩江组

序号	地层单位名称 英文	汉文	编号	地质时代	创名人	创建时间	所在省	不采用的理由
109	Ning'an basalt	宁安玄武岩	23-0455	N_{1-2}	黑龙江省地质矿产局张海驲等	1993	黑龙江	归入船底山组
110	Peide Fm	裴德组	23-0910	J_2	具然弘、郑少林等	1982	黑龙江	与采用的裴德组同名异物
111	Pingshan Fm	平山组	23-0254	P_1	黄本宏	1960	黑龙江	归入土门岭组
112	Qilinji Fm	栖林集组	23-0706	J_2	中国地质科学院	1963	黑龙江	归入绣峰组
113	Qihulin Fm	七虎林组	23-0708	J_2	黑龙江中生代含煤地层研究队	1979	黑龙江	与七虎林河组同物异名
114	Qixinghe Fm	七星河组	23-0389	K_2	大庆油田勘探开发研究院	1982	黑龙江	归入海浪组
115	Qilinganhe Fm	齐林干河组	23-0303	J_2	隋连成等	1986	黑龙江	归入七林河组
116	Qingyanggou Fm	青阳沟组	23-0056	Pt_3	张立铸等	1990	黑龙江	归入新兴组
117	Ruzhouhe Fm	如舟河组	23-0652	D_1	谢贵生等	1983	黑龙江	归入泥鳅河组
118	Sanbaoshan Fm	三包山组	23-0160	D_1	谢贵生等	1983	黑龙江	归入泥鳅河组
119	Sandaogou Fm	三道沟组	23-0353	J_3	罗 骏	1960	黑龙江	归入西岗子组
120	Sanjiaoshan Fm	三角山组	23-0255	P_2	黑龙江省区域地层表编写组	1979	黑龙江	归入红山组
121	Sankuanggou Fm	三矿沟组	23-0904	O	唐克东、彭云彪	1962	黑龙江	归入裸河组
122	Sand-mudstone Fm	砂泥岩组	23-0460	N_{1-2}	黑龙江省区域地层表编写组	1979	黑龙江	归入富锦组
123	Shanai Fm	山隘组	23-0279	P_2	王秀璋	1959	黑龙江	归入大岭桥组
124	Shangheilonggong Fm	上黑龙宫组	23-0649	D_1	朱松年等	1962	黑龙江	与黑龙宫组同物异名
125	Shangheitai Fm	上黑台组	23-0656	D_2	曲关生等	1984	黑龙江	归入黑台组
126	Shangxiaobeihu Fm	上小北湖组	23-0647	D	张立铸等	1990	黑龙江	归入黑台组
127	Shangyunshan Fm	上云山组	23-0709	J_3	黑龙江省中生代含煤地层研究队	1986	黑龙江	归入曙光组
128	Shenshuzhen Fm	神树镇组	23-0386	J_3—K_1	黑龙江省地质矿产局张海驲等	1993	黑龙江	归入太安屯组
129	Shibashangdi Fm	十八垧地组	23-0289	T_{2-3}	康宝祥等	1984	黑龙江	归入大佳河组
130	Shiwu Fm	石屋组	23-0917	K_2	裘松余	1992	黑龙江	相当登楼库组上部
131	Shitouhezi Fm	石头河子组	23-0405	K_1	东北煤田第二地质勘探局109队	1975	黑龙江	与城子河组同物异名
132	Shtoumiaozi Fm	石头庙子组	23-0403	K_1	房子栋	1959	黑龙江	归入穆棱组
133	Shihebei Fm	石河北组	23-0317	J_3—K_1	具然弘、郑少林等	1982	黑龙江	归入曙光组
134	Shuanglongshan Fm	双龙山组	23-0207	P_1	刘步昌等	1976	黑龙江	归入哲斯组
135	Sifengshan Fm	四丰山组	23-0415	K_2	张立铸等	1990	黑龙江	归入海浪组
136	Sijiashan Fm	四甲山组	23-0236	P_1	马家骏等	1974	黑龙江	归入哲斯组
137	Sipingshan Fm	四平山组	23-0395	K_2	赵文绪等	1975	黑龙江	归入海浪组
138	Songmaoshan Fm	松茂山组	23-0095	O_3	谢贵生等	1983	黑龙江	归入安娘娘桥组

序号	地层单位名称 英文	汉文	编号	地质时代	创名人	创建时间	所在省	不采用的理由
139	Songshushan Fm	松树山组	23-0299	T_3	王友勤等	1981	黑龙江	归入罗圈站组
140	Suibin Fm	绥滨组	23-0319	J_3	黄冠军	1992	黑龙江	相当曙光组上段
141	Sunjiafen Fm	孙家坟组	23-0238	P_2	刘步昌等	1976	黑龙江	归入林西组
142	Tatouhe Fm	塔头河组	23-0271	P_1	梁庆初	1964	黑龙江	归入珍子山组
143	Taxi Fm	塔溪组	23-0241	P_1	佟志芳等	1978	黑龙江	归入哲斯组
144	Tayuan Fm	塔源组	23-0227	C_3	李瑞山等	1985	黑龙江	归入新伊根河组
145	Waibizi Fm	歪鼻子组	23-0901	D_3	张立铸等	1990	黑龙江	与老秃顶子组同物异名
146	Wangfudian Fm	王福店组	23-0370	$J_3—K_1$	谢贵生等	1983	黑龙江	归入白音高老组
147	Weiluhe Fm	苇芦河组	23-0059	Pt_2	张立铸等	1990	黑龙江	归入新兴组
148	Wolihe Fm(Gr)	窝理河组(群)	23-0903	O	唐克东、彭云彪	1962	黑龙江	与铜山组同物异名
149	Wusuli carbonaceous shalesandstone Fm	乌苏里碳质页岩砂岩组	23-0732	J_{2-3}	中国科学院黑龙江流域综合考察队	1963	黑龙江	归入二十二站组
150	Wulongtun Fm	五隆屯组	23-0622	O_3	谢贵生等	1983	黑龙江	分归爱辉组及裸河组
151	Xigulanhe Fm	西古兰河组	23-0651	D_1	张海驲等	1977	黑龙江	归入泥鳅河组
152	Xiqiuhe Fm	西鳅河组	23-0624	O_1	陈德森等	1981	黑龙江	归入铜山组
153	Xiachengzi Fm	下城子组	23-0402	K_1	杨耀宇、曲关生等	1978	黑龙江	归入猴石沟组
154	Xiaheilonggong Fm	下黑龙宫组	23-0658	D_1	朱松年等	1962	黑龙江	归入黑龙宫组
155	Xiaheitai Fm	下黑台组	23-0643	D_1	曲关生等	1984	黑龙江	归入黑台组
156	Xiaxiaobeihu Fm	下小北湖组	23-0646	D	张立铸等	1990	黑龙江	归入黑台组
157	Xiayuliangzi Fm	下渔亮子组	23-0372	K_1	其和日格等	1985	黑龙江	归入开库康组
158	Xiayunshan Fm	下云山组	23-0710	J_3	黑龙江省中生代含煤地层研究队	1986	黑龙江	分归曙光组、朝阳组、红星城组
159	Xialiangzi Fm	下亮子组	23-0446	N_{1-2}	曲关生等	1984	黑龙江	归入富锦组
160	Xiangyang Fm	向阳组	23-0704	J_1	长春地质学院、黑龙江区测队	1960	黑龙江	归入完达山群
161	Xiaobeihu Fm	小北湖组	23-0644	D_2	张立铸等	1990	黑龙江	归入黑台组
162	Xiaoguenzigou Fm	小滚子沟组	23-0916	K_2	李蔚荣等	1981	黑龙江	归入太平林场组
163	Xinxingcun Fm	新兴村组	23-0211	$C_3—P_1$	隋连成等	1981	黑龙江	归入红山组
164	Xinzhongcun Fm	新中村组	23-0645	D_1	曲关生等	1984	黑龙江	归入黑台组
165	Xinghuo Fm	星火组	23-0231	C_3	张海驲等	1976	黑龙江	归入宝力高庙组
166	Xingkai Fm	兴凯组	23-0286	T_3	曲关生等	1984	黑龙江	归入南双鸭山组
167	Xingli Fm	兴利组	23-0275	P_2	黑龙江省地质矿产局张海驲等	1993	黑龙江	归入红山组
168	Basalt Fm	玄武岩组	23-0371	K_1	其和日格等	1985	黑龙江	归入龙江组

序号	地层单位名称		编号	地质时代	创名人	创建时间	所在省	不采用的理由
	英文	汉文						
169	Yanwo Fm	雁窝组	23-0387	K_2	大庆油田勘探开发研究院	1982	黑龙江	归入海浪组
170	Yangmugang Fm	杨木岗组	23-0905	K_1	仲伟成	1962	黑龙江	与采用的杨木岗组同名异物
171	Yaozhan Shandstone-shale Fm	腰站砂页岩组	23-0733	J_{2+3}	中国科学院黑龙江流域综合考察队	1963	黑龙江	归入二十二站组
172	Yimianpo Fr	一面坡群	23-0055	Pt_3^2	黑龙江省地质矿产局张海驲等	1993	黑龙江	归入新兴组和北宽河组
173	Yilin Fm	伊林组	23-0388	K_2	乌苏里江地质队	1958	黑龙江	与松木河组同物异名
174	Yiqihan Fm	义气罕组	23-0232	P_2	张海驲等	1977	黑龙江	归入老龙头组
175	Yongxingtun Fm	永幸屯组	23-0277	P_1	王秀璋	1959	黑龙江	归入大岭桥组
176	Youhao Fm	友好组	23-0359	J_3	孙景玉等	1970	黑龙江	分归宁远村组和板子房组
177	Yuqinggou Fm	余庆沟组	23-0228	P_2	小兴安岭区调大队四分队	1961	黑龙江	归入林西组
178	Yuanjiatun Fm	袁家屯组	23-0906	P_2	郑广渊	1964	黑龙江	归入土门岭组
179	Yunshan Fm	云山组	23-0312	J_3	黑龙江省中生代含煤地层研究队	1986	黑龙江	归入曙光组
180	Zengjiawopeng Fm	曾家窝棚组	23-0738	K_1	黑龙江省区域地层表编写组	1979	黑龙江	与嫩江组同物异名
181	Zaijiatun sandstone	翟家屯砂岩	23-0725	J_3—K_1	孙正奕等	1991	黑龙江	归入太安屯组
182	Zhangsongshan Fm	樟松山组	23-0625	O_1	谢贵生等	1983	黑龙江	分归大伊希康河组和黄斑脊山组
183	Zhenbaodao Fm	珍宝岛组	23-0406	K_1	李忠文等	1987	黑龙江	归入穆棱组
184	Zhenjiang Fm	镇江组	23-0293	T_3	尚瑞钧	1960	黑龙江	归入大岭桥组
185	Zhongxing'anling volcanic rock Fm	中兴安岭火山岩组	23-0722	J_3	张海驲等	1973	黑龙江	与龙江组同物异名
186	Zhushan Fm	珠山组	23-0314	J_3	黑龙江省中生代含煤地层研究队	1986	黑龙江	分归城子河组和穆棱组

除附录Ⅲ中所列的在黑龙江省创名的不采用地层名称外，尚有下列省外创名的地层名称在黑龙江省也不再使用，有：欧肯河组、上库力组、老黑山玄武岩、屯田营组、天桥岭组、谢尔塔拉组、瓦拉干组、壮志组、古尔班河组、根河中基性熔岩组、下兴安岭火山岩组、吉祥峰组、骆驼山组、上甘河岩组、下甘河岩组、木瑞组、对孤山组、上大民山组、下大民山组、兴安岭群、根河组、伊根河组、伊列克得组、治泥山组、颜家沟组、北矿组、乌奴尔组、五卡组、霍博山组、角高山组、安清太河组、神山组、新生组、新林组、南平组、伊敏组、扎赉诺尔群、伏龙泉层、伏龙泉组、大磨拐河组。这一批地层名称大多为创名省（区）列为不采用的地层名称，部分虽在外省（区）采用，但省内已不适合，故停止使用。

附录Ⅳ　图　例

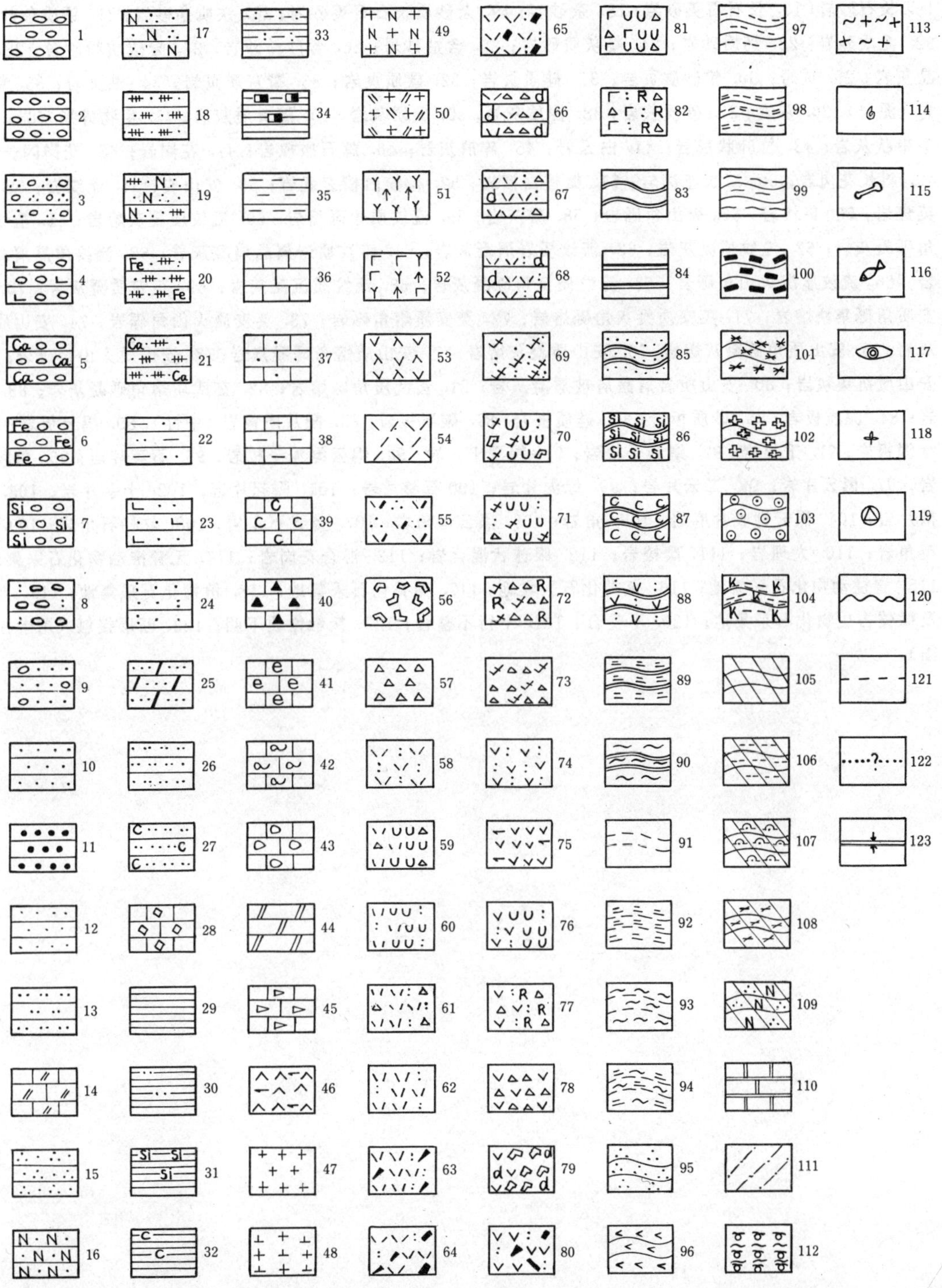

1
2
3
4
5
6
7
8
9
10
11
12
13
14
15
16
17
18
19
20
21
22
23
24
25
26
27
28
29
30
31
32
33
34
35
36
37
38
39
40
41
42
43
44
45
46
47
48
49
50
51
52
53
54
55
56
57
58
59
60
61
62
63
64
65
66
67
68
69
70
71
72
73
74
75
76
77
78
79
80
81
82
83
84
85
86
87
88
89
90
91
92
93
94
95
96
97
98
99
100
101
102
103
104
105
106
107
108
109
110
111
112
113
114
115
116
117
118
119
120
121
122
123

图例说明：

1. 砾岩；2. 砂质砾岩；3. 石英砾岩；4. 钙质砾岩；5. 含钙质砾岩；6. 铁质砾岩；7. 硅质砾岩；8. 凝灰质砾岩；9. 含砾砂岩；10. 砂岩；11. 粗砂岩；12. 细砂岩；13. 粉砂岩；14. 白云质灰岩；15. 石英砂岩；16. 长石砂岩；17. 长石石英砂岩；18. 杂砂岩；19. 杂砂质长石石英砂岩；20. 铁质杂砂岩；21. 钙质杂砂岩；22. 泥质砂岩；23. 钙质砂岩；24. 凝灰质砂岩；25. 含油砂岩；26. 含砂粉砂岩；27. 含碳质粉砂岩；28. 结晶灰岩；29. 页岩；30. 粉砂质页岩；31. 硅质页岩；32. 碳质页岩；33. 凝灰质页岩；34. 油页岩；35. 粘土岩（泥岩）；36. 灰岩；37. 砂质灰岩；38. 泥质灰岩；39. 碳质灰岩；40. 沥青质灰岩；41. 生物碎屑灰岩；42. 条带状灰岩；43. 竹叶状灰岩；44. 白云岩；45. 碎屑灰岩；46. 辉石橄榄岩；47. 花岗岩；48. 花岗闪长岩；49. 斜长花岗岩；50. 二长花岗岩；51. 橄榄白榴岩；52. 橄榄白榴玄武岩；53. 安山岩；54. 流纹岩；55. 石英斑岩；56. 集块岩；57. 火山角砾岩；58. 凝灰岩；59. 流纹质角砾熔岩；60. 流纹质凝灰熔岩；61. 流纹质角砾凝灰岩；62. 流纹质凝灰岩；63. 流纹质岩屑凝灰岩；64. 流纹质岩屑晶屑凝灰岩；65. 流纹质晶屑凝灰岩；66. 流纹质沉火山角砾岩；67. 流纹质沉角砾凝灰岩；68. 流纹质沉凝灰岩；69. 英安质凝灰岩；70. 英安质角砾集块熔岩；71. 英安质凝灰角砾熔岩；72. 英安质熔角砾岩；73. 英安质火山角砾岩；74. 安山质凝灰岩；75. 安山质角砾凝灰熔岩；76. 安山质凝灰熔岩；77. 安山质熔角砾凝灰岩；78. 安山质火山角砾岩；79. 安山质沉集块岩；80. 安山质岩屑晶屑玻屑凝灰岩；81. 玄武质角砾熔岩；82. 玄武质熔角砾凝灰岩；83. 板岩；84. 泥质板岩；85. 砂质板岩；86. 硅质板岩；87. 碳质板岩；88. 凝灰质板岩（中性）；89. 绢云板岩；90. 绿泥板岩；91. 千枚岩；92. 绢云千枚岩；93. 绿泥千枚岩；94. 绢云绿泥千枚岩；95. 石英片岩；96. 角闪片岩；97. 黑云片岩；98. 二云片岩；99. 绿泥片岩；100 石墨片岩；101. 阳起片岩；102. 十字片岩；103. 石榴片岩；104. 黑云钾长片麻岩；105. 角岩；106. 黑云母角岩；107. 堇青石角岩；108. 红柱石角岩；109. 长英角岩；110. 大理岩；111. 糜棱岩；112. 眼球状混合岩；113. 混合花岗岩；114. 无脊椎动物化石采集地；115. 脊柱动物化石采集地；116. 鱼类化石采集地；117. 藻类化石采集地；118. 植物化石采集地；119. 孢粉及微体古生物化石采集地；120. 不整合；121. 平行不整合；122. 接触性质不明；123. 断层接触（用于柱状图）